制造业高端技术系列

液力透平理论、设计与优化

史广泰　苗森春　著

机 械 工 业 出 版 社

随着国家对节能减排技术的日益重视，各大科研院所、高校和企业对节能设备的关注日趋增强，而液力透平作为有效的节能设备之一，发展液力透平现代设计方法势在必行。

《液力透平理论、设计与优化》是作者多年来完成课题和发表论文的系统总结和提高。本书共分11章，首先对液力透平的相关基础知识做了详细的介绍，然后介绍了液力透平试验台的设计方法和试验方案，之后对液力透平的理论研究结果做了定量的阐述，包括揭示了液力透平向心叶轮内流体的流动机理，建立了液力透平向心叶轮内的滑移系数计算方法，介绍了液力透平蜗壳结构和导叶对液力透平流动机理的影响，系统阐述了液力透平的能量转换特性，对液力透平叶轮的设计方法和优化方法也做了具体的阐述，最后介绍了CFD方法在液力透平内流场中的应用。

本书可作为流体机械教学和科研人员以及相关研究生的参考书，也可作为广大液体余压能量回收透平设计和使用者的参考书。

图书在版编目（CIP）数据

液力透平理论、设计与优化/史广泰，苗森春著.—北京：机械工业出版社，2017.9

ISBN 978-7-111-57496-5

Ⅰ.①液…　Ⅱ.①史…②苗…　Ⅲ.①液力透平　Ⅳ.①TK73

中国版本图书馆CIP数据核字（2017）第224495号

机械工业出版社（北京市百万庄大街22号　邮政编码100037）

策划编辑：贺　怡　责任编辑：贺　怡

责任校对：杜雨霏　封面设计：马精明

责任印制：常天培

北京圣夫亚美印刷有限公司印刷

2017年9月第1版第1次印刷

169mm×239mm · 19.5印张 · 18插页 · 377千字

0001—1500册

标准书号：ISBN 978-7-111-57496-5

定价：119.00元

凡购本书，如有缺页、倒页、脱页，由本社发行部调换

电话服务	网络服务
服务咨询热线：010-88361066	机 工 官 网：www.cmpbook.com
读者购书热线：010-68326294	机 工 官 博：weibo.com/cmp1952
010-88379203	金　书　网：www.golden-book.com
封面无防伪标均为盗版	教育服务网：www.cmpedu.com

前　言

液力透平是以高压流体作为工作介质进行能量转换的一种机械，是依据流体和机械之间的相互作用而工作的。具体来说，液力透平就是把高压流体的压力能转换为液力透平叶轮旋转的机械能，所以液力透平是一种原动机，也是一种能量回收装置，即叶轮在高压液体的作用下旋转，将液体所具有的能量部分转化为液力透平的机械能，从而驱动其他工作机工作，达到能量回收的目的。在石油、化工生产过程中排放的流体仍具有较高的压力，但由于缺乏节能设备使这些能量未能被有效回收和利用，基本上在所有需要减压阀降压的工艺流程中均可以进行能量的回收利用。液力透平是最早被研究和开发的压力能回收技术之一，且液力透平技术几乎被应用于所有的压力能回收领域，液力透平回收液体能量的研究对国民经济和社会的发展有重要的促进作用。目前，常见的液力透平绝大部分是离心泵反转作液力透平，当离心泵反转作液力透平时主要存在液力透平的准确选型难、运行效率低下、运转时稳定性较差等问题。分析其原因主要有：其一，离心泵用作液力透平的换算关系误差较大；其二，当离心泵用作液力透平时并没有专门针对泵反转的工况进行设计或者对其结构进行优化设计；其三，很少有关于如何降低液力透平内压力脉动的研究。本书的研究工作是在国家自然科学基金项目“液体能量回收透平内气液两相非定常流动机理和水力学特性研究”（51169010）、国家科技支撑计划项目“液体余压能量回收液力透平”（2012BAA08B05）和中国博士后科学基金面上项目（2016M600090）的资助下展开的。

本书采用理论推导、试验研究和数值计算相结合的方法，以单级液力透平为研究对象，对液力透平的理论设计方法、结构优化设计以及参数优化设计方法进行了研究。提出了液力透平向心叶轮出口滑移系数的计算公式，并分析了向心叶轮出口滑移系数的影响因素，从而可以从理论上对液力透平的性能进行更加准确的预测。还对液力透平的能量转换特性进行了研究，从而揭示了液力透平叶轮和蜗壳内流体能量的传递与变化规律。同时对液力透平的结构进行了重新设计，并研究了蜗壳结构对液力透平外特性、流场分布、速度矩、叶轮所受径向力和各过流部件内压力脉动的影响，以及液力透平向心叶轮进口前有无导叶和不同导叶数对液力透平外特性、流场分布、叶轮所受径向力和各过流部件内压力脉动的影响。提出了含有流量放大系数的离心泵用作液力透平的换算关系，成功地剔除了流量放大系数对离心泵用作液力透平换算关系的影响，也提出了液力透平向心叶轮进出口安放角的计算方法、叶轮进出口直径的计算方法和叶轮进口宽度的计算方法，初步建立了液力透平叶轮的设计方法。最后建立了离心泵用作液力透平时叶轮的优化系统，并对液力透平叶轮成功进行了优化，详细地介绍了 CFD 方法在液力透平内流场中的应用。

事实上，关于液力透平的理论设计方法还有很多内容需要进一步补充和深化，目前国内外的研究仍然处于起步阶段，作者所做的研究工作仍是探索和初步尝试。作者希望本书的出版，能在一定程度上推动液力透平理论设计方法的研究进展，同时拓展液体余压能量回收（液力透平）领域的研究途径和思维方式。限于作者的能力和水平，加之时间仓促，书中不当之处，敬请读者批评指正。

本书部分研究工作是在西华大学流体及动力机械教育部重点实验室的资助下完成的。本书第 1、2、3、5、6、7、8 和 11 章由史广泰老师编写，第 4、9 和 10 章由苗森春老师编写。在撰写过程中得到了兰州理工大学杨军虎教授、西华大学张惟斌老师和吕文娟老师等的大力支持，谨在此致以衷心的感谢。同时还要感谢研究生刘洋、罗琨和王志文在本书编写过程中做的大量工作。此外，感谢西华大学能源与动力工程学院的领导以及流体及动力机械教育部重点实验室同事们的支持和鼓励。在本书撰写过程中，参考和引用了大量的国内外相关文献，在此对这些文献的作者一并表示感谢。最后向参与本书审稿工作的专家表示真诚的感谢。

作　者

目　　录

第1章　液力透平基础

在许多石油、化工生产过程中排放的流体仍具有较高的压力，但由于缺乏节能设备使这些能量未能被有效利用和回收[1-5]。在合成氨工业中、尿素的生产过程中、化肥厂脱碳流程中和反渗透海水淡化系统中，均需要对高压流体进行减压处理，并对含有能量的高压流体进行能量回收。所以基本上在所有需要减压阀降压的工艺流程中均需要进行能量的回收利用。液力透平技术是被最早研究和开发的压力能回收技术，且液力透平技术几乎被应用于所有的压力能回收领域，液力透平回收液体能量的研究对国民经济和社会的发展能起到重要的促进作用[6-9]。

1.1　液力透平的定义

液力透平是以高压流体作为工作介质进行能量转换的一种机械，是依据流体和机械之间的相互作用而工作的。从能量传递来看，流体通过液力透平时所具有的能量将发生变化，即流体的能量与机械运动的能量发生转换。因此，液力透平可认为是一种能量转换器。具体来说，液力透平就是把高压流体的压力能转换为液力透平叶轮旋转的机械能，所以液力透平是一种原动机，又可认为是一种能量回收装置，即叶轮在高压液体的作用下旋转，将液体所具有的能量部分转化为液力透平的机械能，从而驱动其他工作机工作，达到能量回收的目的。

1.2　液力透平的分类

常见的液力透平主要有两类，即离心泵反转作液力透平和专用液力透平。

1.2.1　离心泵反转作透平

径流式离心泵大多数被用来输送液体，是通过叶轮将轴功率转换为液体的能量。而当动力源是高压液体时，径流式离心泵也可被当作是原动机，用于驱动发电机、压缩机、风机或者其他泵工作，当离心泵在高压液体的作用下反转运行时称之为液力透平[10-13]。离心泵被反转用于液力透平时，液力透平的进口就是离心泵的出口，液力透平的出口则为离心泵的进口，高压液体驱动叶轮旋转，将流体的压力能转换为液力透平叶轮旋转的机械能从而实现能量的回收利用。离心泵正反转工作示意图如图 1-1、图 1-2 所示。

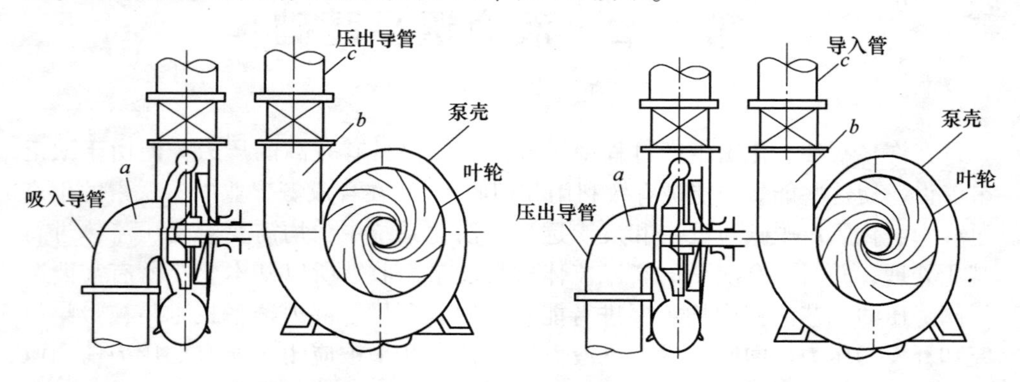

图 1-1　输送液体的径流式离心泵　　图 1-2　作为液力透平用的径流式离心泵

从 20 世纪 30 年代开始，学者们就逐渐开始研究用泵反转作透平（pumps-as-turbines，简称 PAT）来回收能量。随着时间的推移 PAT 的应用也越来越广泛，效率也越来越高，目前使用 PAT 回收能量的效率可达 75% 以上。离心泵虽然可以被用作液力透平较好的回收能量，但对于任意一组水力参数（如流量 Q、水头 H），如何选择离心泵作为液力透平，如何使其具有较高的效率和良好的性能，这是历年来在离心泵反转方面人们关心的主要问题，也是人们研究最多的方向。下面就国内外对泵反转性能预测方面的研究予以详细地介绍。

印度学者 Himanshu Nautiyal 和 Varun[14] 通过对历年泵反转的性能预测方法进行回顾和归类，总结了学者们对泵反转性能预测方法的研究过程。他们提出的对 PAT 的性能进行预测的方法主要有两种：一是根据泵的最高效率点的效率；二是根据液力透平的比转数。

1. 基于离心泵最高效率点效率的关系式

文献［15］中提出部分学者根据泵的最高效率点（Best Efficiency Point，简称 BEP）处的流量 Q_p 和扬程 H_p 等水力参数，通过建立关于泵最高效率 η_p 的关系式来得到液力透平的流量 Q_t 和水头 H_t。

（1）Childs 关系式

$$\frac{Q_t}{Q_p}=\frac{1}{\eta_p}\qquad \frac{H_t}{H_p}=\frac{1}{\eta_p} \tag{1-1}$$

（2）Hancock 关系式

$$\frac{Q_t}{Q_p}=\frac{1}{\eta_t}\qquad \frac{H_t}{H_p}=\frac{1}{\eta_t} \tag{1-2}$$

式中　η_t——透平最高效率点的效率，下同。

（3）Stepanoff 关系式

$$H_t = H_p / \eta_{hp}^2 \quad Q_t = Q_p / \eta_{hp}^2 \quad n_{st} = n_{sp} \times \eta_{hp} \tag{1-3}$$

式中　η_{hp}——泵的水力效率；

n_{st}、n_{sp}分别为透平和泵的比转数，下同。

（4）Sharma 关系式

$$\frac{Q_t}{Q_p} = \frac{1}{\eta_p^{0.8}} \quad \frac{H_t}{H_p} = \frac{1}{\eta_p^{1.2}} \tag{1-4}$$

（5）Alatorre-Fren 和 Thomas 关系式

$$\frac{H_t}{H_p} = \frac{1}{0.85\eta_p^5 + 0.385} \quad \frac{Q_t}{Q_p} = \frac{0.85\eta_p^5 + 0.385}{2\eta_p^{9.5} + 0.205} \tag{1-5}$$

（6）Schmiedl 关系式

$$\frac{Q_t}{Q_p} = -1.4 + \frac{2.5}{\eta_{hp}} \quad \frac{H_t}{H_p} = -1.5 + \frac{2.4}{\eta_{hp}^2} \tag{1-6}$$

2. 基于比转数（specific speeds）的关系式

还有部分学者建议用液力透平的比转数来建立液力透平和泵之间参数的换算关系，并假设液力透平比转数的定义方式和泵的相同。文献［15］中 Williams 列举了两种不同的离心泵用作液力透平的换算关系。

（1）Grover 关系式

$$\frac{H_t}{H_p} = 2.693 - 0.0229 n_{st} \quad \frac{Q_t}{Q_p} = 2.379 - 0.0264 n_{st} \tag{1-7}$$

（2）Hergt 关系式

$$\frac{H_t}{H_p} = 1.3 - \frac{6}{n_{st} - 3} \quad \frac{Q_t}{Q_p} = 1.3 - \frac{1.6}{n_{st} - 5} \tag{1-8}$$

3. 离心泵用作液力透平的判断准则

英国学者为保证设计的离心泵在试验时能达到要求的最高效率点，提出了一个基于 H-Q 曲线的椭圆用于判断设计的离心泵是否满足要求，如图 1-3 所示。根据该方法 Williams 也提出了一个离心泵用作液力透平的椭圆，用来判断预测离心泵用作液力透平性能的准确性，如图 1-4 所示，且 Williams 指出可用式（1-9）来判断预测的准确性[15]。Williams 指出，通过某一种方法预测离心泵用作液力透平的性能，当所选离心泵的 H-Q 曲线位于椭圆内部时，表明该方法较准确，否则误差较大。

$$C^2 = \left(\frac{\Delta a}{0.3}\right)^2 + \left(\frac{\Delta b}{0.1}\right)^2, C \leqslant 1 \tag{1-9}$$

式中　Δa、Δb——图 1-4 中椭圆长轴和短轴的长度。

Williams 根据该判断准则，用 35 台泵的试验数据，分别对上述的 8 个关系式进行了验证，验证结果见表 1-1。

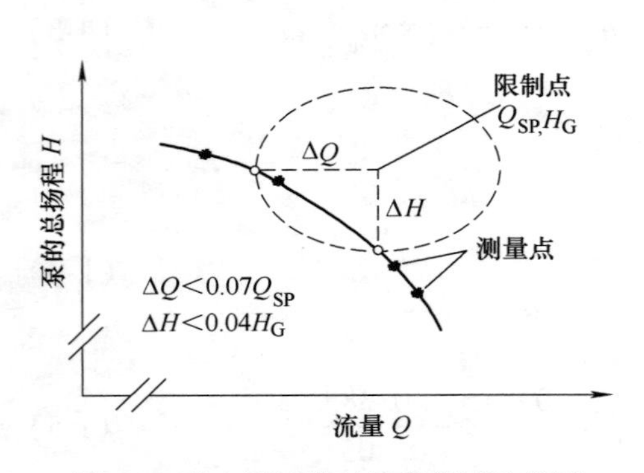

图 1-3　离心泵试验时的确保试验范围

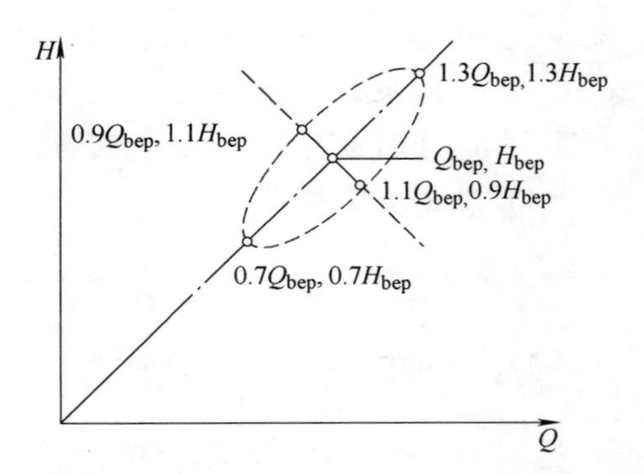

图 1-4　PAT 性能预测可接受的范围

表 1-1　不同液力透平性能预测方法和不同泵比转数下的预测系数值

泵	n_{qp}	Childs	Stepanoff	Hancock	Sharma	Alatorre-Frenk	Schmiedl	Hergt	Grover	n_{qt}比
1	12.7	0.78	0.60	1.16	0.83	0.04	0.94	1.03	0.58	0.99
2	13.7	1.64	1.82	0.56	0.18	0.42	1.54	0.28	1.69	0.99
3	16.7	2.25	2.25	1.38	1.25	1.44	0.49	1.64	2.19	1.26
4	17.1	0.80	0.80	0.91	0.69	0.76	0.31	0.63	1.22	1.04
5	18.3	1.09	0.17	0.75	0.65	1.55	0.51	0.11	2.02	1.11
6	19.8	1.39	0.91	1.23	0.93	0.81	0.34	1.18	1.19	1.13
7	20.1	0.47	0.47	0.92	0.62	0.62	1.00	0.68	0.99	0.96
8	20.9	2.66	2.88	1.47	1.63	2.11	1.26	1.83	2.83	1.33
9	22.6	0.44	0.23	0.47	0.33	0.03	0.31	0.87	2.26	1.02
10	23.0	1.11	1.11	032	0.24	1.78	0.77	0.24	1.96	1.03
11	23.2	0.48	0.48	0.57	0.39	0.36	0.08	0.66	1.90	1.02
12	23.6	0.41	0.67	0.42	0.24	0.42	0.21	0.76	2.20	1.01
13	23.8	0.50	0.50	0.95	0.76	0.35	0.69	0.94	1.47	0.95
14	23.9	0.56	0.89	0.56	0.44	0.19	0.45	0.63	2.06	1.05
15	24.8	1.15	1.15	1.47	1.32	0.56	1.14	1.28	0.97	0.96
16	25.5	1.08	2.00	2.20	2.24	2.35	3.80	1.67	2.13	0.76
17	28.6	0.33	0.62	0.65	0.41	0.98	0.74	0.41	1.41	0.97
18	29.9	0.75	0.80	0.52	0.43	0.79	0.44	0.22	1.77	1.07
19	32.6	0.59	0.33	0.61	0.31	1.15	1.28	0.29	0.95	0.96
20	33.8	0.48	0.58	0.21	0.33	0.50	0.88	1.34	3.05	0.98
21	34.0	0.44	0.44	0.80	0.66	0.40	0.48	0.83	1.69	0.96
22	41.5	0.53	0.63	0.41	0.35	0.33	0.51	0.44	1.56	1.05
23	41.5	0.48	0.48	0.32	0.32	0.64	0.76	0.76	1.97	1.05
24	42.7	0.45	0.46	0.79	0.65	0.37	0.58	0.63	1.31	0.96

（续）

泵	n_{qp}	Childs	Stepanoff	Hancock	Sharma	Alatorre-Frenk	Schmiedl	Hergt	Grover	n_{qt}比
25	44.6	0.45	0.45	0.12	0.20	0.26	0.77	0.88	1.97	1.02
26	46.3	1.37	1.05	1.32	1.28	1.18	1.10	0.89	0.62	1.24
27	48.4	1.09	1.21	0.85	0.87	0.56	1.14	0.91	1.37	1.15
28	50.2	1.09	1.09	0.77	0.69	1.47	0.41	0.78	—	1.12
29	61.3	0.42	0.38	1.11	0.96	0.77	2.07	0.67	—	0.90
30	63.5	0.60	0.18	0.44	0.30	0.67	0.71	0.29	—	1.04
31	65.8	0.16	0.23	1.01	0.84	0.98	2.38	0.48	—	0.91
32	73.0	0.92	1.35	0.90	0.60	0.47	3.37	1.10	—	0.92
33	96.8	2.15	1.55	1.72	1.81	2.56	1.64	2.06	—	1.41
34	157.4	1.07	0.95	0.82	0.85	0.55	3.52	1.08	—	1.15
35	183.3	1.55	1.48	1.20	1.27	1.28	5.35	1.59	—	1.22

利用 Williams 的该判断准则对表 1-1 数据所做的统计结果见表 1-2，由表 1-2 可以看出，用上述 8 个关系式来预测液力透平的性能时，唯有 Sharma 关系式比较准确，但也有 20% 的离心泵超出了预测范围，所以这些关系式都不是很准确，均存在较大的误差。

表 1-2　不同液力透平性能预测方法的比较

预测方法	C的平均值	数量	超出范围的泵（%）
Childs	0.921	14	40
Stepanoff	0.847	12	34
Hancock	0.906	10	32
Sharma	0.733	7	20
Alatorre-Frenk	0.852	10	29
Schmiedl	1.173	13	40
Hergt	0.865	11	32
Grover	1.333	22	81

4. Punit Singh 关系式：比转数-比直径方法

Punit Singh[16-17]通过改进德国 O. Cordier 的比转数-比直径的方法，提出了一个用泵作液力透平的预测模型，该模型主要由三部分组成，即优化选择→精确预测→严格评估。具体来讲就是由液力透平的设计流量、水头来选择比较适合的泵的尺寸和形状；模型泵选好之后就要精确地预测该模型泵用作液力透平时的特性，判断所选择的泵用作液力透平时是否符合设计要求；最后对所选择的泵进行评估，看是否适合于实际应用。这三步即形成了选择泵用作液力透平的简单程序，这在一定程度上也提高了预测离心泵用作液力透平性能的准确性。图 1-5 所示为 PAT 的性能预测模型。

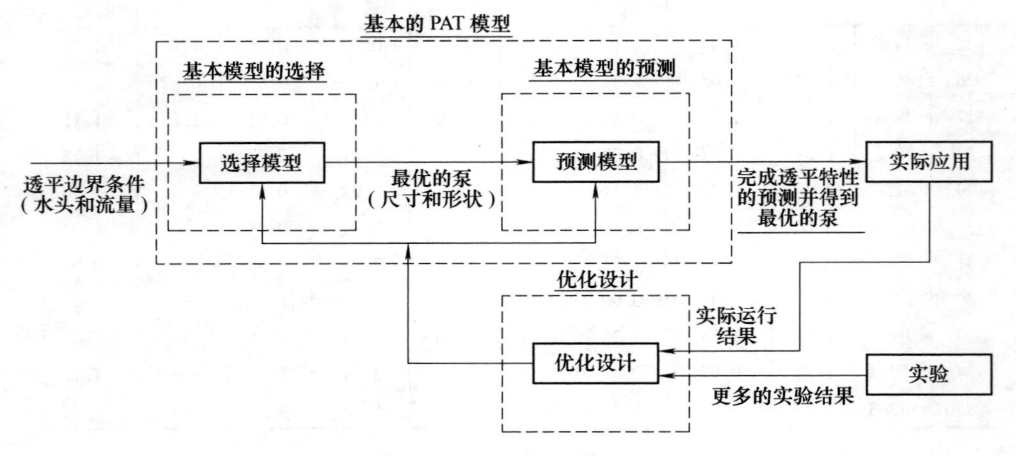

图 1-5　PAT 的性能预测模型

5. 其他关系式

Shahram Derakhshan 和 Ahmad Nourbakhsh[18] 在不同比转数下利用试验的方法也提出了离心泵用作液力透平的计算方法，其具体计算方法和步骤如下：

第一步：离心泵设计点的比转数 n_{sp} 通过下式计算

$$n_{sp} = 0.3705 n_{st} + 5.083 \tag{1-10}$$

式中　n_{sp}、n_{st}——分别为离心泵和透平在设计点的比转数。

第二步：在式（1-11）中 γ 可由 $\alpha_p = \dfrac{n_{sp}}{g^{0.75}}$ 得到

$$\gamma = 0.0233\alpha_p + 0.6464 \tag{1-11}$$

第三步：由 γ 和式（1-12）可得

$$h = \frac{H_{tb}}{H_{pb}}$$

式中　H_{tb}、H_{pb}——透平和泵在最高效率点的水头和扬程。

$$\gamma = (h)^{-0.5}\frac{n_t}{n_p} \tag{1-12}$$

第四步：H_{pb} 由 $H_{pb} = \dfrac{H_{tb}}{h}$ 得到。

第五步：Q_{pb} 可由 n_{sp}、n_p 和 H_{pb} 得到。

第六步：当 Q_{pb}、H_{pb} 和 n_p 已知的时候，适合的 PAT 可被较容易的选取。

利用该方法在最高效率点预测 PAT 的结果与利用其他关系式的比较见表 1-3。

表1-3　不同PAT预测方法的比较

泵规格			实验		Stepanoff		Sharma		Alatorre-Frenk		新方法	
N_s(m,m^3/s)	$\eta_{p\,max}$(%)	D(m)	h	q	h	q	h	q	h	q	h	q
14.6	65.5	0.250	2.05	1.56	1.63	1.28	1.78	1.45	2.20.	2.09	2.14	1.48
14.7	46	0.125	2.87	1.63	2.17	1.47	2.54	1.86	2.84	2.4	2.71	1.72
20.7	60	0.160	2.24	1.73	1.84	1.42	2.4	1.66	2.22	2.04	2.29	1.74
23.0	76	0.250	1.95	1.59	1.41	1.19	1.49	1.29	1.78	1.76	1.94	1.60
34.8	83	—	1.71	1.55	1.28	1.14	1.34	1.20	1.49	1.36	1.70	1.48
36.4	74.4	0.175	1.72	1.54	1.81	1.34	1.43	1.27	1.73	1.78	1.71	1.50
37.7	86.5	0.250	1.73	1.48	1.24	1.11	1.27	1.16	1.34	1.16	1.65	1.44
39.7	85	0.260	1.40	1.35	1.38	1.18	1.22	1.14	1.31	1.21	1.49	1.35
45.2	80	0.200	1.40	1.38	1.56	1.25	1.31	1.2	1.51	1.49	1.51	1.33
46.1	83	0.250	1.52	1.34	1.31	1.19	1.36	1.26	1.39	1.32	1.54	1.33
55.6	87	0.250	1.34	1.15	1.23	1.11	1.26	1.16	1.32	1.13	1.38	1.18

1.2.2　专用液力透平

专用液力透平是根据客户提供的设计参数和要求专门设计的液力透平，主要包括液力透平的水力模型设计和结构设计。由于是有针对性设计的液力透平，所以专用液力透平的性能一般要优于离心泵反转作液力透平的性能，但开发专用的液力透平前期投入较大且技术难度较大。目前，我国已有部分厂家批量生产液力透平机组，如深蓝泵业、西禹泵业、西安航天泵业和兰泵有限公司等。

1.3　液力透平的用途

Williams A A[19]提出，当离心泵反转作液力透平时主要有两种用途：一种是用于高压流体的能量回收；二是被用作低成本的水轮机用于发电。在一些较小的孤立水力发电系统中常利用泵反转来发电，如：农庄、山区、岛屿、森林等。在海水的渗透淡化系统中也需要利用泵反转来回收余压水力能；深层矿井中的二次冷却水也需要利用泵反转来回收压力；在化肥、石油加工、石油化工（渣油加氢脱硫、石油加氢裂化）、钢铁冶金等行业中也都存在大量的高压流体，这都需要利用泵反转来回收能量。

液力透平还可用于回收高温高压流体的能量，其中重油加氢脱硫装置用的能量回收液力透平作为能量回收设备，多级液力透平与电动机共同驱动双壳体高压多级加氢进料泵，电动机与泵及透平与泵之间分别配有增速箱和离合器。该透平的流量为300m^3/h，水头为1565m，输送介质为335℃的常渣油，进口压力为

12.8MPa，转速3680r/min，回收功率为650kW，年节省电能可超过500万kW·h。

1.4　液力透平的结构

液力透平的结构形式主要是离心泵，根据回收介质的流量、压力，各种形式的泵都可以充当液力透平，如OH2型、BB1型、BB2型、BB4型、BB5型等。泵的出口是透平入口，泵的入口是透平的出口。一般认为液力透平单级泵功率在22kW以上，多级泵在75kW以上是经济合理的。

1.5　液力透平基本参数

1.5.1　流量

单位时间内通过液力透平的液体的量称为流量，用符号 Q 表示，常用的单位为 m^3/h。透平的流量分为实际流量 Q 和理论流量 Q_t。通过透平进出口管路的实际流量 Q 由两部分组成，一部分是通过叶轮的流量，称为理论流量 Q_t，另一部分是通过口环、平衡孔、机械密封或级间泄漏等的泄漏流量 q。泵作透平的实际流量等于理论流量和泄漏量之和，即 $Q = Q_t + q$，如图1-6所示。

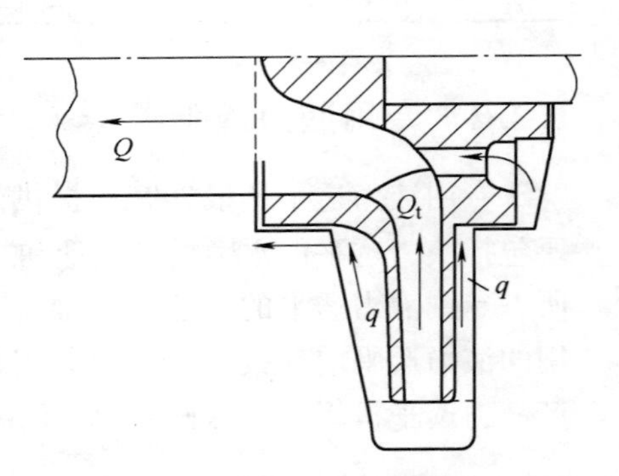

图1-6　液力透平流量的组成

1.5.2　水头

泵用作液力透平，液体在通过透平叶轮时与机器交换能量，单位质量（或体积）的液体与叶轮所交换的能量是液力透平最重要的参数之一。为了方便，以液柱高度表示单位重力（1N）液体的能量，则这个以液柱高度表示的进、出口断面单位重量液体能量的差值即为液力透平的水头，记为 H，单位为m。同时，对于不可压缩介质，不需考虑内能的变化，液体的能量差用透平进出口断面的压力能、动能和位能表示。

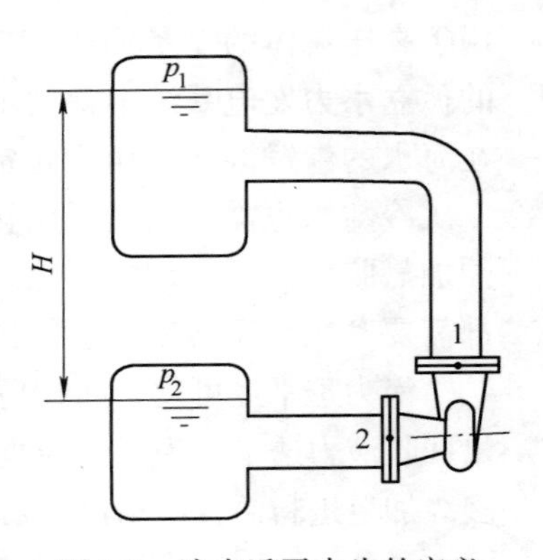

图1-7　液力透平水头的定义

如图1-7所示，用角标1表示透平的进口断

面，角标2表示透平的出口断面，则有

$$H=\frac{p_1-p_2}{\rho g}+\frac{v_1^2-v_2^2}{2g}+(z_1-z_2) \tag{1-13}$$

1.5.3 转速

液力透平的转速是透平叶轮在单位时间内的旋转次数，常用符号 n 表示，常用单位为转每分（r/min）。

1.5.4 功率和效率

液力透平的功率有水功率 P_h 和轴功率 P 两种。水功率是指单位时间内输入透平的有效能量，常用单位 kW，即

$$P_h=\rho gQH \tag{1-14}$$

轴功率 P 指单位时间内液力透平从液体中获得的有效能量（或从透平轴端输出的功率）。

由于液体通过透平时有一定的能量损耗，所以，液力透平的轴功率总是小于水功率。液力透平的轴功率与水功率之比称为透平的效率，用符号 η 表示。即

$$\eta=\frac{P}{P_h} \tag{1-15}$$

效率是用来衡量损失的大小，式（1-15）给出的是整机的总效率，总损失包括了透平各部分的各种能量损失，这些内容在后面的章节中进行详细讨论。

1.5.5 比转速

比转速是叶轮机械在相似工况下的一个综合性的相似判别数。一般液力透平比转速的定义与泵的相同，即液力透平在相似工况下工作时，当水头为1m、功率为1kW时液力透平所具有的转速，用符号 n_{st} 表示。可以看到，当水头 H 为常数时，比转速 n_{st} 越高，意味着机器的转速 n 和功率 P 越大。

设液力透平的转速为 n_t，则比转数公式为

$$n_{st}=\frac{3.65n_t\sqrt{Q_t}}{H_t^{3/4}} \tag{1-16}$$

1.6 液力透平的基本方程

泵做液力透平时，其内部流体流动为非常复杂的三元非定常流动。高压流体以一定的速度进入叶轮时，由于空间扭曲叶片所形成的流道对流体产生约束，

使流体不断地改变其运动的速度大小和方向，不断冲击叶轮叶片，推动叶轮转动，从而驱动透平轴旋转。为了进一步从理论上说明通过液力透平的流体能量是如何转换为叶轮机械能的，可应用动量矩定理来分析。

1.6.1 基本方程的推导

根据动量矩定理，单位时间内液流质量对透平主轴的动量矩变化等于作用在该质量上的全部外力对同一轴的力矩总和，即

$$\frac{\mathrm{d}\sum \Delta m v_{\mathrm{u}} r}{\mathrm{d}t} = \sum \Delta M_{\mathrm{z}} \tag{1-17}$$

式中 Δm——$\mathrm{d}t$ 时间内通过透平叶轮的液流质量；

r——半径；

$\sum \Delta M_{\mathrm{z}}$——作用在液体质量 m 上的所有外力矩总和。下标 z 代表透平轴线。

由于进入叶轮中的流体是轴对称的，因此可选取一个叶轮流道的流体来进行分析，如图 1-8 所示。图 1-9 所示为液力透平进出口速度三角形。

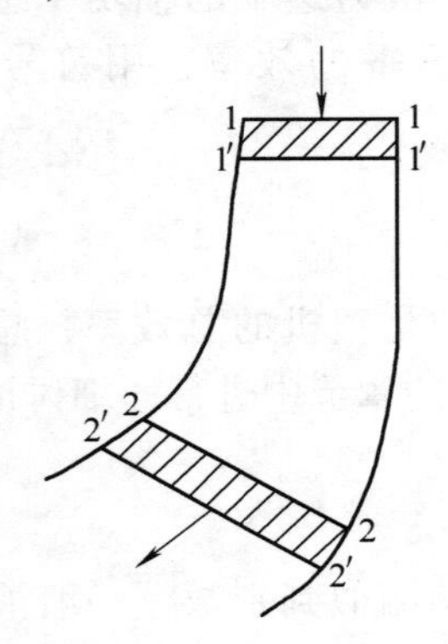

图 1-8 流体运动控制面示意图

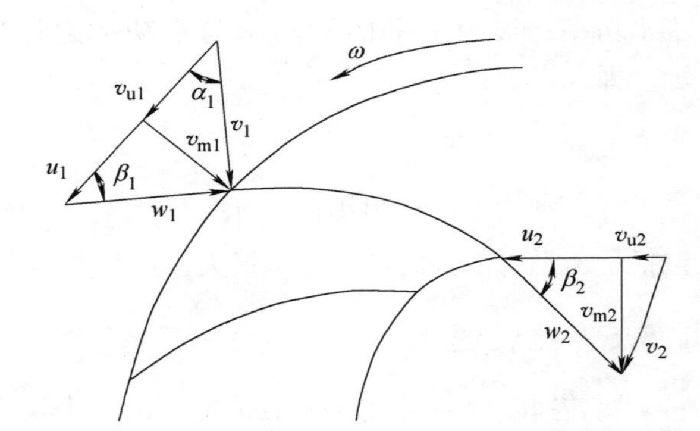

图 1-9 液力透平进出口速度三角形

叶轮出口 2—2 和 2′—2′断面间流体的动量矩

$$Q\frac{\gamma}{g}\mathrm{d}t v_{\mathrm{u2}} r_2$$

叶轮进口 1—1 和 1′—1′断面间流体的动量矩

$$Q\frac{\gamma}{g}\mathrm{d}t v_{\mathrm{u1}} r_1$$

$\mathrm{d}t$ 时间内的动量矩变化为

$$\Delta L = \frac{\gamma}{g} Q \mathrm{d}t (v_{\mathrm{u2}} r_2 - v_{\mathrm{u1}} r_1) \tag{1-18}$$

则一个流道的动量矩方程为

$$\frac{\gamma}{g}Q\mathrm{d}t(v_{u2}r_2 - v_{u1}r_1) = M_Z\mathrm{d}t \tag{1-19}$$

式中　v_{u1}——叶轮进口绝对速度的圆周分量；

v_{u2}——叶轮出口绝对速度的圆周分量。

对于式（1-19）右端的外力矩 M_Z，分析作用在液流（控制面内）质量上的外力及外力形成力矩的情况：

1）控制面以外的液流对控制面以内液流的作用力，这部分力作用在控制面内、外两个圆柱面上。显然，这部分力对叶轮轴线的力矩为零。

2）叶轮对控制面内液流的作用力，其中叶片对液流的作用力对叶轮转轴的力矩是 M_Z 的最主要的组成部分。叶轮的盖板对液流的正压力对轴的力矩为零，而由黏性摩擦产生的剪应力对轴的力矩不为零，但其值通常较小，其作用反映在透平的效率中，故在此处不予考虑。

这样，作用在液流质量上的外力矩就仅有叶轮叶片对液流的作用力所产生的力矩，记为 M_0，即 $M_Z = M_0$。

液流对叶轮的作用力矩记为 M，根据作用力与反作用力定律，它与叶轮叶片对液流的作用力矩 M_0在数值上相等而方向相反，即 $M = -M_0$，则（1-19）式可写成

$$\frac{\gamma}{g}Q(v_{u1}r_1 - v_{u2}r_2) = M \tag{1-20}$$

式（1-20）初步说明了液力透平中液体能量转换为旋转机械能的基本平衡关系。为了应用方便，常将这种机械力矩 M 乘以叶轮的旋转角速度 ω，用功率的形式来表达，这样即可得出液流作用在透平叶轮上的功率为

$$P = M\omega = \frac{\gamma}{g}Q\omega(v_{u1}r_1 - v_{u2}r_2) \tag{1-21}$$

即 $P = \frac{\gamma}{g}Q(v_{u1}u_1 - v_{u2}u_2)$

又，通过液力透平的有效功率为

$$P = QH\gamma\eta_h \tag{1-22}$$

式中　η_h——液力透平的水力效率。

将式（1-22）代入式（1-21）得

$$H\eta_h = \frac{\omega}{g}(v_{u1}r_1 - v_{u2}r_2) \tag{1-23}$$

或

$$H\eta_h = \frac{1}{g}(v_{u1}u_1 - v_{u2}u_2) \tag{1-24}$$

式（1-23）和式（1-24）为液力透平的基本方程。

1.6.2 基本方程的几点说明

式（1-24）左边，表示作用于透平叶轮单位重量液流所具有的有效能量，也就是单位重量液流所传给透平叶轮的有效能量。式（1-24）右边，则表示叶轮进、出口速度矩的改变（即液流本身运动状态的变化）。因此，液力透平基本方程式给出了液力透平能量参数与运动参数之间的关系，它们实质上也都表明了流体能量转换为叶轮旋转机械能的基本平衡关系，是自然界能量守恒定律的另一种表现形式。

此外，基本方程还可以用环量的形式表示，即

$$H\eta_{\rm h}=\frac{\omega}{2\pi g}(\Gamma_1-\Gamma_2) \tag{1-25}$$

式中 Γ_1——叶轮进口处液流速度环量，$\Gamma_1=2\pi r_1 v_{u1}$；

Γ_2——叶轮出口处液流速度环量，$\Gamma_2=2\pi r_2 v_{u2}$。

由液力透平的基本方程可见液流对叶轮作用的有效能量，是靠叶轮进、出口必要的速度矩或环量差来保证的。显然 $v_{u1}r_1-v_{u2}r_2=0$ 就不能利用液体能量做功。液流对叶轮做功的必要条件是当它通过叶轮时，其速度矩或环量发生变化。如果叶轮进、出口速度矩变化得不充分，则流体对叶轮作用力矩就要减少，液流的能量就得不到充分利用，表现为效率降低。

另外，由基本方程知，液流流经叶轮后，速度矩从叶轮进口的 $v_{u1}r_1$ 减小到出口的 $v_{u2}r_2$ 时，每单位重量的流体传给叶轮的能量为 $H\eta_{\rm h}$，并使叶轮以角速度 ω 旋转。因此，为使液力透平具有较高效率，要求叶轮叶片具有合理的形状。

1.7 液力透平特性曲线

该特性曲线用于表达液力透平不同工况下对液流能量的转换、空化等方面的水力特性，这些特性是透平机内部流动规律的外在表现，即液力透平的外特性。本节主要对离心泵作透平外特性曲线的组成和外特性变化趋势与透平几何参数之间的关系进行分析。

1.7.1 流量水头特性曲线

如图 1-10 所示，将透平内部流动区域划分为图示三个部分：蜗壳、叶轮和尾水管。则由前面内容可知，透平的实际水头等于透平的理论水头与锅壳、叶轮和尾水管内部水力损失之和，即

$$H=H_{\rm t}+\sum h \tag{1-26}$$

式中

$$\sum h=h_{蜗壳}+h_{叶轮}+h_{尾水管} \tag{1-27}$$

液力透平内部的水力损失可分为两部分，一部分是流体与流道摩擦引起的摩擦损失，记为 h_f，与流量二次方成正比，即

$$h_f = KQ^2 \tag{1-28}$$

另一部分是液流与叶轮进口冲击引起的冲击损失 h_s，冲击损失和流量与最优工况流量的偏离值 ΔQ 的二次方成正比，在最优工况时近似为零，即

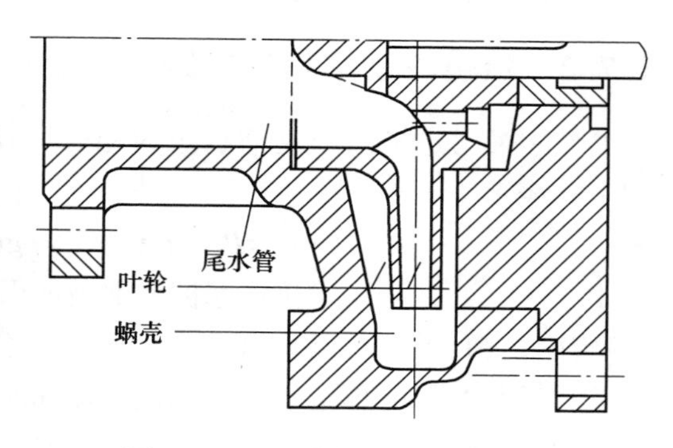

图 1-10　透平内部流动区域划分

$$h_s = K\Delta Q^2 \tag{1-29}$$

又由液力透平基本方程式和叶轮进出口速度三角形（图 1-9），设叶片数为无穷时液力透平的理论水头为 H_∞，则有

$$\begin{aligned} H_\infty &= (v_{u1}u_1 - v_{u2}u_2)/g = [u_1(u_1 - v_{m1}\cot\beta_1) - u_2 v_{m2}\cot\alpha_2]/g \\ &= \left[u_1\left(u_1 - \frac{Q_t}{A_1}\cot\beta_1\right) - u_2\frac{Q_t}{A_2}\cot\alpha_2\right]/g \end{aligned} \tag{1-30}$$

叶片数为有限时，考虑叶轮内部滑移（关于滑移理论本书后续章节将详细讲述），液力透平的理论水头为

$$H_t = \lambda H_\infty \tag{1-31}$$

式中　λ——滑移系数。

故由式（1-30）和式（1-31）知，液力透平的理论水头与理论流量呈线性关系，即

$$H_t = KQ_t \tag{1-32}$$

由式（1-29）和式（1-32）可知，液力透平的流量与水头之间的关系可以表示为

$$H = f(Q^2, Q_t) \tag{1-33}$$

如图 1-11 所示为液力透平流量水头特性曲线的组成。

图中 q 为由于口环间隙、平衡孔、机械密封等引起的泄漏量。高压液体通过口环间隙、平衡孔、机械密封等的泄漏会引起液体压力能的损失，其压力能的损失量在图中用 ΔH_t 表示。

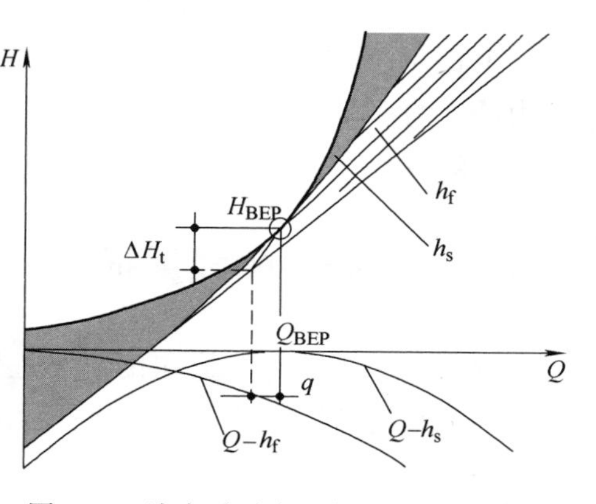

图 1-11　液力透平流量水头的特性曲线

1.7.2 流量轴功率特性曲线

假定液力透平内部流动状态为稳态流动，根据前面内容可知，轴功率可以用下式表示

$$P = P' - P_m - P_l = \rho g Q_t H_t - P_m - P_l \tag{1-34}$$

式中 P_m、P_l——由于机械摩擦和泄漏而引起的功率损失。

从式（1-34）可以看出，液力透平的 Q-P 曲线与液力透平内部的水力损失无关，只与叶轮的理论水头、机械摩擦和泄漏等引起的功率损失有关。

由于

$$u = \pi Dn/60 \tag{1-35}$$

则由式（1-30）、式（1-31）、式（1-34）和式（1-35），液力透平的 Q-P 曲线可以表示为

$$P = f(Q_t^2, \lambda, A_2, A_1, \alpha_2, \beta_1, D_2, D_1, P_m, P_l) \tag{1-36}$$

其中液力透平的 Q-P 曲线与叶轮直径 D_2 和滑移系数 λ 成正比，与叶轮进出口面积 A_2、A_1 成反比。

当液力透平几何参数一定时，透平的 Q-P 曲线为理论流量的二次函数，即

$$P = f(Q_t^2) \tag{1-37}$$

因此，当流量增加时，液力透平的 Q-P 曲线与理论流量呈二次函数关系增加。

1.7.3 流量效率特性曲线

液力透平的效率由机械效率 η_m、水力效率 η_h 和容积效率 η_v 三部分组成。当液力透平的机械效率和容积效率一定时，液力透平的效率可以表示为

$$\eta = f(\eta_h) = f(H_t, H) = f(H_t, \sum h) \tag{1-38}$$

由式（1-38）可知，液力透平的流量效率曲线是液力透平的理论水头 H_t 与液力透平的实际水头 H（即理论水头 H_t 与液力透平内部总水力损失 $\sum h$ 之和）比值的函数。

1.8 液力透平的能量损失

液力透平产生的能量在传递的过程中存在各种损失，其中包括水力损失、容积损失和机械损失等，因而使得液力透平的轴功率总是小于水功率。透平轴功率与水功率的比为透平的总效率 η，各类能量损失的大小用相应的效率来衡量，因而总效率由水力效率 η_h、容积效率 η_v 和机械效率 η_m 组成，现分别进行详细分析。

1.8.1　水力损失及水力效率

液体通过液力透平蜗壳、叶轮及尾水管等水力过流部件时会产生局部摩擦损失和冲击、脱流、速度方向改变等引起的水力损失，这种损失与流速的大小、过流部件的形状及其表面的粗糙度有关。

设通过液力透平的水头损失为 h，则通过液力透平的有效水头为 $H-h$。液力透平的水力效率 η_h 为

$$\eta_h=\frac{H-h}{H}=\frac{H_t}{H} \tag{1-39}$$

1.8.2　容积损失及容积效率

液力透平在运行过程中有一小部分流量 q 从液力透平的固定部件和旋转部件之间的间隙中漏出，这部分的流量没有对叶轮做功，故称为容积损失（泄露损失）。液力透平的理论流量与实际流量的比值称为容积效率 η_v，为

$$\eta_v=\frac{Q-q}{Q}=\frac{Q_t}{Q} \tag{1-40}$$

1.8.3　机械损失及机械效率

扣除水力损失和容积损失后，即可以得到液体作用在叶轮上的有效功率 P'。液力透平将此有效功率转变为液力透平轴的输出功率的过程中还需要克服机械密封、轴承、圆盘摩擦等产生的一小部分功率损失 P_m。即可得出机械效率为

$$\eta_m=\frac{P'-P_m}{P'}=\frac{P}{P'}=\frac{P}{\rho g Q_t H_t} \tag{1-41}$$

由式（1-15）、式（1-39）、式（1-40）和式（1-41）得液力透平的总效率为

$$\eta=\frac{P}{P_h}=\eta_h\eta_v\eta_m \tag{1-42}$$

即液力透平的效率等于水力效率、容积效率和机械效率三者的乘积。

以上各公式均适用于不可压缩介质情况，对于可压缩介质，可参考相关书籍。

1.9　本章小结

本章主要对液力透平的基础知识做了介绍，并给出了表征液体通过液力透平时流体能量转换为叶轮旋转机械能过程中的一些特征数据；利用动量矩定理

推导了高压流体能量转换为叶轮旋转机械能的能量平衡关系式——液力透平的基本方程，用数学方式确定了速度场中液力透平叶轮受液体单位能量变化而引起的机械能的增加；分析了液力透平产生的能量在传递过程中存在的各种损失及相应的各种效率，包括水力效率、容积效率和机械效率；最后给出了液力透平的 Q-P 特性曲线、Q-H 特性曲线和 Q-η 特性曲线，表征了液力透平的内部流动规律特性，并对外特性变化趋势与液力透平部分几何参数之间的关系进行了分析。

第 2 章　液力透平试验台

液力透平运转时稳定性较差是影响液力透平试验的一个重要因素，所以在设计液力透平试验台时如何控制液力透平的转速恒定是一个至关重要的问题，同时还要准确地利用或消耗液力透平产生的能量，并要准确地测量液力透平的输出功率。因此，液力透平试验台的设计是一个比泵试验台设计更为复杂的工作，并且设计过程难度较大，整个试验周期较长。

2.1　试验台的设计

液力透平试验台的设计首先要以实际安装现场的面积大小和水池的位置来进行布局设计；其次还要考虑试验测量的方便性，并尽量减小和避免试验系统造成的误差。在试验设备的选择上尽量选择测量精度高的仪器和设备，为了使流入液力透平进口的液流较为稳定，在液力透平的进口还需要有足够长的直管。

液力透平开式试验台用到的主要设备有：供水泵、液力透平、消能泵或测功机、电动机、流量计、转矩转速传感器、压差传感器、调节阀、闸阀、底阀和各种管路等；对于液力透平闭式试验台用到的主要设备除了上述设备外，需要的主要设备还有压力罐；对于气液两相液力透平试验台用到的主要设备除了上述设备外，还有空气压缩机和气体流量计等。

在选择设备时均需根据试验对象（液力透平）的参数来进行选取：当液力透平选定以后，需根据液力透平的流量和水头选取供水泵及与供水泵配套的电动机；根据液力透平的流量选择流量计；根据液力透平的水头选择压差传感器；根据液力透平的输出功率范围选择消能泵。由于液力透平的输出功率范围均大于可选消能泵的轴功率范围，所以为了能够利用消能泵消除液力透平的输出功率，需选择轴功率范围可以包括液力透平设计工况点附近的输出功率范围的消能泵，这样就可以利用试验确定液力透平的最优工况点，也可以进行简单的液力透平性能试验研究，或者选择 2～3 台不同消能泵来测量液力透平全工况功率。另外选用测功机也可以测量液力透平全工况的输出功率，但使用测功机成本相对较高。转矩转速传感器可根据液力透平的额定转矩选择，利用显示仪表显示转速和转矩，从而可计算出液力透平的输出功率。

图 2-1 所示为某企业设计的液力透平试验台示意图，图 2-2 所示为该企业的液力透平的试验现场。

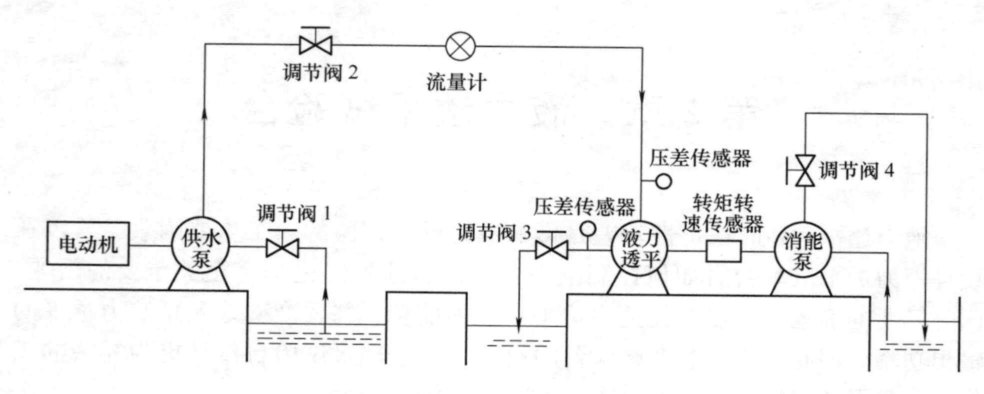

图 2-1 液力透平试验台示意图

图 2-2 液力透平试验现场

2.2 试验方案与步骤

液力透平试验的具体实施方案为：电动机驱动一台供水泵工作，使供水泵向液力透平输送高压液体。利用消能泵消除液力透平输出的能量，消能泵利用液力透平输出的功率工作，在消能泵的出口安装一调节阀，通过调节消能泵的出口流量实现对液力透平转速的控制。在液力透平和消能泵之间安装转矩转速传感器测量液力透平的输出转矩和转速，在液力透平的输入管路安装电磁流量计测量流量，在液力透平的输入、输出管路安装压差传感器测量液力透平的压头。由此可得到需要测量的液力透平的输出功率、水头和效率以及液力透平在不同条件下的外特性曲线。

其具体试验过程如下：

1）关闭所有阀门，消能泵和供水泵抽真空或者灌水[20]。

2）逐渐打开供水泵出口处的调节阀2，使液力透平转速调节在额定转速，记录第一组的流量、压差和转矩的数据，此时测量的是消能泵关死点功率，即试验台能够测量的最小轴功率。

3）保持供水泵出口处的调节阀2开度不变，调节消能泵出口的调节阀4以增加负载，此时液力透平转速下降，保持消能泵出口的调节阀4开度不变，调节供水泵出口处的调节阀2使液力透平转速增至额定转速，记录第二组的流量、压差和转矩的数据。

4）依次记录第三组的流量、压差和转矩的数据……，直至消能泵出口的调节阀4全开。

2.3　流量的测量与计算

2.3.1　流量的概念和单位

流量是单位时间内流过管道横截面或明渠横断面的流体量[21]。如果流体量以体积表示时，称为体积流量；流体量以质量表示时，称为质量流量。即

$$Q = \frac{V}{\Delta t} = vA \tag{2-1}$$

$$Q_{\mathrm{m}} = \frac{m}{\Delta t} = \rho vA \tag{2-2}$$

式中　Q——体积流量（m^3/s）；

Q_{m}——质量流量（kg/s）；

V——流体体积（m^3）；

m——流体质量（kg）；

Δt——时间（s）；

ρ——流体密度（kg/m^3）；

v——管内平均流速（m/s）；

A——管道横截面积（m^2）。

如果流动是不随时间显著变化的，称该流动为定常流，则式（2-1）、式（2-2）中的时间 Δt 可取任意单位时间。如果流动是非定常流，流量随时间不断变化，则式（2-1）、式（2-2）中的时间 Δt 应足够短，以至可以认为在该时间内流动

是稳定的。

累积流量是在一段时间 $t_1 \sim t_2$ 内流过管道横截面或明渠横断面的流体总量。在数值上它等于流量对时间的积分，即

$$V = \int_{t_1}^{t_2} Q \mathrm{d}t \tag{2-3}$$

$$m = \int_{t_1}^{t_2} Q_{\mathrm{m}} \mathrm{d}t \tag{2-4}$$

在国际单位制中，体积流量的单位为 $\mathrm{m^3/s}$；质量流量的单位为 kg/s。在工程中常用的体积流量单位还有：$\mathrm{m^3/h}$ 和 L/s 等；质量流量单位有：kg/h 和 t/h 等[22]。

各种流量单位的换算关系见表 2-1 和表 2-2。

表 2-1　体积流量单位换算表

$\mathrm{m^3/s}$（米³/秒）	L/s（升/秒）	$\mathrm{m^3/h}$（米³/小时）	L/h（升/小时）	$\mathrm{ft^3/s}$（英尺³/秒）	UKgal/s（英加仑/秒）	USgal/s（美加仑/秒）
1	1000	3600	3.6×10^{6}	35.3	220	264.2
0.001	1	3.6	3600	35.3×10^{-3}	0.22	0.2624
278×10^{-6}	278×10^{-3}	1	1000	9.8×10^{-3}	61.1×10^{-3}	73.5×10^{-3}
278×10^{-9}	278×10^{-6}	0.001	1	9.8×10^{-6}	61.1×10^{-6}	73.5×10^{-6}
28.3×10^{-3}	28.32	101.9	101.9×10^{3}	1	6.23	7.48
4.546×10^{-3}	4.546	16.37	16.37×10^{3}	0.1605	1	1.201
3.785×10^{-3}	3.785	13.63	13.63×10^{3}	0.134	0.833	1

表 2-2　质量流量单位换算表

kg/h（千克/小时）	kg/min（千克/分）	kg/s（千克/秒）	t/h（吨/小时）	lb/h（磅/小时）	lb/s（磅/秒）
1	16.7×10^{-3}	278×10^{-6}	0.001	2.205	612×10^{-6}
60	1	16.7×10^{-3}	0.06	132.3	36.7×10^{-3}
3600	60	1	3.6	7.94×10^{3}	2.205
1000	16.7	278×10^{-3}	1	2205	612×10^{-3}
0.454	7.56×10^{-3}	126×10^{-6}	0.454×10^{-3}	1	278×10^{-6}
1633	27.2	0.454	1.633	3600	1

液力透平试验中流量的测量主要是管道流量的测量，测量流量的仪表称流量计。管道式体积流量计有节流式流量计、弯管流量计、均速管流量计、涡轮流量计、电磁流量计、超声波流量计等。体积流量计有科里奥利流量计、热式流量计等。另外还有称重法、容积法，常用于流量的标定。

这里重点介绍在液力透平试验中最常用的几种流量计。

2.3.2　流量测量仪表

1. 节流式流量计

节流式流量计工作原理如图2-3所示。在管道中安装一个直径比管径小的节流件，当充满管道的单向流体流经节流件时，由于流道截面突然缩小，流束将在节流件处形成局部收缩，使流速加快[23]。根据能量守恒定律，动压能和静压能在一定条件下可以互相转换。流速加快必然导致压力 p 降低，于是在节流件前后产生静压差 Δp，而静压差的大小和流过的流体流量 Q 有关，所以可通过静压差来求得流量。

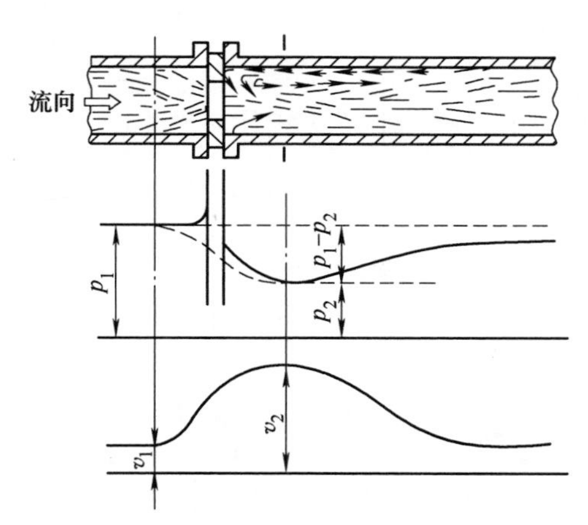

图2-3　节流式流量计工作原理

v_1—流体流经节流件前的流速　v_2—流体流经节流件后的流速

p_1—流体流经节流件前的静压　p_2—流体流经节流件后的静压

静压差通过导压管与压差计连接，测得静压差 $\Delta p = p_1 - p_2$，经理论推导后可求得流过管道流体的流量。

体积流量公式为

$$Q = \alpha\varepsilon \frac{\pi}{4} d^2 \sqrt{\frac{2\Delta p}{\rho}} \tag{2-5}$$

式中　α——流量系数；

ε——气体膨胀系数，当测定液体时，$\varepsilon = 1$；

d——节流件开孔直径（m）；

Δp——节流件上游侧压力 p_1 和下游侧压力 p_2 的差值（Pa）；

ρ——流体密度（kg/m^3）。

1）节流装置。标准节流装置是孔板、喷嘴和文丘里管，如图2-4所示。

2）取压方式。节流装置的取压方式以孔板为例，有五种取压方式，各种取压方式的取压孔位置如图 2-5 所示。

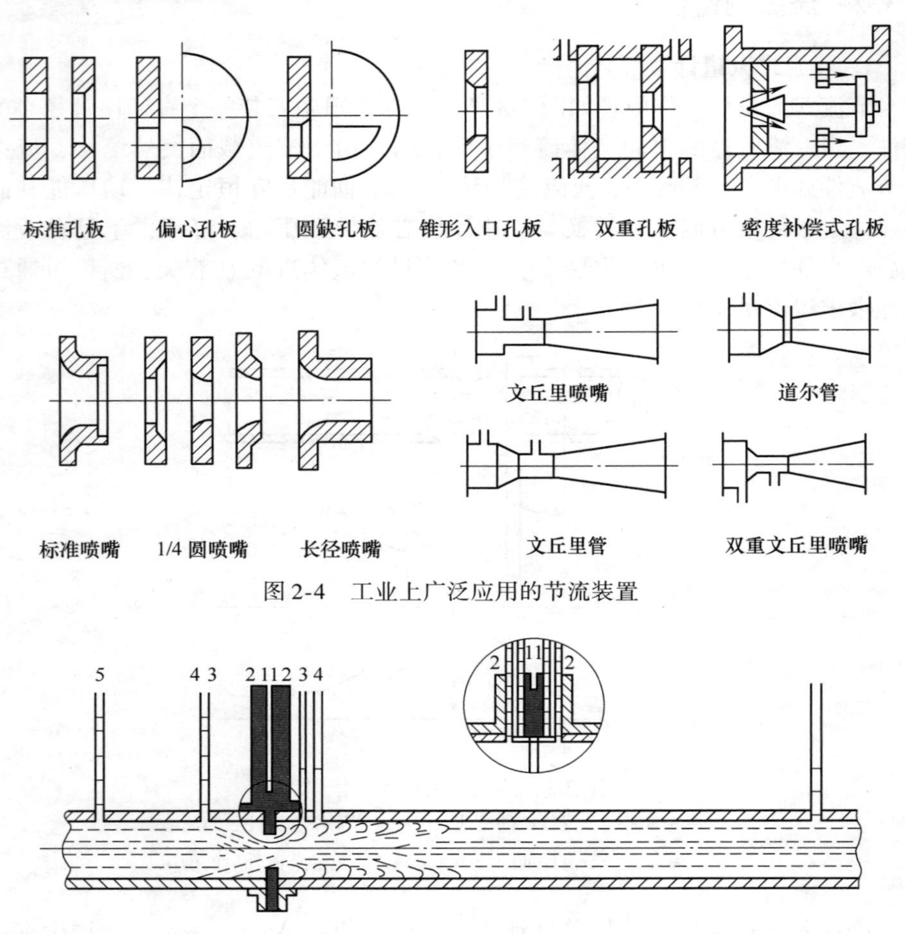

图 2-4　工业上广泛应用的节流装置

图 2-5　孔板的各种取压方式

1—角接取压　2—法兰取压　3—径距取压　4—理论取压　5—管接取压

① 角接取压。在这种取压方式中，上下游取压孔中心至孔板（喷嘴）前后端的间距各等于取压孔直径的一半或等于取压环隙宽度的一半，因而取压孔穿透处与孔板端正好相平。

② 法兰取压。在这种取压方式中，上下游取压孔中心至孔板前后端面的间距均为（25. 4 ±0. 8）mm。

③ 径距取压。在这种取压方式中，上游取压孔中心至孔板（喷嘴）前端面的间距为 D，下游取压孔中心至孔板（喷嘴）前端面的间距为 $D/2$。

④ 理论取压。在这种取压方式中，上游取压孔中心至孔板前端面的间距为 $D \pm 0.1D$，下游取压空中心至孔板前端面的间距见表 2-3。

⑤ 管接取压。在这种取压方式中，上游取压孔中心至孔板前端面为2.5D，下游取压孔中心至孔板后端面为8D。

表2-3　理论取压下游取压孔位置

d/D	下游取压孔位置	d/D	下游取压孔位置
0.10	0.84（1±0.30）D	0.50	0.63（1±0.25）D
0.20	0.80（1±0.30）D	0.60	0.55（1±0.25）D
0.30	0.76（1±0.30）D	0.70	0.45（1±0.10）D
0.40	0.70（1±0.25）D	0.80	0.34（1±0.10）D

注：d是节流装置的直径，D为管道内直径。

以上五种取压方式各有不同。经分析，角接取压容易实现环室取压，可提高测量精度，而法兰取压安装方便。

3）前、后直管段。节流式流量计除了应具备上游10倍管径长，下游4倍管径的平直测量管外，还应包括节流件上游第一个局部阻力件与第二个局部阻力件，节流件下游第一个局部阻力件之间的长度，而且不同的节流件有不同的要求，详见国家标准GB/T 2624—2006。

节流式流量计，其结构简单、工作可靠、成本低，并具有一定的准确度。研究、设计和使用历史悠久，有丰富的、可靠的实验数据，设计加工已经标准化。不需要进行实流标定，也能在已知的不确定度范围内进行流量测量。测量时，流体必须充满管道和节流装置，并连续地流经管道。流经的流体必须是牛顿流体，即单相流和定常流。标准节流装置不适用于脉动流和临界流的流量测量。

2. 涡轮流量计

涡轮流量计是一种速度式流量仪表，其结构如图2-6所示。它主要由壳体组件1、前后导向架组件2和4、叶轮组件3和信号检测放大器6等组成。

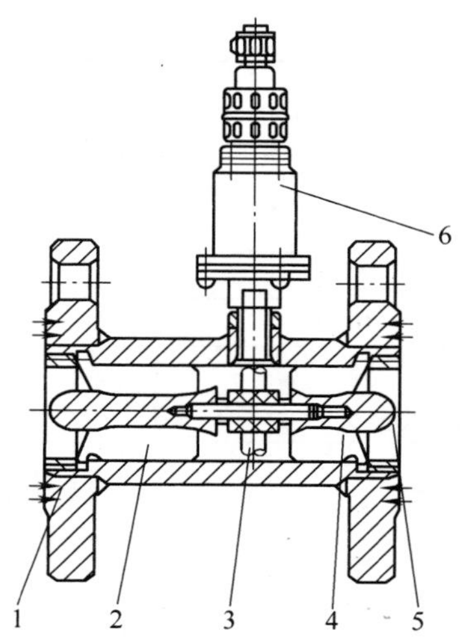

图2-6　涡轮流量计结构

1—壳体组件　2—前导向架组件
3—叶轮组件　4—后导向架组件
5—压紧圈　6—信号检测放大器

当被测流体通过涡轮流量传感器时，流体通过导流器冲击涡轮叶片，由于涡轮的叶片与流体流向间有一倾角口，流体的冲击力对涡轮产生转动力矩，使涡轮克服机械摩擦阻力矩和流动阻力矩而转动。在一定的流量范围内，对于一定的流体介质黏度，涡轮的旋转角速度与通过涡轮的流量成正比。涡轮的旋转角速度一般都是通过安装在传感器壳体外面的信号检测放大器，用磁电感应的原理来测量转换的。当涡轮转动时，涡轮上由导磁不锈钢制成的螺旋形叶片依次接近和离开处于管壁外的磁电感应线圈，周期性地改变感应线圈磁回路的磁阻，使通过线圈的磁通量发生周期性的变化而产生与流量成正比的脉冲电信号。此脉冲信号经信号检测放大器放大整形后送至显示仪表（或计算机），显示流体流量或总量。

在某一流量范围和一定黏度范围内，涡轮流量计输出的信号脉冲频率与通过涡轮流量计的体积流量成正比，即

$$Q=\frac{f}{k_0} \tag{2-6}$$

式中　k_0——与数学模型有关的仪表常数（1/L 或 1/m^3）。

通常情况下，对一定的涡轮流量计和介质，k_0值由标定求得，且表示成流量的关系曲线，称为涡轮流量计的特性曲线。图 2-7 所示为典型的涡轮流量计特性曲线。

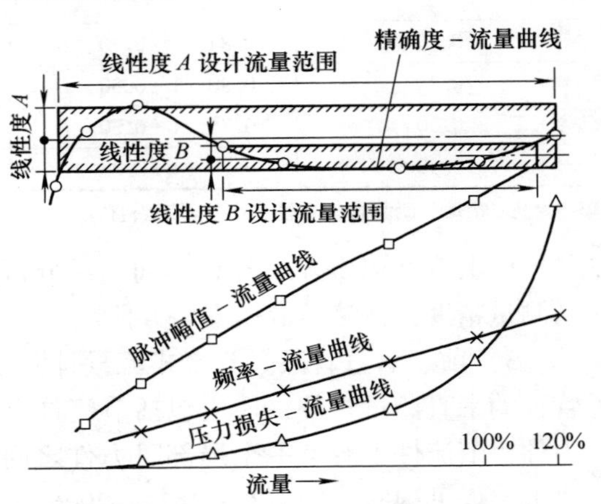

图 2-7　典型的涡轮流量计特性曲线

流量计的规格、流量范围、精度、最大工作压力和在正常流量范围的上限值时的压力降等见表 2-4。

表 2-4　涡轮流量计的常用规格

公称直径 D/mm	流量范围/(m^3/h)				最大工作压力/kPa	压力降/kPa
	精度 ±0.5%		精度 ±1%			
	最小	最大	最小	最大		
4	—	—	0.04	0.25	6400	120
6	—	—	0.1	0.6		100
10	—	—	0.2	1.2		60
15	0.6	4	0.6	6	6400	35
25	1.6	10	1	10		
40	3	20	2	20	1600	25
50	6	40	4	40		
80	16	100	10	100		
100	25	160	20	200	2500	
150	50	300	40	400		
200	100	600	80	800		
250	160	1000	120	1200	1600	25

流量计应水平安装，其壳体上的流向标志方向与流体流动方向应该一致。流量计的下游侧应有不小于5D长度的直管段，上游侧一般不少于20D长度的直管段，或按下式计算

$$L = 0.75\frac{K_s}{\lambda}D \tag{2-7}$$

式中　L——直管段长度（mm）；

D——流量计的内径（mm）；

λ——管道内摩擦因数，处于湍流状态时，$\lambda = 0.0175$；

K_s——漩涡速度比，由流量计上游侧管路情况决定，如图2-8所示。

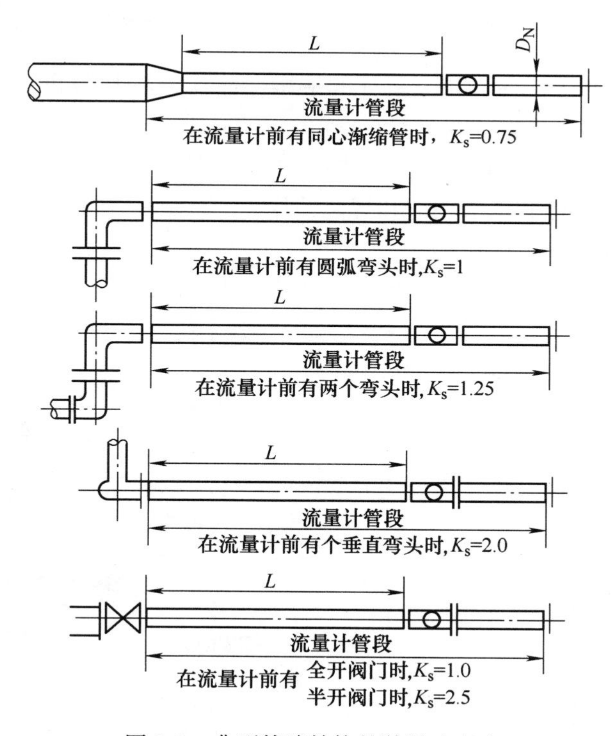

图2-8　典型管路结构的漩涡速度比

流量计上游直管段的内径与流量计的内径相差应在流量计内径的±3%以内或不得超过5mm（两者取小者）。在流量计上游10D长度内、下游2D长度内，管道内壁应清洁，无明显凹痕、结垢和起皮现象。

影响涡轮流量计测量精度的主要原因是流速分布不均匀和漩流的存在，特别是回流影响最大。消除回流的方法是在上游部分的管道内装入整流器。通常采用图2-9所示的整流器。装入整流器后，上游部分直管段长度有10D就行了。如果有（15~20）D的直管段再装入整流器，在任何情况下都能使测量精度保持

在 ±0.2% 以内。

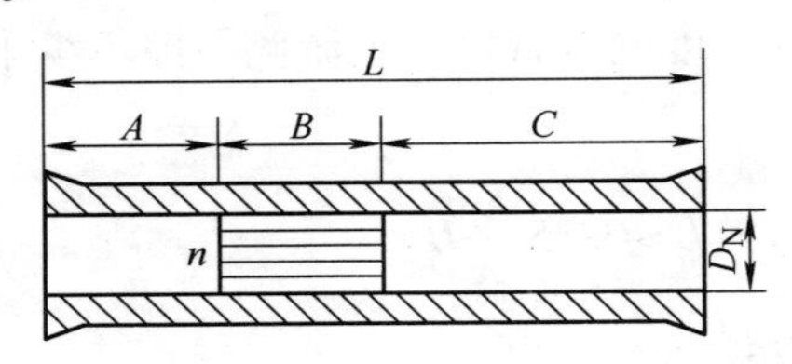

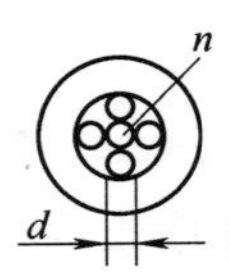

图 2-9　整流器

L—整流器总长度，一般取 $L=10D_N$　A—上游混合室长度。一般取 $A=(2\sim3)D_N$　B—导流（或导流片）长度，一般取 $B=(1.3\sim2)D_N$　C—下游混合室长度，一般取 $C=0.5D_N$ 以上　D_N—流量计公称口径　n—整流器内导流管（导流片）数，4 个以上　d—导流管公称口径

流量控制阀要安装在涡轮流量计的下游，而在上游装截止阀时，必须全开。总之，必须注意不要使涡轮流量计的上游部分的流动发生紊乱。

流量计的上游应装有能除去流体中各种杂质的过滤器，过滤网目数为 20 ~ 60 目，以确保流量计的正常工作和提高使用寿命。

3. 电磁流量计

根据法拉第电磁感应定律，导电液体在磁场内流动将产生感应电动势，如图 2-10 所示。

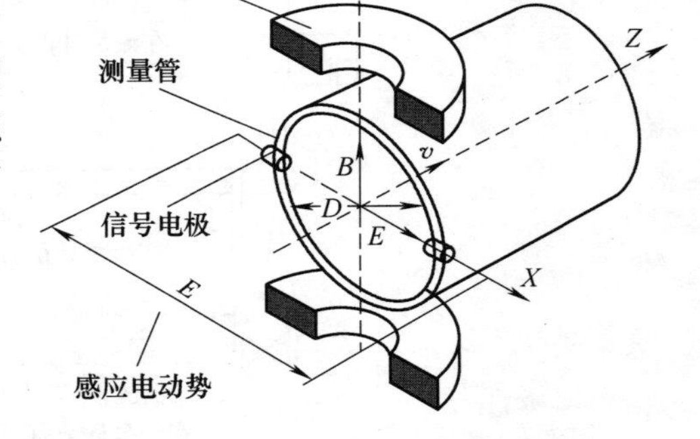

图 2-10　电磁流量计工作原理

导电流体流过传感器工作磁场时，在测量管管壁与流动方向和磁场方向相互垂直方向的一对电极间，产生与体积流量成比例的电动势。电动势的大小可表示如下

$$E=kBDv \tag{2-8}$$

式中　E——感应电动势信号（V）；

k——常数；

B——磁感应强度（T）；

D——测量管内径（m）；

v——测量管内电极断面轴线方向平均流速（m/s）。

因为流量 $Q=\dfrac{\pi D^2}{4}v$，则

$$Q=\frac{\pi D}{4kB}E \tag{2-9}$$

或

$$Q=\frac{\pi DE}{4kB}=K\frac{E}{B}\quad K=\frac{\pi D}{4k} \tag{2-10}$$

式（2-9）说明测量管内径 D 和磁感应强度 B 一定时，流量 Q 与感应信号电动势 E 成正比关系。式（2－10）说明流量 Q 和感应信号电动势 E 与磁感应强度 B 的比值成正比关系。

电磁流量计由电磁流量传感器和电磁流量转换器组成[24]。按照其工作原理与结构特征，电磁流量计具有以下特点：

1）用以测量导电流体的体积流量。测量不受流体的密度、黏度、温度、压力的影响，在一定范围内不受电导率的影响。

2）传感器的测量管内无阻扰部件，因而几乎无压力损失，可靠性高。

3）测量范围大。同一口径传感器上限流速可在 0.3～15m/s 范围内连续调整。

4）与其他流量计相比，其上游的直管段较短。通常在 5D（D 为管道直径）以上。

5）可测正、反两个方向流动流体的流量。

但是，电磁流量计不能测量气体和石油、石油制品以及有机溶剂等不导电的液体。

典型电磁流量计的流速-流量对照表见表 2-5，图 2-11 和图 2-12 所示是不同流速下典型电磁流量计的精度曲线。

表 2-5　电磁流量计的流速-流量对照表　（单位：m^3/s）

通径/mm \ 流速/(m/s)	0.01（最小）	1	2	3	4	5	15（最大）
15	0.0064	0.6362	1.2723	1.9085	2.5447	3.1809	9.5426
20	0.0113	1.1310	2.2619	3.3929	4.5239	5.5649	16.9646
25	0.0177	1.7671	3.5343	5.3014	7.0686	8.8357	26.5072
40	0.0452	4.5239	9.0478	13.5717	18.0956	22.6195	67.8584
50	0.0707	7.0686	14.1372	21.2058	28.2743	35.3429	106.0288
65	0.1195	11.9459	23.8918	35.8377	47.7836	59.7295	179.1886
80	0.1810	18.0956	36.1911	54.2867	72.3823	90.4779	271.4336
100	0.2827	28.2743	56.5487	84.8230	113.0973	141.3717	424.1150
150	0.6362	63.6173	127.2345	190.8518	254.4690	318.0863	954.2588
200	1.1310	113.0973	226.1947	339.2920	452.3893	565.4867	1696.4600
250	1.7671	176.7146	353.4292	530.1438	706.8583	883.5729	2650.7188
300	2.5447	254.4690	508.9380	763.4070	1017.8760	1272.3450	3817.0351
350	3.4636	346.3606	692.7212	1039.0818	1385.4424	1731.8030	5195.4089
400	4.5239	452.3893	904.7787	1357.1680	1809.5574	2261.9467	6785.8401
450	5.7256	572.5553	1145.1105	1717.6658	2290.2210	2862.7763	8588.3289
500	7.0686	706.8583	1413.7164	2120.5750	2827.4334	3534.2917	10602.8752

（续）

通径/mm \ 流速/(m/s)	0.01（最小）	1	2	3	4	5	15（最大）
600	10.1788	1017.8760	2035.7520	3053.6281	4071.5041	5089.3801	15268.1403
700	13.8544	1385.4424	2770.8847	4156.3271	5541.7694	6927.2118	20781.3605
800	18.0956	1809.5574	3619.1147	5428.6721	7238.2295	9047.7868	27143.3605
900	22.9022	2290.2210	4580.4421	6870.6631	9160.8842	11451.1052	34353.3157
1000	28.2743	2827.4334	5654.8668	8482.3002	11309.7336	14137.1669	42411.5008
1200	40.7150	4071.5041	8143.0082	12214.5122	16286.0163	20357.5204	61072.5612
1400	55.4177	5541.7694	11083.5389	16625.3083	22167.0778	27708.8472	83126.5416
1600	72.3823	7238.2295	14476.4589	21714.6884	28952.9179	36191.1474	108573.4421
1800	91.6088	9160.8842	18321.7684	27482.6525	36643.5367	45804.4209	137413.2627
2000	113.0973	11309.7336	22619.4671	33929.2007	45239.9342	56548.6678	169646.0033
2200	136.8478	13684.7776	27369.5552	41054.3328	54739.1104	68423.8880	205217.6640
2400	162.8602	16286.0163	32572.0326	48858.0490	65144.0653	81430.0816	244290.2448
2600	191.1343	19113.4268	38226.8536	57340.2804	76453.7072	95567.1340	286701.4020

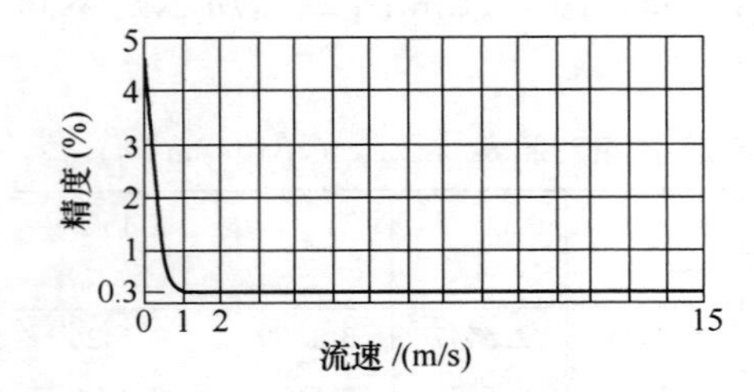

图 2-11 DN15 ~ 600 电磁流量计精度曲线

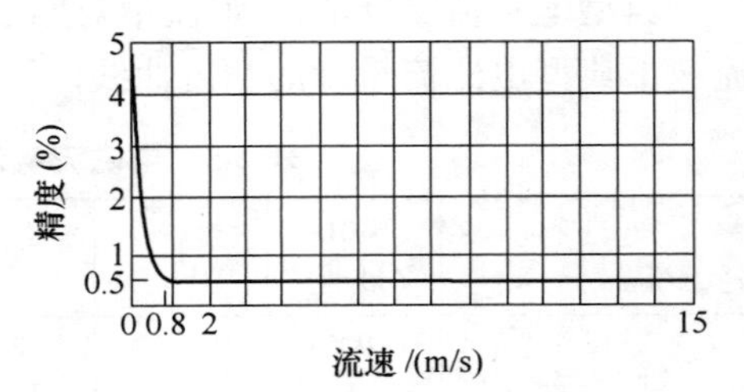

图 2-12 DN700 ~ 3000 电磁流量计精度曲线

4. 称量法和容器法

用容器可以测定一段时间内的平均流量。该方法是在一定时间内，由一个容器（量筒）收集排出液体，然后用称量法或容积法计量液体容量再除以时间。

1）仪器及装置。称量法由容器、秤（或天平）、切换器、计时器等组成。容器应有足够大的容积，测定时液体不应溢出容器外面。秤的最大容量不得超过被测液体质量 m 的 5 倍，秤的测量不确定度不能超过 ±0.03%。

容积法由量筒、切换器、计时器等组成。量筒应有足够大的容积，在测定时液体不应溢出量筒外面。确定量筒高度时，应使量筒内有 500mm 以上的水位差，横截面应上下一致，充满液体以后，不应发生变形，量筒的测量不确定度应小于 ±0.3%。

注意，如果使注入液体交替进入和排出量筒，量筒应是可接通和脱开，借此来控制注入液体；如果量筒是连接在管道中间的，则借量筒的出口关闭和打开来控制流出液体。

2）测定方法。向容器（或量筒）内注入液体的动作和注完撤离的动作应尽量快。两次切换时间之和不得超过0.5s。然后用大于60s的时间向容器（或量筒）内注入液体。测定次数，计时可采用时间计量仪器（如秒表、数字频率计等）。5～10次测量的标准偏差$S=0.35\%$。测定时应记下液体的温度。

注入容器（或量筒）的液体含有气泡时，待消失后再进行测定。测定气泡不易消失的液体最好用称量法。

3）流量的计算。用称量法测定时

$$Q=\frac{m}{\rho t} \tag{2-11}$$

式中 Q——体积流量（m^3/s）；

m——在单位时间内注入容器内的液体质量（kg）；

ρ——液体密度（kg/m^3）；

t——注入液体所需的时间（s）。

用容积法测定时

$$Q=\frac{V}{t} \tag{2-12}$$

式中 V——在时间t内注入量筒内的液体的体积（m^3）。

2.4 水头的测量与计算

水头H等于液力透平进口断面的总水头H_1与出口断面总水头H_2的代数差，即

$$H=H_1-H_2 \tag{2-13}$$

任何测量截面处的总水头都由压力水头$p/\rho g$、位置水头z和速度水头$v^2/2g$三部分组成。压力水头以及与速度水头有关的流量的测量，都会有对压力p进行测量的问题。

2.4.1 压力的概念和单位

在工程技术中，为了区别不同的测试目的，压力常用下述各表示形式。

（1）绝对压力 绝对压力是相对绝对真空所测得的压力，用p_A表示。

（2）大气压力 大气压力是由围绕地球的大气层本身的重力对地球表面单位面积所产生的压力。它随海拔、所处的纬度和气象情况而变化，并且也随着时间、地点的不同而变化，用p_a表示。

（3）标准大气压（物理大气压） 标准大气参数规定，纬度45°海平面处，

当温度为0℃时，重力加速度为9.80665m/s²时的大气压，其值与760mmHg（汞的密度为13595.1kg/m³时）所产生的压力相等，为101325Pa，此压力称为标准大气压，用atm表示。一般所说的大气压并不等于标准大气压。

（4）表压力　表压力是高于大气压力的绝对压力与大气压力之差，用p_g表示。测压表是以当地大气压强为计算起点，一般压力仪表，若无特殊装置，其零点压力实际就是当时的大气压力。当$p_A > p_a$时，表压力p_g为$p_g = p_A - p_a$。有时将大于大气压力的表压力又称为正（表）压力。

（5）相对真空度　当绝对压力小于大气压力时，大气压力与绝对压力之差，即比大气压力低的表压力称为相对真空度，也称负压，用p_v表示，$p_v = p_a - p_A$。

上述各压力表述形式之间的关系可用图2-13来说明。从图中可见，各种压力仅在于所取的基准零点不同而已。

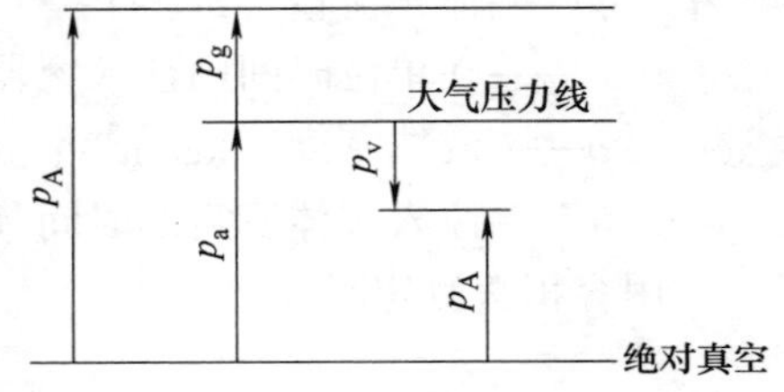

图2-13　压力术语之间的关系

在国际单位制中，压力的单位为Pa（帕斯卡），1Pa = 1N/m²。工程技术中压力变动范围较大，所以在使用时往往在法定压力计量单位前冠以词头表示。一般情况下，真空度用μPa（1×10^{-6}Pa）和mPa（1×10^{-3}Pa），即微帕和毫帕；低气压用hPa（1×10^{2}Pa），即百帕；中、低压用kPa（1×10^{3}Pa），即千帕；中、高压用MPa（1×10^{6}Pa），即兆帕；超高压用GPa（1×10^{9}Pa），即吉（咖）帕。

2.4.2　测压仪表

测压仪表通常分为液体式压力计、弹性式压力表、活塞式压力计和电测式压力计。其中，弹性式压力表使用最为广泛；但随着科学技术的发展和自动测控系统的需要，现在越来越多地使用电测式压力计，即压力传感器或压力变送器[25]。这里重点介绍常用的测压仪表。

1. 弹性式压力表

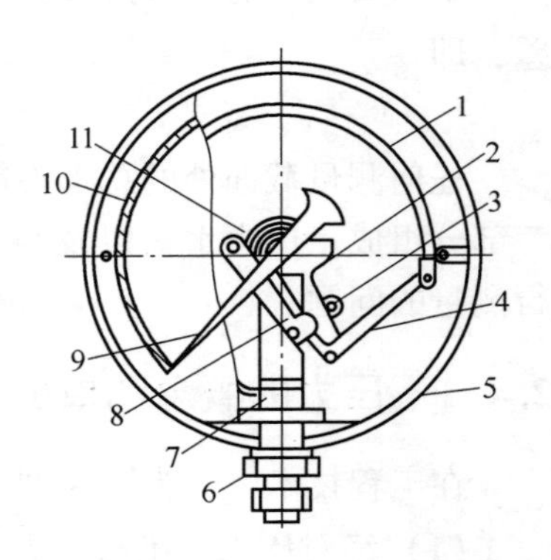

图2-14　单圈弹簧管压力表结构

1—弹簧管　2—扇形轮　3—下夹板　4—拉杆　5—外壳　6—管接头　7—支持器　8—上夹板　9—指针　10—表盘　11—中心小齿轮

单圈弹簧管压力表的结构如图2-14所示。其动作原理是：当管接头6与被测压力管路相连接时，被测的工作介质就进入到弹簧管1内，使弹簧管自由端向右上方移动，从而带动拉杆4，使扇形轮2绕自己的轴心转动一定的角度，中心小齿轮11也随着转动。这样装在小齿轮轴上的指针9也同时转动一定的角度，按照指针在表盘上移动的位置，便可确定被测压力的大小。

标准压力表精度等级应不低于0.4级。试验时应使用标准压力表，使用范围应在压力表量程的1/3～2/3的范围之内。测量液力透平的规定点时，其指针应在量程的1/3以上。压力表的上限压力分别为1×10^nMPa、1.6×10^nMPa、2.5×10^nMPa、4×10^nMPa、6×10^nMPa，其中$n=-1,0,1,2,3,4$等。

弹簧压力表由于温度变化引起的示值误差按下式计算

$$\Delta\leqslant(\delta\pm0.04\Delta t) \tag{2-14}$$

式中　δ——压力表精度级别的百分数；

Δt——使用温度与校核时温度之差。

当测量压力大于大气压力时，应排尽仪表与取压孔之间连接管内的空气并充满水之后再读仪表的示值。当测量压力小于大气压力时，弹簧真空压力计的连接管内允许充气，但应注意连接管内不得存水。

2. 电容式压力变送器

电容式压力变送器是应用十分广泛的一种压力变送器，它包括压力、差压、绝对压力、带开方的压差（用于流量测量）等几个品种，以及高差压、微差压、高静压等规格。尤其是电容式差压变送器，采用差动电容作为检测元件，完全没有机械传动机构和机械调整装置，尺寸紧凑、抗振性好、准确度高，而且零点调整和量程调整互不影响，因此，得到越来越广泛的应用。

二室结构的电容式差压传感器如图2-15所示。图中金属膜6为电容左右两个定极板，测量膜片7为动极板，并将左右空间分隔成两个室。左右二室充满硅油，当左右二室承受高压p_H和低压p_L时，硅油的不可压缩性和流动性将压差$\Delta p=p_H-p_L$传递到测量膜片左右面上。当$\Delta p=0$时，左右两电容C_H与C_L相等，$\Delta C=C_H-C_L=0$；当$\Delta p\neq0$时，测量膜片7变形，即动极板向低压侧定极板靠近，同时远离高压侧定极板，从而使$C_L>C_H$。采用差动电容的好处是减少介电常数ε受温度影响引起的不稳定性，又可提高灵敏度，改善线性关系。

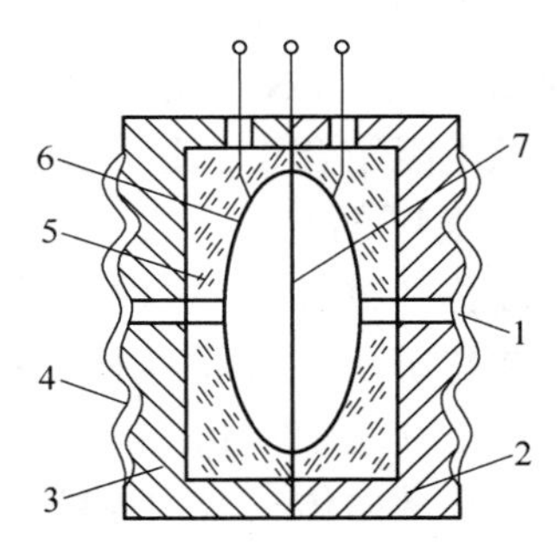

图2-15　二室结构的电容式差压传感器

1、4—波纹隔离膜片　2、3—不锈钢基座　5—玻璃层　6—金属膜　7—测量膜片

当$\Delta p\neq0$时，两侧电容变化如图2-16所示。图中动极板变形至虚线所示位置时，它与动极板初始位置间的假想电容为C_A，它与低压侧定极板间电容为C_L，它与高压侧定极板间电容为C_H。

由此得出

$$C_H = \frac{C_0 C_A}{C_A + C_0} \quad (2\text{-}15)$$

$$C_0 = \frac{C_A C_L}{C_A + C_L} \quad (2\text{-}16)$$

$$\frac{C_L - C_H}{C_L + C_H} = \frac{C_0}{C_A} \quad (2\text{-}17)$$

式中 C_0——测量膜片在初始位置时与定极板间电容。

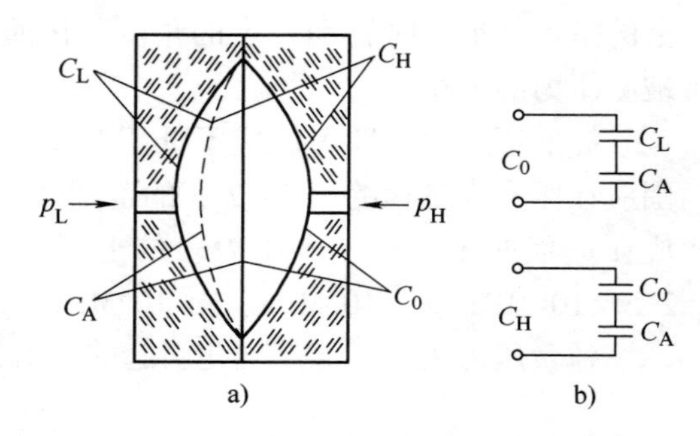

图 2-16 有差压时两侧电容变化

a）电容变化 b）等效关系

对于有初始张力的测量膜片，在差压 $\Delta p = p_H - p_L$ 作用下的挠度与差压成正比，由此可得

$$\frac{C_0}{C_A} = K_1 (p_H - p_L) \quad (2\text{-}18)$$

式中 K_1——结构常数，它与定极板曲率半径、球面定极板在中央动极板初始平面上投影半径、测量膜片可动部分半径、定极板球面中央与测量极板距离、球面定极板边缘与测量极板距离及测量极板初始张力有关。

3. 压阻式传感器

压阻式传感器是利用半导体压阻效应制造的一种新型的传感器，如将 P 型杂质扩散到 N 型硅片上，形成极薄的导电 P 型层，焊上引线制成半导体应变片，称为“扩散硅应变片”。因 N 型硅基底即为弹性元件，并与扩散电阻结合在一起，无须粘贴，硅片边缘有一个很厚的环形，中间部分很薄，形如杯子，故称“硅杯”，这种扩散硅压阻元件结构如图 2-17 所示。通常硅杯 1 的尺寸十分小巧紧凑，直径约为 1.8～10mm，膜厚为 50 ～ 500μm。

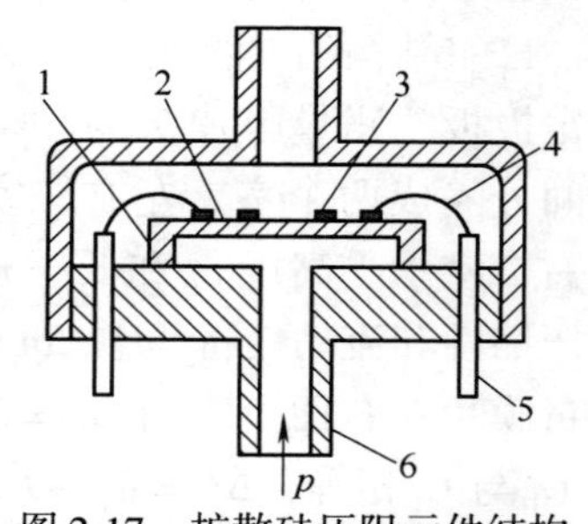

图 2-17 扩散硅压阻元件结构

1—硅杯 2—膜片 3—扩散电阻 4—内部引线 5—引线段 6—压力接管

由扩散硅传感器构成的差压变送器，其典型电路原理如图 2-18 所示。

在差压变送器中，硅杯上的应变电桥由 1mA 的恒流源供电，无差压时，$R_1 = R_2 = R_3 = R_4$，左右桥臂支路上的电流相等，$I_1 = I_2 = 0.5\text{mA}$。有差压时，R_4 减小，R_2 增大。因 I_2 不变导致 b 点的电位升高。同时，R_3 增大、R_1 减小，引起 a 点电位下降。对角线 ab 间的电压输入到运算放大器 A，放大后的输出电压经过晶体管 VT 转换成电流信号（3～19mA），此电流流过负反馈电阻 R_f，导致 b 点电位下降，直至 ab 两点间的电压接近为零。恒流源保证电桥的总电流为 1mA。

于是，变送器的总电流就是4～20mA，此输出电流可以反映差压大小。

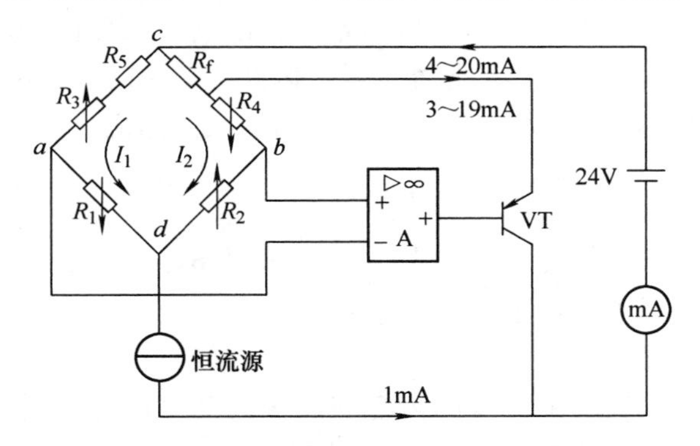

图2-18　扩散硅差压变送器电路原理

2.5　转速与轴功率的测量与计算

2.5.1　转速的测量

液力透平转速的测量常用直接转速测量方法。直接转速测量通常用光电式和磁电式传感器，并利用数字频率仪表进行测量，所以直接转速测量又称为数字测速。

直接测速是利用传感器将转速值变成电脉冲信号，然后用数字频率计显示转速值的一种先进的测量方法[26]。最常用的转速传感器为光电式和磁电式两种。

1. 光电式传感器

光电式传感器有投射式和反射式两种。反射式光电传感器使用最为普遍，其工作原理如图2-19所示。

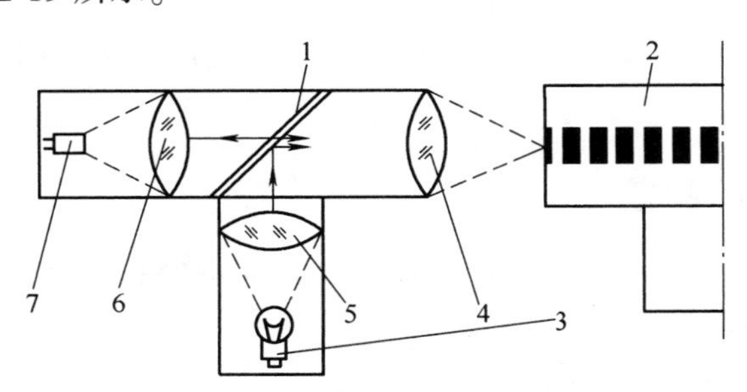

图2-19　光电式转速传感器

1—半透膜　2—联轴器　3—光源　4、5、6—透镜　7—光敏二极管

电光源发出的光线通过透镜5成为平行光线，经半透膜1，其反射的部分穿

过透镜 4，聚焦在测量轴的标记上（如联轴器的黑白块上）。当光束射到白块上时产生反射光，此反射光再经透镜 4 形成平行光线，其穿过半透膜 1 的光线，经透镜 6 聚焦在光敏二极管上产生脉冲信号。因此，单位时间 t 内光敏二极管上的脉冲数 N 正比于转速 n。若联轴器 2 上一圈内的黑白标记块数量为 Z，则

$$n = 60\frac{N}{Zt} \tag{2-19}$$

当 $Z = 10$，并用数字频率计量时，将 t 设置为 6s，那么，$n = N$。也就是说数字频率计显示值正好等于转速 n。

2. 磁电式传感器

磁电式传感器是利用旋转着的齿盘与磁极之间气隙磁阻的变化引起磁通的变化，从而能够在线圈中感应出脉冲电动势的原理制成，如图 2-20 所示。

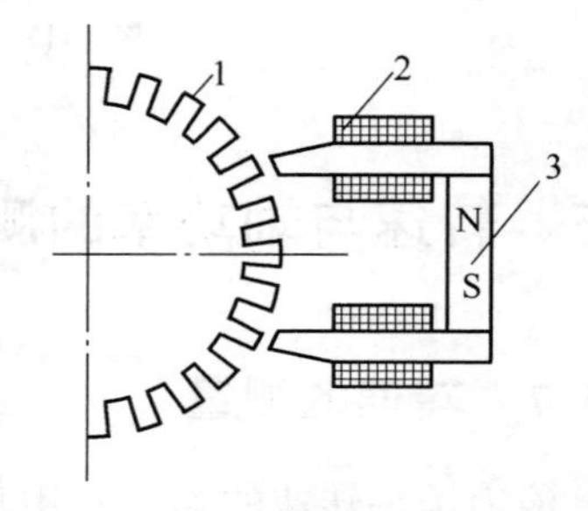

图 2-20　磁电式转速传感器
1—齿盘　2—测量线圈　3—永久磁铁

齿盘 1 的齿槽可以制成矩形，也可以制成梯形。采用梯形齿槽的齿盘易于获得较好的正弦波形感应电动势，但矩形槽的齿盘便于机械加工。线圈的匝数凭经验视永久磁钢的尺寸和磁场强度决定。采用铝镍钴磁钢，线圈匝数较少，可以制成结构紧凑的传感器。

同样，若测得测量线圈中感应电动势的频率 f，即 1s 内齿盘所转过的齿数为 Z，则

$$n = 60\frac{f}{Z} \tag{2-20}$$

显然，当齿盘齿数 $Z = 60$ 时，数字频率计所显示的频率值恰好等于转速，即

$$n = f \tag{2-21}$$

对于更高精度的转速测量，还可用光刻法制成数百条光栅，以增加脉冲数，提高测量精度。

2.5.2　轴功率的测量

液力透平轴功率的测量方法有天平式测功机和转矩式测功机。

1. 天平式测功机

用天平式测功机测量转矩是传统测量方法之一，可用普通交流电动机改装，如图 2-21 所示。

把电动机的定子用轴承支起来，电动机定子通电后，由于电磁转换关系，给转子以旋转力矩，使转子旋转，而转子给定子以大小相等、方向相反的反作

用力矩。此力矩使定子以轴承为支点摆动，其大小可以用砝码质量来平衡。

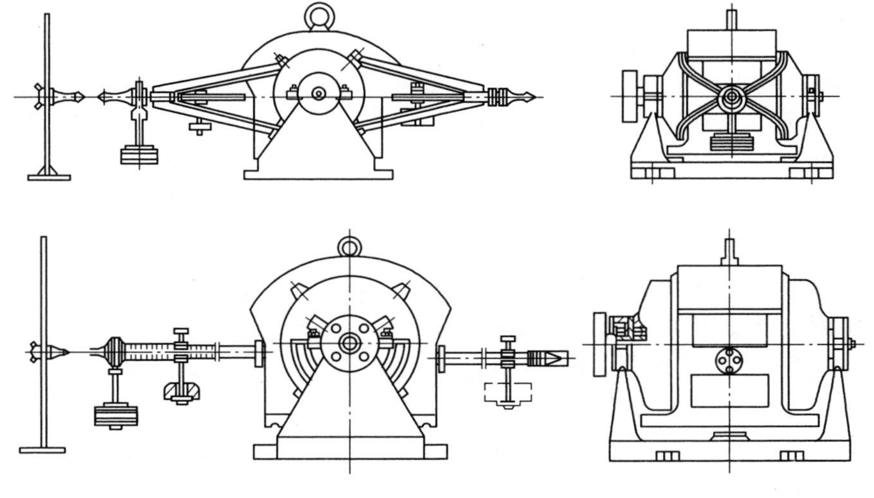

图2-21　测功电动机

天平测功机的不灵敏度Δ即引起天平离开平衡位置的最小负荷，当力臂长度等于0.974m时，其不灵敏度不得超过表2-6规定。当力臂长度大于或小于0.974m时，负荷Δ数值可以成比例地减小或增加。

表2-6　不同转速下天平测功计允许不灵敏度极限值（单位：N·m）

功率/kW	转速/(r/min)				
	500	750	1000	1500	3000
7	—	—	—	0.0716	0.0363
10	—	—	0.1509	0.1051	0.0525
20	—	0.4060	0.3104	0.2101	0.1051
50	1.6238	1.1271	1.7642	0.5253	0.2579
100	3.1044	2.1014	1.6238	1.1271	0.5253
200	7.4028	4.2984	3.1044	2.1014	1.1271
300	9.5520	7.4028	4.7760	3.1044	1.6238

测量时，先将天平测功机的联轴器与透平脱开空转，调整砝码，使两力臂平衡，当天平测功机与透平连接后测得的力矩，即是透平轴上的转矩M，此时轴功率即为

$$P=\omega M=\left(2\pi\frac{n}{60}\right)M=\frac{nM}{9552} \tag{2-22}$$

式中　ω——角速度（rad/s）；

n——转速（r/min）；

M——透平轴上的转矩（N·m），$M=mgL$；

m——砝码质量（kg）；

L——力臂长度（m）。

一种自动电动机-天平测功机如图 2-22 所示，其构成也是按天平原理设计的。将步进电动机 6 悬挂在支架上，形成一个摆动系统，由一个力矩传感器、一个平衡传感器和一个测速传感器组成，与数字式转矩-转速测量仪配套构成转矩、转速测量系统。力矩传感器固定在摆动体上，它由步进电动机 6、丝杆 2 和游码 5 组成，步进电动机 6 与丝杆 2 直接连接，能正反旋转，使游码 5 做左右移动。平衡传感器装在固定的龙门架上，摆杆左右触及时发出信号。转速传感器用齿盘装在电动机轴端，采用前面介绍的磁电式测速法。

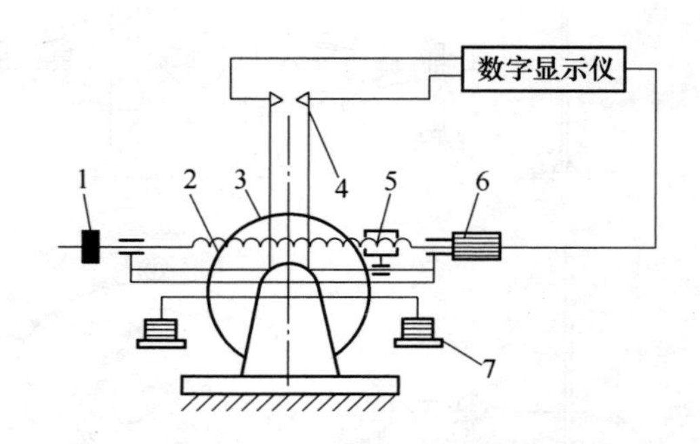

图 2-22　自动电动机-天平测功机

1—平衡配重　2—丝杆　3—电动机定子　4—电触点　5—游码　6—步进电动机　7—固定砝码

当透平转矩发生 ΔM_1 变化时，自动测功机的平衡传感器发生偏摆，产生了不平衡信号，通过数字式转矩-转速仪的控制，使力矩传感器的步进电动机转动，从而带动丝杆，使丝杆上的游码移动了 L 距离后，摆动系统达到新的平衡。

游码移动后所产生的力矩为

$$\Delta M_2=mgL=mgKN \tag{2-23}$$

式中　K——一个工作脉冲，是步进电动机带动游码所移动的步距量，是测功机丝杆确定的常数，$K=0.05\text{mm}$；

m——游码质量（kg）；

N——转矩-转速仪传送给步进电动机的工作脉冲。

按力的反作用原理，$\Delta M_2=-\Delta M_1$。使用时，先在测功机的摆动系统的固定臂杆上放置一定数量的砝码（按测量范围定），配重砝码对摆动系统产生一个力矩 M_1，在转矩-转速仪上预置 M_1 的数。当测功机转动，输出轴功率时，测功机摆动系统除了平衡 M_1 的力矩外，再驱动步进电动机，使游码移动，产生 ΔM 的力矩，此时力矩 $M=M_1+\Delta M$，使测功机的平衡系统达到平衡，则在仪器上的数码显示 $M=M_1+M_2$，直接反映了测功机的转矩量[27]。

天平式测功机的使用范围存在一定限制，不同转速、不同输出功率的试验透平就需要配不同的天平测功机。

2. 转矩传感器

（1）磁电式转矩传感器　这是利用转轴受扭后产生的弹性变形来测量转矩

大小的转矩传感器，其结构如图2-23所示。

传感器中间为一根标准的弹性轴1、两端安装有两个相同的齿轮3，在两个齿轮的外侧各安装一块绕有线圈的磁钢4。当弹性轴1转动时，由于磁钢4与齿轮3间隙磁导的变化，在信号线圈2中分别感应出两个电动势u_1和u_2。当外加转矩为零时，这两个电动势有一个恒定的初始相位差θ_0。θ_0只与两只齿轮在轴上安装的相对位置和两个磁钢的相对位置有关。当外加转矩时，弹性轴产生扭转变形，轴的一端相对另一端产生一个偏转角$\Delta\theta$，当轴在弹性限度内，其扭转角$\Delta\theta$与外加转矩M成正比，即$\Delta\theta=KM$，此时，在两个信号线圈中的感应电动势u_1和u_2的相位差也随之发生变化，这一相位差变化的绝对值与外加转矩M成正比。

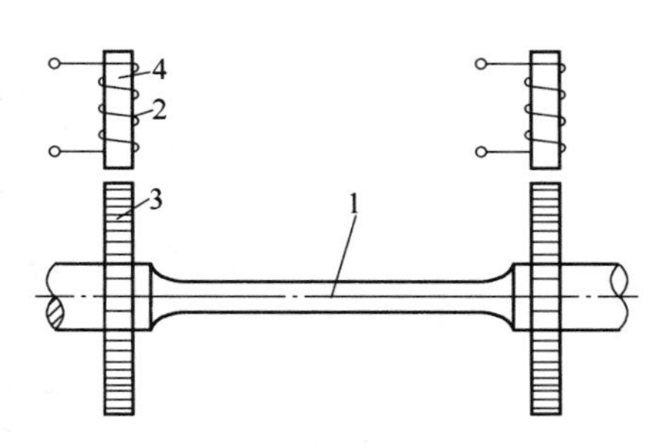

图2-23　磁电式转矩传感器结构

1—弹性轴　2—信号线圈　3—齿轮　4—磁钢

两个感应电动势分别为

$$u_1=U_m\sin Z\omega t \tag{2-24}$$

$$u_2=U_m\sin(Z\omega t+2\theta) \tag{2-25}$$

式中　Z——齿轮的齿数；

ω——轴的角速度（rad/s）；

θ——两个齿轮间的空间偏转角（rad）。

θ角由两部分组成：一部分是齿轮安装时的初始角θ_0；另一部分是由于受转矩M后，弹性轴变形而产生的偏转角$\Delta\theta=KM$。因此

$$\begin{aligned}u_1&=U_m\sin Z\omega t\\u_2&=U_m\sin[Z\omega t+Z(\theta_0+\Delta\theta)]\\&=U_m\sin(Z\omega t+Z\theta_0+ZKM)\end{aligned} \tag{2-26}$$

相位差式传感器的两路电动势u_1和u_2，分别经过放大整形后送入检相器。检相器输出为矩形波，其宽度t_1正比于u_1和u_2的相位差$Z\theta$，即

$$t_1=\frac{Z\theta}{Z\omega}=\frac{\theta_0+KM}{\omega} \tag{2-27}$$

其波形如图2-24所示。

因此，转矩的测量就是两个电动势的相位差的测量。数字转矩显示仪就是用适当的电路将标准时间脉冲填入相位差信号，从而达到转矩测量的数字显示。

另外，两个感应电动势u_1和u_2的频率f与转速及齿轮数的乘积成正比，即

$$f=Zn \tag{2-28}$$

这种测量方法对转矩传感器的安装有下述要求：

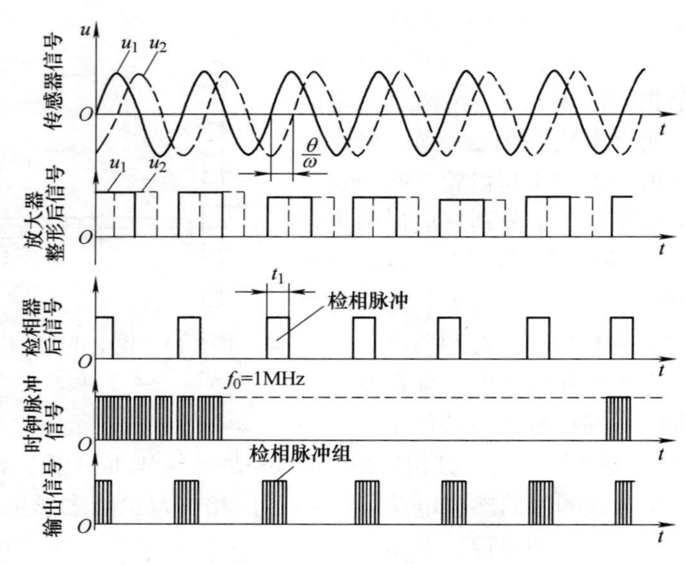

图 2-24 检相器输出波形图

1）试验透平、传感器、负载三者应安装在同一稳固的基础上，必须避免各部件发生振动。

2）为了避免在传感器弹性轴上产生弯矩，安装时必须使试验透平、传感器和负载三者具有较好的同心度。当存在弯矩时，不但降低测量精度，而且在某种情况下甚至会使弹性轴损坏。

3）在可能的条件下，应尽量减小联轴器的质量。

（2）应变式转矩传感器 应变式转矩传感器的检测敏感元件是电阻应变桥。将专用的测扭应变片用应变胶粘贴在被测弹性轴上以组成应变电桥，只要向应变电桥提供电源，即可测得该弹性轴受扭的电信号；然后将该应变信号放大，再经过压/频转换变成与扭应变成正比的频率信号。传感器的能源输入及信号输出是由两组带间隙的特殊环形旋转变压器承担的，因此可实现能源及信号的无接触传递，如图 2-25 所示。

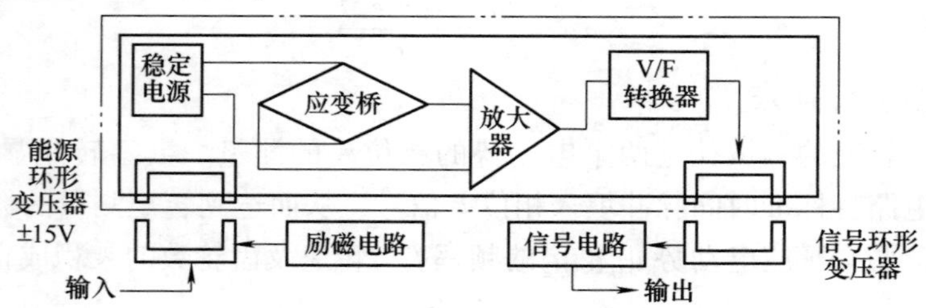

图 2-25 应变式转矩传感器测量原理

2.6　本章小结

液力透平运转时的稳定性是影响液力透平试验的一个重要因素。本章主要介绍了液力透平试验台的设计与搭建，液力透平的试验方案与步骤，并详述了流量、转速、水头及轴功率等各性能参数的测量（包括应用的测量仪器与使用方法）与计算。

第 3 章　液力透平向心叶轮内滑移的理论研究

液力透平的向心叶轮经重新设计之后，需对液力透平的性能进行重新预测，而滑移系数是准确预测液力透平性能的重要因素之一。又由于在液力透平的向心叶轮内叶片数相对较少，叶片对流体的约束能力较弱，所以在液力透平的向心叶轮内存在较大的滑移现象，必须准确的计算液力透平向心叶轮内的滑移系数。

在离心式叶轮中一般只考虑主要由轴向漩涡引起的叶轮出口滑移[28]，而在液力透平中轴向漩涡也对向心叶轮出口的相对速度产生一定程度的影响，使该相对速度出现偏离，即引起滑移。所以液力透平向心叶轮内滑移的研究对准确预测液力透平的性能至关重要。

在本章中，首先详细地分析了向心叶轮流道内流体的流动机理，之后采用圆柱坐标系法对分析结果进行了相应的证明，然后根据斯托道拉（Stodola）方法并结合液力透平向心叶轮流道内流体的流动机理推导了液力透平向心叶轮进出口滑移系数的计算公式，及当同时考虑叶轮进出口滑移和仅仅考虑叶轮出口滑移时的液力透平基本能量方程，最后采用实验的方法验证了所得公式的正确性和精确度。

3.1　向心叶轮内流体的流动机理

3.1.1　流动机理分析

在有限叶片数的叶轮流道内，不但存在一个径向的均匀流动，而且还有一个相对轴向漩涡运动[29]。为了证明液力透平向心叶轮内轴向漩涡运动的存在，特引用一例子予以证明：

一个充满液体（理想液体）的圆形容器以一定的角速度 ω 绕坐标中心 O 旋转，如图 3-1 所示。

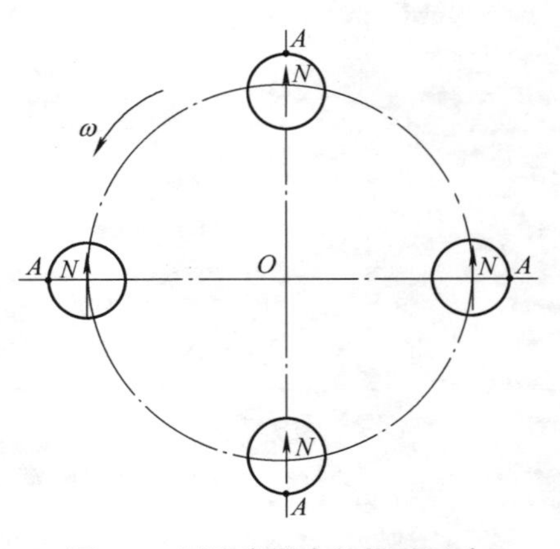

图 3-1　圆形容器内的相对运动

在图 3-1 中，A 点在容器上，而浮在液体上的指针指着固定坐标系统的 N 点方向。当容器旋转时，液体由于本身惯性保持着原来的状态，箭头始终指着 N 点，这就形成了液体对于容器有个相对的旋转运动，旋转角速度也等于 ω，但与容器旋转方向相反。

同理，如果将叶轮流道进口和出口封闭起来，叶轮在旋转时，流道中的液体也同样有一个相对的旋转运动，这种运动就称为相对轴向漩涡运动，如图3-2所示。即对于液力透平而言，在向心叶轮流道中也同样存在与叶轮旋转角速度大小相等，方向相反的相对轴向漩涡运动。

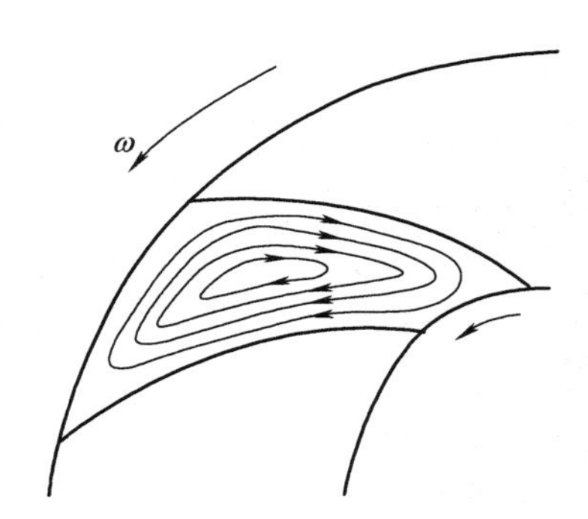

图3-2　流道内的相对轴向漩涡运动

在有限叶片数的流道内除了相对轴向漩涡运动之外，还存在一个均匀流，因为当叶轮不动时，在叶轮流道内相对速度从叶片的工作面到背面是均匀分布的，如图3-3a所示。而当叶轮流道进出口封闭且叶轮旋转时，叶轮流道内的相对运动变为漩涡运动，且该漩涡运动的方向与叶轮的转向相反，则总的相对运动为上述两种运动之和，如图3-3b所示。

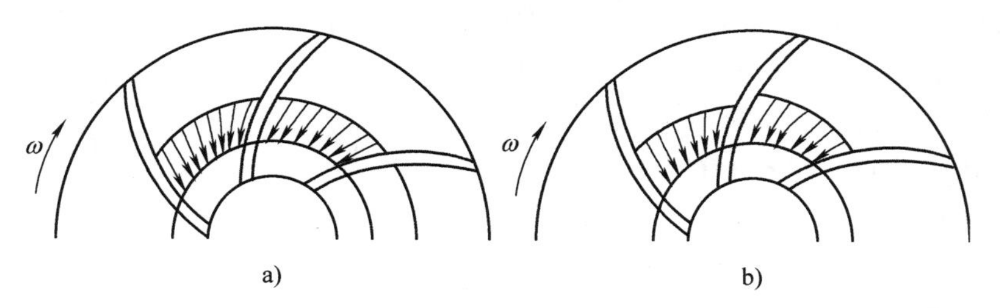

图3-3　叶轮流道内流体的相对运动

3.1.2　分析结果证明

为了证明液力透平叶轮流道内的相对运动是由轴向漩涡运动和径向均匀流叠加的结果，特引入圆柱坐标系进行如下证明：

圆柱坐标系中，任意速度矢量都可用其在三个方向上的分量表示，如图3-4所示。

图3-4中，速度矢量 $\boldsymbol{c}$ 分解成了圆周、径向与轴向三个分量

$$\boldsymbol{c}=\boldsymbol{c}_{\mathrm{r}}+\boldsymbol{c}_{\mathrm{z}}+\boldsymbol{c}_{\mathrm{u}} \tag{3-1}$$

其中圆周分量 $\boldsymbol{c}_{\mathrm{u}}$ 沿圆周方向，与轴面垂直。径向速度 $\boldsymbol{c}_{\mathrm{r}}$ 和轴向速度 $\boldsymbol{c}_{\mathrm{z}}$ 的合成 $\boldsymbol{c}_{\mathrm{m}}=\boldsymbol{c}_{\mathrm{r}}+\boldsymbol{c}_{\mathrm{z}}$ 位于轴面内，称为轴面速度，则 $\boldsymbol{c}=\boldsymbol{c}_{\mathrm{m}}+\boldsymbol{c}_{\mathrm{u}}$。

由于各分量均为正交，故有

$$c=\sqrt{c_{\mathrm{u}}^{2}+c_{\mathrm{m}}^{2}}=\sqrt{c_{\mathrm{u}}^{2}+c_{\mathrm{z}}^{2}+c_{\mathrm{r}}^{2}} \tag{3-2}$$

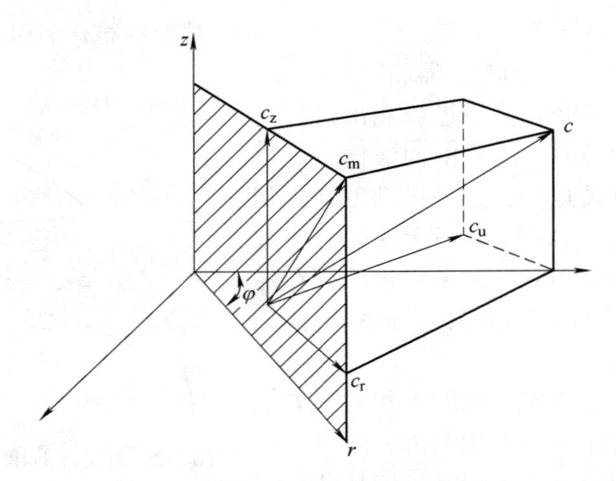

图 3-4　圆柱坐标系中速度矢量的分解

在液力透平的叶轮内，流线为空间曲线，若假定叶轮内的流动是轴对称的，则该空间流线通过绕轴旋转形成了一回转面即为流面，该流面可近似成为一个平面，如图 3-5 所示，点 A 为展开平面上任意一点，则该点处的轴向速度 $\boldsymbol{c}_z=\mathbf{0}$。

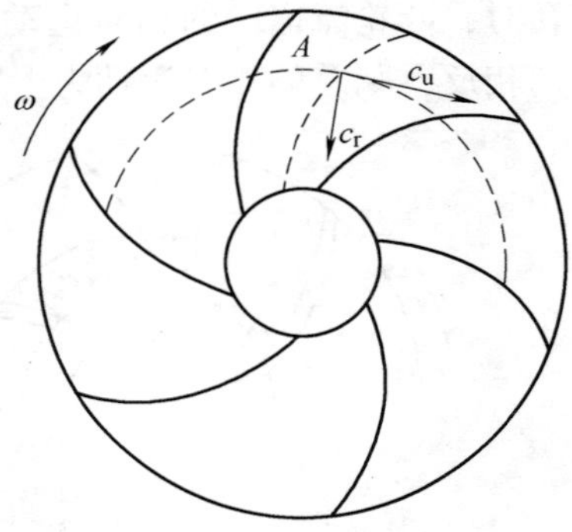

当叶轮静止，即 $\omega=0$ 时，圆周速度 $\boldsymbol{c}_u=\mathbf{0}$，此时叶轮流道内只有径向的均匀流动，则点 A 处的合速度

图 3-5　液力透平空间流面的展开

$$\boldsymbol{c}_{\omega=0}=\boldsymbol{c}_r+\boldsymbol{c}_u=\boldsymbol{c}_r$$

即

$$c_{\omega=0}=c_r \tag{3-3}$$

当叶轮流道进出口封闭且旋转时，由于流体本身具有惯性，在该惯性的作用下叶轮流道内产生了一个轴向漩涡，且该轴向漩涡的大小与叶轮旋转角速度 ω 相同，而方向与叶轮旋转角速度 ω 相反，此时 $\boldsymbol{c}_r=\mathbf{0}$，则点 A 处的合速度

$$\boldsymbol{c}_{\omega\neq0}=\boldsymbol{c}_r+\boldsymbol{c}_u=\boldsymbol{c}_u$$

即

$$c_{\omega\neq0}=c_u \tag{3-4}$$

当叶轮旋转且流道内有流体流入时，点 A 处的合速度

$$\boldsymbol{c}=\boldsymbol{c}_r+\boldsymbol{c}_u$$

由于径向速度 $\boldsymbol{c}_r$ 和圆周速度 $\boldsymbol{c}_u$ 相互垂直，则

$$c=\sqrt{c_u^2+c_r^2}=\sqrt{c_{\omega\neq0}^2+c_{\omega=0}^2} \tag{3-5}$$

因此液力透平向心叶轮内的相对运动是均匀流和相对轴向漩涡运动的叠加。

3.2　向心叶轮理论能头和滑移系数

在液力透平叶轮内，液流由于受到叶轮有限叶片数的影响而造成旋转不足，使液流角不再等于叶片安放角，出口相对速度产生滑移，该现象被称为液力透平向心叶轮内的流动滑移现象。该滑移现象导致向心叶轮内液体的流动状态发生改变，从而使有限叶片数下叶轮所获得的能量小于无限叶片数下叶轮所获得的能量。在实际叶轮中，考虑叶轮出口相对运动受轴向漩涡运动的影响，即对流动滑移量进行计算，不同学者有不同的见解。其中斯托道拉指出由于在叶轮流道内存在一轴向漩涡，使流道中叶片背面的速度大于叶片工作面的速度，如图 3-6 所示。还指出轴向漩涡流的转速与叶轮的转速相等，而且在向心叶轮出口处液流的相对速度产生一定程度的偏转，即为流动滑移量[30]。

经斯托道拉推证，将流动滑移系数定义为

$$\sigma = \frac{u_2 - \Delta v_{u2}}{u_2} = 1 - \frac{\Delta v_{u2}}{u_2} = 1 - \frac{\pi}{z}\sin\beta_2 \tag{3-6}$$

本章将利用斯氏方法推导适合于液力透平向心叶轮出口的滑移系数计算公式。其叶片进出口速度三角形的变化如图 3-6 所示。

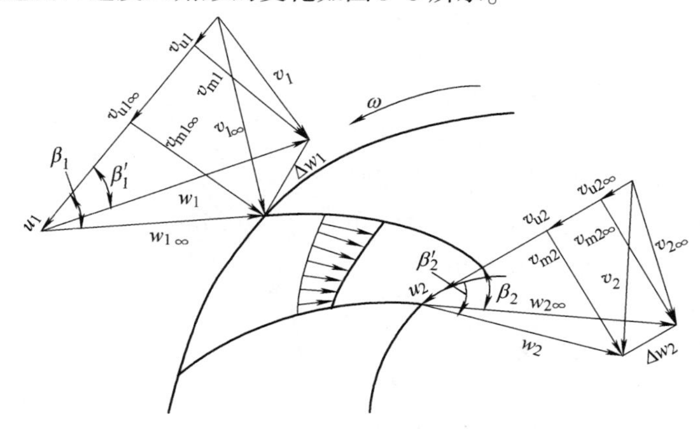

图 3-6　叶片进出口速度三角形及相对速度变化

注：u_1、u_2 分别为叶片进出口的圆周速度（m/s）；v_1、v_2 分别为有限叶片数下叶片进出口的绝对速度（m/s）；v_{u1}、v_{u2} 分别为有限叶片数下叶片进出口的绝对速度的圆周分量（m/s）；v_{m1}、v_{m2} 分别为有限叶片数下叶片进出口的绝对速度的轴面分量（m/s）；w_1、w_2 分别为有限叶片数下叶片进出口的相对速度（m/s）；$v_{1\infty}$、$v_{2\infty}$ 分别为无限叶片数叶片进出口绝对速度（m/s）；$v_{u1\infty}$、$v_{u2\infty}$ 分别为无限叶片数叶片进出口绝对速度的圆周分量（m/s）；$v_{m1\infty}$、$v_{m2\infty}$ 分别为无限叶片数叶片进出口绝对速度的轴面分量（m/s）；$w_{1\infty}$、$w_{2\infty}$ 分别为无限叶片数叶片进出口的相对速度（m/s）；Δw_1、Δw_2 分别为叶片进出口相对速度的偏移量（m/s）；β_1、β_2 分别为叶片进出口安放角（°）；β_1'、β_2' 分别为叶片进出口液流角（°）。下同。

由图 3-6 的叶片出口速度三角形可以看出，在叶轮流道的出口处 Δw_2 的方向与叶轮圆周速度的方向相同，所以 Δw_2 在圆周方向上的投影与叶片出口绝对速度的圆周分量的偏移量相等，即滑移量 $\Delta v_{u2} = v_{u2} - v_{u2\infty}$。因此，要计算叶轮出口的滑移系数，只需计算滑移量 Δv_{u2}。

由于滑移系数直接影响液力透平理论能量头的计算，所以本章将结合下式的理论能量头，即 Euler 方程来进行研究。

$$H_{\mathrm{T}} = \frac{1}{g}(u_1 v_{u1} - u_2 v_{u2}) \tag{3-7}$$

3.3 向心叶轮出口滑移系数的计算方法

目前，可以采用试验测量、叶轮数值计算和简单的解析计算等方法得到滑移系数。前两种方法需要完整的叶轮几何信息和复杂的操作，才能得到滑移系数，不便于设计初始阶段或选型使用。解析计算则通过简单的叶轮内部环流分析和适当的假设得到滑移系数，需要叶轮几何信息少，又有一定的准确性，便于工程应用，因此本章采用这种方法。

叶轮的流动滑移主要是由叶轮旋转引起的，因此可以仅考虑叶轮进、出口用圆柱面封闭起来的漩涡强度为 2ω 的二维有势流动，即相对涡流或轴向漩涡或相对环流，如图 3-7 所示。该环流在叶轮进口和出口边引起的诱导速度分别就是进口和出口的滑移速度。从流体力学角度，需要采用数值方法求解流函数的 Poisson 方程或势函数的 Laplace 方程才能得到图 3-7 所示的环状流线和等势线[30]。

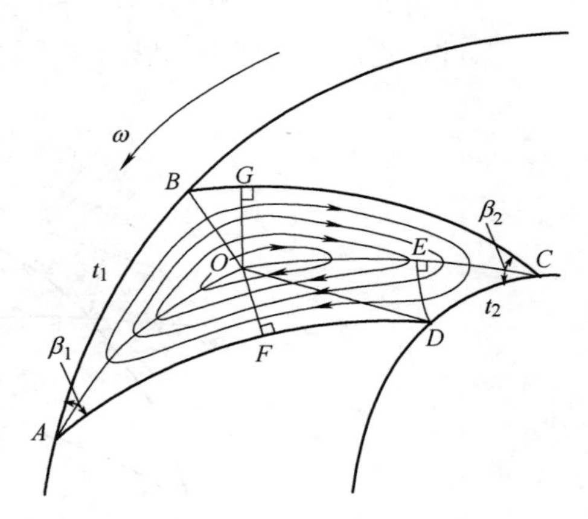

图 3-7　轴向漩涡

注：t_1 为流道进口 AB 的长度（m）；t_2 为流道出口 CD 的长度（m）；β_1 为叶片进口角（°）；β_2 为叶片出口角（°）。下同。

为了便于解析计算，假设环流的漩涡中心 O 是 $\angle DAB$、$\angle ABC$ 和 $\angle BCD$ 平分线的交点，这些角平分线本身是等势线，叶片工作面 AD、背面 BC、进口 AB 和出口 DC 上的漩涡诱导速度各自等于常数。

然后取含有叶片工作面 AD 或背面 BC 或进口 AB 或出口 DC 流线及等势线所围成的曲线的速度线积分。根据斯托克斯定理（即在涡量场中沿任意封闭曲线的速度环量与以该曲线为周界所围曲面上的涡通量相等）计算该流线上的流体速度，其中进口 AB 或出口 DC 上的流速分别是进口和出口滑移速度。

由于 OD 不是等势线，所以计算叶轮出口滑移速度 Δv_{u2} 遇到了困难。取环线 $ADCO$ 做速度线积分，结果流线 AD 的未知速度 Δv_{CD} 也出现在斯托克斯定理的方程中，造成了一个方程两个未知数无法求解的局面。

为此，必须对 Δv_{u2} 和 Δv_{CD} 之间的关系做进一步分析和假设。本章中提出四种不同的假设：

假设一：假设 AD 上的诱导速度 Δv_{CD} 等于 DC 上的诱导速度 Δv_{u2}，即 $\Delta v_{CD}=\Delta v_{u2}$；

假设二：假设 AD 上的诱导速度 Δv_{CD} 与 DC 上的诱导速度 Δv_{u2} 存在一比值 k，且 k 等于曲边三角形 ADO 的面积除以曲边三角形 DOC 的面积，即 $k=\dfrac{\Delta v_{CD}}{\Delta v_{u2}}=\dfrac{S_{ADO}}{S_{DOC}}$；

假设三：过 D 点作曲线 DE，使 $DE\perp OC$，垂足为 E，假设该曲线 DE 与轴向漩涡的流线相垂直。

假设四：假设在液力透平的向心叶轮流道内其相对速度沿叶片工作面从叶轮进口到出口均匀变化。

下面具体给出四种假设条件下滑移系数的计算方法。

1. 方法一

为了计算，过点 O 分别做 $OF\perp AD$，$OG\perp BC$，垂足分别为点 F、点 G。由斯托克斯定理可知，封闭曲线 $DCOAD$ 上的速度环量

$$\Gamma_{DCOAD}=\int_{S_{DCOA}}2\omega\mathrm{d}f$$

式中　ω——叶轮内轴向漩涡的角速度（rad/s），其方向与叶轮的转向相反，而大小与叶轮的旋转角速度相等；

$\mathrm{d}f$——轴向漩涡涡管的微元面积（m^2）；

S_{DCOA}——曲线 $DCOAD$ 所围成的曲面面积（m^2）。

轴向漩涡强度是均匀分布的，所以速度环量

$$\Gamma_{DCOAD}=2\omega S_{DCOA} \tag{3-8}$$

假设 AD 上的诱导速度 Δv_{CD} 等于 DC 上的诱导速度 Δv_{u2}，即 $\Delta v_{CD}=\Delta v_{u2}$，则

$$\Gamma_{AD}=\Delta v_{CD}AD=\Delta v_{u2}AD=\frac{\Gamma_{DC}}{DC}AD \tag{3-9}$$

Γ_{DCOAD} 等于封闭围线 $DCOAD$ 的每段围线环量之和，CO 线和 AO 线均与轴向漩涡流线相垂直，因此沿这两条曲线的速度环量 Γ_{CO}、Γ_{OA} 均为0，于是有

$$\Gamma_{DC}=\Gamma_{DCOAD}-\Gamma_{AD}=2\omega S_{DCOA}-\frac{AD}{DC}\Gamma_{DC}$$

由上式可知

$$\Gamma_{DC}=2\omega S_{DCOA}\frac{DC}{DC+AD} \tag{3-10}$$

又
$$S_{DCOA} = S_{\Delta ADO} + S_{\Delta ODC} \tag{3-11}$$

$$S_{\Delta ADO} = \frac{1}{2} AD \times OF \tag{3-12}$$

$$AD = \frac{r_1 - r_2}{\sin \dfrac{\beta_1 + \beta_2}{2}} \tag{3-13}$$

式中　r_1、r_2 分别为叶轮进出口半径（m），下同。

在曲边四边形 $ADCO$ 和曲边三角形 ABO 中，CO 线、BO 线和 AO 线均垂直于轴向漩涡的流线，因此

$\angle BAO = \frac{1}{2}\angle BAD = \frac{\beta_1}{2}, \angle ABO = \frac{1}{2}\angle ABC = \frac{1}{2}(\pi - \beta_1), \angle OCD = \frac{1}{2}\angle BCD = \frac{\beta_2}{2},$ $\angle OAD = \frac{1}{2}\angle BAD = \frac{\beta_1}{2}$

所以：$\angle AOB = \pi - \frac{1}{2}(\pi - \beta_1) - \frac{1}{2}\beta_1 = \frac{\pi}{2}$

可见，曲边三角形 ABO 为直角曲边三角形，且有

$$AO = t_1 \cos \frac{\beta_1}{2} BO = t_1 \sin \frac{\beta_1}{2}$$

所以

$$OF = AO \sin \frac{\beta_1}{2} = t_1 \sin \frac{\beta_1}{2} \cos \frac{\beta_1}{2} = \frac{t_1}{2} \sin\beta_1 \tag{3-14}$$

将式（3-13）、式（3-14）代入式（3-12）

$$S_{\Delta ADO} = \frac{t_1 \sin\beta_1}{4} \frac{r_1 - r_2}{\sin \dfrac{\beta_1 + \beta_2}{2}} \tag{3-15}$$

又
$$S_{\Delta ODC} = \frac{1}{2} OC \times DE \tag{3-16}$$

$$DE = DC \sin \frac{\beta_2}{2} = t_2 \sin \frac{\beta_2}{2} \tag{3-17}$$

$$OG = OB \sin \frac{\pi - \beta_2}{2} = \frac{t_1}{2} \sin\beta_1 \tag{3-18}$$

所以
$$OC = \frac{OG}{\sin \dfrac{\beta_2}{2}} = \frac{t_1 \sin\beta_1}{2\sin \dfrac{\beta_2}{2}} \tag{3-19}$$

将式（3-17）、式（3-19）代入式（3-16）

$$S_{\Delta ODC} = \frac{t_1 t_2}{4} \sin\beta_1 \tag{3-20}$$

将式（3-15）、式（3-20）代入式（3-11）

$$S_{DCOA}=\left(\frac{r_1-r_2}{\sin\frac{\beta_1+\beta_2}{2}}+t_2\right)\frac{t_1\sin\beta_1}{4} \tag{3-21}$$

将式（3-13）、式（3-21）代入式（3-10）

$$\Gamma_{DC}=\left(\frac{r_1-r_2}{\sin\frac{\beta_1+\beta_2}{2}}+t_2\right)\frac{\omega t_1 t_2}{2}\frac{\sin\beta_1}{t_2+\frac{r_1-r_2}{\sin\frac{\beta_1+\beta_2}{2}}} \tag{3-22}$$

所以叶轮出口边上的诱导速度，即滑移量

$$\begin{aligned}\Delta v_{u2}&=\frac{\Gamma_{DC}}{t_2}\\&=\left(\frac{r_1-r_2}{\sin\frac{\beta_1+\beta_2}{2}}+t_2\right)\frac{\omega t_1}{2}\frac{\sin\beta_1}{t_2+\frac{r_1-r_2}{\sin\frac{\beta_1+\beta_2}{2}}}\end{aligned} \tag{3-23}$$

又 $t_1=\frac{2\pi r_1}{z}$，$t_2=\frac{2\pi r_2}{z}$，z 为叶片数，则

$$\Delta v_{u2}=\left(\frac{r_1-r_2}{\sin\frac{\beta_1+\beta_2}{2}}+\frac{2\pi r_2}{z}\right)\frac{\omega\pi r_1}{z}\frac{\sin\beta_1}{\frac{2\pi r_2}{z}+\frac{r_1-r_2}{\sin\frac{\beta_1+\beta_2}{2}}} \tag{3-24}$$

设在假设一的条件下得到的液力透平叶轮出口的滑移系数为 λ_1，则

$$\begin{aligned}\lambda_1&=1-\frac{\Delta v_{u2}}{u_2}\\&=1-\left(\frac{r_1-r_2}{\sin\frac{\beta_1+\beta_2}{2}}+\frac{2\pi r_2}{z}\right)\frac{\pi r_1}{z r_2}\frac{\sin\beta_1}{\frac{2\pi r_2}{z}+\frac{r_1-r_2}{\sin\frac{\beta_1+\beta_2}{2}}}\end{aligned} \tag{3-25}$$

2. 方法二

假设 AD 上的诱导速度 Δv_{CD} 与 DC 上的诱导速度 Δv_{u2} 存在一比值 k，且 k 等于曲边三角形 ADO 的面积除以曲边三角形 DOC 的面积，即 $k=\frac{\Delta v_{CD}}{\Delta v_{u2}}=\frac{S_{\Delta ADO}}{S_{\Delta DOC}}$。

则有

$$\frac{\Delta v_{CD}}{\Delta v_{u2}} = \frac{r_1 - r_2}{t_2 \sin \dfrac{\beta_1 + \beta_2}{2}} \tag{3-26}$$

所以

$$\frac{\Gamma_{AD}}{\Gamma_{DC}} = \frac{\Delta v_{CD} AD}{\Delta v_{u2} CD} = \left(\frac{r_1 - r_2}{t_2 \sin \dfrac{\beta_1 + \beta_2}{2}} \right)^2$$

即有

$$\Gamma_{AD} = \left(\frac{r_1 - r_2}{t_2 \sin \dfrac{\beta_1 + \beta_2}{2}} \right)^2 \Gamma_{DC} \tag{3-27}$$

$$\begin{aligned} \Gamma_{DC} &= \Gamma_{DCOAD} - \Gamma_{AD} \\ &= \frac{2\omega \left(\dfrac{r_1 - r_2}{\sin \dfrac{\beta_1 + \beta_2}{2}} + t_2 \right) \dfrac{t_1 \sin\beta_1}{4}}{1 + \left(\dfrac{r_1 - r_2}{t_2 \sin \dfrac{\beta_1 + \beta_2}{2}} \right)^2} \end{aligned} \tag{3-28}$$

所以叶轮出口边上的诱导速度，即滑移量

$$\begin{aligned} \Delta v_{u2} &= \frac{\Gamma_{DC}}{t_2} \\ &= \frac{\left(\dfrac{r_1 - r_2}{\sin \dfrac{\beta_1 + \beta_2}{2}} + \dfrac{2\pi r_2}{z} \right) \dfrac{\omega \pi r_1 \sin\beta_1}{z}}{\dfrac{2\pi r_2}{z} + \dfrac{(r_1 - r_2)^2}{\dfrac{2\pi r_2}{z} \sin^2 \dfrac{\beta_1 + \beta_2}{2}}} \end{aligned} \tag{3-29}$$

设在假设二的条件下得到的液力透平叶轮出口的滑移系数为 λ_2，则

$$\begin{aligned} \lambda_2 &= 1 - \frac{\Delta v_{u2}}{u_2} \\ &= 1 - \frac{\left(\dfrac{r_1 - r_2}{\sin \dfrac{\beta_1 + \beta_2}{2}} + \dfrac{2\pi r_2}{z} \right) \dfrac{\pi r_1 \sin\beta_1}{z}}{\dfrac{2\pi r_2^2}{z} + \dfrac{(r_1 - r_2)^2}{\dfrac{2\pi}{z} \sin^2 \dfrac{\beta_1 + \beta_2}{2}}} \end{aligned} \tag{3-30}$$

3. 方法三

假设曲线 DE 与轴向漩涡的流线相垂直，则有

$$\Gamma_{DC} = \Gamma_{DECD} = 2\omega S_{\Delta DEC} \tag{3-31}$$

又

$$EC = t_2 \cos\frac{\beta_2}{2}, DE = t_2 \sin\frac{\beta_2}{2}$$

所以

$$S_{\Delta DEC} = \frac{1}{2} EC \times DE = \frac{t_2^2}{4} \sin\beta_2 \tag{3-32}$$

将式（3-32）代入式（3-31）

$$\Gamma_{DC} = \frac{\omega t_2^2}{2} \sin\beta_2 \tag{3-33}$$

所以叶轮出口边上的诱导速度，即滑移量

$$\Delta v_{u2} = \frac{\Gamma_{DC}}{t_2} = \frac{\omega t_2}{2} \sin\beta_2 \tag{3-34}$$

设在假设三的条件下得到的液力透平叶轮出口的滑移系数为 λ_3，则

$$\lambda_3 = 1 - \frac{\Delta v_{u2}}{u_2} = 1 - \frac{\pi}{z} \sin\beta_2 \tag{3-35}$$

4. 方法四

在图 3-8 中为求解 S_{DCOA}，曲边四边形 $ADCO$ 被近似的四边形 $A'D'C'O'$ 所代替，曲边三角形 ABO 被近似的三角形 $A'B'O'$ 所代替，如图 3-8 所示。

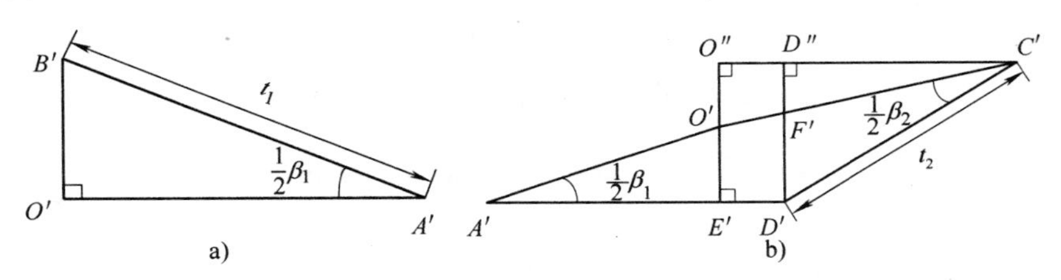

图 3-8　近似图形

a）近似的三角形 $A'B'O'$　b）近似的四边形 $A'D'C'O'$

过 O' 作 $O'E' \perp A'D'$ 于点 E'，过 C' 作 $C'O'' \perp O'E'$ 交于 $E'O'$ 的延长线于点 O''，然后过 D' 作 $D'D'' \perp O''C'$ 于点 D''，交 $O'C'$ 于点 F'。

在曲边四边形 $ADCO$ 和曲边三角形 ABO 中，CO 线、BO 线和 AO 线均与轴向漩涡流线相垂直，因此

$$\angle B'A'O' = \frac{1}{2}\beta_1, \angle A'B'O' = \frac{1}{2}(\pi - \beta_1), \angle O'A'D' = \frac{1}{2}\beta_1, \angle O'C'D' = \frac{1}{2}\beta_2,$$

$$\angle A'D'C' = \pi - \beta_2$$

所以$\angle A'O'B' = \pi - \frac{1}{2}(\pi - \beta_1) - \frac{1}{2}\beta_1 = \frac{\pi}{2}$

可见，三角形$A'B'O'$为直角三角形。令$A'B' = t_1$，$C'D' = t_2$，则有

$$A'O' = t_1 \cos\frac{\beta_1}{2} \quad B'O' = t_1 \sin\frac{\beta_1}{2}$$

在四边形$A'D'C'O'$中

$$A'E' = A'O' \cdot \cos\frac{\beta_1}{2} = t_1 \cos^2\frac{\beta_1}{2}$$

$$O'E' = A'O' \cdot \sin\frac{\beta_1}{2} = t_1 \sin\frac{\beta_1}{2}\cos\frac{\beta_1}{2} = \frac{t_1}{2}\sin\beta_1$$

因此图 3-8b 中的直角三角形$A'E'O'$的面积

$$\begin{aligned} S_{A'E'O'} &= \frac{1}{2}A'E' \times E'O' \\ &= \frac{1}{2}t_1 \cos^2\frac{\beta_1}{2}\,\frac{t_1}{2}\sin\beta_1 = \frac{1}{2}t_1\,\frac{1+\cos\beta_1}{2}\,\frac{t_1}{2}\sin\beta_1 \\ &= \frac{t_1^2 \sin\beta_1(1+\cos\beta_1)}{8} \end{aligned}$$

又在直角梯形$E'D'C'O''$中

$$\angle O''C'D' = \pi - \angle A'D'C' = \pi - (\pi - \beta_2) = \beta_2$$

$$\angle O''C'O' = \angle O'C'D' = \frac{1}{2}\beta_2$$

$$C'D'' = C'D'\cos\beta_2 = t_2\cos\beta_2$$

$$O''E' = D'D'' = C'D'\sin\beta_2 = t_2\sin\beta_2$$

$$O'O'' = O''E' - O'E' = t_2\sin\beta_2 - \frac{t_1}{2}\sin\beta_1$$

$$D''F' = C'D''\tan\frac{\beta_2}{2} = t_2\cos\beta_2\tan\frac{\beta_2}{2}$$

由于$\Delta C'D''F'$与$\Delta C'O'O''$相似，则有：

$$\frac{D''F'}{O'O''} = \frac{C'D''}{C'O''} \Rightarrow \frac{t_2\cos\beta_2\tan\dfrac{\beta_2}{2}}{t_2\sin\beta_2 - \dfrac{t_1}{2}\sin\beta_1} = \frac{t_2\cos\beta_2}{C'O''}$$

$$\Rightarrow C'O'' = (1+\cos\beta_2)t_2 - \frac{t_1\sin\beta_1}{2\tan\dfrac{\beta_2}{2}}$$

所以：

$$E'D' = O''D'' = O''C' - C'D''$$
$$= (1 + \cos\beta_2)t_2 - \frac{t_1\sin\beta_1}{2\tan\dfrac{\beta_2}{2}} - t_2\cos\beta_2$$

经整理，得

$$E'D' = t_2 - \frac{t_1\sin\beta_1}{2\tan\dfrac{\beta_2}{2}}$$

因此图3-8b中直角梯形 $O''E'D'C'$ 的面积

$$S_{O''E'D'C'} = \frac{1}{2}(E'D' + O''C')O''E'$$
$$= \frac{1}{2}\left(t_2 - \frac{t_1\sin\beta_1}{2\tan\dfrac{\beta_2}{2}} + t_2 + t_2\cos\beta_2 - \frac{t_1\sin\beta_1}{2\tan\dfrac{\beta_2}{2}}\right)t_2\sin\beta_2$$

经整理，得

$$S_{O''E'D'C'} = t_2^2\sin\beta_2 - \frac{t_1t_2}{2}\sin\beta_1 - \frac{t_1t_2}{2}\sin\beta_1\cos\beta_2 + \frac{t_2^2}{4}\sin2\beta_2$$

又图3-8b中直角三角形 $O''O'C'$ 的面积

$$S_{O''O'C'} = \frac{1}{2}O'O'' \times O''C'$$
$$= \frac{1}{2}\left(t_2\sin\beta_2 - \frac{t_1}{2}\sin\beta_1\right)\left[(1 + \cos\beta_2)t_2 - \frac{t_1\sin\beta_1}{2\tan\dfrac{\beta_2}{2}}\right]$$

经整理，得

$$S_{O''O'C'} = \frac{t_2^2}{2}\sin\beta_2 + \frac{t_2^2}{4}\sin2\beta_2 - \frac{t_1t_2}{2}\sin\beta_1 - \frac{t_1t_2}{2}\sin\beta_1\cos\beta_2 + \frac{t_1^2\sin^2\beta_1}{8\tan\dfrac{\beta_2}{2}}$$

所以在图3-8b中四边形 $O'E'D'C'$ 的面积

$$S_{O'E'D'C'} = S_{O''E'D'C'} - S_{O''O'C'}$$
$$= t_2^2\sin\beta_2 - \frac{t_1t_2}{2}\sin\beta_1 - \frac{t_1t_2}{2}\sin\beta_1\cos\beta_2 + \frac{t_2^2}{4}\sin2\beta_2 - \frac{t_2^2}{2}\sin\beta_2 -$$
$$\frac{t_2^2}{4}\sin2\beta_2 + \frac{t_1t_2}{2}\sin\beta_1 + \frac{t_1t_2}{2}\sin\beta_1\cos\beta_2 - \frac{t_1^2\sin^2\beta_1}{8\tan\dfrac{\beta_2}{2}}$$

经整理，得

$$S_{O'E'D'C'} = \frac{t_2^2}{2}\sin\beta_2 - \frac{t_1^2}{8}\sin^2\beta_1\cot\frac{\beta_2}{2}$$

因此曲线 $DCOAD$ 所围的面积

$$S_{DCOA}=S_{A'E'O'}+S_{O'E'D'C'}=\frac{t_1^2\sin\beta_1(1+\cos\beta_1)}{8}+\frac{t_2^2}{2}\sin\beta_2-\frac{t_1^2}{8}\sin^2\beta_1\cot\frac{\beta_2}{2}$$

经整理，得

$$S_{DCOA}=\frac{t_1^2}{16}\left(2\sin\beta_1+\sin2\beta_1-2\sin^2\beta_1\cot\frac{\beta_2}{2}\right)+\frac{t_2^2}{2}\sin\beta_2$$

令 $\varepsilon=2\sin\beta_1+\sin2\beta_1-2\sin^2\beta_1\cot\frac{\beta_2}{2}$，则

$$S_{DCOA}=\frac{t_1^2}{16}\varepsilon+\frac{t_2^2}{2}\sin\beta_2 \tag{3-36}$$

将式（3-36）代入式（3-8）

$$\Gamma_{DCOAD}=2\omega S_{DCOA}=2\omega\left(\frac{t_1^2}{16}\varepsilon+\frac{t_2^2}{2}\sin\beta_2\right)$$

Γ_{DCOAD}等于封闭围线每段围线环量之和，于是有

$$\Gamma_{DC}=\Gamma_{DCOAD}-\Gamma_{AD} \tag{3-37}$$

由于 Δw 在距离叶片较近处较小，而在两叶片的中间位置较大，所以可假设在液力透平的叶轮流道内其相对速度沿叶片工作面从叶轮进口到出口均匀变化。因此在计算 Γ_{AD}时可取叶轮进出口相对速度的平均值$\overline{w}_{AD}$。

即
$$\overline{w}_{AD}=\frac{w_1+w_2}{2}$$

又
$$A'D'=A'E'+E'D'=t_1\cos^2\frac{\beta_1}{2}+t_2-\frac{t_1\sin\beta_1}{2\tan\frac{\beta_2}{2}}=t_1\frac{1+\cos\beta_1}{2}+t_2-\frac{t_1\sin\beta_1}{2\tan\frac{\beta_2}{2}}$$

所以边 AD 上的环量

$$\Gamma_{AD}=\overline{w}_{AD}A'D'=\frac{w_1+w_2}{2}\left(t_1\frac{1+\cos\beta_1}{2}+t_2-\frac{t_1\sin\beta_1}{2\tan\frac{\beta_2}{2}}\right)$$

由进出口速度三角形可知

$$w_1=\frac{v_{m1}}{\sin\beta_1}w_2=\frac{v_{m2}}{\sin\beta_2}$$

所以

$$\Gamma_{AD}=\frac{\dfrac{v_{m1}}{\sin\beta_1}+\dfrac{v_{m2}}{\sin\beta_2}}{2}\left(t_1\frac{1+\cos\beta_1}{2}+t_2-\frac{t_1\sin\beta_1}{2\tan\dfrac{\beta_2}{2}}\right)$$

$$=\left(\frac{v_{m1}}{2\sin\beta_1}+\frac{v_{m2}}{2\sin\beta_2}\right)\left[\frac{t_1}{2}(1+\cos\beta_1)+t_2-\frac{t_1}{2}\sin\beta_1\cot\frac{\beta_2}{2}\right]$$

即边 DC 上的环量

$$\Gamma_{DC}=\Gamma_{DCOAD}-\Gamma_{AD}$$

$$=2\omega\left(\frac{t_1^2}{16}\varepsilon+\frac{t_2^2}{2}\sin\beta_2\right)-\left(\frac{v_{m1}}{2\sin\beta_1}+\frac{v_{m2}}{2\sin\beta_2}\right)\left[\frac{t_1}{2}(1+\cos\beta_1)+t_2-\frac{t_1}{2}\sin\beta_1\cot\frac{\beta_2}{2}\right]$$

所以在圆周速度方向上，当叶片数有限时，叶片出口的绝对速度分量的偏移量即液流的滑移量

$$\Delta v_{u2}=\frac{\Gamma_{DC}}{t_2}$$

$$=2\omega\left(\frac{t_1^2}{16t_2}\varepsilon+\frac{t_2}{2}\sin\beta_2\right)-\left(\frac{v_{m1}}{2\sin\beta_1}+\frac{v_{m2}}{2\sin\beta_2}\right)\left[\frac{t_1}{2t_2}(1+\cos\beta_1)+1-\frac{t_1}{2t_2}\sin\beta_1\cot\frac{\beta_2}{2}\right]$$

又 $t_1=\dfrac{2\pi r_1}{z}$，$t_2=\dfrac{2\pi r_2}{z}$，则

$$\Delta v_{u2}=2\omega\left(\frac{\pi r_1^2}{8zr_2}\varepsilon+\frac{\pi r_2}{z}\sin\beta_2\right)-\left(\frac{v_{m1}}{2\sin\beta_1}+\frac{v_{m2}}{2\sin\beta_2}\right)\left[\frac{r_1}{2r_2}(1+\cos\beta_1)+1-\frac{r_1}{2r_2}\sin\beta_1\cot\frac{\beta_2}{2}\right]\tag{3-38}$$

设在假设四的条件下液力透平叶轮出口的滑移系数为 λ_4，则

$$\lambda_4=1-\frac{\Delta v_{u2}}{u_2}$$

$$=1-\frac{2\omega\left(\dfrac{\pi r_1^2}{8zr_2}\varepsilon+\dfrac{\pi r_2}{z}\sin\beta_2\right)-\left(\dfrac{v_{m1}}{2\sin\beta_1}+\dfrac{v_{m2}}{2\sin\beta_2}\right)\left[\dfrac{r_1}{2r_2}(1+\cos\beta_1)+1-\dfrac{r_1}{2r_2}\sin\beta_1\cot\dfrac{\beta_2}{2}\right]}{\omega r_2}$$

经整理，得

$$\lambda_4=1-\frac{\pi r_1^2}{4zr_2^2}\varepsilon-\frac{2\pi}{z}\sin\beta_2+\frac{r_1}{2\omega r_2^2}\left(\frac{v_{m1}}{2\sin\beta_1}+\frac{v_{m2}}{2\sin\beta_2}\right)\left(1+\cos\beta_1+\frac{2r_2}{r_1}-\sin\beta_1\cot\frac{\beta_2}{2}\right)\tag{3-39}$$

式（3-39）中的 $\varepsilon = 2\sin\beta_1 + \sin 2\beta_1 - 2\sin^2\beta_1 \cot\dfrac{\beta_2}{2}$

式中 r_1、r_2——分别为叶轮进出口的半径（m）；

z——叶轮叶片数；

v_{m1}——在有限叶片数下叶片进口的绝对速度的轴面分量（m/s），$v_{m1} = \dfrac{\eta_v Q}{\pi D_1 b_1 \psi_1}$，且 $D_1 = 2r_1$ 为叶轮的进口直径（m）；b_1 为叶片的进口宽度（m）；η_v 为液力透平的容积效率；Q 为透平流量（m^3/s）；ψ_1 为叶片进口排挤系数，$\psi_1 = 1 - \dfrac{z\delta_1}{\pi D_1}\sqrt{1 + \left(\dfrac{\cot\beta_1}{\sin\gamma_1}\right)^2}$，$\gamma_1$ 为轴面截线与轴面流线的夹角（°），一般 $\gamma_1 = 60° \sim 90°$；δ_1 为叶片进口的真实厚度（m）；

v_{m2}——在有限叶片数下叶片出口的绝对速度的轴面分量（m/s），$v_{m2} = \dfrac{Q\eta_v}{F_2\psi_2}$且 F_2 为叶片出口轴面液流的过水断面面积（m^2），$F_2 = 2\pi Rb$，b、R 分别为在叶轮的轴面投影图中小流道的宽度和半径（m）；ψ_2 为叶片出口的排挤系数，取 $\psi_2 = 0.85$。

3.4 向心叶轮进口滑移系数

由上述研究可知在图 3-7 中的曲边三角形 ABO 为直角曲边三角形，且有

$$AO = t_1 \cos\frac{\beta_1}{2} \quad BO = t_1 \sin\frac{\beta_1}{2}$$

又 AO 线和 BO 线与轴向漩涡流线相垂直，则有

$$\Gamma_{AB} = \Gamma_{ABOA} = 2\omega S_{\Delta ABO} \tag{3-40}$$

又

$$S_{\Delta ABO} = \frac{1}{2} AO \times BO = \frac{t_1^2}{4}\sin\beta_1 \tag{3-41}$$

将式（3-41）代入式（3-40）

$$\Gamma_{AB} = \frac{\omega t_1^2}{2}\sin\beta_1 \tag{3-42}$$

所以叶轮进口边上的诱导速度，即滑移量

$$\Delta v_{u1} = \frac{\Gamma_{AB}}{t_1} = \frac{\omega t_1}{2}\sin\beta_1 \tag{3-43}$$

设液力透平叶轮进口的滑移系数为 λ_0，则

$$\lambda_0 = 1 - \frac{\Delta v_{u1}}{u_1} = 1 - \frac{\pi}{z}\sin\beta_1 \tag{3-44}$$

由进口滑移系数 $\lambda_0=\frac{u_1-\Delta v_{u1}}{u_1}$ 可知：在圆周速度的方向上，当叶片数有限时，叶片进口的绝对速度分量的偏移量，即液流的滑移量

$$\Delta v_{u1}=u_1-\lambda_1 u_1=u_1(1-\lambda_0) \tag{3-45}$$

又由进口速度三角形

$$\begin{aligned} v_{u1}&=v_{u1\infty}-\Delta v_{u1}\\ &=\left(u_1-\frac{v_{m1}}{\tan\beta_1}\right)-u_1(1-\lambda_0)\\ &=\lambda_0 u_1-v_{m1}\cot\beta_1 \end{aligned} \tag{3-46}$$

3.5　液力透平的理论水头

3.5.1　叶轮内只有出口有滑移时的理论水头

由出口速度三角形可知：$\Delta v_{u2}=v_{u2}-v_{u2\infty}$

即

$$\Delta v_{u2}=v_{u2}-v_{u2\infty}=v_{u2}-(u_2-v_{m2}\cot\beta_2)$$

所以叶轮出口滑移系数

$$\lambda=\frac{u_2-\Delta v_{u2}}{u_2}=\frac{u_2-v_{u2}+(u_2-v_{m2}\cot\beta_2)}{u_2}$$

即

$$v_{u2}=u_2(2-\lambda)-v_{m2}\cot\beta_2 \tag{3-47}$$

而液力透平向心叶轮出口的滑移系数可通过利用以上向心叶轮出口滑移系数的不同计算方法得到，然后根据该滑移系数可得到液力透平的理论水头

$$\begin{aligned} H_T&=\frac{1}{g}(u_1 v_{u1}-u_2 v_{u2})\\ &=\frac{\omega r_1(\omega r_1-v_{m1}\cot\beta_1)-\omega r_2[\omega r_2(2-\lambda)-v_{m2}\cot\beta_2]}{g} \end{aligned} \tag{3-48}$$

式（3-48）为只考虑叶轮出口滑移时的液力透平理论水头。

3.5.2　叶轮内进出口均有滑移时的理论水头

由叶轮进出口滑移系数和 Euler 方程可得

$$\begin{aligned} H'_T&=\frac{1}{g}(u_1 v_{u1}-u_2 v_{u2})\\ &=\frac{\omega r_1(\lambda_0\omega r_1-v_{m1}\cot\beta_1)-\omega r_2[\omega r_2(2-\lambda)-v_{m2}\cot\beta_2]}{g} \end{aligned} \tag{3-49}$$

式（3-49）为考虑叶轮进出口滑移时的液力透平理论水头。

3.6　试验验证

在本试验中选取比转数分别为33、47和66的离心泵用作液力透平，其三台离心泵具体的设计参数分别为：流量 $Q_P=25m^3/h$，扬程 $H_P=32m$，转速 $n=1450r/min$，比转数 $n_{sp}=33$；流量 $Q_P=25m^3/h$，扬程 $H_P=20m$，转速 $n=1450r/min$，比转数 $n_{sp}=47$；流量 $Q_P=25m^3/h$，扬程 $H_P=12.5m$，转速 $n=1450r/min$，比转数 $n_{sp}=66$。三台离心泵的几何参数见表3-1。

将表3-1中的离心泵几何参数分别代入式（3-48）和式（3-49），得到在不同方法下的当只考虑叶轮出口滑移时液力透平的理论水头和同时考虑叶轮进出口滑移时液力透平的理论水头，该理论水头就是本章的理论计算结果。然后利用图2-2所示的液力透平试验台对本章理论计算结果进行试验验证。

表3-1　离心泵的几何参数

部　件	参　数	$n_{sp}=33$	$n_{sp}=47$	$n_{sp}=66$
叶轮	叶轮进口直径 D_{1p}/mm	48	80	80
	进口安放角 β_{1p}（°）	42	40	38
	叶片数 z	5	5	5
	叶轮出口直径 D_{2p}/mm	200	252	210
	叶轮出口宽度 b_{2p}/mm	6	6.5	9
	出口安放角 β_{2p}/(°)	38	39	27
	叶片厚度 δ/mm	5	4	4
蜗壳	蜗壳基圆直径 D_{4p}/mm	205	260	215
	蜗壳进口宽度 b_{3p}/mm	12	22	26
	蜗壳出口直径 D_{5p}/mm	50	50	50
	蜗壳断面形状	圆形	圆形	圆形

其具体试验验证方法如下：

1）由试验得到的液力透平最优效率点的总效率 η，并结合液力透平的机械效率 η_m 和容积效率 η_v，计算最优工况点处试验条件下液力透平的水力效率 η_h

$$\eta_h=\frac{\eta}{\eta_v\eta_m} \tag{3-50}$$

式（3-50）中：$\eta_v=\dfrac{1}{1+0.68n_{st}^{-2/3}}$，$\eta_m=1-\dfrac{0.07}{\left(\dfrac{n_{st}}{100}\right)^{7/6}}$。

2）由试验得到的液力透平最优工况点处的水头 H，并结合最优工况点处实验条件下得到的液力透平的水力效率 η_h，可得到最优工况点处试验条件下液力

透平的理论水头 H''_T

$$H''_T = H\eta_h \tag{3-51}$$

3）将通过本章方法计算得到的液力透平理论水头与式（3-51）得到的试验条件下的液力透平理论水头进行比较。

在最优工况下只考虑叶轮出口滑移和同时考虑叶轮进出口滑移时的理论计算结果与试验结果的比较分别见表3-2和表3-3。

由表3-3可以看出当同时考虑叶轮进出口滑移时，理论水头的理论计算结果与试验结果的相对误差在任何一种计算方法下均很大，这是因为在液力透平向心叶轮进口相对速度方向的改变是主要由叶轮旋转引起的，而并不是由叶轮流道内的轴向漩涡引起，所以叶轮进口相对速度方向的变化只是导致向心叶轮内水力损失的增加，直接引起液力透平效率的下降，并不会引起理论水头的变化。因此当认为向心叶轮进口相对速度方向的变化是由轴向漩涡引起时，就导致在预测液力透平的理论水头时与实际值相差较大。可见，在计算液力透平叶轮内的滑移时可不考虑叶轮进口的滑移。

表3-2　只考虑叶轮出口滑移时的理论计算结果与试验值的比较

序号	比转数 n_s	出口滑移系数		理论水头/m		
				理论	试验	理论结果相对于试验结果的误差（%）
1	33	λ_1	-0.6103	75.03	81.86	-8.34
		λ_2	0.5165	81.13		-0.89
		λ_3	0.5800	81.95		0.11
		λ_4	0.0436	78.57		-4.02
2	47	λ_1	-0.2444	24.86	26.75	-7.06
		λ_2	0.4430	27.44		2.59
		λ_3	0.5965	28.19		5.40
		λ_4	0.5425	27.81		3.99
3	66	λ_1	0.2519	14.77	16.47	-10.30
		λ_2	0.6252	16.17		-1.79
		λ_3	0.6135	16.14		-2.01
		λ_4	0.4635	15.57		-5.48

表3-3　考虑叶轮进出口滑移时的理论计算结果与试验值的比较

序号	比转数 n_s	进口滑移系数 λ_0	出口滑移系数		理论水头/m		
					理论	试验	理论结果相对于试验结果的误差（%）
1	33	0.6135	λ_1	-0.6103	38.73	81.86	-52.68
			λ_2	0.5165	44.83		-45.24
			λ_3	0.5800	45.65		-44.23
			λ_4	0.0436	42.27		-48.36

（续）

序号	比转数 n_s	进口滑移系数 λ_0	出口滑移系数		理论水头/m		
					理论	试验	理论结果相对于试验结果的误差（%）
2	47	0.6050	λ_1	-0.2444	10.13	26.75	-62.12
			λ_2	0.4430	12.71		-52.47
			λ_3	0.5965	13.46		-49.66
			λ_4	0.5425	13.09		-51.07
3	66	0.7150	λ_1	0.2519	7.40	16.47	-55.10
			λ_2	0.6252	8.80		-46.58
			λ_3	0.6135	8.76		-46.81
			λ_4	0.4635	8.19		-50.27

只考虑叶轮出口滑移时不同计算方法下 3 个模型相对误差的统计和比较见表 3-4。

表 3-4　只考虑叶轮出口滑移时不同计算方法的相对误差比较

不同计算方法	相对误差在 5%以内的模型数	相对误差在 10%以内的模型数	相对误差超过 10%的模型数
方法一	0	2	1
方法二	3	0	0
方法三	2	1	0
方法四	2	1	0

结合表 3-2 和表 3-4 可以看出，当只考虑叶轮出口滑移时在假设 *AD* 上的诱导速度与 *DC* 上的诱导速度的比值等于曲边三角形 *ADO* 的面积与曲边三角形 *DOC* 的面积之比时，方法二得到的液力透平叶轮出口滑移系数的计算公式最准确，其理论计算结果和试验结果之间的相对误差均位于 5% 的范围内。其次为当假设曲线 *DE* 与轴向漩涡的流线相垂直和假设在液力透平的叶轮流道内其相对速度沿叶片工作面从叶轮进口到出口均匀变化时，方法三和方法四得到的液力透平叶轮出口滑移系数的计算公式较准确，其理论计算结果和试验结果之间的相对误差有 2 个模型位于 5% 的范围内，有 1 个模型在 10% 的范围内。而当假设 *AD* 上的诱导速度等于 *DC* 上的诱导速度时，方法一得到的液力透平叶轮出口滑移系数的计算公式在这几种方法中误差最大，其理论计算结果和试验结果之间的相对误差均大于 5%，甚至有 1 个模型的相对误差超过 10%。

由表 3-2 还可以看出，在利用方法一计算的滑移系数中有负值出现，说明这种方法不适合于计算液力透平向心叶轮出口的滑移系数。可见，在这四种方法中方法二最准确，而方法一最差。

3.7　向心叶轮出口滑移系数的影响因素

由上述研究结果可知，在方法二下得到的液力透平叶轮出口滑移系数的计算公式（3-30）最准确，且由式（3-30）可知影响液力透平向心叶轮出口滑移系数的因素有叶轮进口直径 D_1，叶轮出口直径 D_2，叶片进口安放角 β_1，叶片出口安放角 β_2 和叶片数 z。为了进一步研究这些因素对向心叶轮出口滑移系数的影响，下面将做进一步的研究。

3.7.1　叶轮进口直径对出口滑移系数的影响

如图3-9所示为在设计工况下叶轮进口直径对向心叶轮出口滑移系数的影响。从图3-9可以看出，对于不同低比转数的液力透平，其叶轮出口的滑移系数随着向心叶轮进口直径的不断增加而逐渐增大，即叶轮出口的滑移量逐渐减小。这主要是因为叶轮对于流体的约束时间随叶轮进口直径的不断增大而逐渐增加，所以导致叶轮出口的滑移量逐渐减小。还可以看出，随着叶轮进口直径的增加和比转数的减小，其叶轮出口滑移系数的增加程度逐渐减小，且比转数越小，叶轮出口滑移系数越大，即滑移量越小。

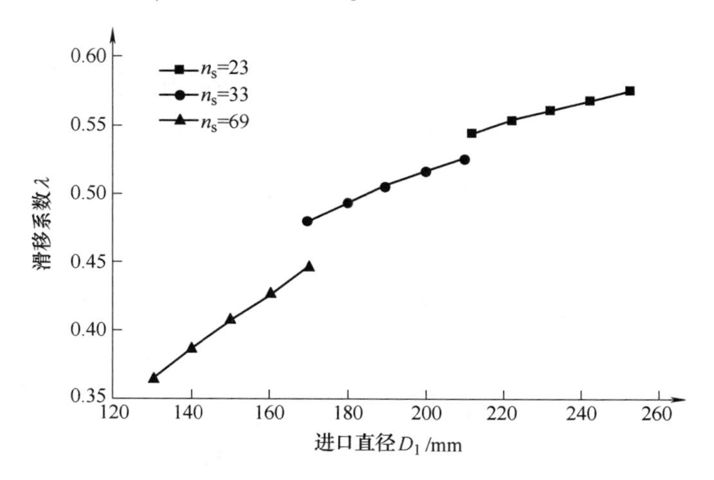

图3-9　叶轮进口直径对出口滑移系数的影响

3.7.2　叶轮出口直径对出口滑移系数的影响

如图3-10所示为在设计工况下叶轮出口直径对向心叶轮出口滑移系数的影响。

从图3-10可以看出，在不同比转数下随着叶轮出口直径的增加，向心叶轮出口的滑移系数逐渐减小，即向心叶轮出口的滑移量逐渐增加。这是因为叶轮出口直径越大，叶片出口对流体的约束能力逐渐减弱，所以随着叶轮出口直径的增加叶轮出口的滑移量也随之增加。还可以看出随着叶轮出口直径的增加，比转数越大，叶轮出口的滑移系数越小，即滑移量越大。

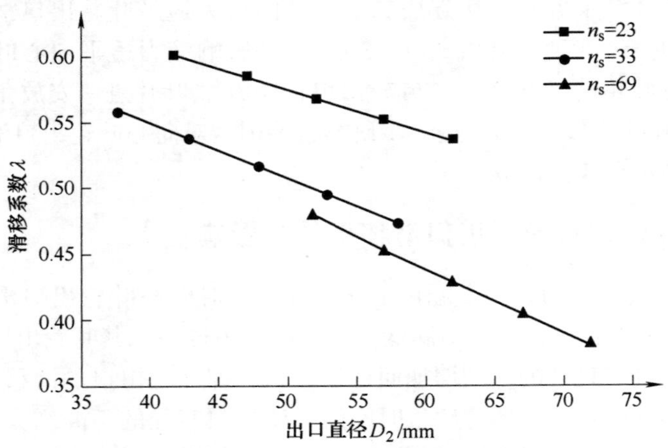

图 3-10　叶轮出口直径对叶轮出口滑移系数的影响

3.7.3　叶片进口安放角对出口滑移系数的影响

如图 3-11 所示为在设计工况下叶轮叶片进口安放角对向心叶轮出口滑移系数的影响。从图 3-11 可知，在不同比转数下向心叶轮出口的滑移系数随叶片进口安放角的增加反而逐渐减小，即向心叶轮出口的滑移量逐渐增加，且叶片进口安放角对叶轮出口滑移系数的影响大于叶轮进出口直径对叶轮出口滑移系数的影响。还可以看出，随着叶片进口安放角的增加，比转数越小，滑移系数越大，即滑移量越小。

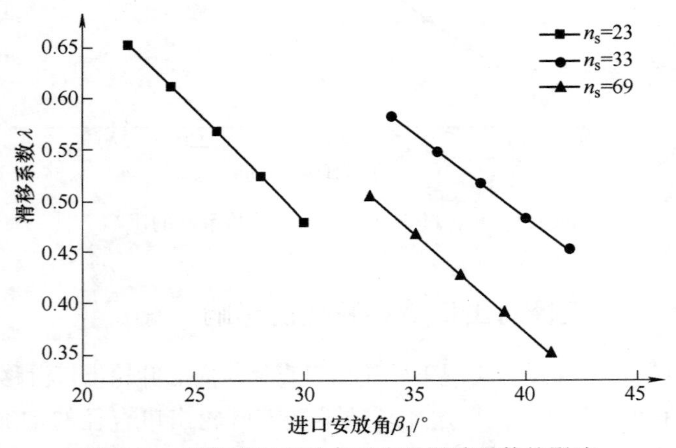

图 3-11　叶片进口安放角对出口滑移系数的影响

3.7.4　叶片出口安放角对出口滑移系数的影响

如图3-12所示为在设计工况下叶轮叶片出口安放角对向心叶轮出口滑移系数的影响。从图3-12可以看出，在不同比转数下向心叶轮出口的滑移系数随叶片出口安放角的增加也反而减小，即在向心叶轮出口处的滑移量逐渐增加，但叶片出口安放角对叶轮出口滑移系数的影响小于叶片进口安放角对叶轮出口滑移系数的影响。还可以看出，随着叶片出口安放角的增加，比转数越小，滑移系数越大，即滑移量越小。

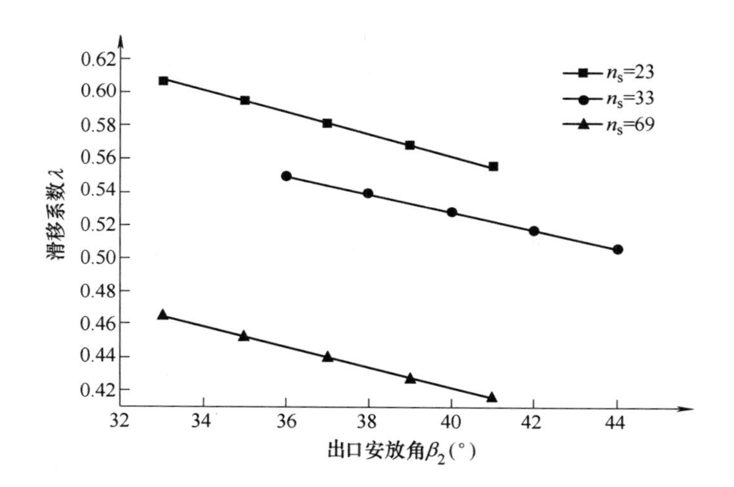

图3-12　叶片出口安放角对出口滑移系数的影响

3.7.5　叶片数对出口滑移系数的影响

如图3-13所示为最优工况下叶片数对向心叶轮出口滑移系数的影响规律。由图3-13可知，在不同比转数下随着叶片数的增加向心叶轮出口的滑移系数逐渐增加，但增加程度逐渐减小，即向心叶轮出口的滑移量是逐渐减小的。这主要是因为叶片对流体的约束能力随叶片数的增加而逐渐增强，从而导致叶轮出口的滑移量逐渐减小，这和无限叶片数下叶轮出口无滑移相一致。由于随着叶片数的逐渐增加，其滑移系数逐渐接近于1，即逐渐接近于无滑移，所以滑移系数的增加程度随叶片数的增加而降低。还可看出，随着叶片数的增加，比转数越小，滑移系数也越大，即滑移量也越小。

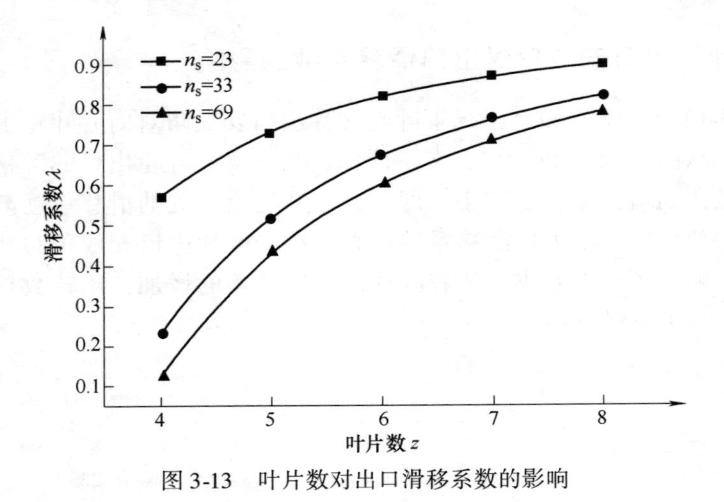

图 3-13　叶片数对出口滑移系数的影响

3.8　本章小结

本章通过分析液力透平向心叶轮内流体的流动机理，并利用圆柱坐标系法对分析结果进行了证明，然后推导出了向心叶轮出口滑移系数的计算公式，并利用试验的方法对所得公式进行了试验验证，最后分析了向心叶轮出口滑移系数的影响因素。

通过研究得到了以下结论：

1）在有限叶片数下液力透平向心叶轮流道内的相对运动是径向的均匀流和轴向漩涡运动的叠加流动。

2）当假设叶片工作面上的诱导速度与叶轮出口边上的诱导速度的比值等于叶片和涡心所张曲边三角形的面积与叶轮出口边和涡心所张曲边三角形的面积之比时，得到的液力透平向心叶轮出口滑移系数的计算公式最准确。

3）在通过理论的方法预测液力透平的性能时，可采用结论（2）的方法得到的向心叶轮出口滑移系数计算公式进行液力透平的性能预测，且只需考虑向心叶轮出口的滑移。

4）影响液力透平向心叶轮出口滑移系数的因素有：叶轮进出口直径、叶片进出口安放角和叶片数。

5）不同比转数的液力透平，随着向心叶轮进口直径和叶片数的增加，向心叶轮出口滑移系数也逐渐增加，即向心叶轮出口的滑移量逐渐减小；随着叶片进出口安放角和叶轮出口直径的增加，向心叶轮出口的滑移系数反而逐渐减小，即向心叶轮出口的滑移量逐渐增加，且向心叶轮出口滑移系数受叶轮进出口直径的影响小于受叶片进口安放角的影响。

第 4 章　离心泵作液力透平的能量转换特性

离心泵作液力透平的本质是将液体余压能转换为叶轮的机械能。总结国内外的相关研究发现，离心泵反转做液力透平时，其内部流动并非是离心泵内的流体按原轨迹的反向运动，流动规律发生了较大的变化。此外，液力透平内的流动还有别于常规水轮机，因为液力透平是将高压液体通过引流部件（蜗壳）引入后直接进入叶轮，中间没有导叶（固定导叶和活动导叶），这样，参考现有离心泵和常规水轮机内的流动特点则无法完全了解并掌握液力透平内部的流动特点，更无法明确其内部能量转换特性及规律。如果能够明确液力透平内部的能量转换过程及其规律将有助于液力透平的进一步设计与优化，为此本章采用 CFD 技术，对液力透平主要过流部件叶轮和蜗壳内的能量转换特性进行详细的分析。本着由易到难的原则，首先进行三维定常数值计算，分析叶轮和蜗壳内的能量转换过程，研究能量转换特点及其规律；随后，过渡到三维非定常数值计算，深入揭示液力透平内流体能量的传递、转化以及耗散等过程。

4.1　液力透平三维定常流动的能量转换特性

4.1.1　叶轮内能量转换特性

叶轮是液力透平能量转换的核心部件，掌握其内部的能量转换过程及其规律对分析离心泵作液力透平的能量转换特性无疑有非常重要的作用。当流体进入液力透平叶轮后，一方面是沿叶轮叶片流动，即相对运动，另一方面是跟随叶轮的转动而旋转，即圆周运动，叶轮中流体的绝对运动可以看作是这两个运动的合成，如图 4-1 所示，流体的速度满足式（4-1）的关系。流体质点流经旋转叶片时，在任意一点都可构成速度三角形，速度三角形表达了流体质点在叶轮中的运动情况。流体在叶轮内如上所述的扭转流动过程伴随着能量的转换，可以应用动量矩定律得出流体的能量在液力透平叶轮中转换成机械能的实质，本书不再赘述具体推导过程，仅使用最后得出的关系式（4-2）。

$$\boldsymbol{V} = \boldsymbol{U} + \boldsymbol{W} \tag{4-1}$$

式中　$\boldsymbol{V}$——流体的绝对速度（相对于地球）；

$\boldsymbol{U}$——流体随叶轮旋转的牵连速度（圆周速度，方向与圆周相切）；

$\boldsymbol{W}$——流体沿叶轮叶片流动的相对速度（与叶片相切）。

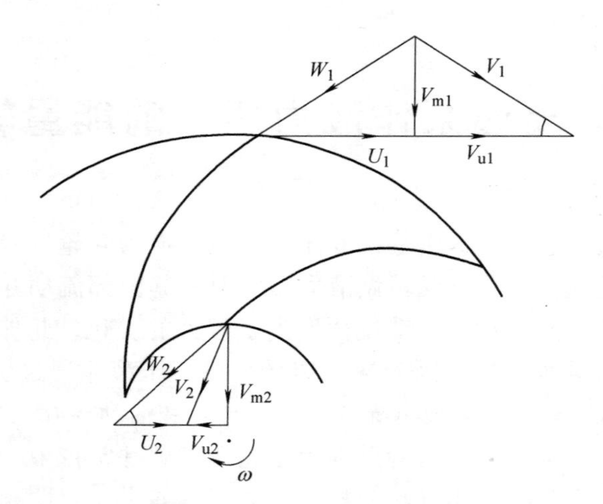

图 4-1　液力透平叶轮进、出口速度三角形

$$H\eta_h = \frac{\omega}{g}(V_{u1}r_1 - V_{u2}r_2) \tag{4-2}$$

式中　H——液力透平的压头；

η_h——液力透平的水力效率；

ω——叶轮的旋转角速度；

V_{u1}、V_{u2}——分别为叶片进、出口绝对速度在圆周方向上的分量；

r_1、r_2——分别为叶轮的进、出口半径。

式（4-2）左边表示作用于液力透平叶轮上单位重量流体所具有的有效能头，即单位重量的流体传递给叶轮的有效能量，式（4-2）右边表示液力透平叶轮进、出口流体速度矩的变化，即流体本身运动状态的变化。式（4-2）从理论上表明了液力透平中流体的能量是如何转换成叶轮的机械能的，它是流体和叶轮叶片相互作用的结果，一方面是叶轮流道迫使流体的动量矩发生改变，另一方面是流体在其动量矩改变的同时，以一定的压力作用在叶轮叶片上，从而驱动叶轮旋转，实现了流体能量转换成叶轮机械能的过程。

为了详细分析液力透平叶轮内的能量转换过程，将叶轮从进口到出口按直径大小划分为 6 个部分，具体 7 个划分截面位置如图 4-2a 所示。其中截面 1 为叶轮的进口断面，截面 7 为叶轮的出口断面，图 4-2b 为划分后叶轮各个区域的三维示意图。通过分区域的方式对液力透平叶轮进行分析，可更加清晰地了解叶轮各个区域中的能量转化特性。

1. 叶轮流道不同径向截面流体所具有能量的变化规律

如图 4-3 所示为不同流量下，叶轮如图 4-2 所示各个截面上的功率变化曲线，功率值具体按式（4-3）计算[31]。

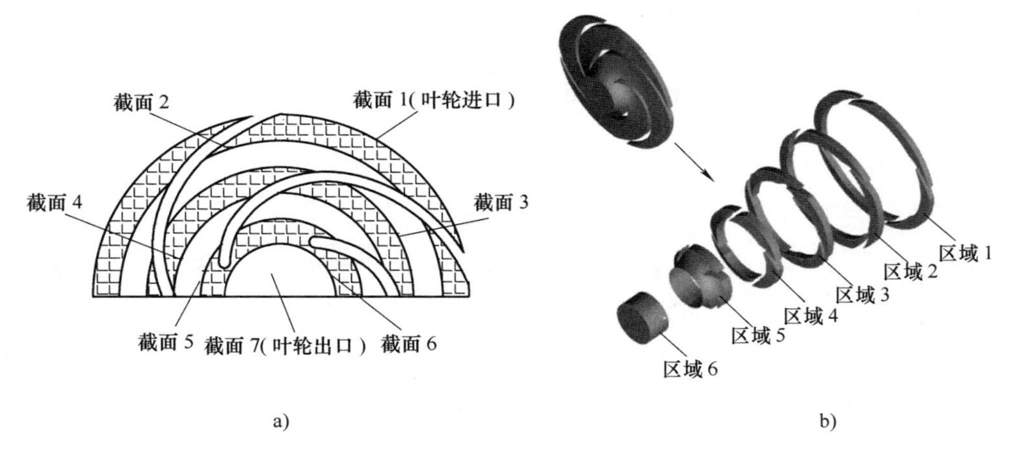

图 4-2　液力透平叶轮划分示意图

a）平面投影　b）三维图

$$P_{\mathrm{a}} = \int_A p_{\mathrm{a}} \boldsymbol{v} \boldsymbol{n} \mathrm{d}A \tag{4-3}$$

式中　积分符号内的部分为功率密度；

p_{a}——绝对坐标系下的总压；

$\boldsymbol{v}$——通过质量守恒方程求解得到的速度。

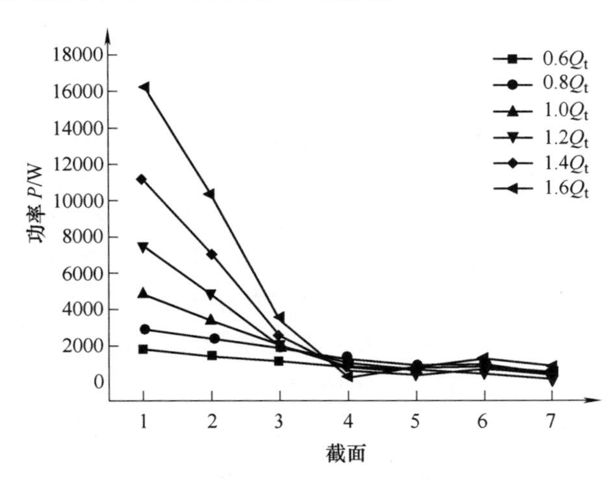

图 4-3　叶轮各过流断面的功率分布

从图 4-3 可以看出，不同流量下叶轮沿各个截面功率的变化趋势相似。在叶轮的前 4 个截面上，功率均呈现下降趋势，大流量时功率下降的梯度大于小流量工况；从叶轮的第 4 截面到叶轮的出口截面，不同流量下流体所具有的能量相差不大，流体的大部分能量输入到叶轮第 1 截面到第 4 截面所在的区域。

总压包括静压和动压两部分，由式（4-3）可知，可以将总功率分为静压功率和动压功率两部分，分别按式（4-4）、式（4-5）计算。如图4-4所示为不同流量下叶轮各个截面上的静压功率和动压功率变化曲线。

$$P_{\mathrm{d}} = \int_A p_{\mathrm{d}} \boldsymbol{v}\boldsymbol{n}\mathrm{d}A \tag{4-4}$$

$$P_{\mathrm{s}} = \int_A p_{\mathrm{s}} \boldsymbol{v}\boldsymbol{n}\mathrm{d}A \tag{4-5}$$

式（4-4）、式（4-5）中，P_{d}、P_{s} 分别为动压功率和静压功率；p_{d}、p_{s} 分别为绝对坐标系下的动压和静压。

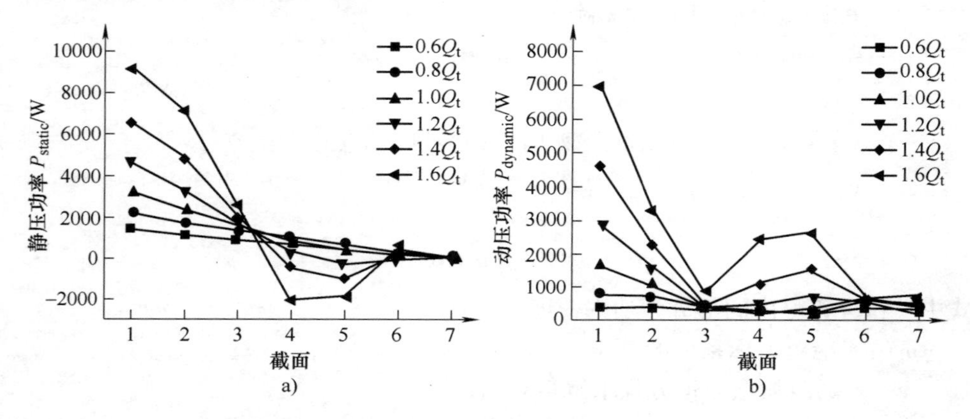

图4-4　叶轮各截面静压功率与动压功率分布

a）静压功率分布　b）动压功率分布

从图4-4可以看出，静压功率在叶轮前4个截面上的变化规律与图4-3中总压功率的变化规律相似，即前4个截面上的静压功率依次减小，而从第4截面之后，静压功率与总压功率在幅值和变化规律上存在明显的差异。静压功率在叶轮中发生变化的原因主要有三点：一是从第1截面到第7截面，各截面的过流面积不同，导致流体依次通过各个截面时存在着静压功率和动压功率的相互转换，从图中也可以明显地看出，从叶轮第3截面到第6截面的区域存在着强烈的动静压能的相互转换；二是静压能对叶轮做功；三是一部分静压能克服水力阻力而损失掉。另外，静压功率在前3个截面上与流量成正比，即流量越大，前3个截面上的静压功率就越大，而截面4、5上静压功率与流量成反比，即流量越大，截面4、5上的静压功率反而越小，截面6、7上的静压功率与流量相关性较小；各个截面上动压功率与流量的相关性各不相同，截面3、6、7上动压功率与流量的相关性较小，但总体上各截面上的动压功率与流量呈正相关，即流量越大，各个截面上的动压功率就越大。这是因为当各截面的过流面积一定时，流量越大，流体通过截面时动能会相应地增大。

2. 输入叶轮不同区域的净能量变化规律

输入叶轮各区域的净能量是指相邻两截面间的能量差。如图 4-5 所示为不同流量下，输入叶轮不同区域的净功率变化曲线。

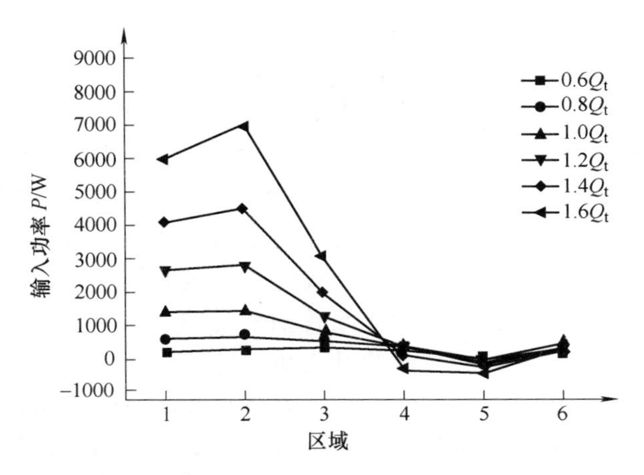

图 4-5　不同流量下输入叶轮各区域的净功率变化曲线

从图 4-5 可以看出，在叶轮的前 3 个区域，输入的净能量最多，且输入的净能量与流量成正比，即随着流量的增大，输入叶轮前 3 个区域的净功率逐渐增大；而后 3 个区域中输入的净能量相对较少，且在叶轮的第 4、第 5 区域，随着流量的增大，输入这两个区域的净能量为负值。

3. 流体传递给叶轮的能量

液力透平叶轮中由于水力损失的存在，不能将输入叶轮的净能量完全转换为可用的能量。可以通过式（4-6）来衡量叶轮获得的机械能，即流体传递给叶轮的能量。图 4-6 所示为不同流量下，叶轮各个区域传递给叶轮的能量分布。

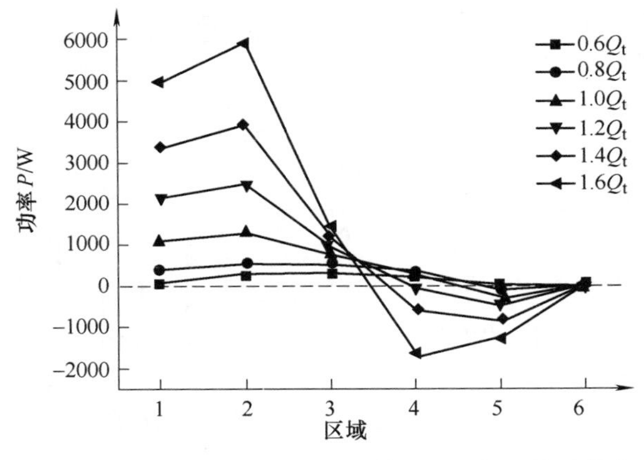

图 4-6　不同流量下叶轮各区域传递给叶轮的能量分布

$$P_{out} = M\omega \tag{4-6}$$

式中 M——叶轮回转轴所受的力产生的力矩；

ω——叶轮旋转的角速度。

从图 4-6 可以看出，叶轮获得的能量主要来自叶轮的前 3 个区域，其中获取能量最多的是叶轮的第 2 区域，且随着流量的增大，叶轮获得的能量也在逐渐增加；对于叶轮的第 4、5 区域，小流量工况下获取的能量相对较少，随着流量的不断增大，这两个区域不仅得不到能量，而且还对流体做功；第 6 区域由于不包含叶片，因此叶轮从该区域获得的能量几乎为零。

流体驱动液力透平叶轮旋转，并对叶轮做功，将液体所具有的压力能传递给叶轮，转换为叶轮的机械能，这部分获得的机械能等于叶轮回转轴所承受的力矩与旋转角速度的乘积，其中叶轮回转轴承受的力矩分为两部分：一是叶轮流道表面的流体压力对叶轮转轴的驱动力矩；二是由无滑移壁面条件引起的黏性力对叶轮转轴的力矩。因此单位时间内流体对叶轮所做的功包括压力部分做功和黏性力做功两部分，具体等于以上两部分力矩分别与叶轮旋转角速度乘积的和，即：

$$P_{out} = M \times \omega = (\boldsymbol{F}_{pressure} \times \boldsymbol{L} + \boldsymbol{F}_{viscosity} \times \boldsymbol{L}) \times \omega \tag{4-7}$$

式中 $\boldsymbol{L}$——力臂，即叶轮的转轴到力作用线的距离；

$\boldsymbol{F}_{pressure}$——流体与叶轮接触面上的压力矢量；

$\boldsymbol{F}_{viscosity}$——流体与叶轮接触面上的黏性力矢量。

图 4-7、图 4-8 所示分别为不同流量下叶轮整体及各个区域内两种功率的分布情况。由图 4-7、图 4-8 可见，流体对叶轮做功主要以压力做功为主，而由无滑移壁面条件引起的黏性力对叶轮做功只占很小的比例。在小流量及最优工况附近，黏性力对叶轮做负功，而在大流量工况的第 1 区域，黏性力却对叶轮做正功。黏性力对叶轮做正功（负功），说明黏性力的方向与叶轮所受合力方向间的夹角小于（大于）90°，结合牛顿内摩擦定律可知，黏性力的方向与流体相对速度方向有关，从而根据不同流量下，黏性力对叶轮做功的不同可知流体在该区域的运动情况有别于与其他区域。

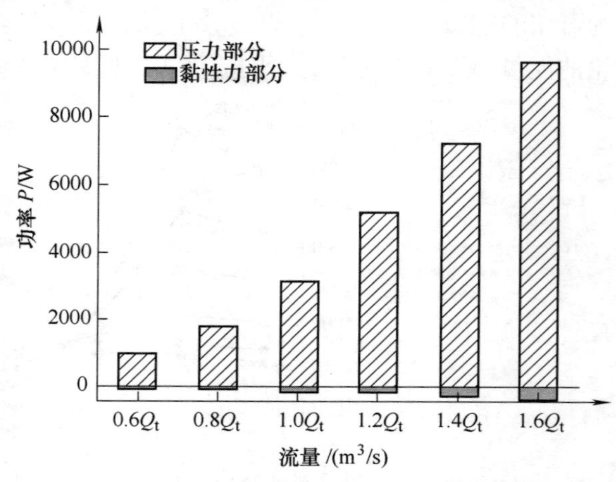

图 4-7 不同流量下压力与黏性力对叶轮整体做功分布

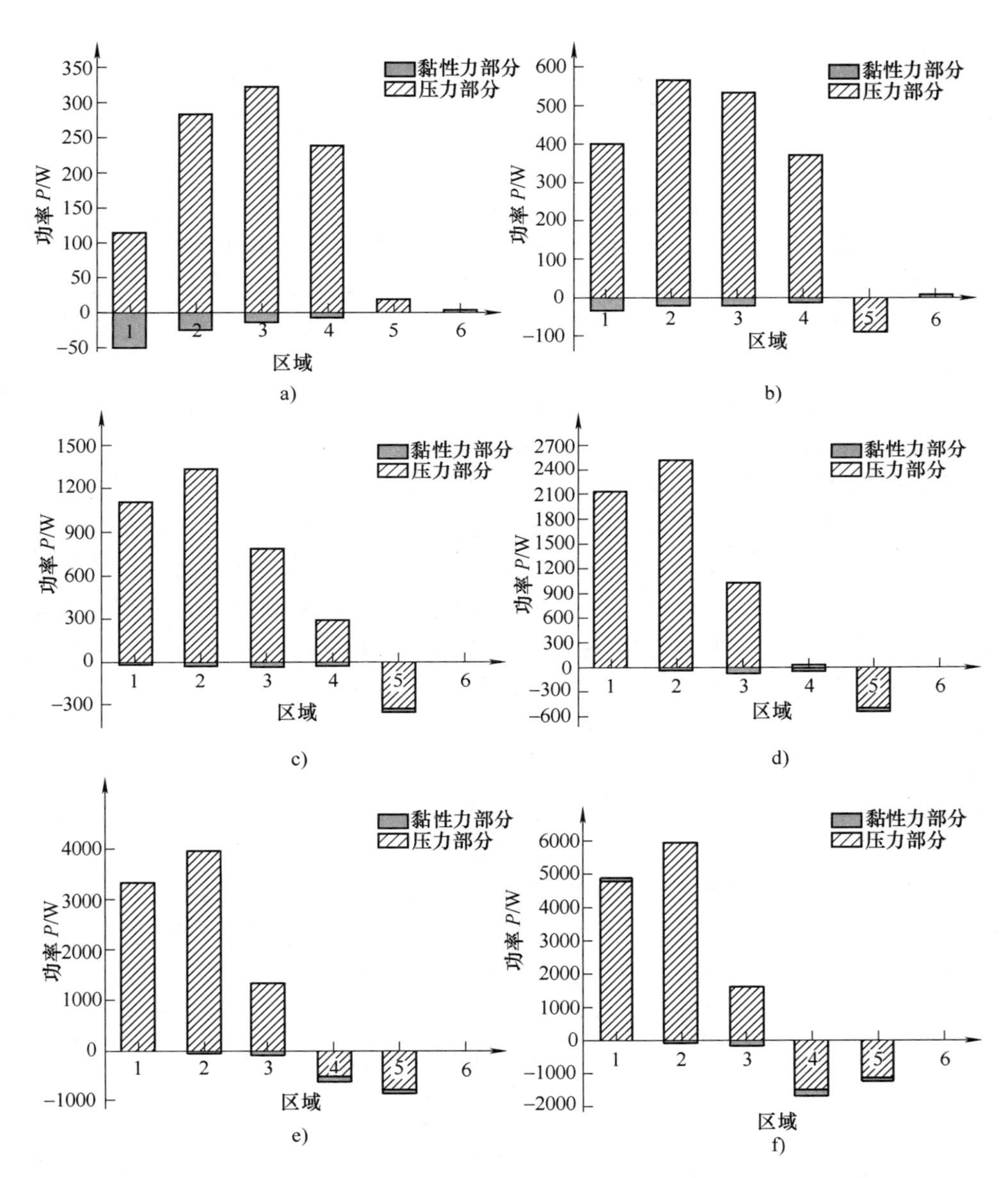

图4-8　不同流量下压力与黏性力对叶轮各区域做功分布

a) $0.6Q_t$　b) $0.8Q_t$　c) $1.0Q_t$　d) $1.2Q_t$　e) $1.4Q_t$　f) $1.6Q_t$

4. 叶轮内的能量损失及叶轮的能量转换能力

液力透平叶轮中的损失有摩擦损失、分离损失、二次流损失、以及冲击损失等。摩擦损失属于水力学中的沿程损失，因此在液力透平叶轮的整个流道都存在。从液力透平叶轮的进口到出口，过流面积逐渐减小，即叶轮流道是渐缩的，流体顺压流动，理应在流道中不会发生流动分离。但无论是泵还是液力透平，叶轮中的速度和压力分布并不均匀，叶片工作面的压力高，速度小，而背面恰好相反，于是叶片工作面和背面间形成压力梯度，在压力梯度作用下流体质点受到一个指向叶片背面的力。在流动核心区，该力与流体质点的惯性力相平衡，但由于壁面（叶片表面和两盖板内表面）边界层内流体质点的惯性力不能与该力平衡，因此产生二次流。二次流使得流体在叶片背面出现分离，产生分离损失。另外，从液力透平叶轮的进口到出口，流道方向由径向最终变为轴向，流体在流动过程中也可能产生流动分离。对于冲击损失，有冲角便会产生冲击损失。

如图 4-9 所示为不同流量下液力透平叶轮各个区域内的功率损失分布。

从图 4-9 可以看出，在小流量工况及最优工况附近，叶轮前 3 个区域内的能量损失依次减小，即叶轮进口区域的损失最大。其原因有：叶片进口流动角与叶片进口安放角不相等，在叶片进口处产生冲击，当存在冲角时，将引起叶片表面的流动分离，从而产生损失；叶轮进口区域过流面积较其他区域大，流体受叶片的约束较弱，内部流动紊乱，所以能量损失大。随着流量的增大，前 3 个区域中的能量损失均逐渐增大，但第 2、3 区域内能量损失的增大梯度较大，说明叶轮第 2、3 区域内的二次流强度增强。分析本模型叶轮第 4、5 区域内的能量损失已无过多的意义，因为从图 4-8 可知这些区域对叶轮做负功，即该区域不仅对叶轮不做功，而且还消耗叶轮的机械能，叶轮能量转换的核心是叶片，因此叶轮第 4、5 区域内的叶片有待优化改进。对于叶轮第 6 区域，则是汇集各叶片间流道内流体的区域，并将叶轮中流体的流动方向完全变为轴向。该区域能量损失的大小与各叶片间流道出口处的流体的流动情况有关，因为流体（黏性）流过形状复杂的透平叶轮流道时，会在流道的壁面上形成边界层，在流道中形成各种各样的涡系，造成叶片间流道出口流场的不均匀分布，这些不均匀的流动掺混会产生能量损失，并影响上、下游的流动。另外，第 6 区域的流动损失还与约束流体流动方向由径向变为轴向的流道几何参数有关，这也可从下节的轴面流动分析来侧面反映。

以上各小节对不同流量下输入液力透平叶轮中的净功率、流体对叶轮做功及功率损失分别进行了分析，下面对叶轮的能量转换能力进行分析。在水力机械中通常以叶轮的水力效率作为衡量叶轮能量转换能力的参数，即

$$\eta = \frac{P_{\text{out}}}{P_{\text{in}}} \times 100\% \tag{4-8}$$

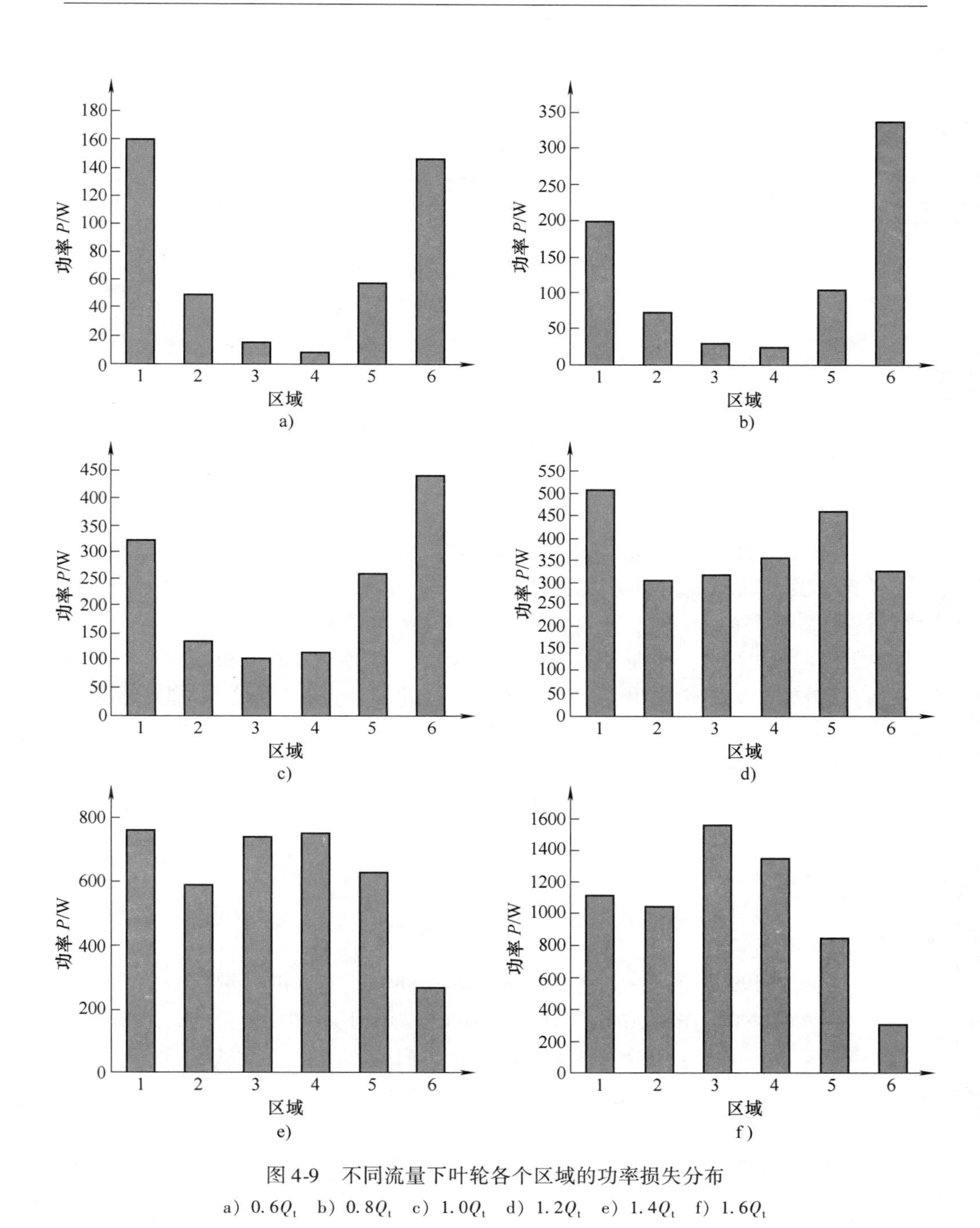

图 4-9　不同流量下叶轮各个区域的功率损失分布

a) $0.6Q_t$　b) $0.8Q_t$　c) $1.0Q_t$　d) $1.2Q_t$　e) $1.4Q_t$　f) $1.6Q_t$

如图 4-10 所示为不同流量下液力透平叶轮的效率曲线。

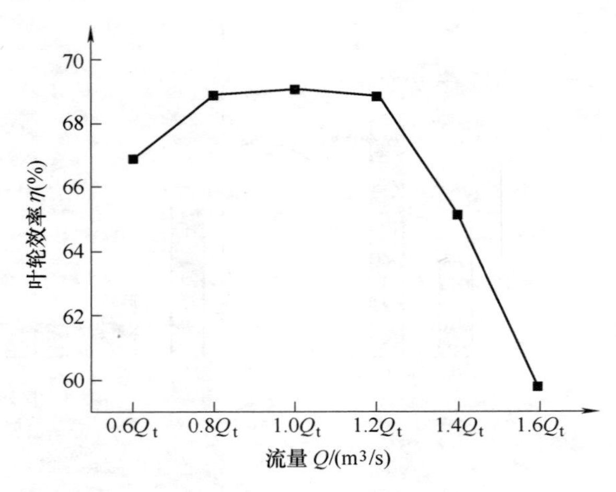

图 4-10　不同流量下液力透平叶轮的效率曲线

从图 4-10 可以看出，液力透平叶轮的效率从 0.6Q_t到 0.8Q_t逐渐增大，从 0.8Q_t到 1.2Q_t，效率基本不变，而从 1.2Q_t到 1.6Q_t，叶轮的效率逐渐降低，总之，液力透平叶轮在 0.8Q_t、1.0Q_t和 1.2Q_t下的能量转换能力强于其他工况；另外从图中也可以看出，即便在叶轮的最高效率点，其效率值也相对较低，即叶轮中存在着较大的能量损失，因此有必要对叶轮叶片进行优化，以提高液力透平的效率。

5. 叶轮内流体轴面速度的变化规律

轴面速度的理论值按式（4-9）计算。

$$V_m = \frac{Q}{A} \tag{4-9}$$

式中　V_m——轴面速度；

Q——流量；

A——过水断面面积，通过三维造形软件 Pro/E 直接测量获得，具体过程是首先用 Auto-CAD 做出轴面投影图上不同位置处的过水断面形成线[32]；其次，将做好的 Auto-CAD 图形导入到 Pro/E 软件中，通过旋转操作可以分别生成以过水断面形成线为母线绕转轴旋转一周形成的抛物面；最后，采用 Pro/E 中的测量工具即可分别获得对应位置处的过水断面面积。过水断面位置如图 4-11 所示，各断面面积见表 4-1。从液力透平叶轮进口到出口，过水断面的面积变化曲线如图 4-12 所示。

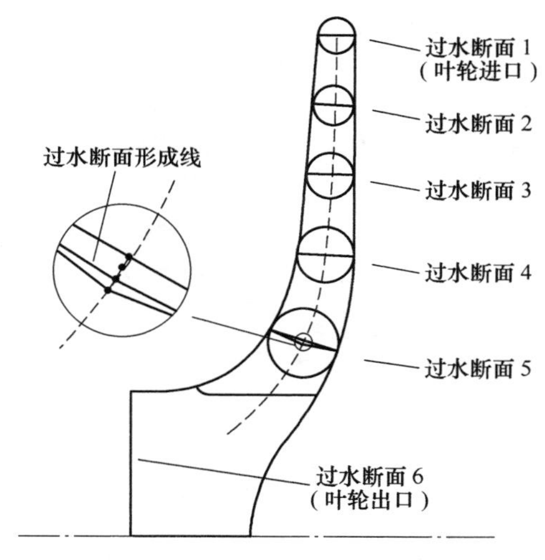

图 4-11　叶轮流道过水断面位置

表 4-1　叶轮不同位置处的过水断面面积　(单位：m^2)

过水断面 1 面积	过水断面 2 面积	过水断面 3 面积	过水断面 4 面积	过水断面 5 面积	过水断面 6 面积
0.002695	0.002585	0.002483	0.002259	0.002046	0.001810

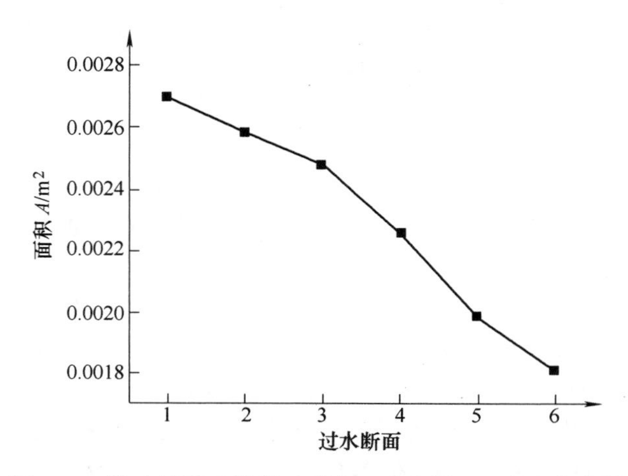

图 4-12　液力透平叶轮进口到出口过水断面面积变化曲线

对于轴面速度的数值模拟值，通过数值计算后，可以获得对应过水断面上的径向速度 V_r 与轴向速度 V_z（File→Export→Radial Velocity，Axial Velocity），而轴面速度不仅在轴面上，同时又在流面上，因此轴面速度的方向与轴面流线（轴面与流面的交线）相切（图 4-13），所以轴面速度可以写成式（4-10）表示的矢量关系。

$$\boldsymbol{V}_{\mathrm{m}} = \boldsymbol{V}_{\mathrm{r}} + \boldsymbol{V}_{\mathrm{z}} \tag{4-10}$$

式中　$\boldsymbol{V}_{\mathrm{r}}$——径向速度；

$\boldsymbol{V}_{\mathrm{z}}$——轴向速度。

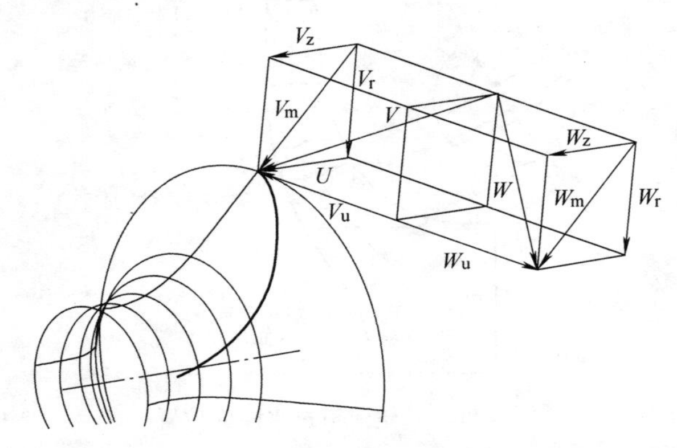

图 4-13　液力透平叶轮速度三角形正交分解图

因此，轴面速度的大小可用式（4-11）计算。

$$V_{\mathrm{m}} = \sqrt{V_{\mathrm{r}}^2 + V_{\mathrm{z}}^2} \tag{4-11}$$

本书通过数值计算获得的 V_{r}、V_{z} 分别为过流断面上径向速度和轴向速度的面平均值（Facet Average）。速度的面平均原理是：用总的网格面数 n 去除每一个小面上的速度相加后得到的加和值，即

$$\overline{V} = \frac{\sum_{i=1}^{n} V_i}{n} \tag{4-12}$$

如图 4-14 所示为不同流量下液力透平叶轮内各个过水断面上轴面速度的理论值与数值计算值的对比。

从图 4-14 中可以看出，不同流量下叶轮各过水断面上轴面速度的数值计算值与理论值的趋势总体上相似，即从液力透平进口（第 1 过水断面）到液力透平出口（第 6 过水断面），轴面速度均呈现出逐渐增大的趋势，这是因为从液力透平叶轮的进口到出口，过流面积逐渐减小，所以在流量一定的情况下，轴面速度会呈现出逐渐增大的趋势。但数值计算值与理论值存在一定的差别，从图中看出，在叶轮的第 1 和第 5 过水断面二者相差最大。对于叶轮的第 1 过水断面，理论上流体应均匀的沿径向通过该断面，但实际上流体自蜗壳出口经间隙层到达叶轮的进口，流动情况复杂，到达第 1 过水断面的流体除径向速度外，还有轴向速度，这是造成理论和数值计算结果差别的主要原因；对于叶轮的第 5 断面，其位于流道的转弯区，是容易诱发流动分离的区域，从理论与数值计算

结果的差别上说明，该过水断面上真实的流动情况有别于理论情况。由于在该区域容易发生流动分离，如果流动发生分离，将使得过流断面的真实面积减小，从而导致该区域流体的速度增大。另外，从图4-9中可以看出，在叶轮的第5区域，能量损失也相对比较大，因此有必要对叶轮的轴面流道进行优化，使其能更好地适应液力透平叶轮内的流动特点。

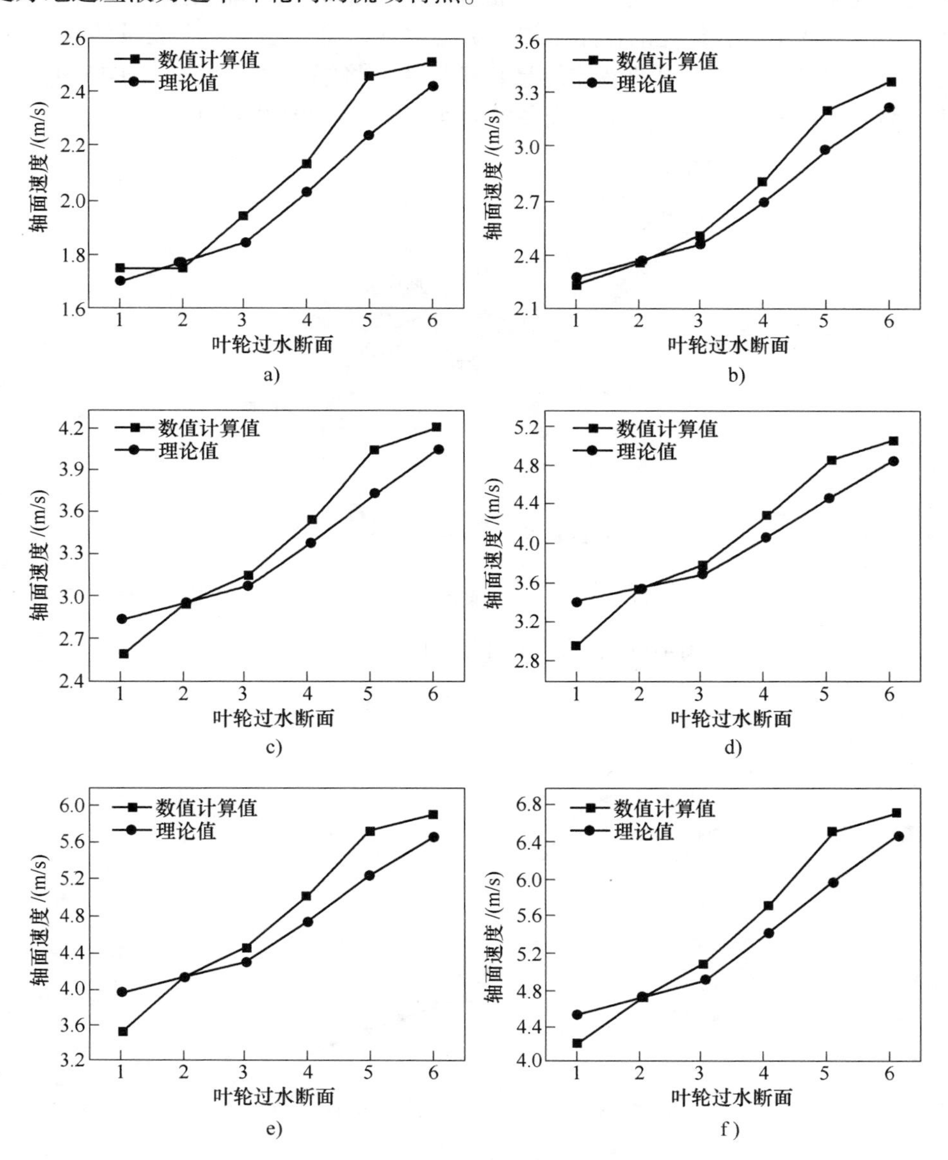

图4-14 不同流量下叶轮轴面速度数值计算值与理论值的对比

a) $0.6Q_t$ b) $0.8Q_t$ c) $1.0Q_t$ d) $1.2Q_t$ e) $1.4Q_t$ f) $1.6Q_t$

4.1.2 蜗壳内流体能量转换特性

液力透平中，蜗壳的主要作用是对高压液体产生一定的环量并引入到叶轮，高压液体从蜗壳进口沿流道逐渐缩小的方向流动，加之在蜗形段内存在与叶轮中流动流体的相互影响，使得蜗壳中流体的静压能和动压能发生相互转化。因此，在液力透平中，蜗壳的作用不仅是引流部件，而且还是一个能量转换装置。为了能够明确阐述蜗壳内的液体能量转换规律，将蜗壳划分为如图 4-15 所示的几个部分进行分析。液力透平蜗壳各截面面积变化曲线如图 4-16 所示。

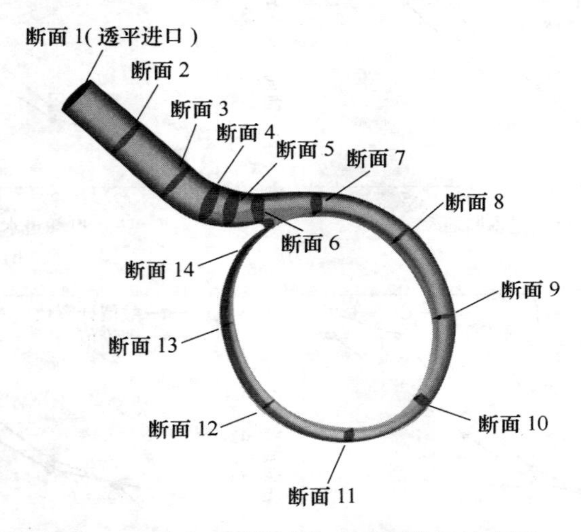

图 4-15　液力透平蜗壳各个截面位置示意图

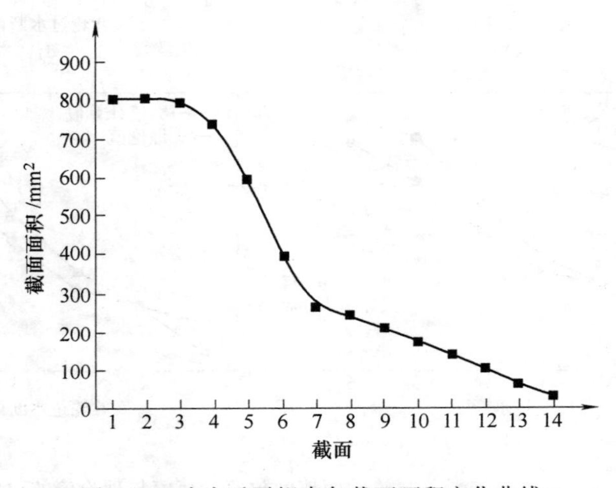

图 4-16　液力透平蜗壳各截面面积变化曲线

1. 蜗壳内动压功率和静压功率的变化规律

如图 4-17 所示为蜗壳在不同流量下各截面上的静压功率和动压功率分布图，各个截面上的静压功率和动压功率分别按式（4-4）、式（4-5）计算。

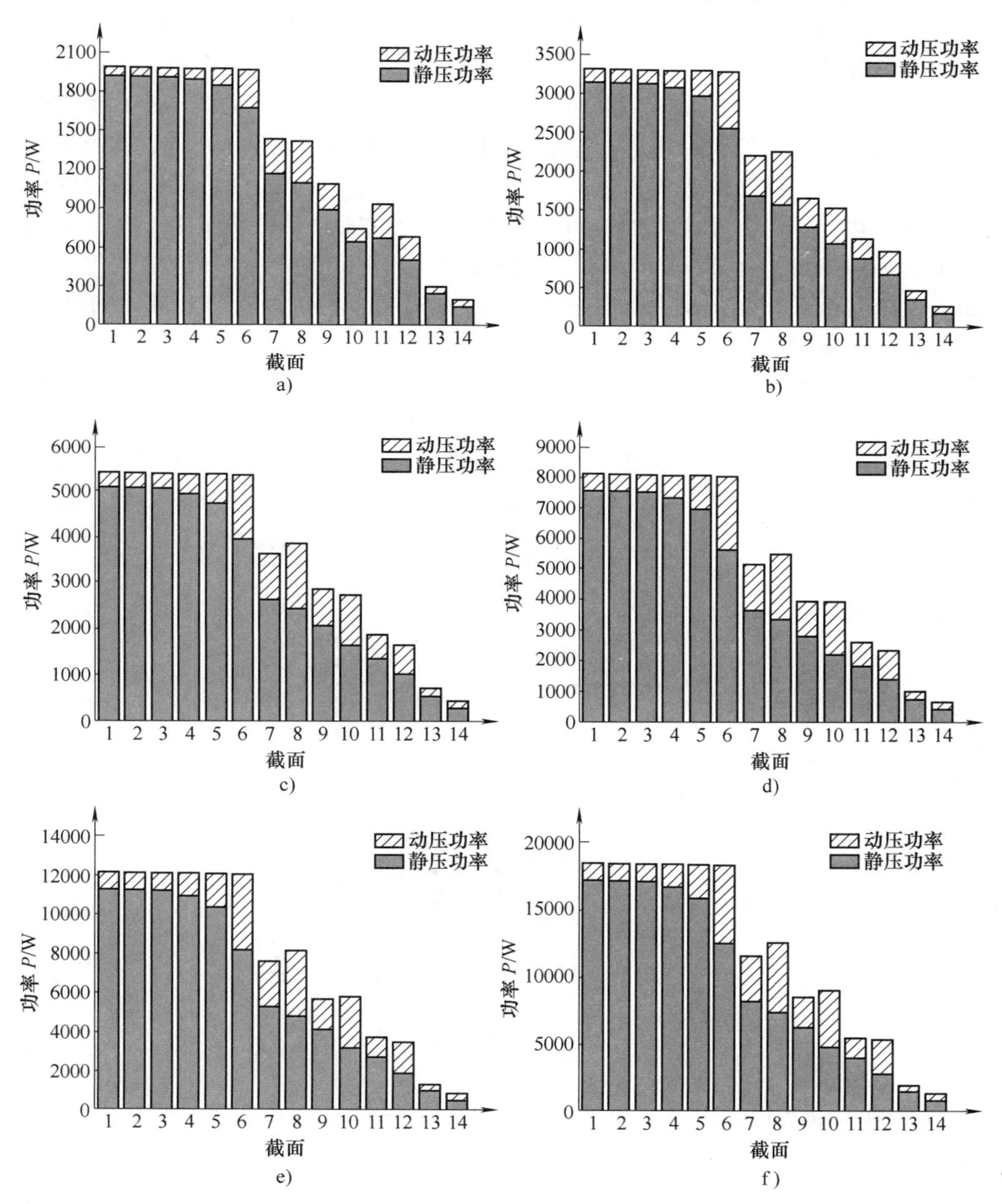

图 4-17　蜗壳各过流截面动和静压功率分布

a）$0.6Q_t$　b）$0.8Q_t$　c）$1.0Q_t$　d）$1.2Q_t$　e）$1.4Q_t$　f）$1.6Q_t$

从图 4-17 可以看出，不同流量下，从蜗壳第 1 截面到第 14 截面的动压功率、静压功率变化规律均大体相似。从蜗壳第 1 截面到第 3 截面，动、静压能几乎没有变化，从第 3 截面到第 6 截面，动压能逐渐增大而静压能逐渐减小，从第 7 截面到第 14 截面，总能量呈现下降的趋势，其中静压能基本呈线性下降的趋势，动压能的变化则略显复杂。前 6 个截面上动、静压能变化的主要原因是由于蜗壳沿流动方向过流面积发生变化，从图 4-16 看出，从蜗壳第 1 截面到第 3 截面，过流面积相等，因此这 3 个截面上的动压能和静压能基本相同，从第 3 截面到第 6 截面，蜗壳的过流面积逐渐减小，导致流体的速度因过流面积的减小而增大，因此动压能逐渐增加，而静压能等于总的能量减去动压能与能量损失之和，所以静压能逐渐减小。从第 6 截面到第 14 截面，动、静压能的变化一方面是由于过流面积变化及流动损失引起的，另一方面则因为自第 6 截面到第 14 截面区域，蜗壳与叶轮间是相通的，因此蜗壳内流体的流动受到叶轮的影响，使得各截面上的动、静压能发生变化。另外，从图中还可以看出，随着流量的增大，动压功率在总功率中所占的比例逐渐上升。

通过对蜗壳内能量转换过程的分析，发现液力透平蜗壳内的能量转换过程较为复杂，特别是从第 6 截面到第 14 截面的区域，为此需要对蜗壳内部能量转换过程做更为深入的研究。如图 4-18 所示为不同流量下通过蜗壳各截面的流量分布。

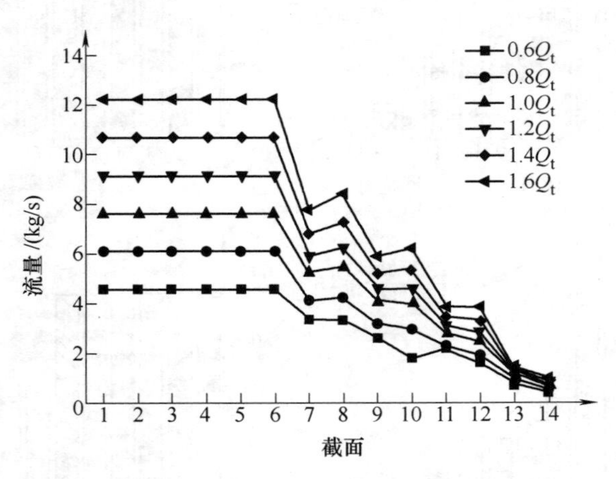

图 4-18　不同流量下通过蜗壳各截面的流量分布

从图 4-18 可以看出，不同流量下，前 6 个截面上的流量呈水平直线分布，这不难理解，而从第 6 截面到第 14 截面，流量变化曲线整体呈现波浪式下降趋势，流量的整体减小趋势是因为蜗壳中的流体在逐渐流入叶轮中，所以流量的整体呈下降趋势，而流量的波浪式变化应该与流体自蜗壳到叶轮进口处的流动情况有关。为了探明叶轮进口处的流体流动状况对蜗壳中的流体流动的影响情况，下面从其内流场进行分析。如图4-19所示为1.0Q_t时液力透平中间截面上的速度流线图，在每个叶片工作面的进口，均存在一个相对较大的轴向漩涡（如图中所示的漩涡1、漩涡2、漩涡3和漩涡4），漩涡1位于第7、8两截面所围区域的下方，在漩涡的作用下，使得叶轮中的部分流体（净流体）重新进入蜗壳，导致通过第8截面的流量增大。第10截面和第12截面上流量增大的原理与第8截面类似，而第13、14两截面所围区域的下方也存在着漩涡（漩涡4），但通过第14截面的流量却小于第13截面，这是因为从第13截面到第14截面，从蜗壳进入叶轮的流体多于因漩涡作用从叶轮进入蜗壳的流体。另外，从图中也可以看出，除0.6Q_t工况外，其他工况下各截面上的流量变化规律与1.0Q_t工况的相似，这说明这几个工况下流体的内部流动规律相似，而在0.6Q_t工况下，蜗壳内部流动规律有别于其他工况。明确从0.6~1.6Q_t流量下第8、10和12截面上流量增大的原因后，也就理解了图4-17中这3个截面上动压功率变大的原因。

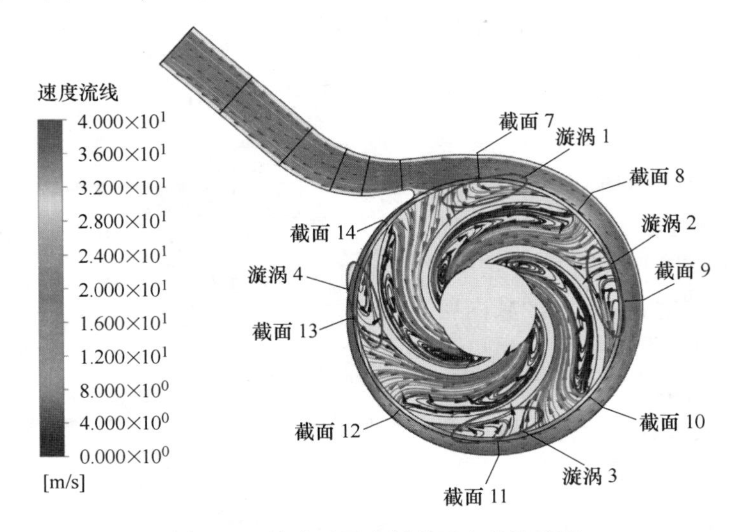

图4-19　液力透平中间截面上的流线图

（彩图见书后插页）

2. 蜗壳内流体能量损失

流体流经蜗壳后能量并没有完全传递给叶轮，这是因为流体在蜗壳内的运动伴有水力摩擦损失、因速度大小及方向变化等引起的水力损失等，从而消耗一部分能量。如图4-20所示为不同流量下液力透平蜗壳内的功率损失。从图4-20可以看出，随着流量从0.6Q_t到1.6Q_t，蜗壳内的能量损失从181.55W增大到1632.59W，即当液力透平的流量增大2.67倍时，蜗壳内的功率损失增大了9倍左右。

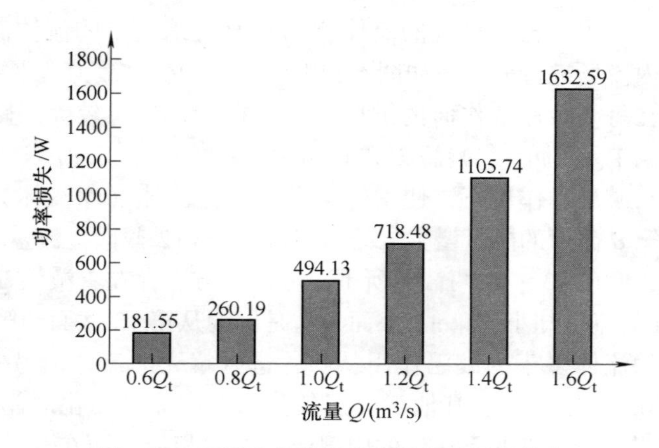

图 4-20　不同流量下蜗壳中的能量损失分布

图 4-20 给出了不同流量下液力透平蜗壳内能量损失的分布规律，为了能够更加详细的研究蜗壳内的能量损失情况，将蜗壳按图 4-21 所示的截面分为 13 个区域，1—2 截面为第 1 区域，2—3 截面为第 2 区域，依次类推，最终划分为 13 个区域，具体如图 4-21 所示，其中第 6 区域为截面 6、7 和 14 三个截面所围成的区域。区域划分完毕之后，每个区域功率损失等于该区域内所有进口截面上总的能量减去所有出口截面上总的能量。从蜗壳第 1 区域到第 5 区域，每个区域只有一个进口截面和一个出口截面，而从蜗壳 6 区域到第 13 区域，每个区域有两个出口，一个是与下游区域的结合面，另一个则是蜗壳的出口面，另外蜗壳的第 6 区域有两个进口面，其他区域均为一个进口面。进出口截面上总的能量按式（4-3）计算。图 4-22 为不同流量下蜗壳各区域上的功率损失分布。

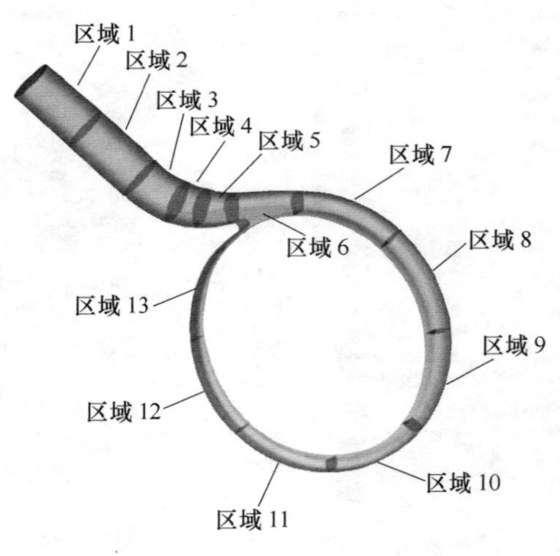

图 4-21　蜗壳区域划分示意图

从图 4-22 可以看出，不同流量下，各区域内的功率损失分布相似，除 $0.6Q_t$ 工况时第 10、11 和 12 区域外，其他各区域的损失均随流量的增大而增大，这是因为蜗壳过流断面面积和形状的固定不变决定了蜗壳内流体的速度随流量的增大而增大，导致蜗壳内的损失增大；在蜗壳的前 4 个区域及第 13 区域，能量损失相对较小，从第 5 区域到第 12 区域，各区域的能量损失相对较大，其原因不仅是因为流体依次通过这几个截面时速度大小和方向发生变化所致，而且因这几个区域与叶轮贯通，蜗壳内的流动受到叶轮内流动的影响，使其内部流动更加复杂，相应地增大蜗壳中的湍流耗散损失。

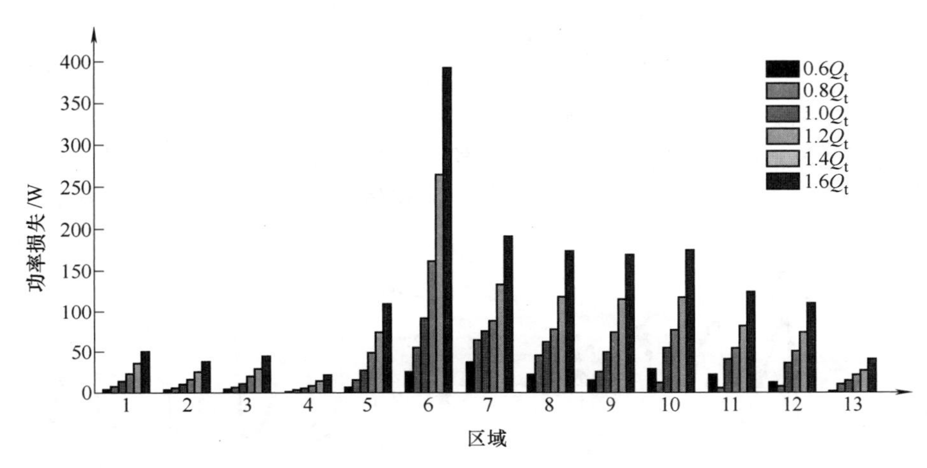

图4-22　不同流量下蜗壳各区域上的功率损失分布

4.2　液力透平三维非定常流动的能量转换特性

对于水力机械而言，其内部流动属于非定常流动，液力透平当然也不例外，其内部流动的非定常特性是其本质属性，因此液力透平能量转换特性的非定常计算结果能更加真实地反映液力透平内部流动状况以及能量转换特点。为了给非定常数值计算提供一个相对稳定的初始流场，本节以上一节定常计算的结果为初始流场，对液力透平进行三维非定常数值计算，计算时以叶轮每旋转4°为一个时间步长，即叶轮旋转一圈为90个步长，叶轮总共旋转6圈，总时间为0.1241s。为了对比不同流量下液力透平叶轮和蜗壳内的能量转换特性，分别在$0.6Q_t$、$0.8Q_t$、$1.0Q_t$、$1.2Q_t$、$1.4Q_t$和$1.6Q_t$六个工况下对液力透平内的流动进行非定常数值计算。

4.2.1　叶轮内能量转换特性

1. 叶轮输入净功率、流体对叶轮做功的时域变化规律

如图4-23、图4-24所示分别为液力透平叶轮旋转一个周期内叶轮输入净功率、流体对叶轮做功的时域变化规律，其瞬态值由式（4-13）、式（4-14）计算。

$$P'_{in} = Q(p'_{a\_1} - p'_{a\_2}) \tag{4-13}$$

$$P'_{out} = M'\omega \tag{4-14}$$

式中　Q——流量；

p'_{a_1}——液力透平叶轮进口断面上的瞬时总压；

p'_{a_2}——液力透平叶轮出口断面上的瞬时总压；

M'——液力透平叶轮所受的瞬时力矩；

ω——液力透平叶轮的旋转角速度。

为了能够清晰地给出不同流量下叶轮输入净功率、流体对叶轮做功的时域变化规律，将不同流量下叶轮输入净功率、流体对叶轮做功分别表示在各自的坐标系下。

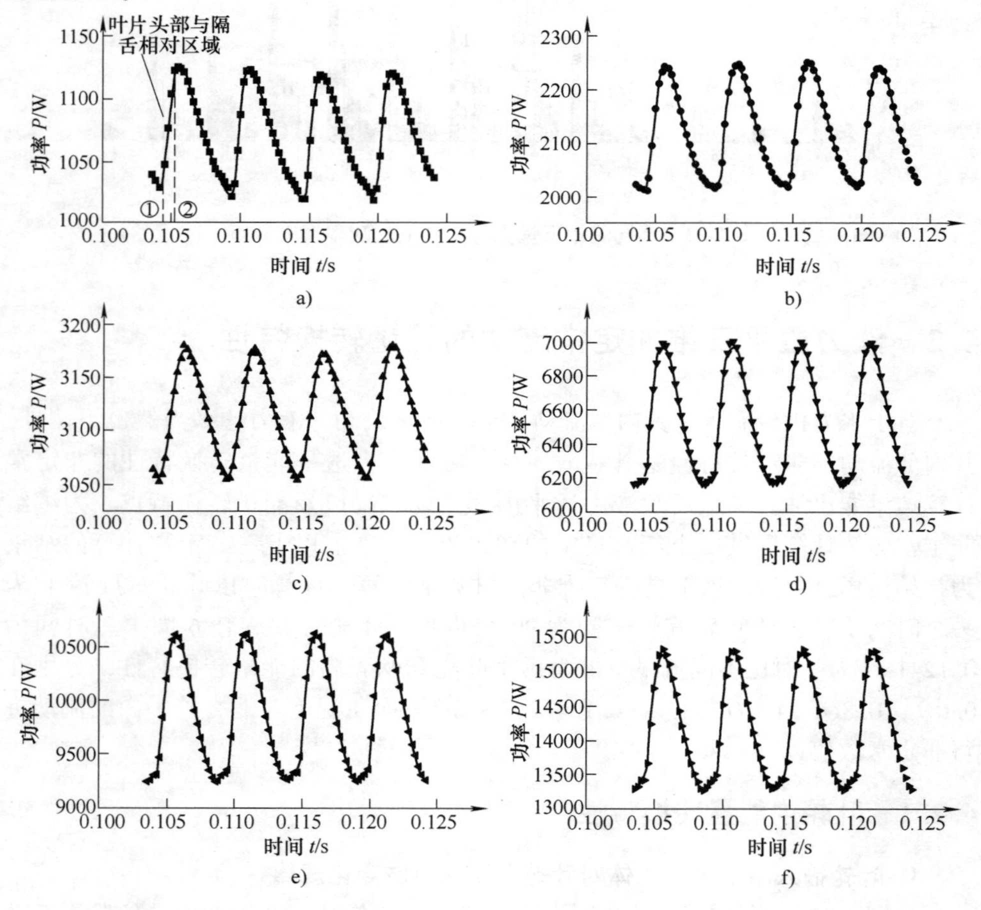

图 4-23　叶轮输入净功率的时域变化规律

a) $0.6Q_t$　b) $0.8Q_t$　c) $1.0Q_t$　d) $1.2Q_t$　e) $1.4Q_t$　f) $1.6Q_t$

注：① 为从波谷到波峰的起点，② 为终点的横坐标位置。

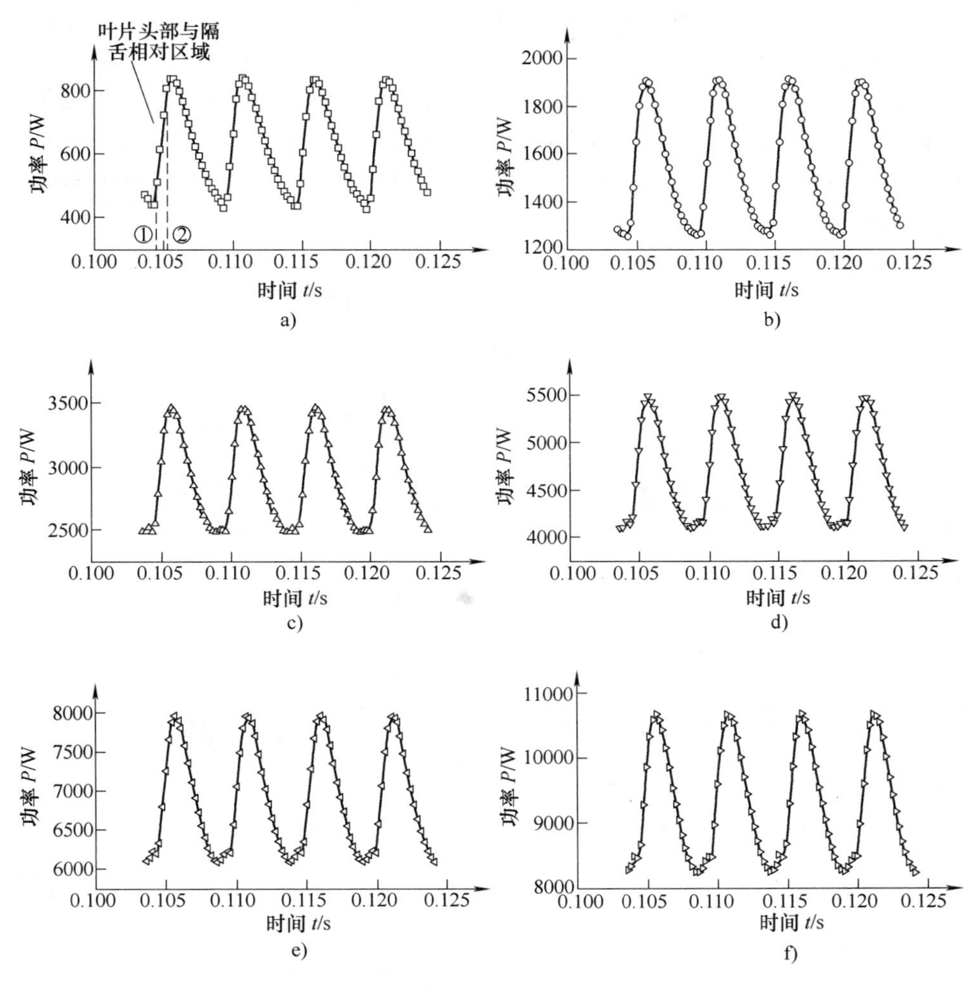

图 4-24　流体对叶轮做功的时域变化规律

a) $0.6Q_t$　b) $0.8Q_t$　c) $1.0Q_t$　d) $1.2Q_t$　e) $1.4Q_t$　f) $1.6Q_t$

注：① 为从波谷到波峰的起点，② 为终点的横坐标位置。

从图 4-23 和图 4-24 可以看出，无论在小流量工况、最优工况还是大流量工况下，叶轮输入净功率、流体对叶轮做功均呈现出相似的波动规律，不同的是波动的幅值有所差异。从图 4-23a 和图 4-24a 中可以看出，叶轮输入净功率、流体对叶轮做功从波谷到波峰的变化过程正是叶轮叶片头部逐渐通过隔舌相对区域的过程，当叶轮叶片头部即将到达隔舌位置（约距离 4°）时，叶轮输入净功率、流体对叶轮做功开始增大，随着叶轮叶片头部与隔舌正对面积的逐渐增大，叶轮输入净功率、流体对叶轮做功持续增加，直到叶片头部完全偏离隔舌约 8°

的位置，叶轮输入净功率、流体对叶轮做功达到峰值，在下一个叶轮叶片到达之前，叶轮输入净功率、流体对叶轮做功呈现下降趋势，以上过程周期循环。该过程说明了叶轮输入净功率、流体对叶轮做功的波动是由叶轮叶片与隔舌的动静干涉引起的，另外在叶轮旋转一个周期内，叶轮输入净功率、流体对叶轮做功的波动数目恰好等于叶片数，也从侧面说明了功率的波动是由叶片与蜗壳隔舌动静干涉引起的。

2. 叶轮内功率损失的时域变化规律

如图 4-25 所示为液力透平叶轮旋转一周时叶轮内功率损失的瞬态变化规律，叶轮功率损失的瞬态值按式（4-15）计算。

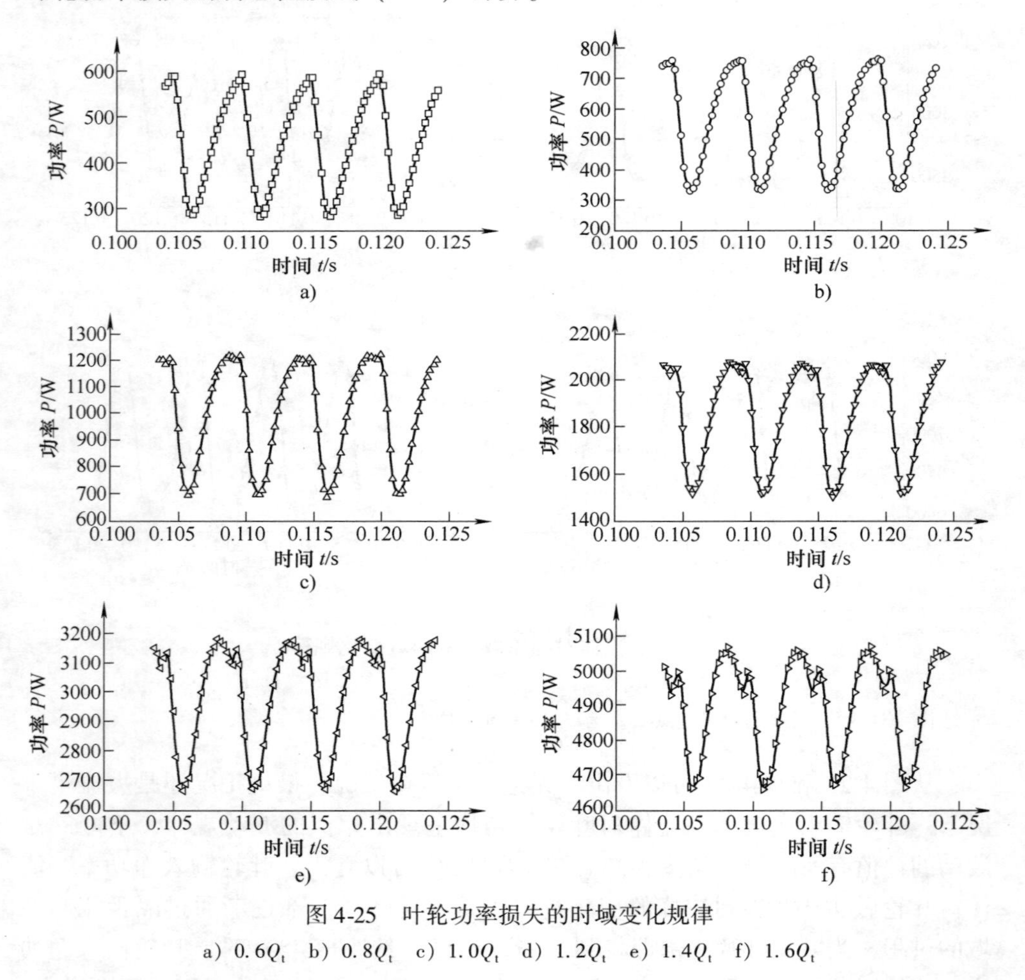

图 4-25　叶轮功率损失的时域变化规律

a) $0.6Q_t$　b) $0.8Q_t$　c) $1.0Q_t$　d) $1.2Q_t$　e) $1.4Q_t$　f) $1.6Q_t$

同样为了能够清晰地给出各个工况下叶轮内功率损失的时域变化规律，将各个工况的叶轮功率损失分别表示在各自的坐标系下。

$$P'_{\text{loss}}=P'_{\text{in}}-P'_{\text{out}}=Q(p'_{\text{a\_1}}-p'_{\text{a\_2}})-M'\omega \tag{4-15}$$

从图4-25可以看出，不同流量下，叶轮功率损失的平均值呈现随流量增大而增大的趋势。在液力透平叶轮旋转一周内，各工况下叶轮内的功率损失均大体上呈现出相似的波动规律，且波动数目等于叶片数。与上节中叶轮输入净功率、流体对叶轮做功的时域变化规律相比，叶轮内功率损失时域变化曲线的波峰（波谷）位置对应的是叶轮输入净功率、流体对叶轮做功的波谷（波峰）位置，即当叶轮叶片头部即将到达隔舌位置时，叶轮的功率损失开始减小，随着叶轮叶片头部与隔舌正对面积的逐渐增大，叶轮内的功率损失逐渐减小，直到叶片头部完全偏离隔舌约8°的位置，叶轮内的功率损失降到最小，在下一个叶轮叶片到达之前，叶轮内的功率损失呈现上升趋势，以上过程周而复始。在叶片头部掠过隔舌区域的过程中，功率损失减小的原因应该与流体在该叶片头部的冲击损失减小有关。

3. 叶轮不同区域能量转换的时域变化规律

如图4-26所示为不同流量下液力透平叶轮各个区域所转换能量的时域变化规律，叶轮区域的划分如图4-2所示。

从图4-26可以看出，叶轮旋转一周时，叶轮各个区域在不同流量下所转换的能量具有相似的脉动规律，只是脉动的幅度随流量的增大而逐渐加剧，此外，叶轮所转换能量在一个周期内的脉动数目与叶轮叶片数相等。不同流量下，叶轮所转换能量周期性脉动的强弱从第1区域到第6区域呈现逐渐递减的趋势，这不难理解，因为叶轮所转换能量的脉动是由叶轮与蜗壳隔舌的动静干涉引起的，因此距离隔舌区域越近，受到的影响就会越大。从图4-26中也可以看出，在$0.6Q_{\text{t}}$工况，叶轮所转换能量主要来自于区域2到区域5，$0.8\sim1.0Q_{\text{t}}$工况范围则主要来自于区域1到区域4，$1.2\sim1.6Q_{\text{t}}$工况范围内则主要来自于前三个区域。各个区域在不同流量下的功率输出情况与其内部流动状况及各区域的几何结构有关，在第6区域，由于不包含叶片，叶轮所转换能量接近于零，且在不同流量下变化微小，第4区域在$1.4\sim1.6Q_{\text{t}}$范围内及第5区域在$1.0\sim1.6Q_{\text{t}}$范围内叶轮所转换能量均为负值，说明该区域内可能存在与主流方向相反的二次回流以及漩涡。

4.2.2　蜗壳内流体能量转换特性

1. 蜗壳不同截面上总压功率、静压功率和动压功率的时域特征

如图4-27和图4-28所示分别为液力透平在$0.6Q_{\text{t}}$、$0.8Q_{\text{t}}$、$1.0Q_{\text{t}}$、$1.2Q_{\text{t}}$、$1.4Q_{\text{t}}$和$1.6Q_{\text{t}}$ 6个工况下蜗壳各个截面上静压功率和动压功率、总压功率在叶轮旋转一个周期内的变化规律，各截面位置如图4-15所示。

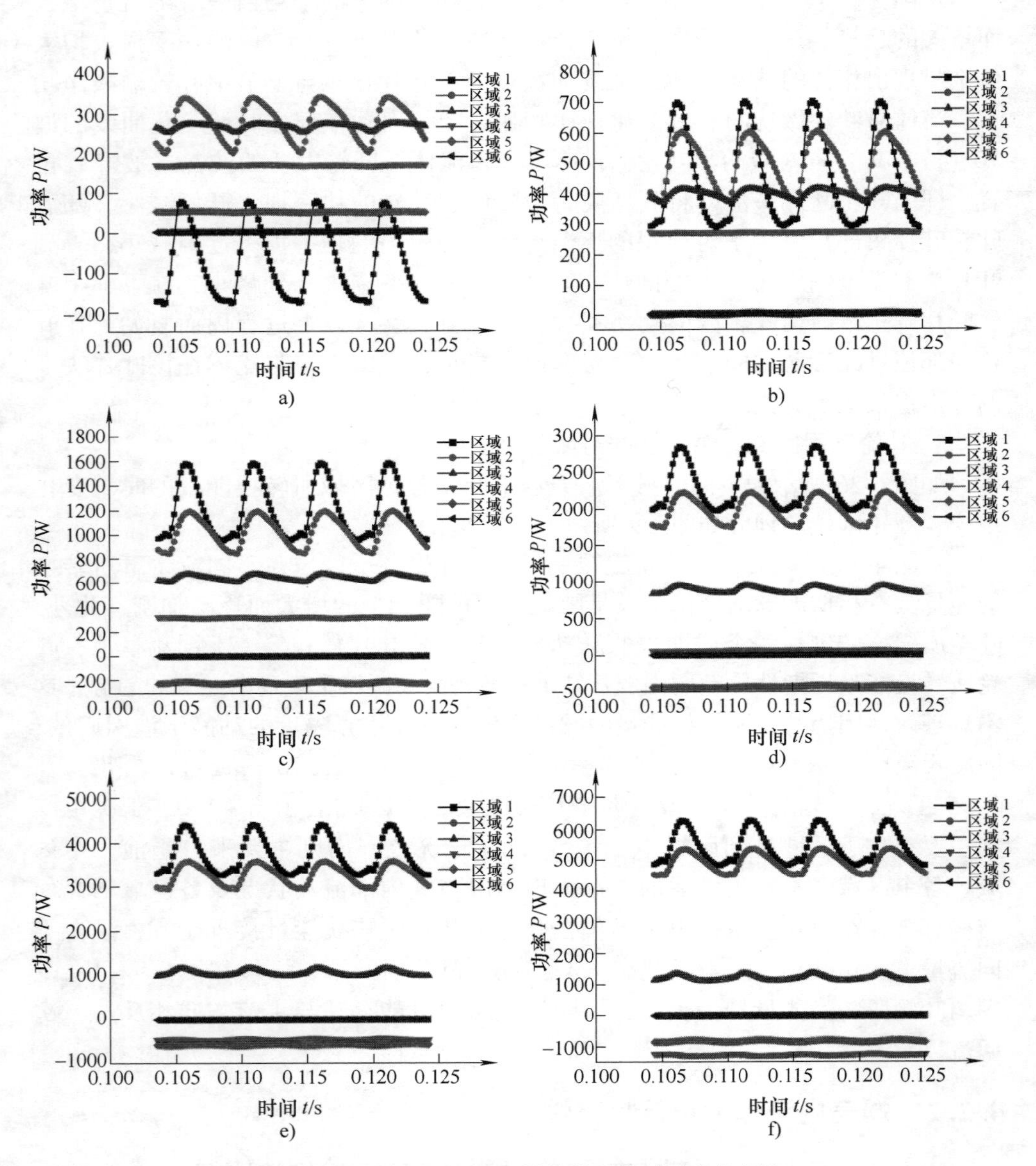

图 4-26　叶轮不同区域所转换能量的时域变化规律

a) $0.6Q_t$　b) $0.8Q_t$　c) $1.0Q_t$　d) $1.2Q_t$　e) $1.4Q_t$　f) $1.6Q_t$

(彩图见书后插页)

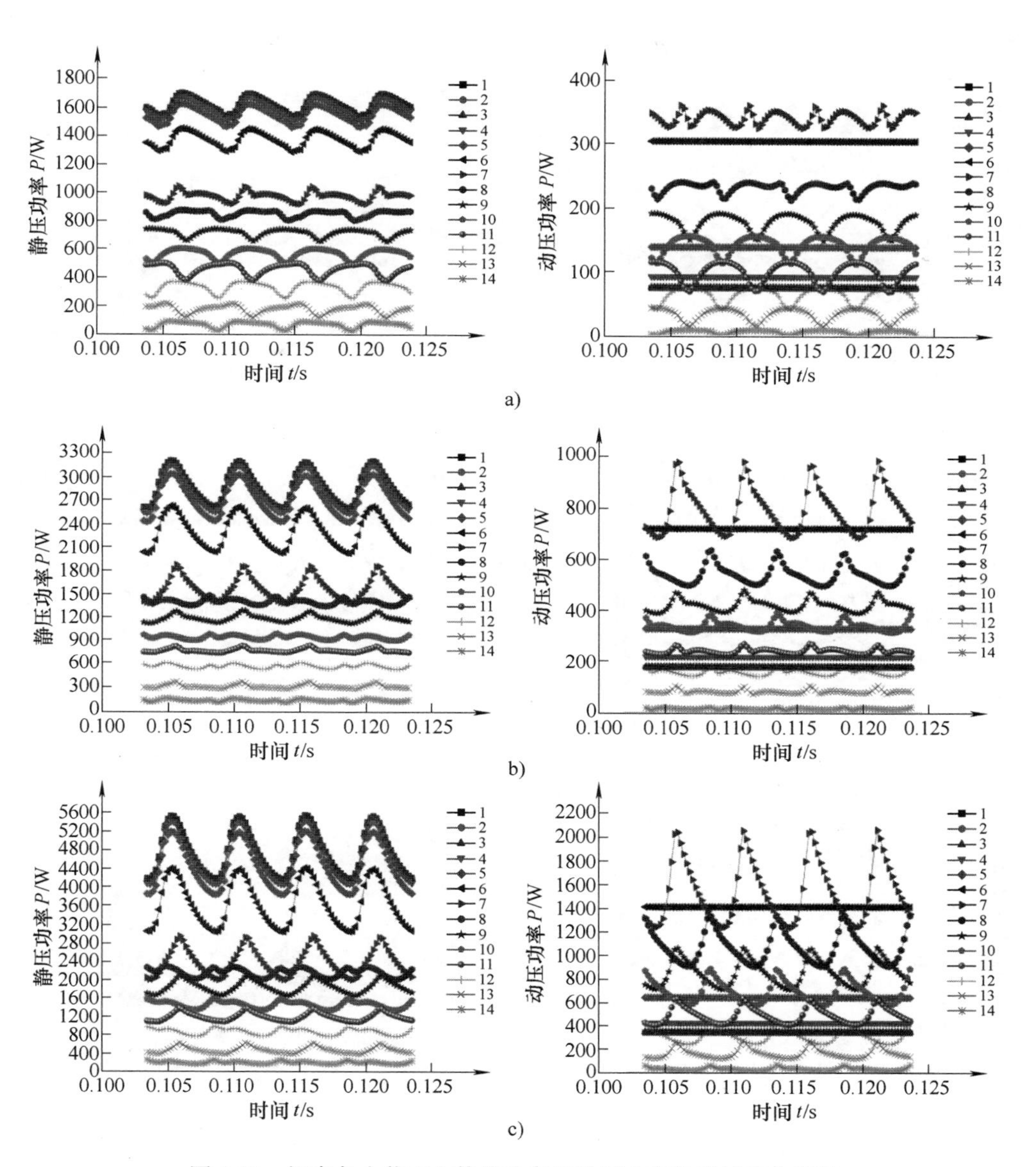

图 4-27　蜗壳各个截面上静压功率和动压功率的时域变化规律

a）$0.6Q_t$　b）$0.8Q_t$　c）$1.0Q_t$

（彩图见书后插页）

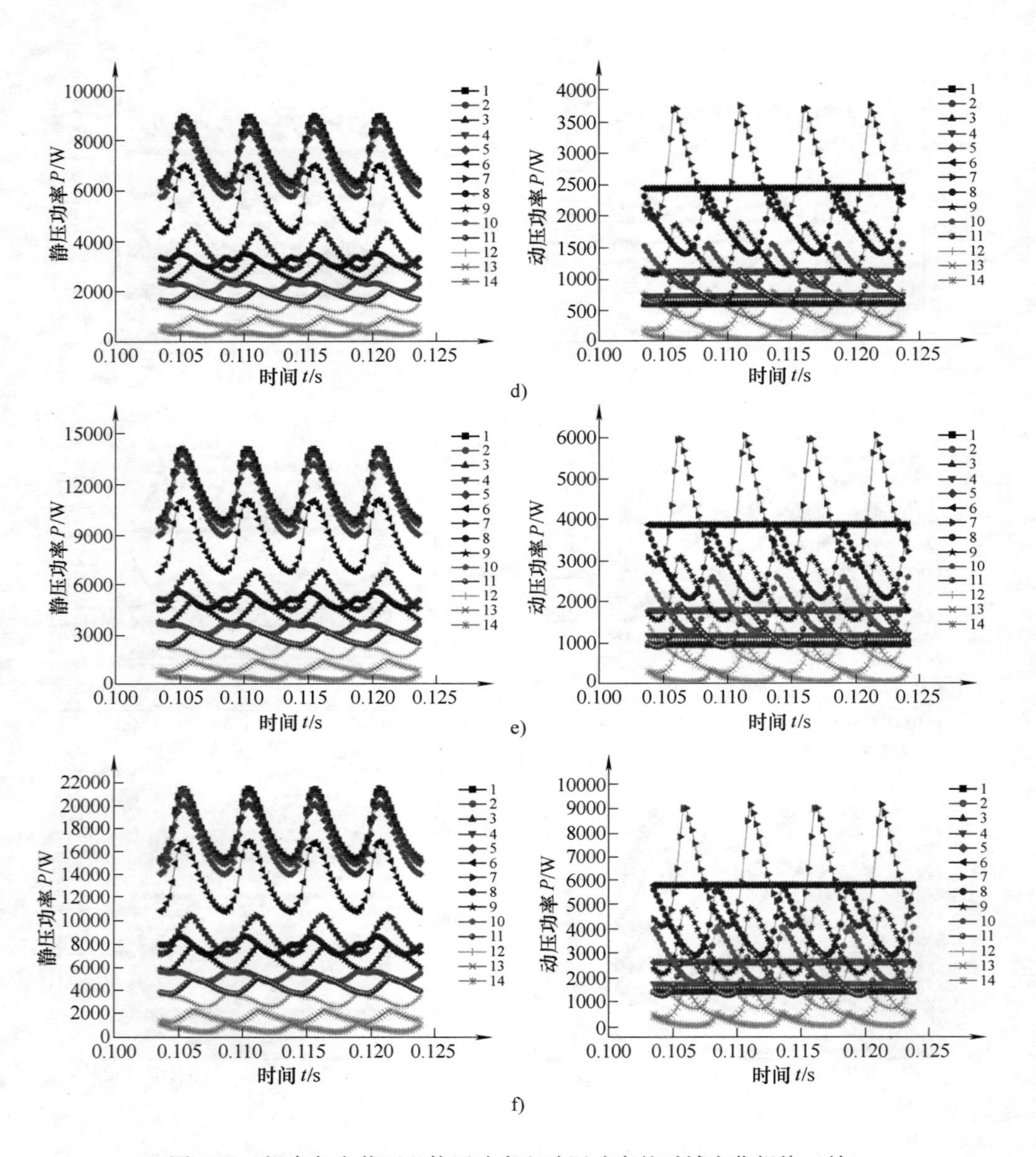

图 4-27　蜗壳各个截面上静压功率和动压功率的时域变化规律（续）

d）$1.2Q_t$　e）$1.4Q_t$　f）$1.6Q_t$

（彩图见书后插页）

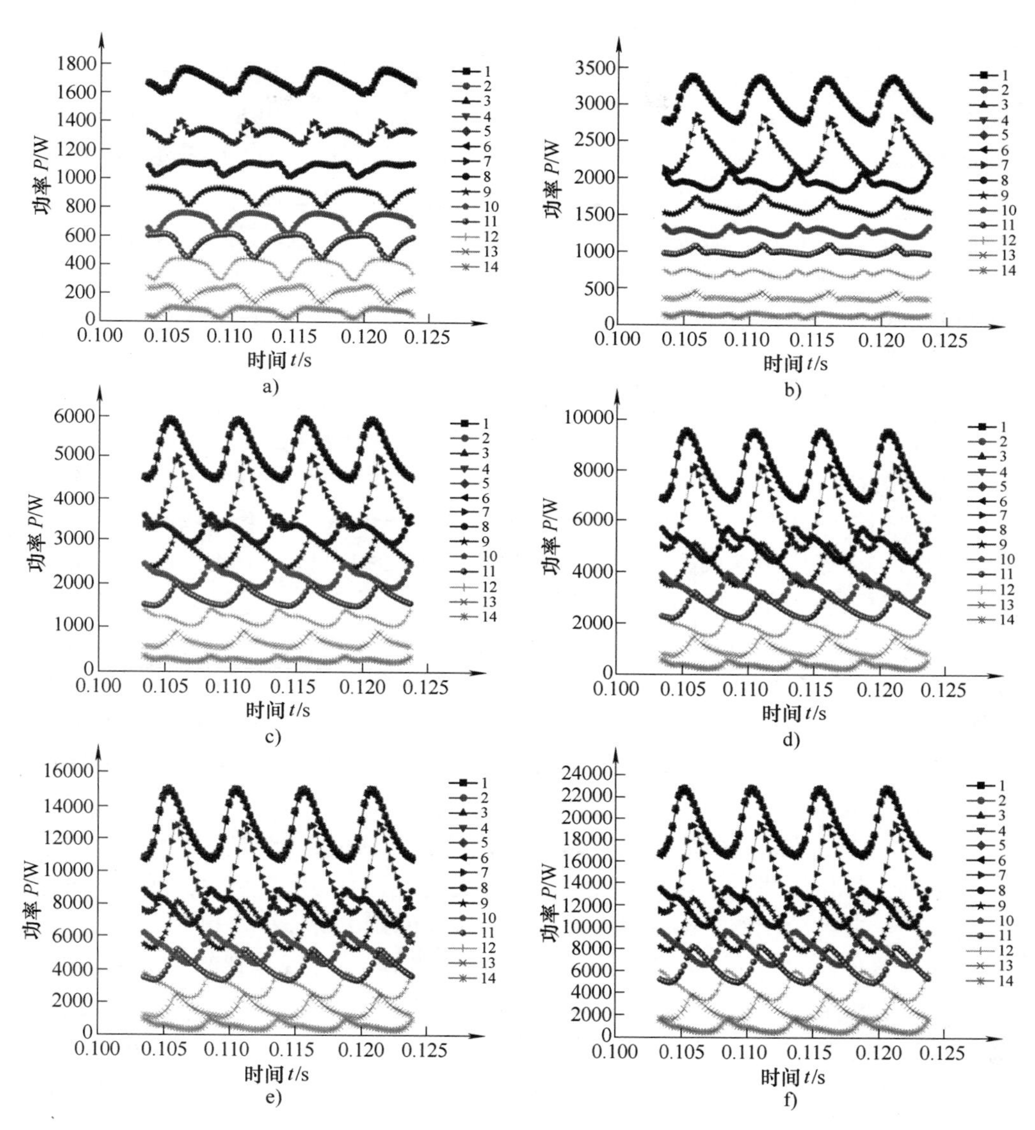

图 4-28　蜗壳各截面上总压功率的时域变化规律

a) $0.6Q_t$　b) $0.8Q_t$　c) $1.0Q_t$　d) $1.2Q_t$　e) $1.4Q_t$　f) $1.6Q_t$

（彩图见书后插页）

从图 4-27 和图 4-28 可以看出，蜗壳各个截面上的静压功率、动压功率和总功率的平均值均随流量的增大而逐渐增大，且在叶轮旋转一个周期内，不同流量下各个截面上的静压功率、动压功率和总压功率均分别大体上呈现出相似的变化规律。

从蜗壳第 1 截面到第 7 截面（延伸段及收缩段），这 7 个截面上的静压功率在叶轮旋转一个周期内呈现出脉动数目与叶片数相等的周期性脉动规律，且静压功率沿各截面依次减小，而动压功率在前 3 个截面上基本相等，从第 4 截面开始逐渐增大，动压功率变大的原因是因为从第 4 截面开始，由于各过流断面面积的逐渐减小，流速会沿着各截面逐渐增大，所以从第 4 截面到第 7 截面，动压功率逐渐增大，此外，动压功率在前 6 个截面上几乎没有波动现象，从第 7 截面上开始出现波动现象。总压功率在叶轮旋转一个周期内呈现出的周期性脉动规律与静压功率的脉动规律类似，总压功率同样沿各截面依次减小，其中能量减少的部分即为流体从一个截面到另一个截面流动过程中损失的能量。

从蜗壳第 7 截面到第 14 截面（蜗形段），这 8 个截面上的静压功率、动压功率和总压功率在叶轮旋转一个周期内同样呈现出脉动数目与叶片数相等的周期性脉动规律，且静压功率、动压功率和总压功率的平均值均沿各截面依次减小，其中相邻两截面总功率的减小量等于流体从一个截面到下一截面流动过程中损失的功率与从相邻两截面间输出功率的两者之和。从图中还可以看出，静压功率、动压功率和总压功率在相邻两个截面上的脉动是不同步的，这是因为这 8 个截面上的功率的脉动与叶片通过各个截面的时间有关，本文中液力透平几何模型的叶片数是 4 个，可知相邻两叶片间的夹角为 90°，而从蜗壳第 7 截面到第 14 截面的这 8 个截面上，相邻两截面间的夹角为 45°，相间截面间的夹角为 90°，从图中可以看出，相间截面上的模拟规律是同步的，即同时到达波峰或同时到达波谷。

通过 4. 1. 2 节蜗壳内流体能量转换特性的定常研究，初步明确了液力透平蜗壳内动、静压能的复杂转化过程。如图 4-29 所示为从蜗壳各个断面上静压能在总压能中所占的比例来说明蜗壳内动、静压能的非定常变化过程。

从图 4-29 可以看出，叶轮旋转一个周期时，除 $0.6Q_t$ 工况外其他不同流量下蜗壳各个对应截面上静压能占总压能的比例具有相似的脉动规律，只是脉动的幅度随流量的增大而逐渐加剧，此外，各截面上静压能占总压能比例的脉动数目与叶轮叶片数相等。对于 $0.6Q_t$ 工况，由于蜗壳内流动状况与大流量工况有所差别，从 $0.8Q_t$ 工况下各截面上的流动特征也一定程度上能够看出大流量工况与 $0.6Q_t$ 工况流动差别的过渡过程。从图中还可以看出，蜗形段内各截面上静压能占总压能比例的波动程度比进口延伸段（第 1 ~3 截面）和收缩段内截面上的波动剧烈，其中波动最大的是在大流量下蜗壳的第 14 截面，最大的相对波动幅值达到 23% 左右。值得注意的是，无论在小流量工况、最优工况，还是大流量工况，沿液体流动方向，静压能占总压能比例的变化规律是：从第 1 到第 3 截面，静压能所占比例几乎没有变化；从第 3 到第 7 截面，静压能所占比例逐渐下降，第 7 截面静压能所占比例降到最低，具体值分别为 74. 07%、66. 28%、60. 77%、57. 65%、58. 02%、

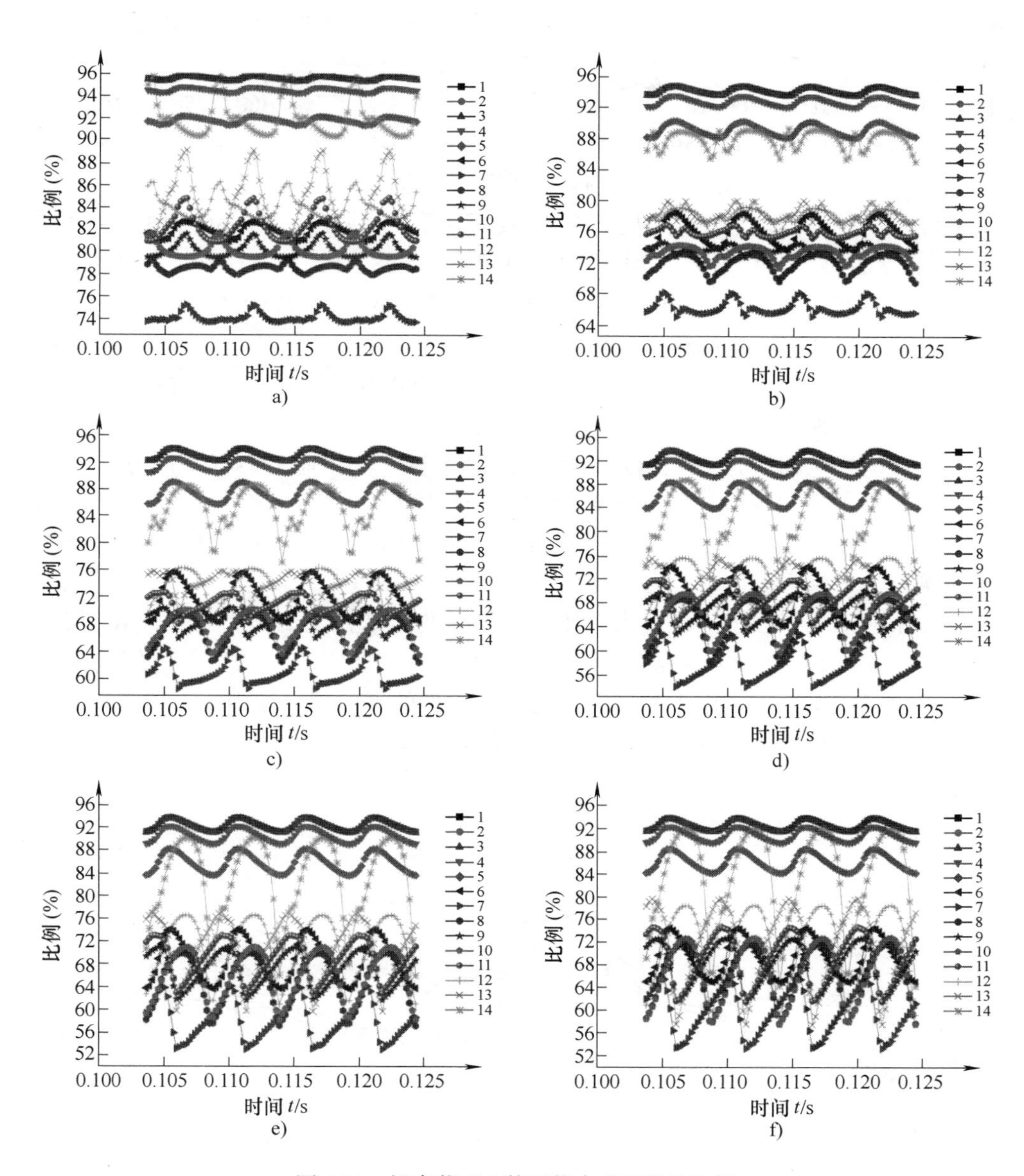

图4-29　蜗壳截面上静压能占总压能的比例

a) $0.6Q_t$　b) $0.8Q_t$　c) $1.0Q_t$　d) $1.2Q_t$　e) $1.4Q_t$　f) $1.6Q_t$

(彩图见书后插页)

59.61%，从这些数据中可以看出，从0.6~1.2Q_t工况，第7截面上静压能所占比例逐渐降低，而从1.2Q_t工况之后，静压能所占比例又逐渐增大，说明在小流量和大流量工况下存在着不同的能量转换过程，另外在这5个截面（第3~7截面），静压能所占比例下降梯度最大的是从第 5 到第 7 截面，从 $0.6Q_t$ 到 $1.6Q_t$ 分别下降了 17.68%（91.75%→81.81%→74.07%，从 5—6—7 截面，下同）、22.86%（89.14%→76.03%→66.28%）、26.45%（87.22%→71.77%→60.77%）、28.32%（85.97%→68.98%→57.65%）、27.77%（85.79%→68.59%→58.02%）、26.54%（86.15%→69.39%→59.61%）；从第 7 到第 14 截面，静压能所占比总体上是呈上升趋势，其中上升梯度最大的是从第 13 截面到第 14 截面，从 $0.6Q_t$ 到 $1.6Q_t$ 分别上升了 7.56%（84.36%→91.92%）、9.58%（78.31%→87.89%）、11.21%（73.91%→85.12%）、11.62%（71.44%→83.06%）、12.03%（70.76%→82.79%）、11.96%（71.52%→83.48%）。

在蜗壳进口延伸段，由于过流面积相等，所以静压能占总压能的比例几乎相等，而在收缩段内，过流面积逐渐减小，因此静压能占总压能的比例也逐渐降低。从蜗壳收缩段进入到蜗形段后，因蜗壳与叶轮相通，会有一部分流体由蜗壳出口进入到叶轮中，因此各截面上的静压能所占比例的变化是这两部分作用的共同结果：一是蜗壳出口能量的比例关系，即蜗壳出口上静压能占总压能的比例；二是蜗形段内存在着一定的能量转化。

为了明确蜗形段内静压能占总压能比例的变化是否主要是由能量转化引起，如图 4-30 所示，给出了从蜗壳第 8 到第 14 截面上静压能占总压能比例的平均值，以及对应蜗壳出口面上静压能占总压能比例的平均值，图中第 7 和第 8 截面之间的蜗壳出口区域定义为出口 1，第 8 和第 9 截面之间蜗壳出口区域定义为出口 2，依此类推。

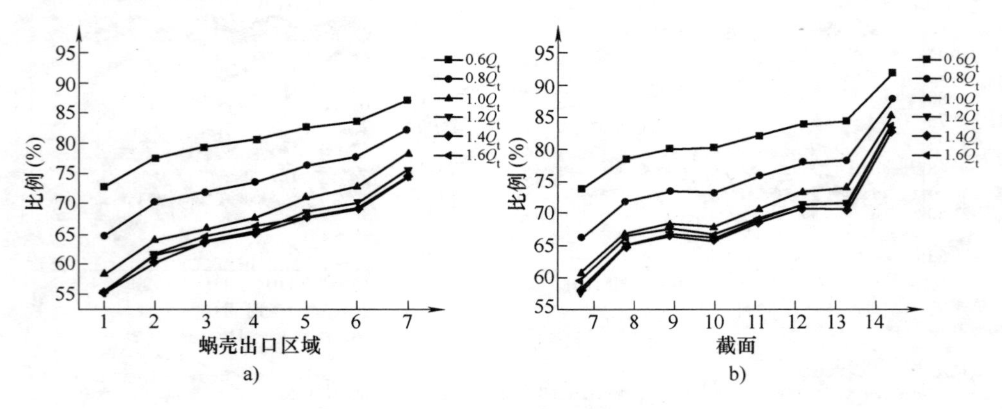

图 4-30 静压能占总压能的比例

a）蜗壳出口 b）蜗壳截面

从图 4-30 可以看出，同一流量下，蜗壳出口与对应蜗壳截面上静压能所占比例的变化规律大体相似，均呈现出逐渐增大的趋势，但二者还是存在着一些变化幅度上的差异，这就说明在液力透平的蜗壳内存在着动、静压能的相互转化。

在0.6Q_t工况下，对比蜗壳各个截面上与蜗壳出口截面上静压能占总压能的比例可以看出，从蜗壳第7截面到第10截面所在区域，动、静压能的转化不是特别明显，而从蜗壳第10截面到第14截面，静压能占总压能的比例从80.06%上升到91.92%，而对应的蜗壳出口截面上的静压能占总压能的比例则是从81.10%上升到87.14%，可以得出从蜗壳的第10截面到第14截面区域内有一定量的动压能转化成静压能。从图4-30中也可以看出，转化最为剧烈的是在第13截面到第14截面之间的区域；0.8~1.0Q_t工况范围内，蜗壳内的能量转化规律与0.6Q_t工况相似；而1.2~1.6Q_t工况范围内，从蜗壳第7截面到第13截面，动、静压能的转化相对较少，而在第13截面到第14截面之间存在着较为强烈的能量转化。

2. 蜗壳不同截面上湍流耗散率的时域特征

如图4-31所示为不同流量下液力透平蜗壳各个截面上湍流动能耗散率在一个周期内的时域变化特征，截面位置如图4-15所示。

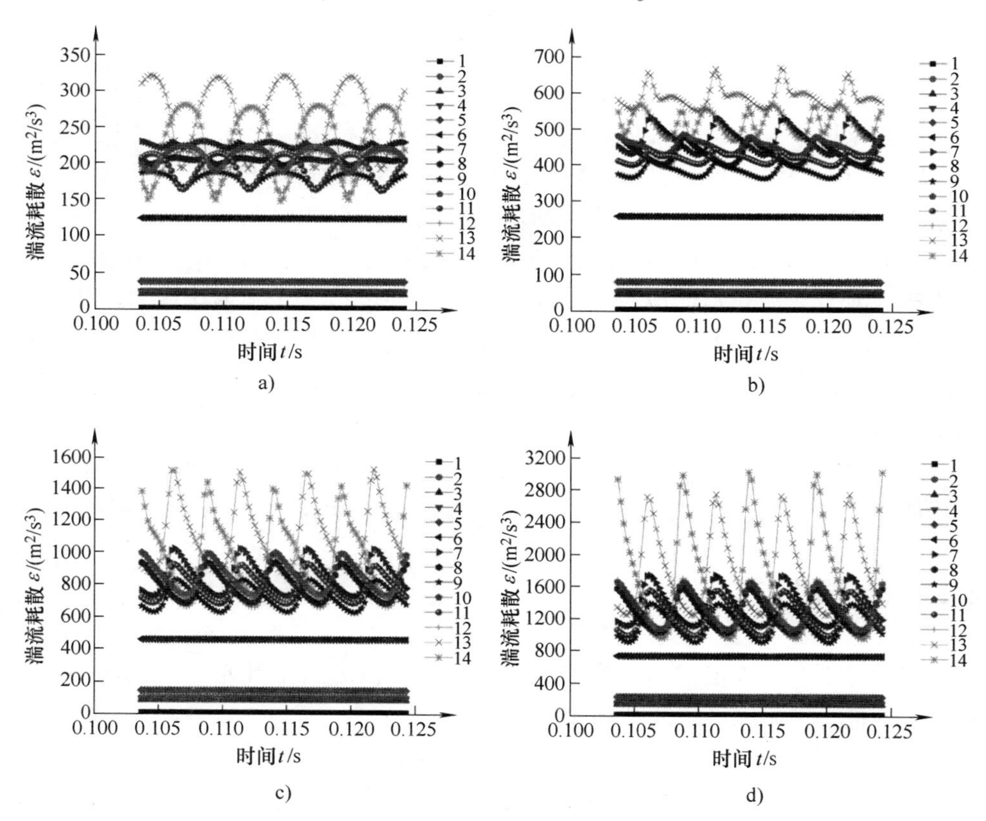

图4-31 叶轮不同截面湍流动能耗散率的时域变化规律

a) 0.6Q_t b) 0.8Q_t c) 1.0Q_t d) 1.2Q_t

（彩图见书后插页）

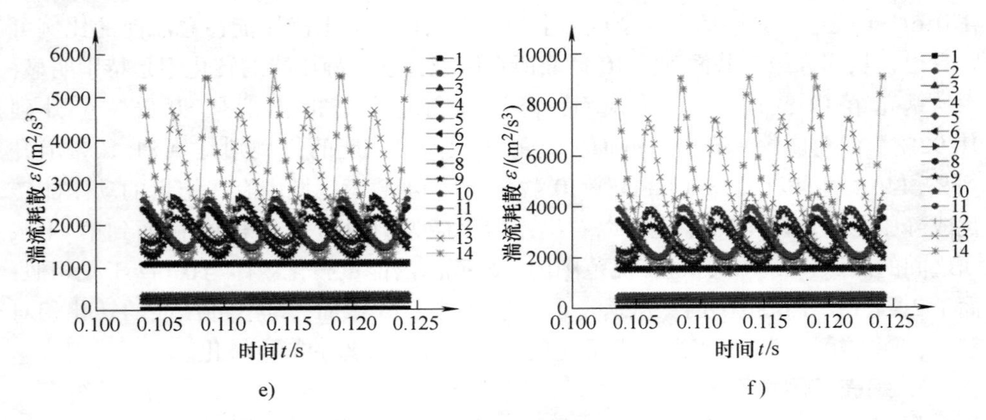

图 4-31　叶轮不同截面湍流动能耗散率的时域变化规律（续）

e）$1.4Q_t$　f）$1.6Q_t$

（彩图见书后插页）

从图 4-31 可以看出，蜗壳各个截面上的湍流耗散率在不同流量下具有相似的时域变化规律，但脉动幅值不同。在蜗壳隔舌之前的各个截面上湍流耗散率均无随时间上的波动现象，而在隔舌之后的所有截面上均出现了波动数目与叶片数相等的波动变化；随流量的不断增大，蜗壳各个截面上的湍流动能耗散率无论是平均值还是波动幅值均逐渐增大。从图中也可以看出，蜗壳蜗形段内的湍流耗散值大于蜗壳延伸段及收缩段内的湍流耗散值。在蜗形段内，湍流耗散相对较大的是第 7、13 和 14 截面，在小流量工况和最优工况下，第 13 截面上的湍流耗散率最大，其次是第 14 截面，而在大流量工况下，第 14 截面上的湍流耗散率达到最大，同时在蜗壳中波动相对较大的也是第 13 和 14 截面，因此在蜗壳这两个截面之间区域的损失相应比较大。通过对蜗壳各截面上湍流动能耗散时域特征的分析，可为液力透平蜗壳截面以及隔舌的合理设计提供一定参考。

4.3　本章小结

本章分别在三维定常和三维非定常模式下对液力透平叶轮和蜗壳内的能量转换特性进行了研究。研究结果表明：

1）对于叶轮，流体对叶轮做功主要表现为压力做功，而由无滑移壁面条件引起的黏性力对叶轮做功相对较小，且总的黏性力对叶轮做负功；流体对叶轮做功的关键区域在叶轮的前部和中部（约在 $0.6 \sim 1.0D_2$ 所在的区域），叶轮叶片后部区域在小流量下对叶轮做功相对较少，随着流量的逐渐增大，该区域不仅对叶轮不做功，而且还消耗叶轮的机械能，此外，叶轮整体能量转换效率低下。

2）对于蜗壳，蜗形段内静压能沿液体流动方向基本呈现线性减小的趋势，而动压能则沿流向出现不规律的波动现象，其原因是受叶轮进口处流动状况的影响；蜗壳收缩管段内静压能和动压能沿着流向的变化均比较规律；随着流量的增大，蜗壳内的动压能占总压能的比例逐渐上升；蜗壳中能量损失主要在隔舌喉部之后的下游区域。

3）因为叶轮的旋转，蜗壳出口边界条件与叶轮进口边界条件发生了周期性变化，导致蜗壳与叶轮间存在着周期性的非定常势流干涉。由于蜗壳隔舌的存在，周期性地改变了叶轮流动的边界条件，对叶轮内流动产生干扰，且作用距离较长（从叶轮进口到约$0.6D_2$）。叶轮通过蜗壳的势流场，引起了流场的脉动，此外，叶轮进口的流动不同程度地影响了蜗壳内的流动。

第5章　液力透平蜗壳结构对其流动机理的影响

流体在流动时，前后流体是相互影响的，即前面部件内流体的流动状态对后面部件内流体的流动有很大的影响，所以液力透平蜗壳进口截面面积和蜗壳进口段的形状对液力透平叶轮的做功能力更产生一定的影响。液力透平的叶轮是液力透平的主要能量转换部件，因此为了更好地改善液力透平的性能，提高液力透平的效率，本章将在不同蜗壳进口截面面积下对液力透平的性能进行研究，通过本章研究为液力透平的设计提供一定的理论参考。

5.1　蜗壳进口截面对流动机理的影响

5.1.1　蜗壳进口截面对液力透平外特性的影响

本章选择一单级离心泵作液力透平为研究对象，其离心泵设计参数为：流量$90m^3/h$，扬程93.6m，转速2900r/min，比转数55.7。该离心泵作液力透平的主要几何参数见表5-1。

表5-1　液力透平的主要几何参数

部　件	参　数	数　值
叶轮	叶轮出口直径D_2/mm	98
	进口安放角β_1（°）	26
	叶片数z	6
	叶轮进口直径D_1/mm	272
	叶轮进口宽度b_1/mm	10
蜗壳	蜗壳基圆直径D_4/mm	280
	蜗壳出口宽度b_3/mm	26
	蜗壳进口直径D_5/mm	80
	蜗壳断面形状	圆形

由于蜗壳进口截面形状为圆形，所以本章可在所选研究对象的基础上通过减小蜗壳的进口直径（简称：小蜗壳进口）和增大蜗壳的进口直径（简称：大蜗壳进口）来研究蜗壳进口直径分别为50mm、65mm、80mm和100mm时蜗壳进口截面面积对该液力透平性能的影响，如图5-1所示为利用Pro/e软件建立的在不同蜗壳进口截面面积下的几何模型。

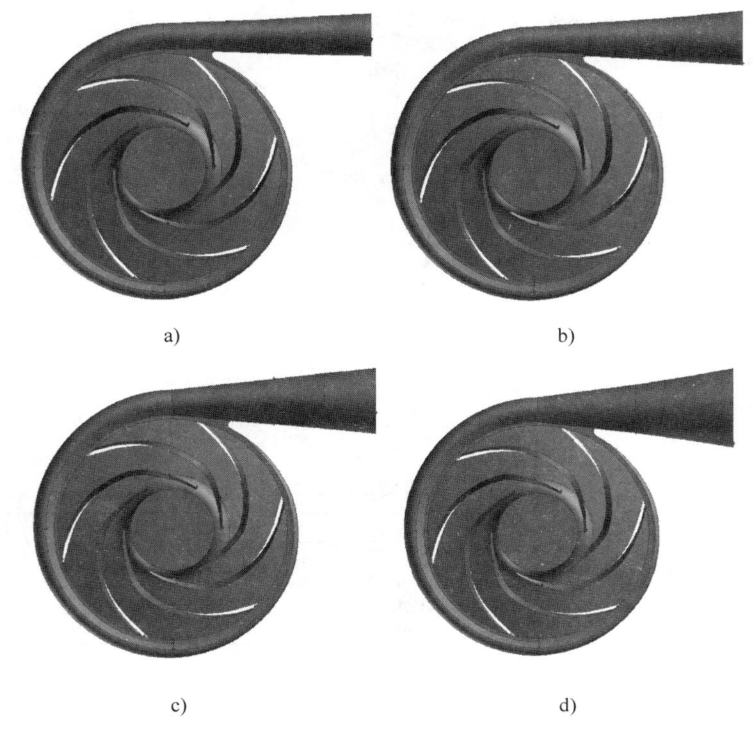

图5-1　不同蜗壳进口截面下的几何模型

a) $D_5=50\text{mm}$　b) $D_5=65\text{mm}$　c) $D_5=80\text{mm}$　d) $D_5=100\text{mm}$

本章采用非结构网格对模型进行划分，划分好之后进行了网格无关性的研究。利用ANSYS-FLUENT软件采用了基于压力的求解器，以稳态法进行求解。液力透平进口边界被设置为速度进口，出口边界被设置为压力出口，通过改变进口流量来获得液力透平的外特性曲线。设置计算收敛的标准为10^{-5}，壁面粗糙度被设置为50μm，输送介质设为常温清水，然后采用SIMPLEC算法做相应的计算，湍流模型被选为$k-\varepsilon$湍流模型，过流部件动静结合部位被设置为interface连接。

如图5-2所示为在最优工况下蜗壳进口截面面积对液力透平性能的影响规律。不同蜗壳进口截面面积下最优效率点的对应值见表5-2。

从图5-2可以看出：随着蜗壳进口截面直径的不断增大，液力透平的效率也随之逐渐增加，而当蜗壳进口截面直径等于80mm时，液力透平的效率突然下降。由所选模型的几何参数可知，该液力透平的蜗壳进口截面的设计直径为80mm，又因为本章是将离心泵用作液力透平，因此通过研究可知当直接将离心泵用作液力透平时，所得到的液力透平的效率并不是其最佳效率，需进行一系列的改进才能使液力透平的性能较好。由于对液力透平性能的影响因素较多，所以本章只研究蜗壳进口截面面积对液力透平性能的影响。

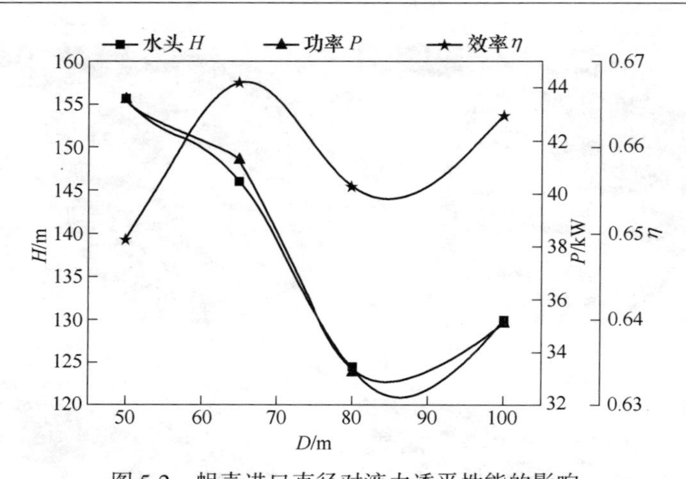

图 5-2　蜗壳进口直径对液力透平性能的影响

表 5-2　不同蜗壳进口截面下的最优效率点的对应值

D_5/mm	Q/(m^3/h)	H/m	P/kW	η (%)
50	126	155.62	43.52	64.93
65	126	146.06	41.33	66.75
80	126	124.51	33.23	65.55
100	126	130.01	35.13	66.37

从图 5-2 还可以看出，液力透平的水头和功率随着蜗壳进口截面直径的增大先减小后增加。由表 5-2 可知当蜗壳进口截面直径等于 65mm 时液力透平的效率最高，比蜗壳进口截面直径等于 80mm 时高出 1.83%。因此可以看出对于本章所选的离心泵用作液力透平时，其最佳的蜗壳进口截面直径为 65mm。

如图 5-3 所示为不同蜗壳进口截面直径下液力透平的外特性曲线。由图 5-3 可知液力透平的水头随着流量的增加而增大，当流量较小时差别较小，随着流量的增加其差别逐渐增大。还可以看出液力透平的功率随着流量的增加而增大，在小流量时其差别较小，随着流量的增加大小蜗壳进口之间的功率变化比较接近，在不同流量下小蜗壳进口下的功率和水头均大于大蜗壳进口下的功率和水头。当蜗壳进口截面直径等于 65mm 时液力透平的效率最大。在小流量工况下，当蜗壳进口截面直径等于 50mm 和 100mm 时对应的液力透平效率最小，随着流量的增加，当蜗壳进口截面直径等于 50mm 时对应的效率增加较快，增加到与蜗壳进口截面直径为 65mm 时的效率非常接近，而随着流量的继续增加，蜗壳进口截面直径等于 50mm 时对应的效率却减小最快，且小于其他模型的效率。

5.1.2　蜗壳进口截面对液力透平内流场的影响

1. 速度场分布

如图 5-4 所示为最优工况下不同蜗壳进口截面对应的蜗壳和叶轮中间平面的速度分布图。

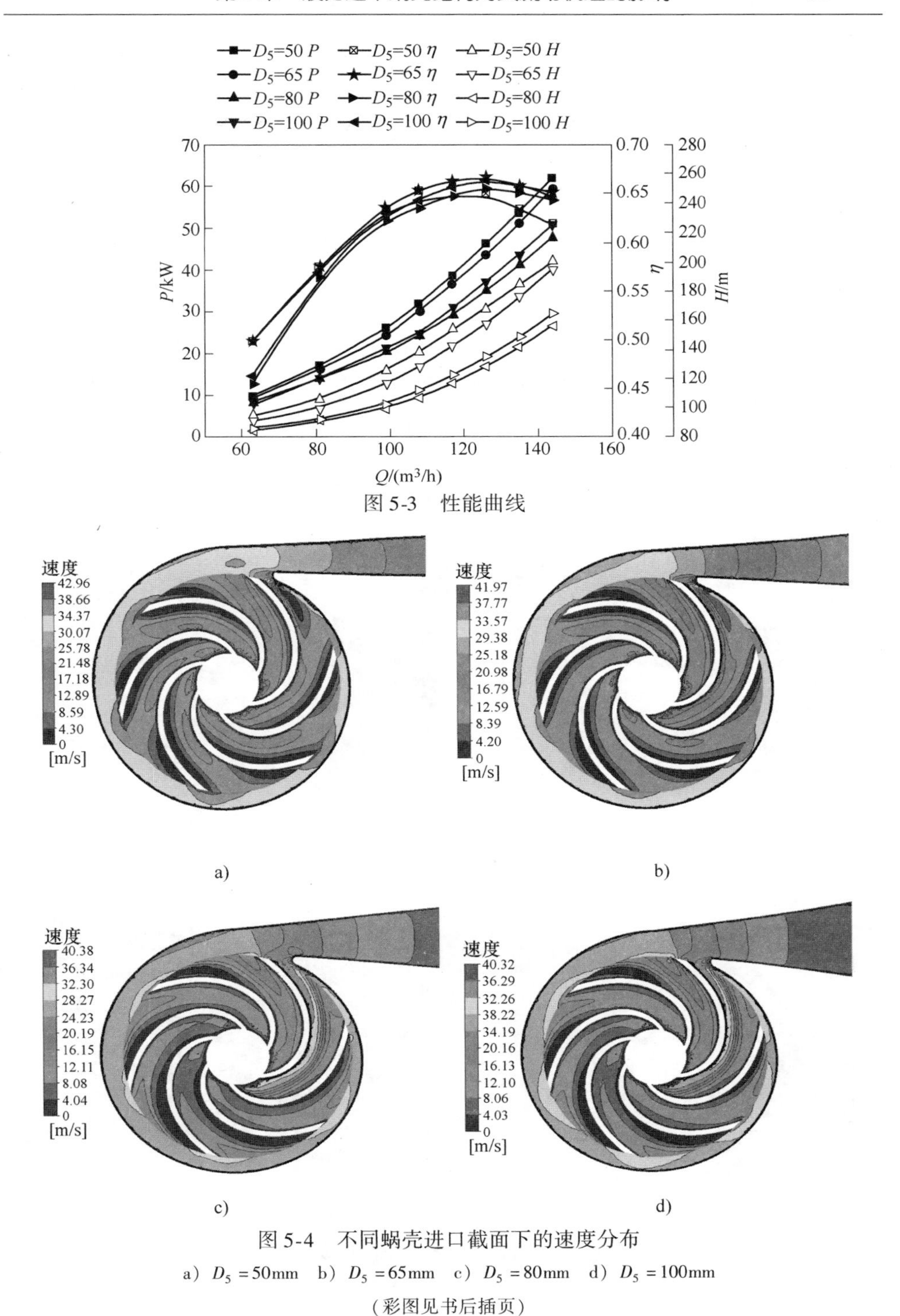

图 5-3　性能曲线

图 5-4　不同蜗壳进口截面下的速度分布

a）D_5 = 50mm　b）D_5 = 65mm　c）D_5 = 80mm　d）D_5 = 100mm

（彩图见书后插页）

由图 5-4 可以看出随着蜗壳进口截面直径的增加，蜗壳和叶轮内的速度是逐渐减小的，这是因为液力透平的体积流量等于液流速度与流道截面面积的乘积，蜗壳进口截面直径越大，即流道截面面积也就越大，所以在流量保持不变的情况下液流速度就逐渐减小。还可以看出在小蜗壳进口下，蜗壳隔舌处的速度梯度变化比大蜗壳进口下较大。

由图 5-4 还可以看出：在蜗壳内，距离叶轮的叶片进口较近位置处的速度变化较大，尤其是当蜗壳进口截面直径等于 50mm 时该处的速度变化最大，这主要是由于叶轮相对于蜗壳旋转时引起的动静干涉作用的影响。

如图 5-5 所示为最优工况下不同蜗壳进口截面对应的叶轮和蜗壳中间平面的速度矢量图。由图 5-5 可以看出在小蜗壳进口下叶片进口背面产生了较严重的脱流，且在不同蜗壳进口截面下叶片进口工作面均出现了与叶轮旋转方向相反的漩涡，除蜗壳进口截面直径等于 65mm 时叶片进口工作面的漩涡最小之外，其余蜗壳进口截面下随着蜗壳进口截面直径的增加叶片进口工作面的漩涡也逐渐增加，且向下游延伸。

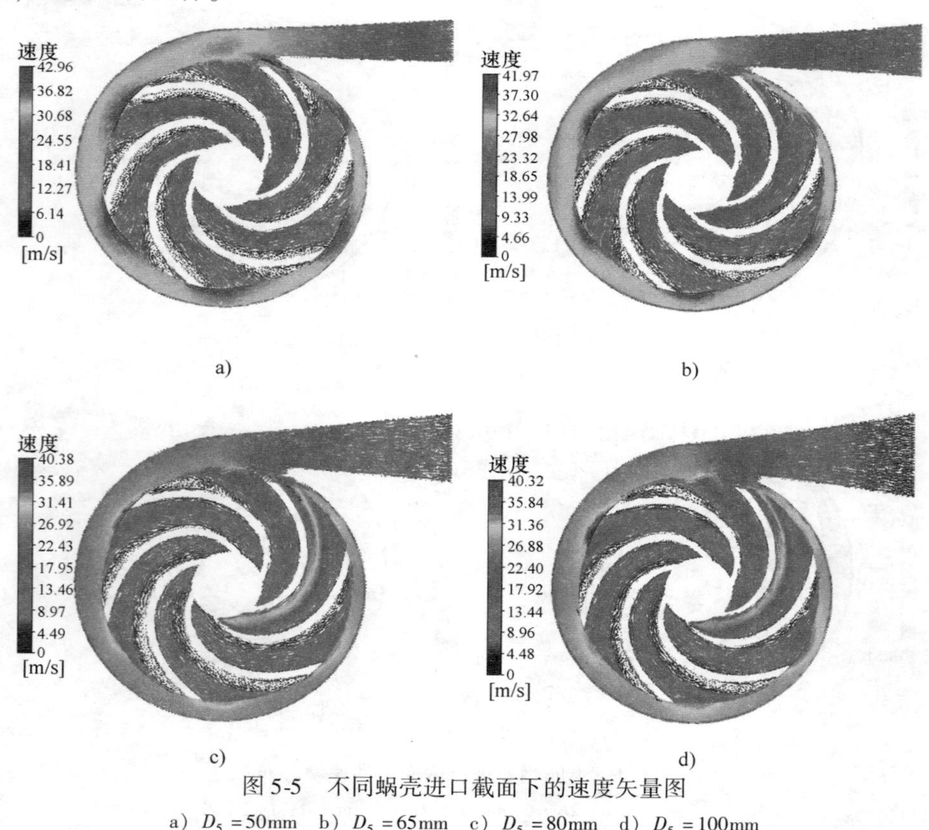

图 5-5　不同蜗壳进口截面下的速度矢量图

a）$D_5 = 50\text{mm}$　b）$D_5 = 65\text{mm}$　c）$D_5 = 80\text{mm}$　d）$D_5 = 100\text{mm}$

（彩图见书后插页）

2. 压力场分布

如图 5-6 所示为最优工况下不同蜗壳进口截面对应的叶轮和蜗壳中间平面的流场压力分布情况。由图 5-6 可以看出：随着蜗壳进口截面直径的增加，蜗室内的压力逐渐减小，这主要是由于随着蜗壳进口截面直径的增加，液力透平的蜗壳进口段（收缩管）的断面收缩率也逐渐增加，收缩管的作用是降低压力并转换为动能，所以收缩管断面收缩率越大其转换的动能越多，所以蜗室中的压力随着蜗壳进口截面直径的增加而减小。由图 5-6 还可以看出：当蜗壳进口截面直径等于 65mm 时，叶轮内的压力分布最为均匀。

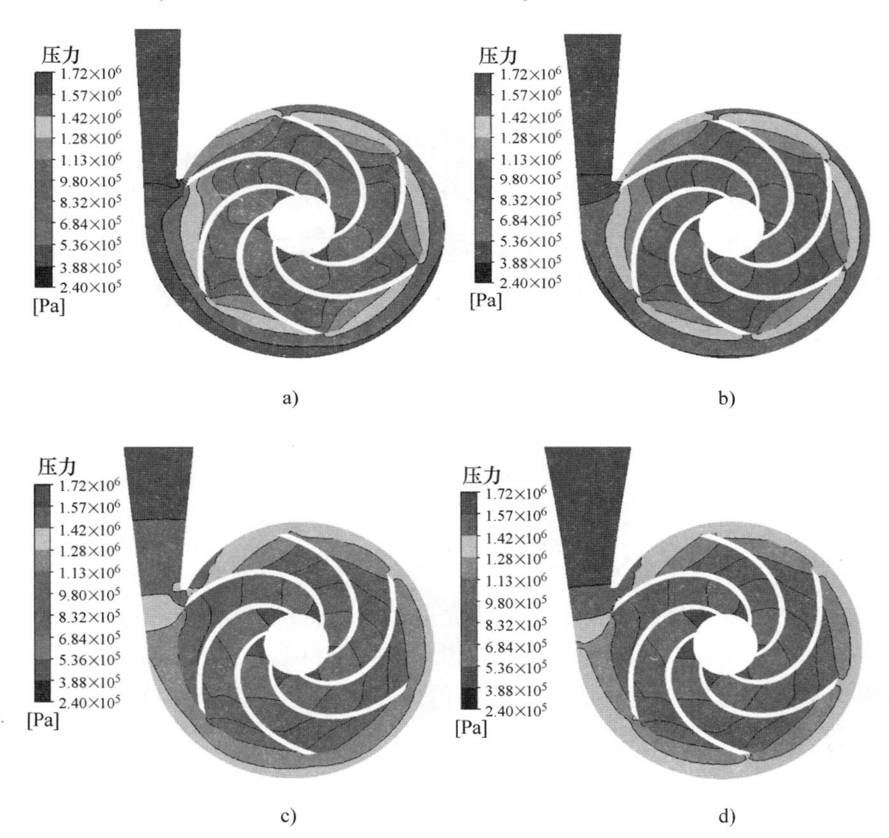

图 5-6　不同蜗壳进口截面下的压力分布

a）D_5 = 50mm　b）D_5 = 65mm　c）D_5 = 80mm　d）D_5 = 100mm

（彩图见书后插页）

5.1.3　蜗壳进口截面对液力透平内速度矩的影响

为了研究蜗壳进口截面对液力透平内速度矩的影响，本章将在不同蜗壳进口截面下将单级液力透平蜗壳的基圆作为一环线，计算沿该环线的切向速度值，根据基圆半径计算出相应的速度矩，并在环线上分别设置4个监测点，如图5-7所示，然后利用ANSYS软件计算这些监测点处的速度矩随流量的变化规律。

最优工况下各个蜗壳进口截面对应的最大速度矩见表5-3。

表5-3　最优工况下的最大速度矩

D_5/mm	50	65	80	100
最大速度矩/(m^2/s)	5.59	5.19	4.61	4.75

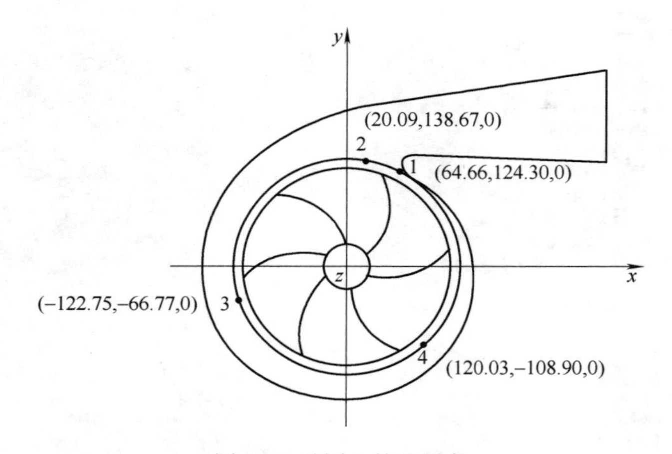

图5-7　基圆上的监测点

如图5-8所示为最优工况下不同蜗壳进口截面直径对应的液力透平蜗壳基圆上速度矩的变化情况。由图5-8可以看出在蜗壳进口截面直径等于65mm时液力透平蜗壳基圆上的速度矩的最大波动幅值最小，因此当蜗壳进口截面直径等于65mm时，该液力透平的叶轮进口速度分布较其他进口截面均匀。由图中还可以看出在横坐标数值分别为−120°、−60°、0°、60°和120°时速度矩波动幅值最大，这是因为这些位置为叶片的进口位置，由于叶片的影响使该处速度矩波动幅值增大。

如图5-9所示为图5-8中横坐标分别等于−130°、−15°、15°和110°时液力透平蜗壳基圆上速度矩随流量的变化曲线，即分别为图5-7中监测点3、2、1和4处的速度矩随流量的变化规律。由图5-9可以看出距离蜗壳收缩管较远处的速度矩随流量的增加而增大，距离蜗壳收缩管较近处的速度矩在小流量时随流量的增加而减小，随着流量的继续增加，速度矩反而开始增大。

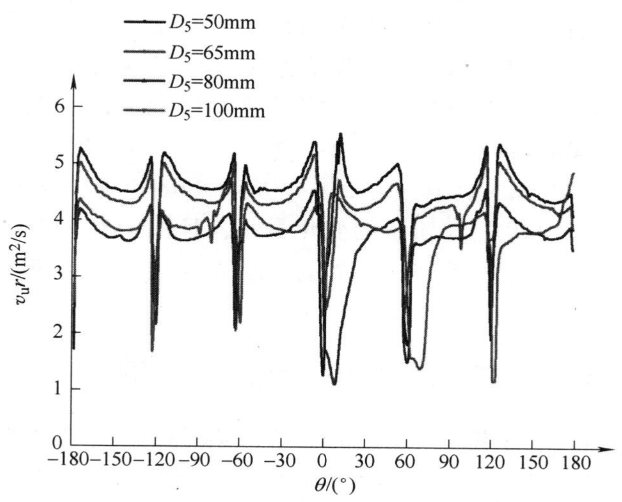

图 5-8　不同蜗壳进口截面对速度矩的影响

（彩图见书后插页）

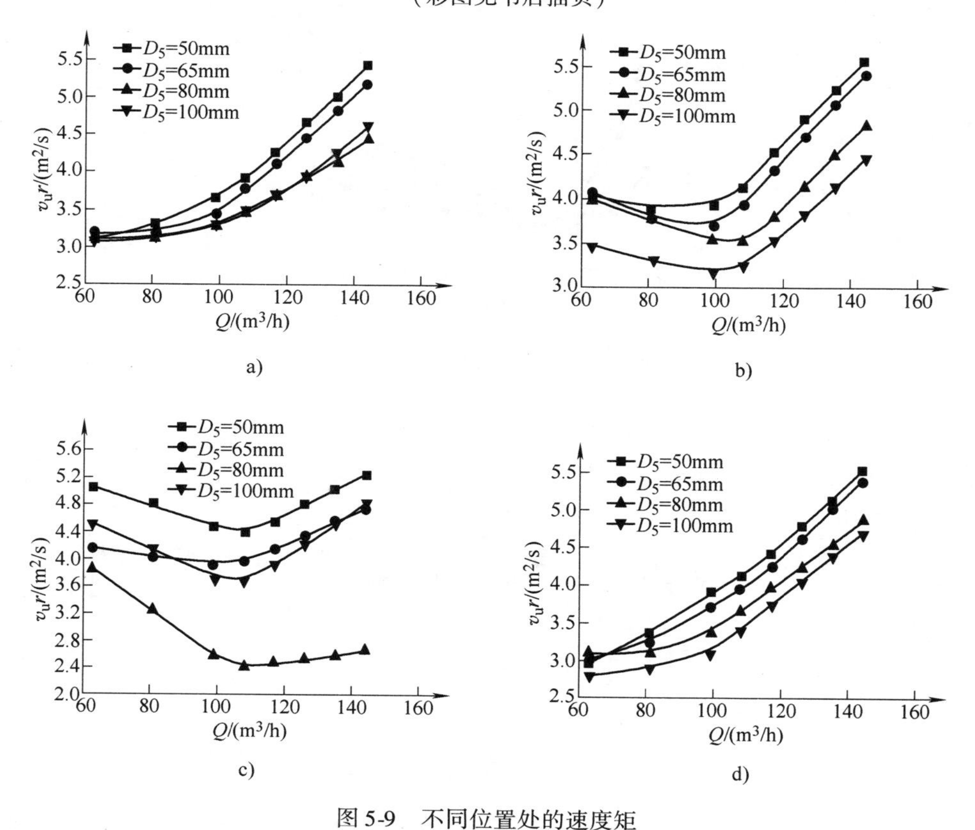

图 5-9　不同位置处的速度矩

a）$\theta=-130°$　b）$\theta=-15°$　c）$\theta=15°$　d）$\theta=110°$

对比图 5-9 中各图可以看出当蜗壳进口截面直径等于 50mm 时液力透平蜗壳基圆上的速度矩最大；还可以看出在距离蜗壳收缩管较远处大蜗壳进口下的速度矩相差较小，而在距离收缩管最近的监测点 2 处，即 $\theta=-15°$处，当蜗壳进口截面直径等于 100mm 时的速度矩最小；在监测点 1 处，即 $\theta=15°$处，当蜗壳进口截面直径等于 80mm 时的速度矩最小。从图 5-9c 中可以看出当蜗壳进口截面直径等于 65mm 时速度矩随流量的变化最小，且由于 $\theta=15°$处为隔舌位置，因此当蜗壳进口截面直径等于 65mm 时蜗壳隔舌处叶轮进口的速度随流量的变化较小。

5.1.4　蜗壳进口截面对液力透平内径向力的影响

如图 5-10 所示为不同蜗壳进口截面下液力透平叶轮所受径向力随流量的变化情况。如图 5-11 所示为不同蜗壳进口截面下液力透平叶轮所受径向力方向随流量的变化情况。

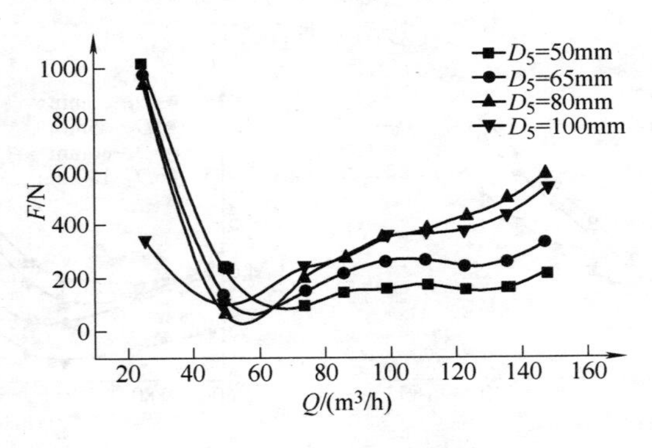

图 5-10　叶轮所受径向力

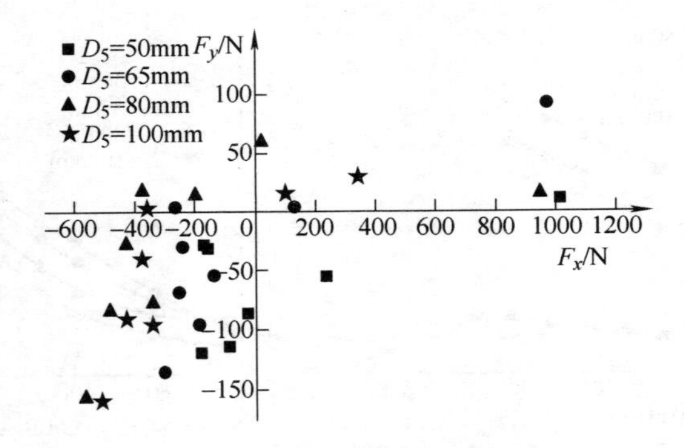

图 5-11　叶轮所受径向力方向

从图 5-10 可以看出，随着流量的增加在不同蜗壳进口截面下液力透平叶轮所受的径向力先减小后增加，且在小流量时当蜗壳进口截面直径等于100mm时叶轮所受的径向力最小，随着流量的增加，大蜗壳进口下叶轮所受的径向力大于小蜗壳进口下叶轮所受的径向力。可见，当流量较大时，减小蜗壳进口截面直径可降低液力透平叶轮所受的径向力。

从图5-11可以看出在不同蜗壳进口截面下叶轮所受的径向力大部分位于第三象限，其中当蜗壳进口截面直径等于50mm时位于第一、三和四象限，而其他进口截面下均位于第一、二和三象限。通过液力透平叶轮所受径向力方向的综合分析可以看出当蜗壳进口截面直径等于65mm时叶轮所受径向力相对较为均匀。

如图5-12和图5-13所示分别为不同蜗壳进口截面下液力透平叶轮所受径向力中压力和黏性力随流量的变化情况。从图5-12和图5-13可以看出叶轮所受压力和黏性力的变化规律与两者的合力（径向力）有相同的变化趋势，因为径向力主要是由于叶轮所受压力不均引起的，所以压力随流量的变化趋势和径向力基本完全相同。而黏性力从值最小开始增加后，大蜗壳进口下的黏性力基本相同，且大于小蜗壳进口下的黏性力。所以，当流量较大时，减小蜗壳进口截面直径也可减小液力透平叶轮所受黏性力的大小。

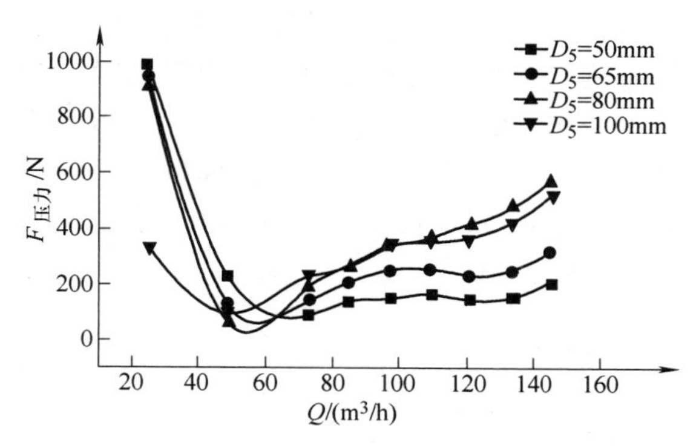

图5-12　叶轮所受压力

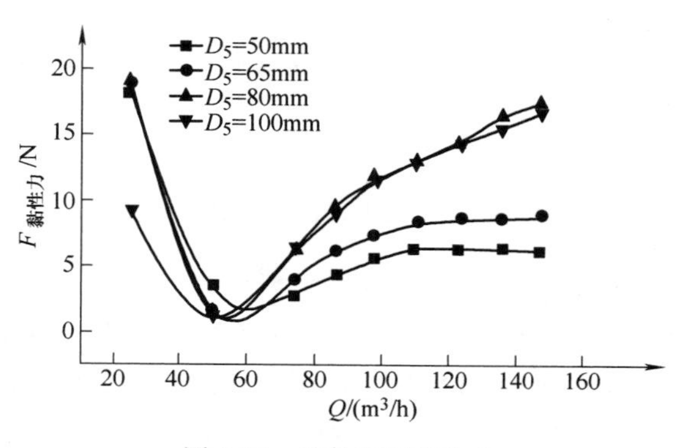

图5-13　叶轮所受黏性力

5.1.5 蜗壳进口截面对液力透平内压力脉动的影响

由上述研究结果可知，不同的液力透平蜗壳进口截面面积对液力透平各过流部件内流体的流动状态产生一定程度的影响，而不同的流体流动状态又将导致液力透平各过流部件内出现不同的压力脉动，这种压力脉动会产生周期性的压力波，这将导致各过流部件内出现周期性的振动和噪声，严重的振动和噪声会使液力透平无法开机运行甚至损坏各部件[33-36]，因此还需对不同蜗壳进口截面面积对液力透平各过流部件内压力脉动的影响进行研究，通过研究降低液力透平各过流部件内的压力脉动幅值，改善液力透平的性能。

1. 参数设置

选取表 5-1 所列的液力透平为研究对象。首先采用无泄漏的思想建立几何模型（不考虑口环间隙处的泄露），然后利用 Gambit 软件对该模型进行网格划分，本章采用非结构网格对模型进行划分，划分好之后进行网格无关性的研究。研究发现：当整个流场的总网格数大于 100 万时，该液力透平的效率在小于 0.5% 的范围内变化，因此选择划分网格数大于 100 万时比较合适，该模型的总网格节点数为 200504，单元数为 1028967。利用 ANSYS-FLUENT 软件采用了基于压力的求解器，液力透平进口被设置为速度进口，出口被设置为压力出口，设置计算的收敛标准为10^{-5}，壁面粗糙度被设为 50μm，介质设为常温清水，然后采用 SIMPLEC 算法做相应的计算，选用 $k-\varepsilon$ 湍流模型，近壁区选用标准壁面函数，叶轮和蜗壳之间的交界面被设置为 interface 连接，在液力透平的各过流部件内设置一系列监测点，如图 5-14 所示。

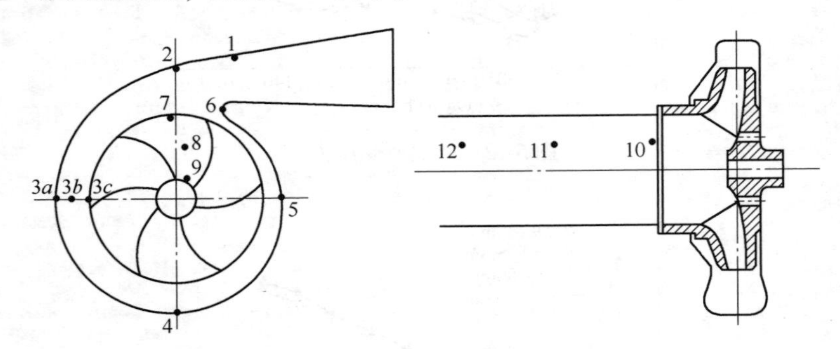

图 5-14 过流部件内压力监测点

在数值计算时首先需进行定常计算，之后以定常计算的结果作为非定常数值计算的初始条件，非定常数值计算的时间步长被设置为 0.000172s，时间总长被设置为 0.22704s，在每个时间步长内叶轮转动 3°，叶轮总共旋转 11 圈，如图 5-15 所示为监测点 3a 处的压力脉动时域图，由图 5-15 可知后 6 圈的压力脉

动较为稳定，因此本章取后 6 圈的计算结果进行研究。

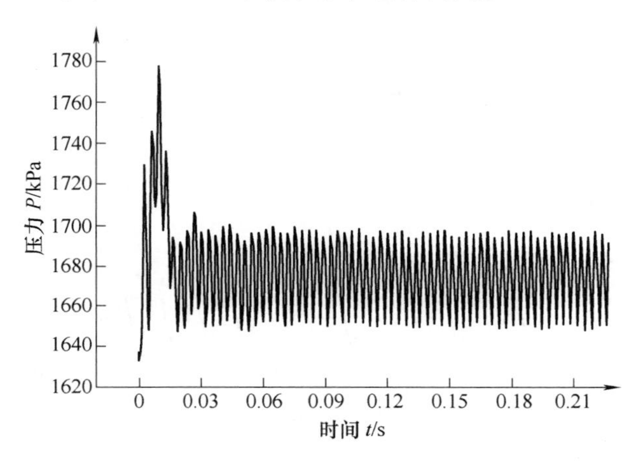

图 5-15　监测点 3a 处的时域图

2. 蜗壳内压力脉动分析

（1）蜗壳内周向压力脉动分析　如图 5-16 所示为两个周期内在不同蜗壳进口截面下蜗壳内周向各监测点处的压力脉动时域图。由图 5-16 可以看出沿周向分布的各监测点处的压力在小蜗壳进口下随着蜗壳进口截面直径的增加而减小，而在大蜗壳进口下随着蜗壳进口截面直径的增加均增大。在蜗室的进口部分压力变化较小，而随着蜗室截面面积的减小，蜗室内压力逐渐减小。由图 5-16 还可以看出在一个周期内不同蜗壳进口截面下沿蜗壳周向的压力脉动数均等于叶轮叶片数。

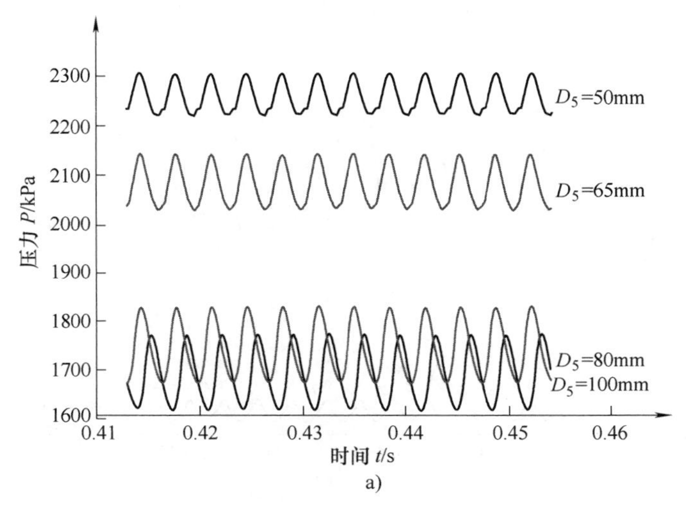

图 5-16　不同蜗壳进口截面下蜗壳内周向压力脉动时域图

a）监测点 1

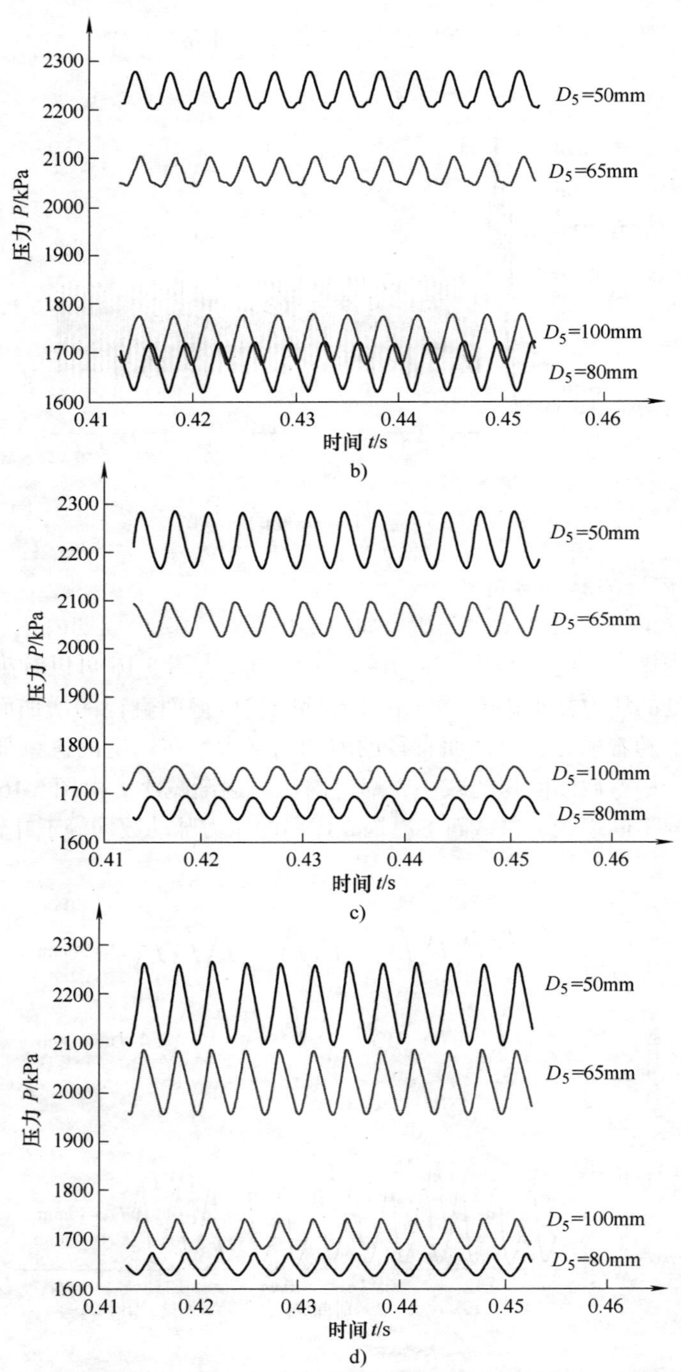

图 5-16　不同蜗壳进口截面下蜗壳内周向压力脉动时域图（续）

b）监测点 2　c）监测点 3a　d）监测点 4

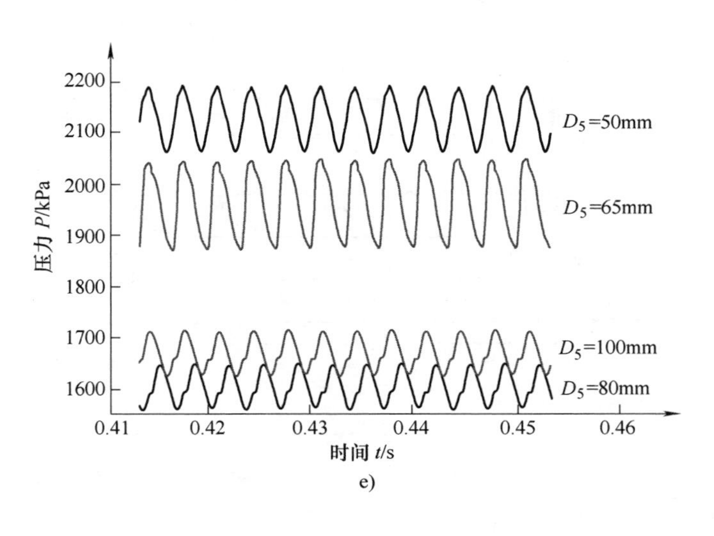

e)

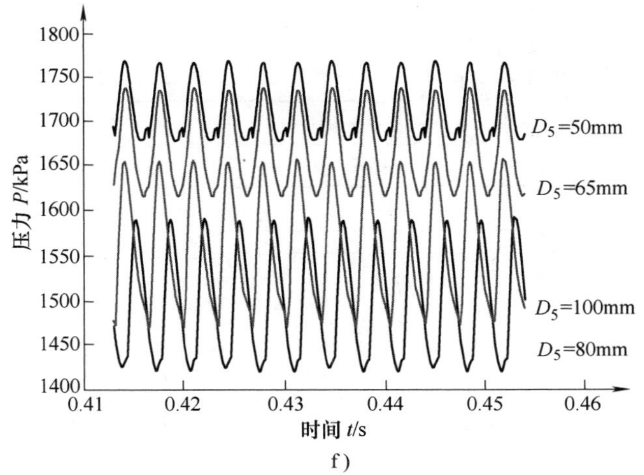

f)

图 5-16　不同蜗壳进口截面下蜗壳内周向压力脉动时域图（续）

e）监测点 5　f）监测点 6

如图 5-17 所示为通过快速傅里叶变换得到的压力脉动频域图。

不同蜗壳进口截面下沿周向各监测点处的压力脉动主频幅值和最大脉动幅值见表 5-4，表中最大脉动幅值由 $100\times(P_{max}-P_{min})/(\rho gH)$ 得到，其中 P_{max} 和 P_{min} 分别为最大和最小压力（Pa），ρ 为介质密度（kg/m^3），g 为重力加速度（m/s^2），H 为液力透平的水头（m），下同。

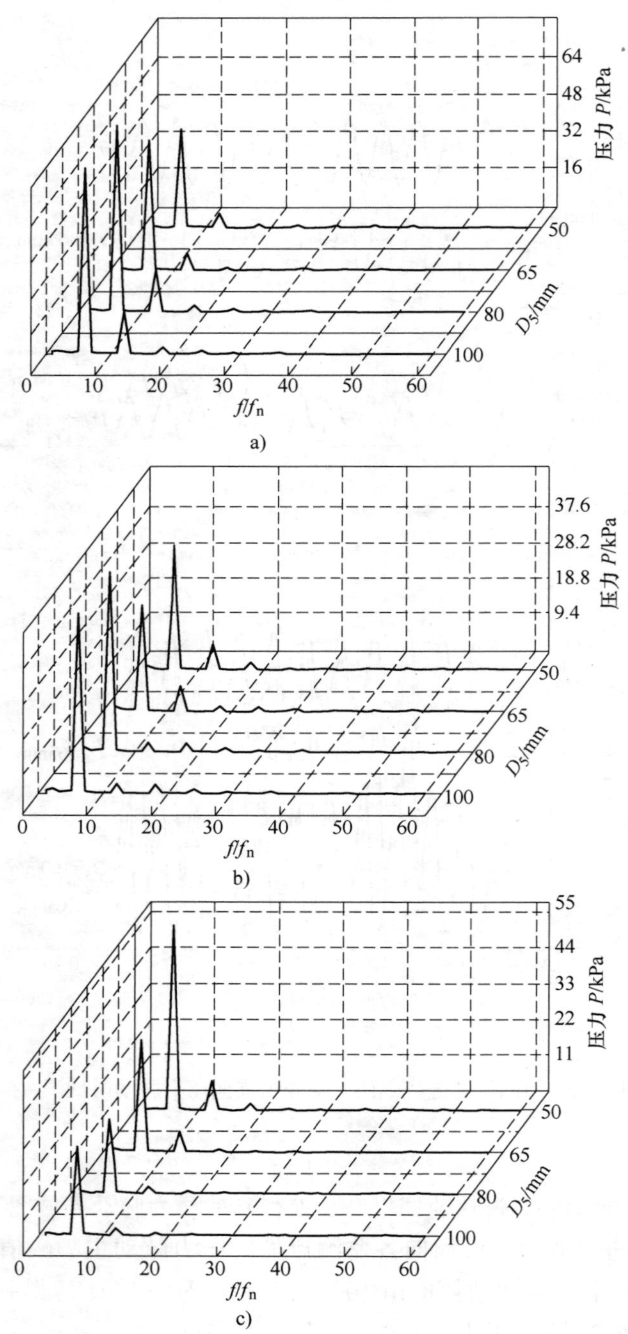

图 5-17 不同蜗壳进口截面下

a）监测点 1 b）监测点 2 c）监测点 3a

注：f_n 为叶轮转动频率（Hz）；

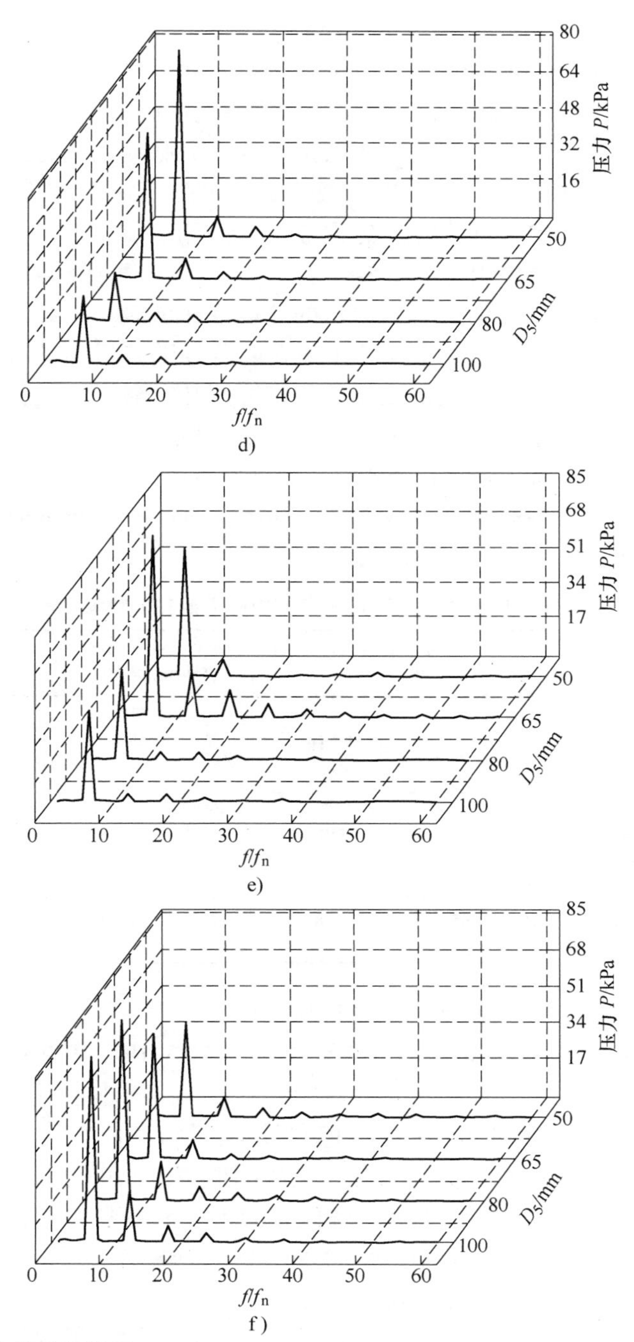

蜗壳内周向压力脉动频域图

d）监测点4　e）监测点5　f）监测点6

f为脉动频率（Hz），下同。

结合图5-16、图5-17和表5-4可以看出：由于蜗壳收缩管断面收缩率的影响在距离蜗壳收缩管较远的监测点3a、监测点4和监测点5处大蜗壳进口下的压力脉动幅值较小，这是因为由图5-4可知当蜗壳进口截面直径较大时这些监测点处的速度较小且其值变化不大，所以该处的压力脉动幅值受到叶轮动静相互干涉的影响较小，因此增大蜗壳进口截面直径可降低蜗室内的压力脉动幅值；而位于蜗壳收缩管出口附近的监测点1、监测点2和监测点6处小蜗壳进口下的压力脉动幅值较小，这是因为由图5-4可知蜗壳进口截面直径越小，收缩管的断面收缩率越小，从收缩管的进口到出口的速度变化就越小，导致隔舌附近的压力脉动幅值越小，这与表5-4中反映出的在隔舌处随着蜗壳进口截面直径的减小，压力脉动主频幅值和最大脉动幅值逐渐减小相一致，可见，要减小隔舌处的压力脉动幅值须减小蜗壳进口截面直径。当蜗壳进口截面直径等于50mm时监测点4处的压力脉动幅值最大；当蜗壳进口截面直径等于65mm时监测点5处的压力脉动幅值最大；当蜗壳进口截面直径等于80mm和100mm时监测点6处的压力脉动幅值最大。

表5-4　不同蜗壳进口截面下蜗壳内周向压力脉动的主频幅值和最大脉动幅值

监测点	蜗壳进口直径 $D_5=50\text{mm}$		蜗壳进口直径 $D_5=65\text{mm}$		蜗壳进口直径 $D_5=80\text{mm}$		蜗壳进口直径 $D_5=100\text{mm}$	
	主频幅值/kPa	最大脉动幅值（%）	主频幅值/kPa	最大脉动幅值（%）	主频幅值/kPa	最大脉动幅值（%）	主频幅值/kPa	最大脉动幅值（%）
1	41.9144	5.24	55.0266	7.56	76.2506	12.72	79.1003	12.75
2	32.2543	4.38	27.0961	3.98	46.9539	8.33	46.0659	7.65
3a	57.3995	7.05	35.1057	5.09	23.0497	3.86	27.6473	4.32
4	81.4782	10.45	63.7366	9.15	21.1332	4.11	29.2204	5.18
5	61.3362	7.96	85.8662	11.81	40.1205	7.01	42.1132	6.95
6	43.3855	5.50	57.4698	7.96	83.6665	13.79	86.0649	14.51

由图5-17还可以看出在不同蜗壳进口截面下蜗壳内周向压力脉动主频均为290.70Hz，叶轮转速为2900r/min，叶轮转频为48.33Hz，因此在不同蜗壳进口截面下蜗壳内周向压力脉动主频均为转频的6倍。由于本章所选蜗壳的原进口截面直径等于80mm，因此由表5-4可知当蜗壳进口截面直径分别等于50mm、65mm和100mm时蜗壳内最大压力脉动主频幅值等于原进口截面下蜗壳内最大压力脉动主频幅值的0.97倍、1.03倍和1.03倍，最大脉动幅值等于原进口截面下蜗壳内最大脉动幅值的0.76倍、0.86倍和1.05倍。可见，当蜗壳进口截面直径较大时蜗壳内的最大脉动幅值较大。

（2）蜗壳内径向压力脉动分析　如图5-18所示为通过数理统计的方法得到的两个周期内在不同蜗壳进口截面下蜗壳内径向各监测点处最优工况下的压力脉动时域图。从图5-18可以看出距离叶轮越近蜗室内压力越小。

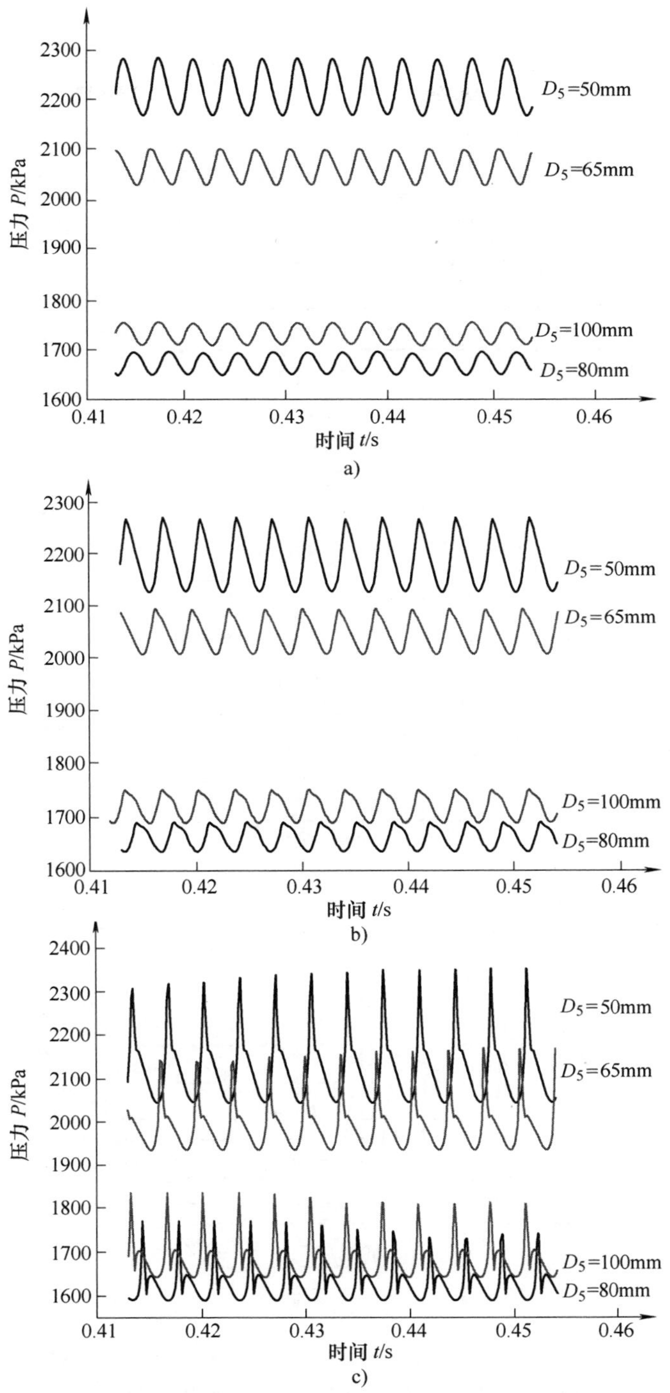

图 5-18　不同蜗壳进口截面下蜗壳内径向压力脉动时域图

a）监测点 3a　b）监测点 3b　c）监测点 3c

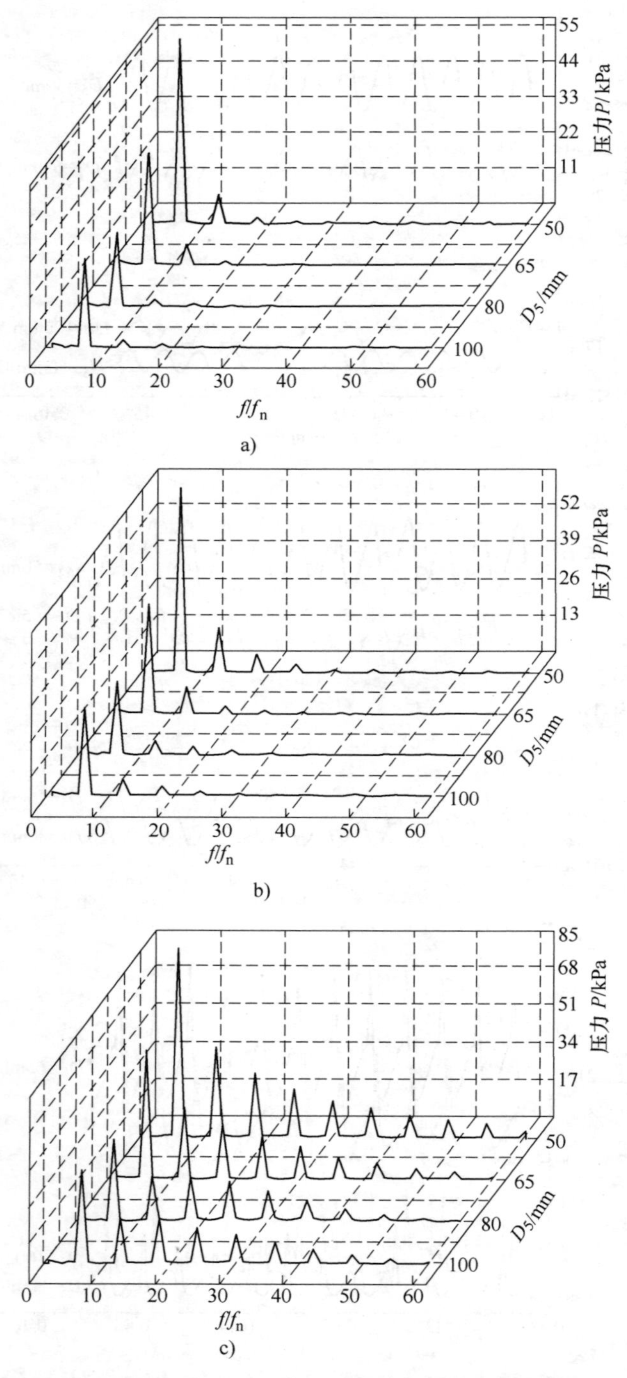

图 5-19 不同蜗壳进口截面下蜗壳内径向压力脉动频域图

a）监测点 3a b）监测点 3b c）监测点 3c

如图5-19所示为通过快速傅里叶变换得到的最优工况下的压力脉动频域图。不同蜗壳进口截面下沿径向各监测点处最优工况下的压力脉动主频幅值和最大脉动幅值见表5-5。

表5-5　不同进口截面下蜗壳内径向压力脉动的主频幅值和最大脉动幅值

监测点	蜗壳进口直径 $D_5=50\text{mm}$		蜗壳进口直径 $D_5=65\text{mm}$		蜗壳进口直径 $D_5=80\text{mm}$		蜗壳进口直径 $D_5=100\text{mm}$	
	主频幅值/kPa	最大脉动幅值（%）	主频幅值/kPa	最大脉动幅值（%）	主频幅值/kPa	最大脉动幅值（%）	主频幅值/kPa	最大脉动幅值（%）
3a	57.3995	7.05	35.1057	5.09	23.0497	3.86	27.6473	4.32
3b	64.3675	8.44	38.9438	5.75	25.8097	4.51	31.3398	5.26
3c	87.5330	18.57	60.6791	15.31	38.1246	13.72	43.8194	14.23

结合图5-18、图5-19和表5-5可以看出在不同蜗壳进口截面下，距离叶轮越近压力脉动主频幅值和次主频幅值越大，最大脉动幅值也越大，这主要是由于距离叶轮越近叶轮动静相互干涉的影响就越大，因为流场内的动静相互干涉、涡流、回流等因素对压力脉动都有较大的影响。由前面的研究可知：不同的蜗壳进口截面对液力透平的性能有不同的影响，对应叶轮在相对于蜗壳旋转时引起的尾迹效应和势流效应也不相同，而尾迹效应和势流效应是叶轮动静相互干涉的两种不同机理，所以不同的蜗壳进口截面最终将影响蜗壳内的压力脉动。

由于在不同蜗壳进口截面下蜗壳内压强和速度的变化也不相同，由图5-4可知在监测点3a、3b和3c处有不同的速度，可以看出距离叶轮越近速度越大，叶轮动静相互干涉越强，所以压力脉动幅值也就越大，这和上述分析相一致。由图5-4还可以看出在小蜗壳进口下从监测点3a到3c处速度变化较大，且叶轮进口存在尾迹效应，所以叶轮动静相互干涉较强，故对应的压力脉动幅值也大于大蜗壳进口下的压力脉动幅值，这也与图5-19中压力脉动的变化相一致。

由表5-5可知当蜗壳进口直径分别等于50mm、65mm和100mm时径向的最大压力脉动主频幅值是原进口截面下径向最大压力脉动主频幅值的2.30倍、1.59倍和1.15倍，最大脉动幅值是原进口截面下蜗壳内最大脉动幅值的1.35倍、1.12倍和1.04倍，可见，当蜗壳进口截面直径等于50mm时，蜗壳内径向的压力脉动最大。

（3）不同流量下蜗壳内压力脉动分析　如图5-20所示为通过快速傅里叶变换得到的蜗壳内径向3个监测点处在非设计工况下的压力脉动频域图。如图5-21所示为非设计工况下液力透平内的速度分布。如图5-22所示为非设计工

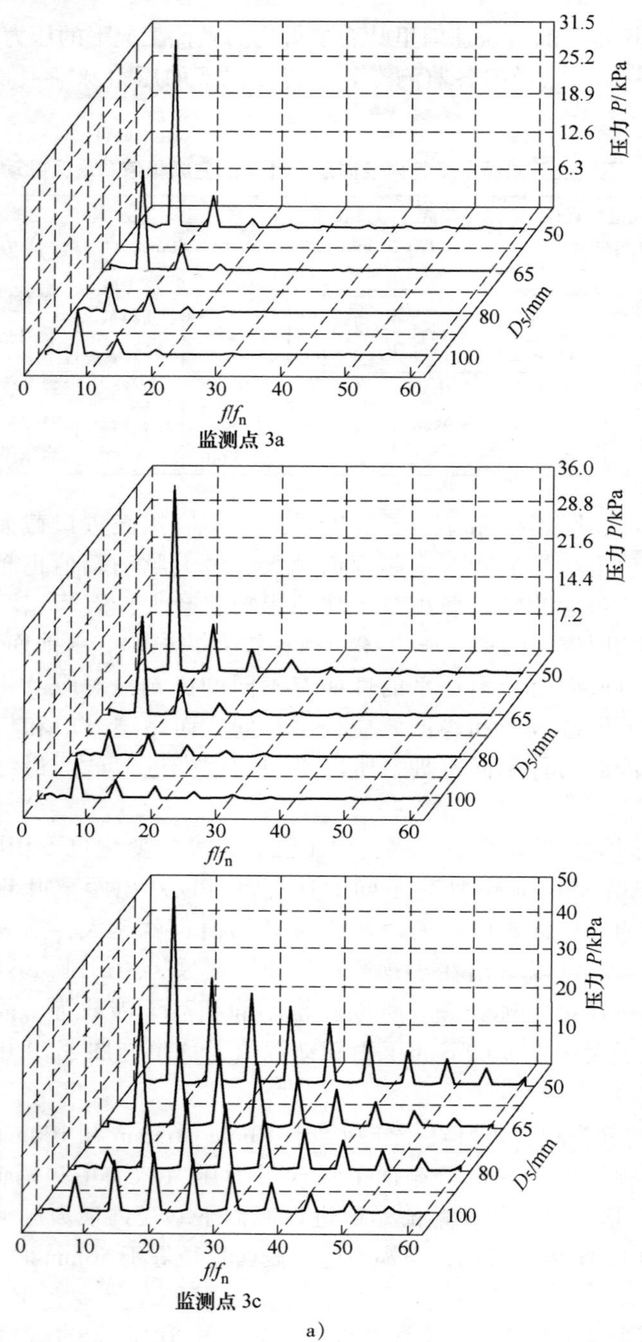

图 5-20　非设计工况下蜗壳内

a）小流量（$0.86Q_{BEP}$）

注：Q_{BEP} 为最优工况的

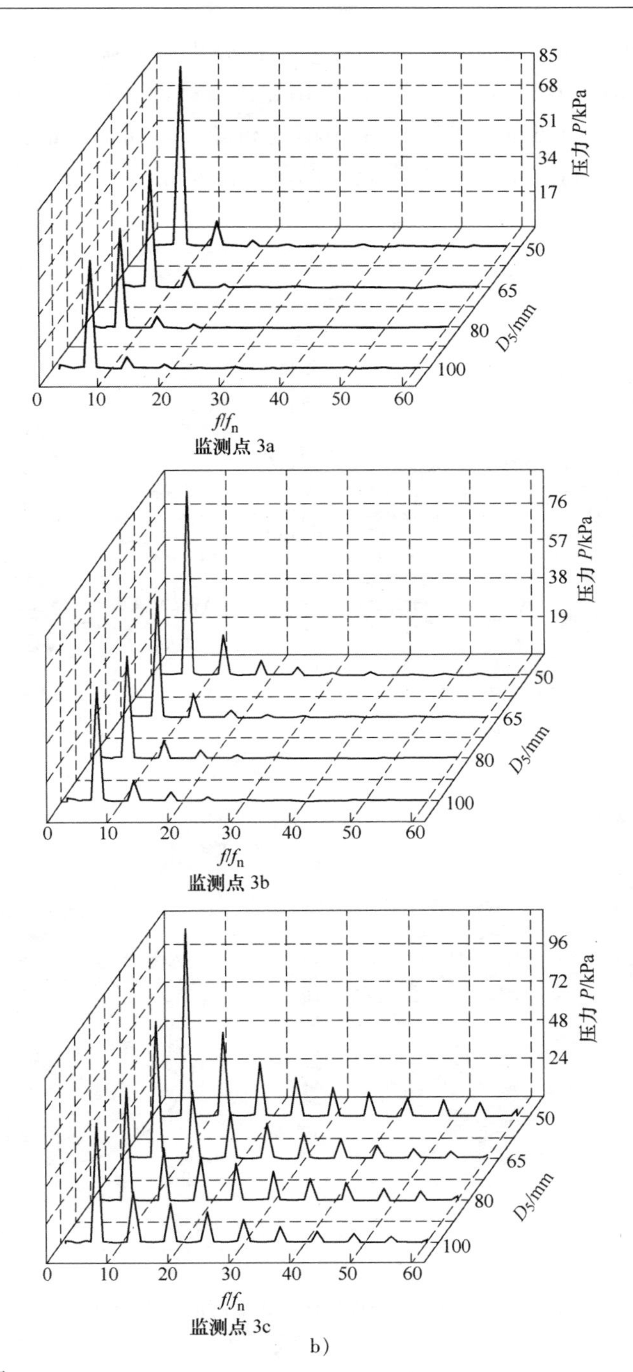

b）

压力脉动频域图

b）大流量（1.14Q_{BEP}）

流量（m^3/h），下同。

况下液力透平内的速度矢量图。不同流量下蜗壳内压力脉动的主频幅值和最大脉动幅值见表5-6。由表5-6可以看出当蜗壳进口截面直径等于50mm时在不同流量下径向各监测点处的压力脉动主频幅值和最大脉动幅值最大，可见，蜗壳进口截面直径太小将使液力透平蜗壳内的压力脉动增强，这不利于液力透平稳定运行。

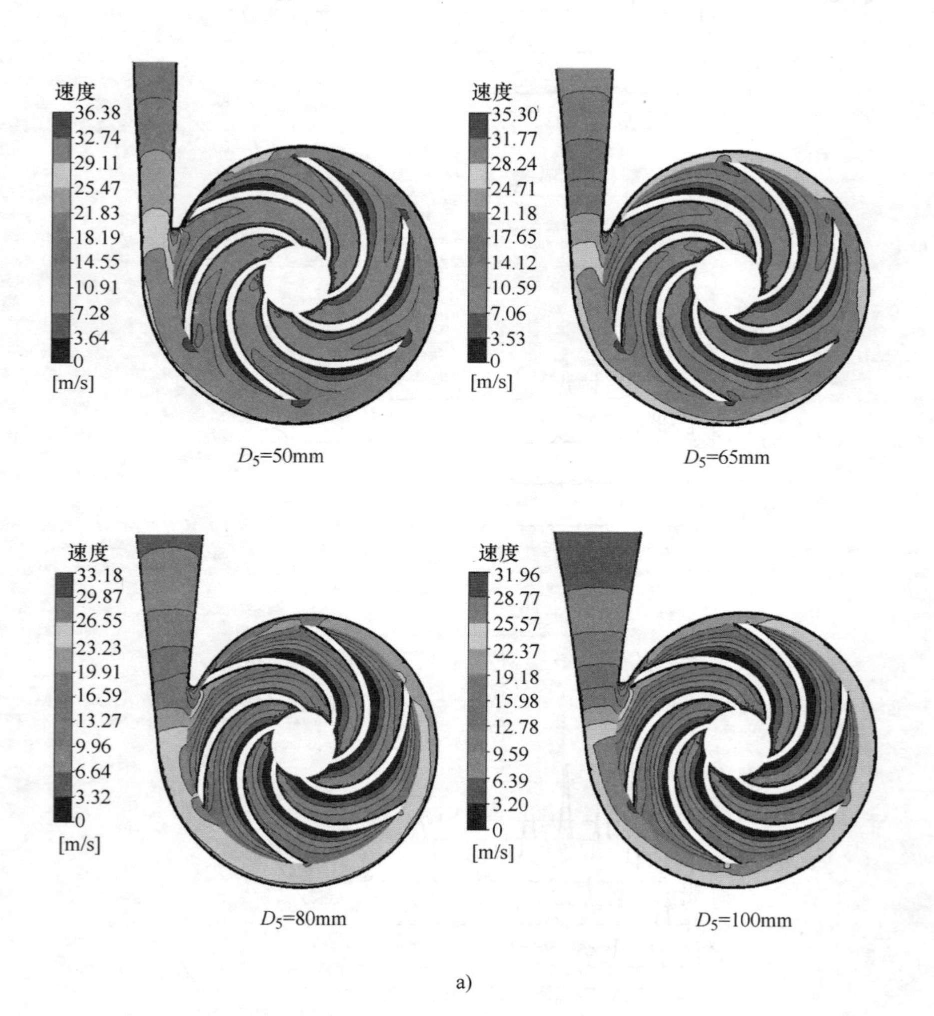

图5-21 非设计工况下液力透平内的速度分布

a）小流量下速度分布

（彩图见书后插页）

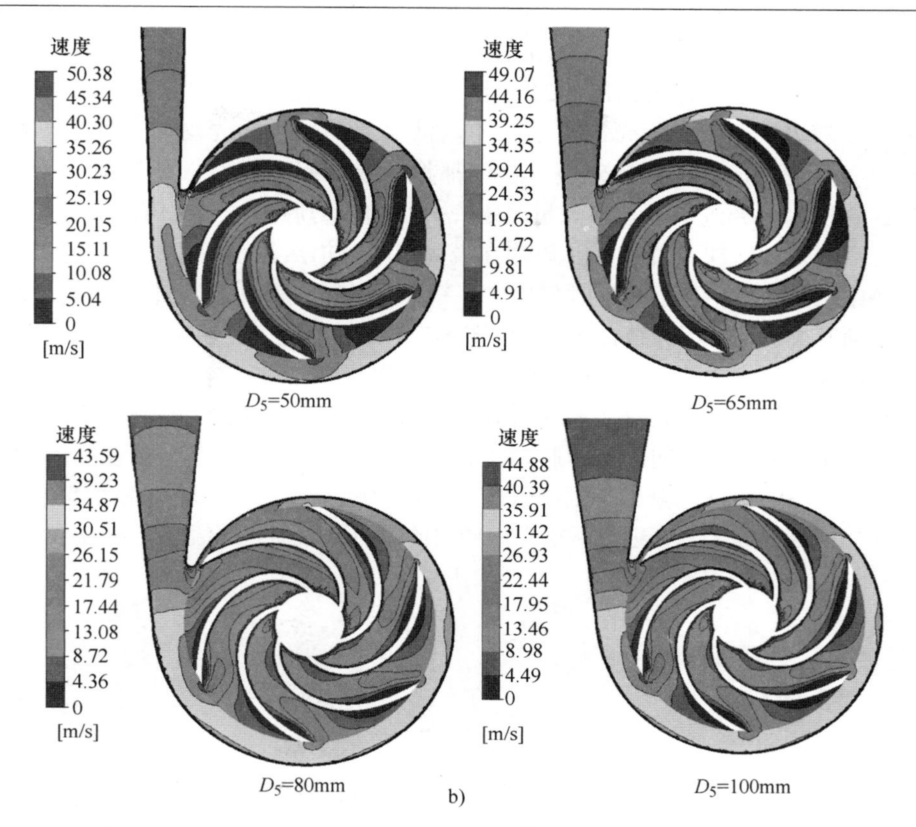

图5-21　非设计工况下液力透平内的速度分布（续）

b）大流量下速度分布

（彩图见书后插页）

表5-6　不同流量下蜗壳内压力脉动的主频幅值和最大脉动幅值

监测点		蜗壳进口直径 D_5 = 50mm		蜗壳进口直径 D_5 = 65mm		蜗壳进口直径 D_5 = 80mm		蜗壳进口直径 D_5 = 100mm	
		主频幅值/kPa	最大脉动幅值（%）	主频幅值/kPa	最大脉动幅值（%）	主频幅值/kPa	最大脉动幅值（%）	主频幅值/kPa	最大脉动幅值（%）
3a	$0.86Q_{BEP}$	31.5750	3.90	16.6699	2.57	5.0707	1.30	6.8970	1.39
	Q_{BEP}	57.3995	7.05	35.1057	5.09	23.0497	3.86	27.6473	4.32
	$1.14Q_{BEP}$	85.5884	10.37	55.3841	7.52	46.9712	7.87	51.3195	8.08
3b	$0.86Q_{BEP}$	36.0953	4.97	18.8153	3.11	5.0320	1.60	7.5408	1.62
	Q_{BEP}	64.3675	8.44	38.9438	5.75	25.8097	4.51	31.3398	5.26
	$1.14Q_{BEP}$	92.6765	11.85	60.1670	8.46	51.6034	8.91	57.0610	9.43
3c	$0.86Q_{BEP}$	51.1258	12.73	31.5792	10.28	18.9548	12.56	16.0929	9.11
	Q_{BEP}	87.5330	18.57	60.6791	15.31	38.1246	13.72	43.8194	14.23
	$1.14Q_{BEP}$	119.5435	24.02	87.4824	20.34	73.0781	22.14	77.2811	19.65

从图 5-20 可知小流量时小蜗壳进口下的压力脉动主频幅值大于大蜗壳进口下的主频幅值，这是因为由图 5-21 和图 5-22 可知小流量时小蜗壳进口下蜗壳内径向速度较大，又在大蜗壳进口下叶轮内液流流动较小蜗壳均匀，且在小蜗壳进口下在叶轮进口出现尾迹效应，这些都将导致小蜗壳进口下叶轮动静相互干涉加强，即小蜗壳进口下在小流量时蜗壳内径向压力脉动主频幅值较大。

随着流量的增加，由图 5-19 可知在最优工况时仍然是小蜗壳进口下的压力脉动主频幅值较大，但与小流量时相比大小蜗壳进口下的压力脉动主频幅值之间的差值逐渐减小，这是因为结合图 5-4 和图 5-5 可知在最优工况下除了小蜗壳进口时蜗壳径向速度较大之外，其叶片进口背面还出现与叶轮旋转方向相同的漩涡，且叶轮旋转时引起的尾迹效应越来越明显，所以叶轮动静相互干涉作用越强，故随着流量的增加蜗壳内径向的压力脉动主频幅值逐渐增加。由于随着流量的增加在大蜗壳进口下叶轮进口也出现尾迹效应，所以大蜗壳进口下叶轮动静相互干涉作用也开始增强，即大蜗壳进口下蜗壳内径向的压力脉动主频幅值也开始增加。

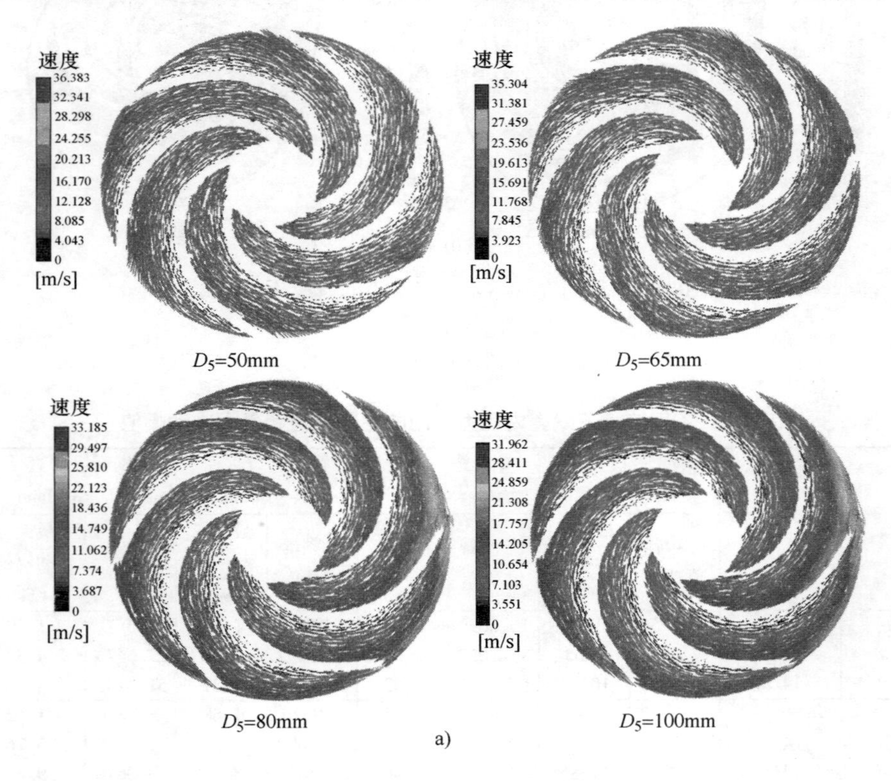

图 5-22　非设计工况下液力透平内的速度矢量图

a）小流量下速度矢量图

（彩图见书后插页）

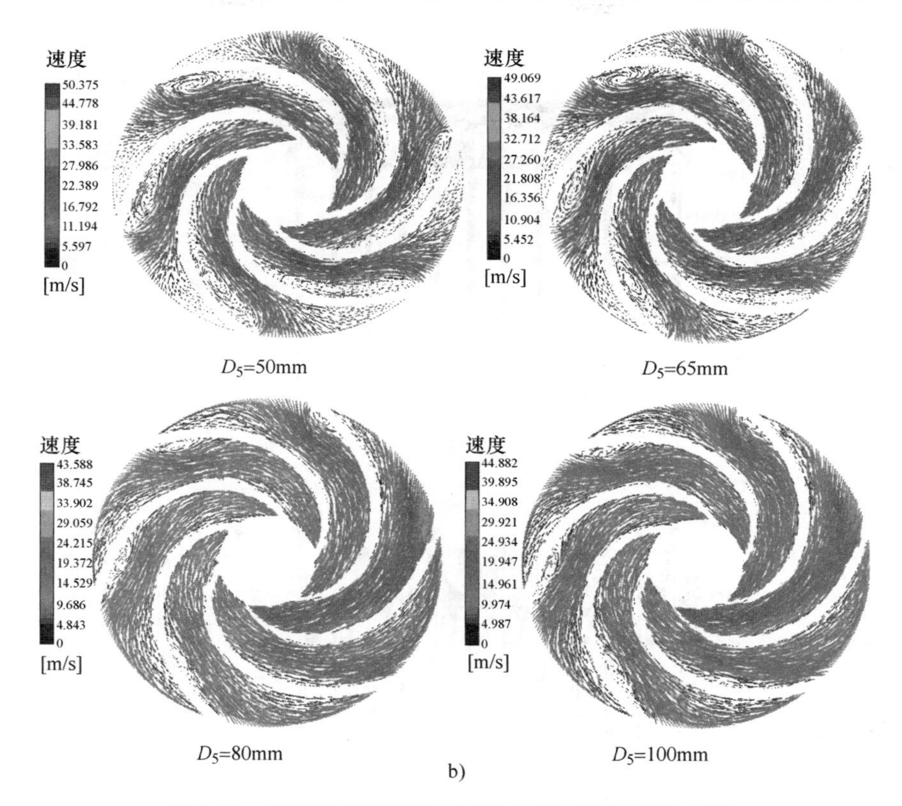

图 5-22 非设计工况下液力透平内的速度矢量图（续）

b）大流量下速度矢量图

（彩图见书后插页）

随着流量的继续增加，虽然小蜗壳进口下蜗壳内径向压力脉动主频幅值较大，但与大蜗壳进口下的压力脉动主频幅值的差值已越来越小，结合图 5-21、图 5-22 可以看出，在大流量时小蜗壳进口下叶片进口背面的漩涡已经扩展到距离叶片出口大概叶片长度三分之二的位置，且叶轮进口的尾迹效应非常明显，此时，在大蜗壳进口下叶片进口背面也出现与叶轮旋转方向相同的漩涡，且叶轮进口也出现较为明显的尾迹效应，又由于在大流量下蜗壳内的速度变大，这些导致叶轮动静相互干涉作用强度增加，即蜗壳内的径向压力脉动主频幅值继续增加，且使大小蜗壳进口截面下蜗壳内的压力脉动主频幅值的差值更小，这也与图 5-20b 的结果相一致。可见，在不同流量不同蜗壳进口截面下液力透平内出现不同的压力脉动规律。

3. 叶轮内压力脉动分析

如图 5-23 所示为两个周期内叶轮中 3 个监测点处的压力脉动时域图。由图 5-23 可以看出在不同蜗壳进口截面下在一个周期内压力脉动数也等于叶片数，且在叶轮内不同蜗壳进口截面下压力脉动的差异在同一时刻从进口到出口逐渐减小。在同一蜗壳进口截面下从叶轮流道进口到出口各监测点处的压力逐渐减小。

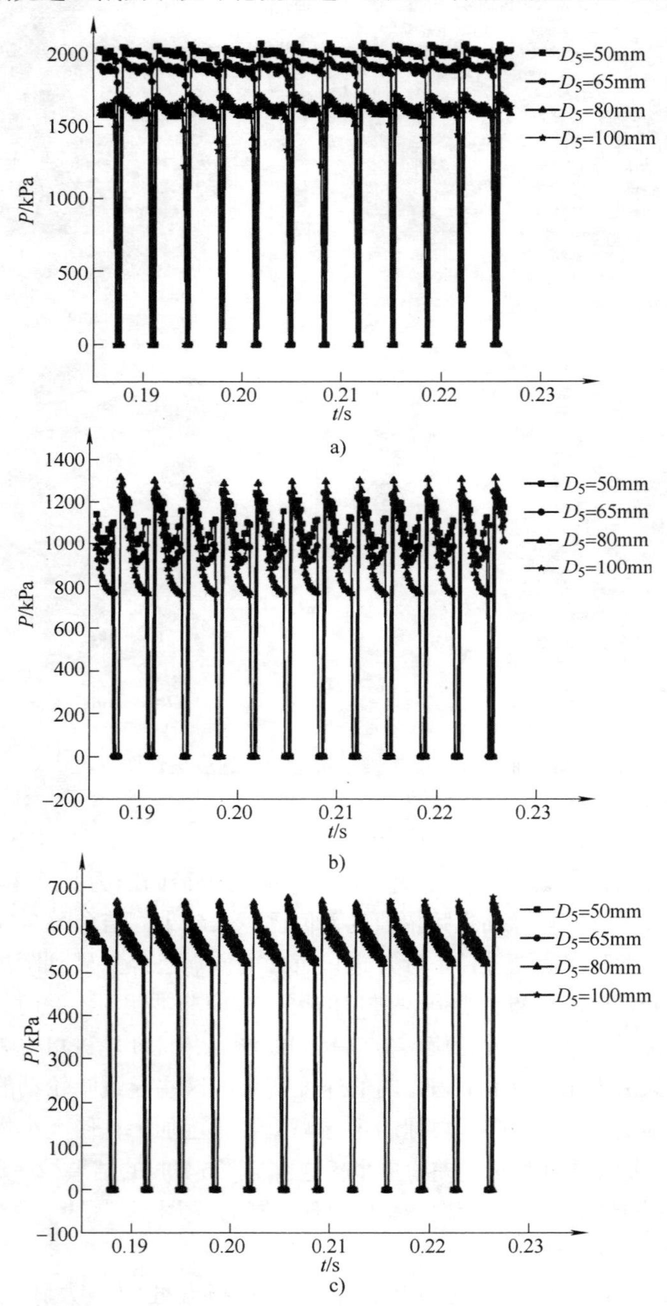

图 5-23　叶轮内各个监测点压力脉动时域图

a）监测点 7　b）监测点 8　c）监测点 9

如图5-24所示为通过快速傅里叶变换得到的压力脉动频域图。在不同蜗壳进口截面下叶轮中3个监测点处的压力脉动主频幅值和最大脉动幅值见表5-7。

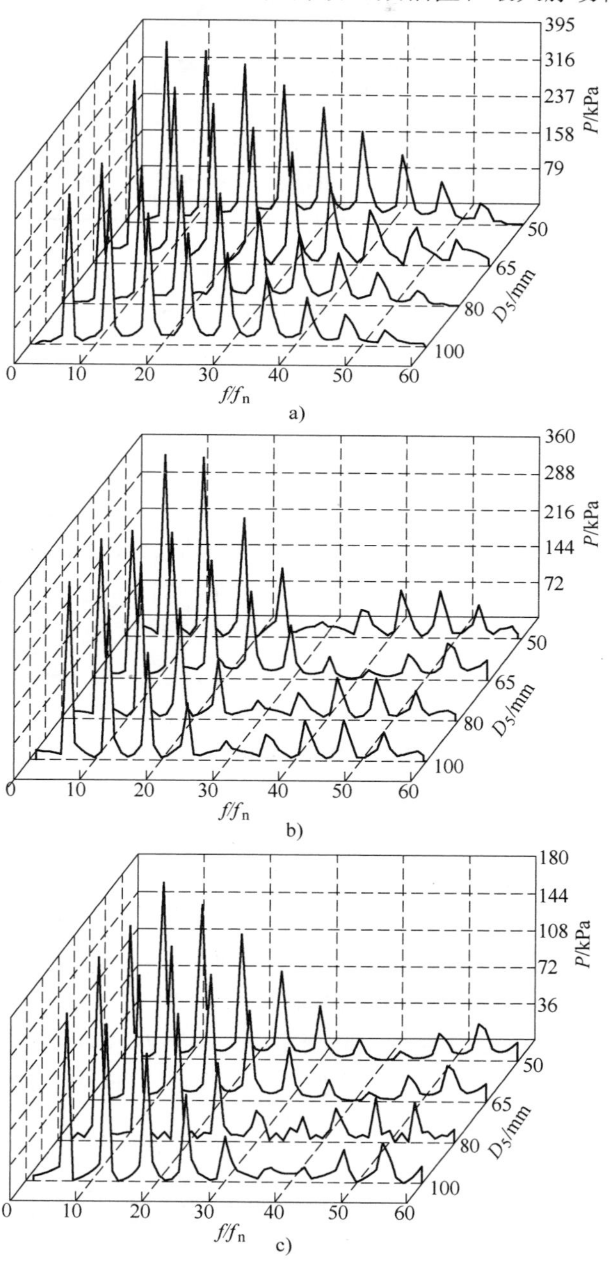

图5-24 叶轮内压力脉动频域图

a）监测点7 b）监测点8 c）监测点9

表 5-7　不同蜗壳进口截面下叶轮内压力脉动的主频幅值和最大脉动幅值

监测点	蜗壳进口直径 $D_5=50\mathrm{mm}$		蜗壳进口直径 $D_5=65\mathrm{mm}$		蜗壳进口直径 $D_5=80\mathrm{mm}$		蜗壳进口直径 $D_5=100\mathrm{mm}$	
	主频幅值/kPa	最大脉动幅值（%）	主频幅值/kPa	最大脉动幅值（%）	主频幅值/kPa	最大脉动幅值（%）	主频幅值/kPa	最大脉动幅值（%）
7	393.6754	14.33	398.2863	13.58	315.0153	11.61	330.5312	11.96
8	362.3388	8.68	289.4547	8.67	352.2510	9.13	350.8432	8.78
9	174.2339	4.49	171.8118	4.58	181.5218	4.68	166.4844	4.69

结合图 5-23、图 5-24 和表 5-7 可以看出：叶轮内的压力脉动明显强于蜗壳内的压力脉动，当蜗壳进口截面直径分别等于 50mm、65mm、80mm 和 100mm 时叶轮内的最大压力脉动幅值分别为蜗壳内相应最大压力脉动幅值的 11.55 倍、10.86 倍、9.66 倍和 8.98 倍；当蜗壳进口截面直径等于 50mm 和 65mm 时叶轮进口的压力脉动最大；当蜗壳进口截面直径等于 80mm 和 100mm 时叶轮中间位置的压力脉动最大。

由图 5-24 可知在不同蜗壳进口截面下叶轮内压力脉动主频均为 288Hz，叶轮转速为 2900r/min，叶轮转频为 48.33Hz，因此在不同蜗壳进口截面下叶轮内压力脉动主频均为转频的 6 倍。由表 5-7 可知在不同蜗壳进口截面下从流道进口到出口叶轮内最大脉动幅值逐渐减小。当蜗壳进口截面直径分别等于 50mm、65mm 和 100mm 时叶轮内最大压力脉动主频幅值等于原蜗壳进口截面下叶轮内最大压力脉动主频幅值的 1.12 倍、1.13 倍和 0.996 倍，最大脉动幅值等于原蜗壳进口截面下叶轮内最大脉动幅值的 1.23 倍、1.17 倍和 1.03 倍。可见，减小蜗壳进口截面直径对叶轮内压力脉动的影响较大，而增加蜗壳进口截面直径对叶轮内压力脉动影响较小。

4. 尾水管内压力脉动分析

如图 5-25 所示为两个周期内液力透平的尾水管内各监测点处的压力脉动时域图。由图 5-25 可以看出在同一蜗壳进口截面下从尾水管进口到出口各监测点处的压力逐渐减小，压力脉动也逐渐减弱。

如图 5-26 所示为通过快速傅里叶变换得到的压力脉动频域图。

不同蜗壳进口截面下尾水管内各监测点处的压力脉动主频幅值和最大脉动幅值见表 5-8。

结合图 5-25、图 5-26 和表 5-8 可以看出：尾水管内的压力脉动弱于蜗壳和叶轮内的压力脉动，在尾水管进口处小蜗壳进口下的压力脉动幅值最大，且脉动数等于叶轮叶片数，说明在小蜗壳进口下尾水管进口处的压力脉动主要受叶轮动静相互干涉作用的影响，而在尾水管进口处大蜗壳进口下的压力脉动数不再等于叶轮叶片数，说明在大蜗壳进口下尾水管进口的压力脉

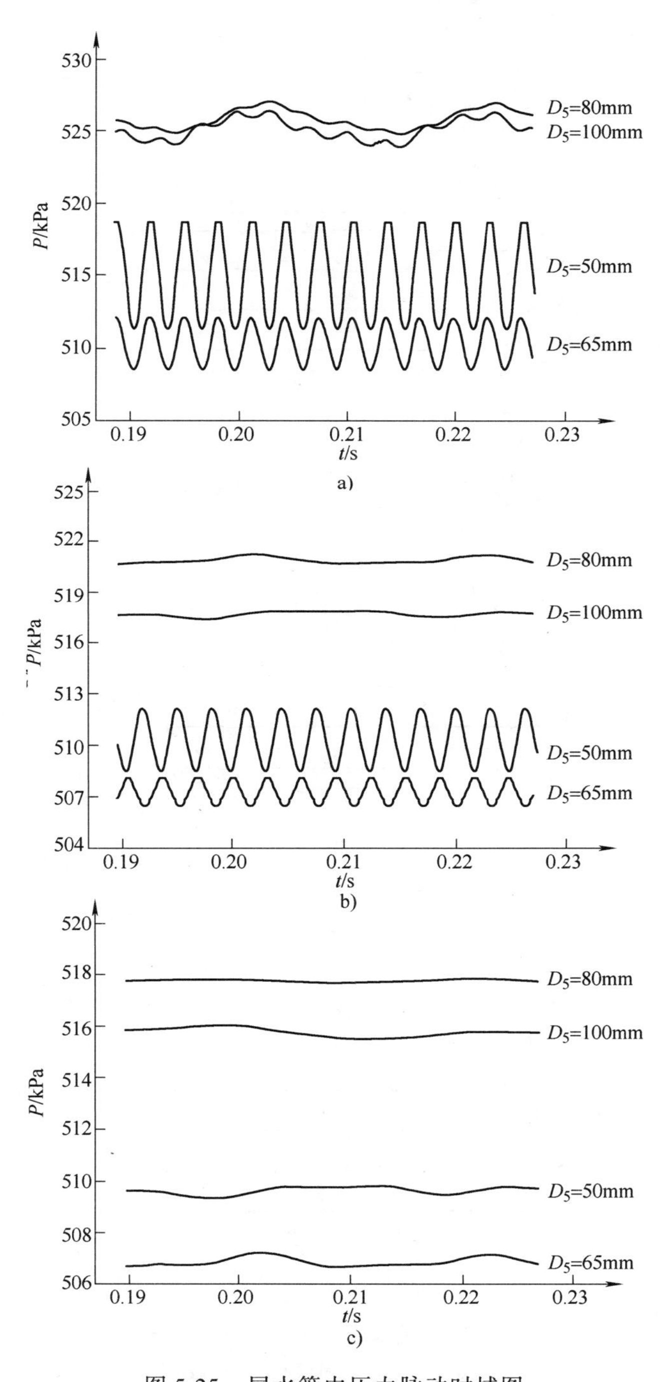

图5-25　尾水管内压力脉动时域图

a）监测点10　b）监测点11　c）监测点12

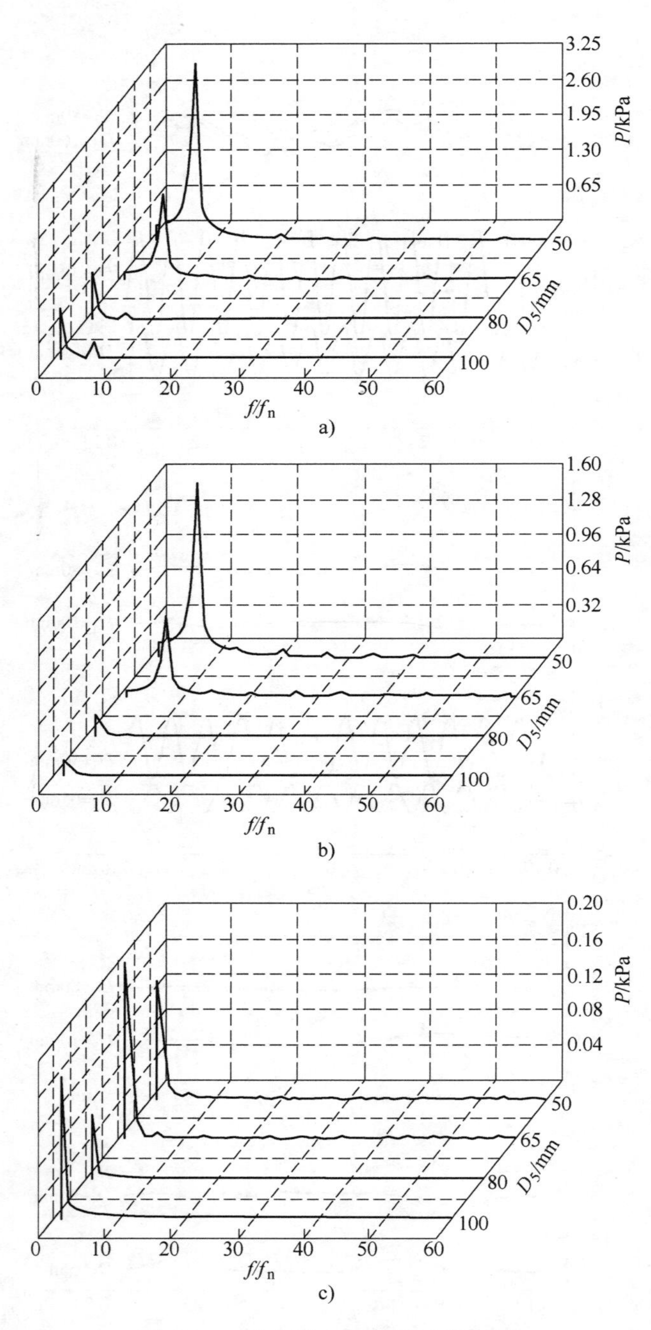

图 5-26　尾水管内压力脉动频域图

a）监测点 10　b）监测点 11　c）监测点 12

表5-8　不同蜗壳进口截面下尾水管内压力脉动的主频幅值和最大脉动幅值

监测点	蜗壳进口直径 $D_5=50\text{mm}$		蜗壳进口直径 $D_5=65\text{mm}$		蜗壳进口直径 $D_5=80\text{mm}$		蜗壳进口直径 $D_5=100\text{mm}$	
	主频幅值/kPa	最大脉动幅值（%）	主频幅值/kPa	最大脉动幅值（%）	主频幅值/kPa	最大脉动幅值（%）	主频幅值/kPa	最大脉动幅值（%）
10	3.2617	0.0508	1.6105	0.0251	0.8751	0.0156	0.9350	0.0174
11	1.6105	0.0251	0.7608	0.0112	0.2005	0.0037	0.1358	0.0034
12	0.0450	0.0034	0.0450	0.0037	0.0723	0.0010	0.1605	0.0033

动主要受液流流动状态的影响，随着距离尾水管进口越远，尾水管内的压力脉动受到叶轮动静相互干涉作用的影响逐渐减小，而受到液流流动状态的影响相对增加。

当蜗壳进口截面直径分别等于50mm、65mm、80mm和100mm时尾水管内的最大脉动幅值分别为蜗壳内最大压力脉动幅值的0.04倍、0.02倍、0.01倍和0.01倍。由图5-26还可以看出在大蜗壳进口下尾水管内压力脉动主频均等于叶轮转频。由表5-8还可以看出在不同蜗壳进口截面下从尾水管进口到出口最大脉动幅值逐渐减小。当蜗壳进口截面直径分别等于50mm、65mm和100mm时尾水管内最大压力脉动主频幅值分别等于原进口截面下尾水管内最大压力脉动主频幅值的3.73倍、1.84倍和1.07倍，最大脉动幅值等于原进口截面下尾水管内最大脉动幅值的3.26倍、1.61倍和1.12倍。可见，虽然减小蜗壳进口截面直径可使尾水管内压力脉动幅值增加，但相比其他各过流部件内的压力脉动幅值，在任一蜗壳进口截面下尾水管内的压力脉动幅值均很小。

由于压力脉动是流场内动静相互干涉、涡流、回流等诸多因素相互作用的外在动态反映，对于不同的蜗壳进口截面有不同的液力透平性能，而不同的液力透平性能在各过流部件内反映出不同的压力脉动，压力脉动程度的大小将影响液力透平运行的稳定性，所以蜗壳进口截面也将间接影响液力透平的稳定运行。综合本章的研究可以看出：为了使液力透平能够较稳定的运行，需适当减小液力透平进口截面面积。

5.2　蜗壳周向截面对流动机理的影响

5.2.1　蜗壳周向截面对液力透平外特性的影响

本节以比转速为46的单级单吸离心泵反转作透平为研究对象，其泵工况的性能参数为：$n_s=46$，$q_V=24.75\text{m}^3/\text{h}$，$H=51.06\text{m}$，$n=2900\text{r/min}$；本节所选液

力透平叶轮和蜗壳的主要几何参数见表 5-9。

表 5-9 液力透平的主要几何参数

部 件	参 数	数 值
叶轮	叶片数 Z	5
	叶轮进口直径 D_1/mm	209
	叶轮出口直径 D_2/mm	50
	叶轮进口宽度 b_2/mm	4
蜗壳	蜗壳基圆直径 D_3/mm	214
	蜗壳出口宽度 b_3/mm	14.45
	蜗壳出口直径 D_4/mm	40

采用三维造型软件 Pro/E 生成计算域模型，用 ICEM 对模型进行网格划分，由于叶片扭曲，且整个计算流道形状复杂，因此在网格划分过程中采用适用性较强的非结构化网格。如图 5-27 所示为不同蜗壳截面下的几何模型，如图 5-28 所示为模型的网格装配图。

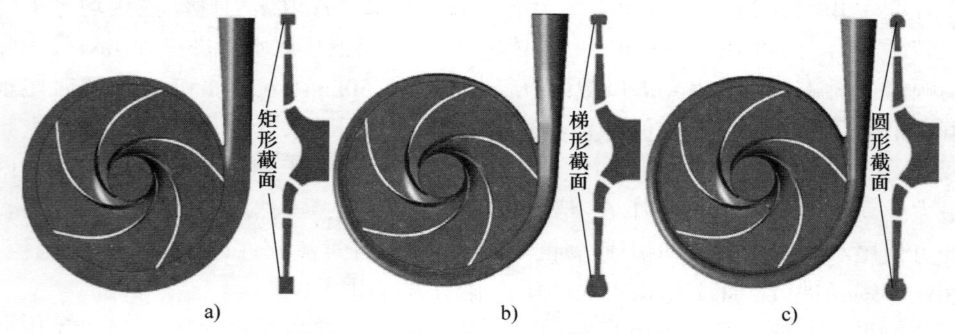

图 5-27 不同蜗壳截面下的几何模型

a）矩形截面模型 b）梯形截面模型 c）圆形截面模型

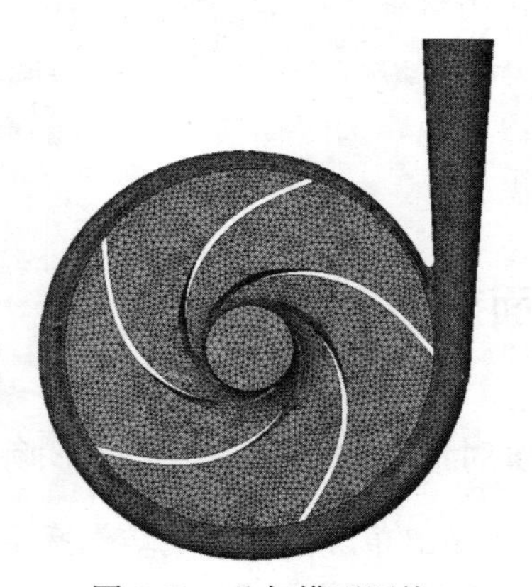

图 5-28 几何模型网格

对模型的网格无关性进行研究，研究发现，当网格数量在 100 万以上时，效率的变化幅度在 0.5% 以内。本节用于数值计算的叶轮、蜗壳的网格数分别为 744 642、428 937，网格总数 1 173 579。

在 ANSYS-FLUENT 软件中进行数值计算时选取的工作介质为清水，采用时均不可压 N-S 方程描述内部流动；选用标准 k-ε 湍流模型，连续性方程、动量方程、湍动能方程和湍动能耗散方程均采用一阶迎风格式进行离散计算；压力和速度的耦合方式选用压力速度修正方法，即 SIMPLEC 算法，分析类型为稳态，计算收敛标准设置为10^{-5}。

数值计算选用多重参考坐标系，叶轮区域为旋转坐标系，蜗壳区域为固定坐标系，边界条件如下：

1）进口采用速度进口边界条件；

2）出口采用压力出口边界条件，余压设置为 500kPa，以供后续设备运行；

3）壁面条件：在叶片表面等固体壁面上，速度满足无滑移条件，对于近壁面附近流动区采用标准壁面函数法确定。

如图 5-29 所示为不同蜗壳截面下的性能曲线。其中图 5-29a 为效率-流量曲线，图 5-29b 为水头-流量曲线，图 5-29c 为功率-流量曲线。

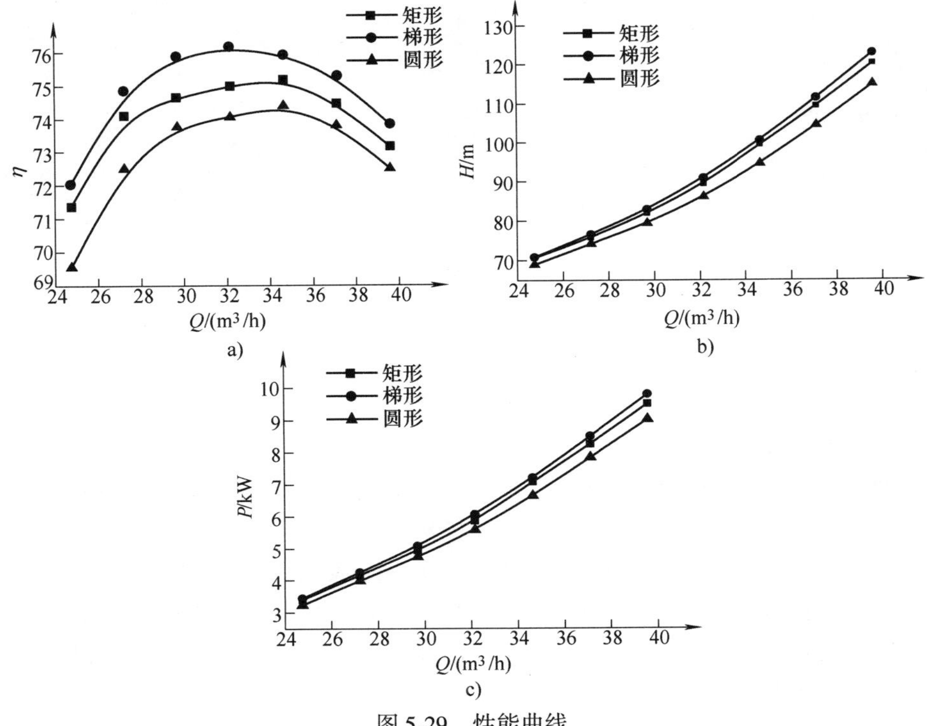

图 5-29　性能曲线

a）效率-流量曲线　b）水头-流量曲线　c）功率-流量曲线

由图 5-29a 可知，透平蜗壳截面形状是梯形时的效率最高，其次是矩形截面，具有圆形截面蜗壳的透平效率最低。由图 5-29b 可知，液力透平的水头随流量的增加而增加，具有圆形截面蜗壳透平的 Q-H 曲线最低。由图 5-29c 可知，液力透平的功率随流量的增加而增加，具有梯形截面蜗壳透平的 Q-P 曲线最高。根据外特性分析，从高效设计角度出发，透平蜗壳的截面形状应设计成梯形。

5.2.2　蜗壳周向截面对液力透平内特性的影响

1. 压力场分布

如图 5-30 所示为最优工况下，各个模型中间平面的流场压力分布情况。从图 5-30 中可以看出，叶轮内部的静压力由进口到出口逐渐降低，等压曲线在叶轮上几乎是沿圆周方向分布，叶片上的最小压力值出现在叶片的出口位置，而从图中还可以看出截面形状为矩形的蜗壳内压降最大，其次是梯形，最小的是圆形。说明液体在截面形状为圆形的蜗壳内损失最小，过流能力强。

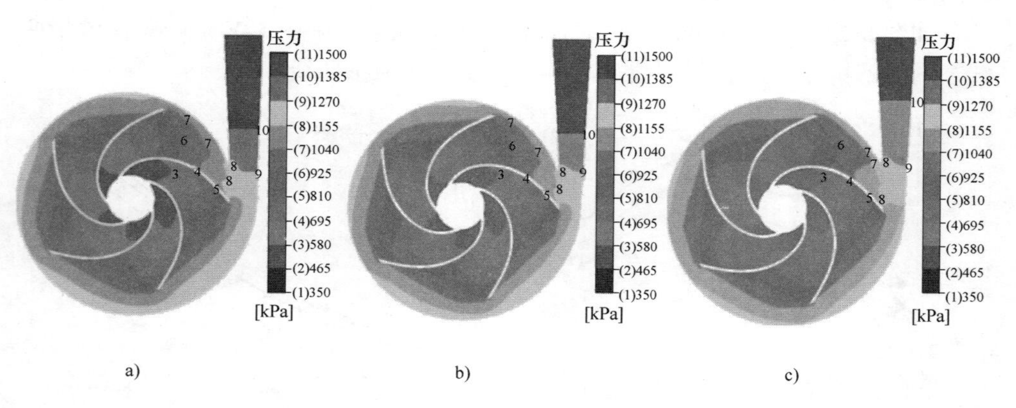

图 5-30　流场压力分布

a）矩形截面　b）梯形截面　c）圆形截面

（彩图见书后插页）

2. 速度场分布

如图 5-31 所示为最优工况下，各个模型中间平面的流场速度分布情况。从图 5-31 可以看出：透平的工作面进口附近都有较大的轴向漩涡，该漩涡的旋转方向与叶轮旋转方向相反；在叶片背面出现脱流现象，还存在漩涡，此漩涡旋转方向与叶轮旋转方向一致，强度弱于工作面上的漩涡。流体在蜗壳中的流动状态最好的是图 5-31c 圆形截面模型，其次是图 5-31b 梯形截面模型，最差的是图 5-31a 矩形截面模型。

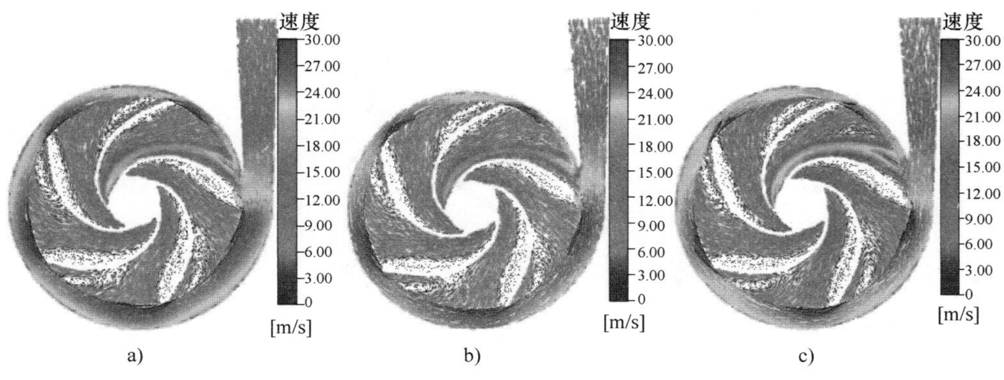

图5-31 流场速度分布

a）矩形截面 b）梯形截面 c）圆形截面

（彩图见书后插页）

5.2.3 蜗壳周向截面对液力透平水力损失的影响

如图5-32所示为不同蜗壳截面形状时，透平过流部件蜗壳和叶轮水力损失分布情况，图中 h 代表水力损失。

从图5-32a可以看出，流体在圆形截面的蜗壳中损失最小，其次是梯形截面的蜗壳，损失最大的是矩形截面；从图5-32b可以看出，流体在叶轮内的水力损失随着流量的增大呈抛物线趋势，即先减小后增大。圆形蜗壳透平叶轮内部水力损失最大，其次是矩形截面，损失最小的是梯形截面；图5-32c为蜗壳和叶轮总的损失分布。

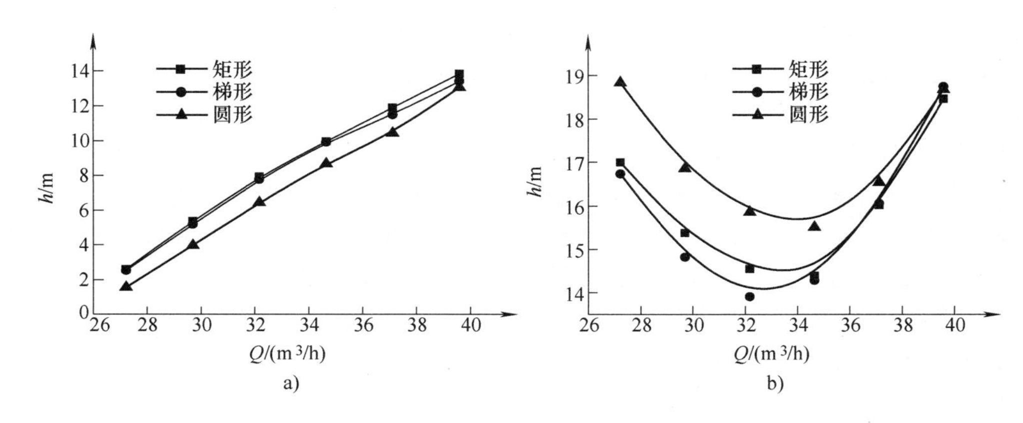

图5-32 不同蜗壳截面形状时透平过流部件水力损失

a）蜗壳 b）叶轮

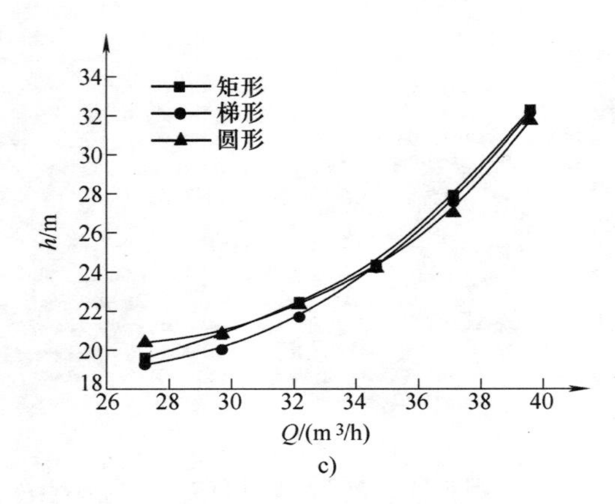

图 5-32　不同蜗壳截面形状时透平过流部件水力损失（续）

c）总的损失

5.3　本章小结

本章通过优化液力透平蜗壳结构，采用 ANSYS 软件详细地研究了蜗壳部分结构对液力透平外特性、流场分布、速度矩、叶轮所受径向力和各过流部件内压力脉动的影响，通过研究得到了以下结论：

1）本章所选的液力透平的蜗壳最佳进口截面直径为 65mm，比原设计下的效率提高了 1.83%。

2）随着蜗壳进口截面面积的增加，在流量保持不变的情况下蜗壳和叶轮内的速度是逐渐减小的；在小蜗壳进口下叶片进口背面产生较严重的脱流，且在不同蜗壳进口截面下叶片进口工作面均出现与叶轮旋转方向相反的漩涡；随着蜗壳进口截面面积的增加，蜗室中的压力逐渐减小。

3）距离蜗壳收缩管较远处的速度矩随流量的增加而增大，距离蜗壳收缩管较近处的速度矩随流量的增加先减小后增大。

4）在流量较大时减小蜗壳进口截面面积可降低液力透平叶轮所受的径向力和黏性力的大小，其中当蜗壳进口截面直径等于 65mm 时叶轮所受径向力相对较为均匀。

5）蜗壳进口截面面积越大，隔舌处的压力脉动幅值越大；在距离蜗壳收缩管较远处，大蜗壳进口下的压力脉动幅值较小，而在距离收缩管较近处，小蜗壳进口下的压力脉动幅值较小；当蜗壳进口截面直径等于 100mm 时，蜗壳内的最大压力脉动主频幅值和最大脉动幅值最大。

6）随着流量的增加，叶轮动静相互干涉作用增强，叶片进口背面的涡流越大，蜗壳内压力脉动幅值越大，且不同蜗壳进口截面下蜗壳内压力脉动主频幅值之间的差值逐渐减小。

7）在叶轮内，当蜗壳进口截面直径等于50mm时对应的最大脉动幅值最大；随着蜗壳进口截面面积的增加叶轮内的最大脉动幅值逐渐减小。

8）在尾水管内，当蜗壳进口截面直径等于50mm时对应的最大脉动幅值也最大；在小蜗壳进口下尾水管进口处的压力脉动主要受叶轮动静相互干涉作用的影响，而在大蜗壳进口下尾水管进口的压力脉动主要受液流流动状态的影响。

9）综合研究结果可知：为了使液力透平能够较稳定的运行，需适当减小液力透平进口截面面积；对于本章所选的性能参数，当蜗壳进口截面直径等于65mm时较合适。

10）当离心泵作透平时蜗壳截面形状为梯形时最好，效率最高。

第 6 章　导叶对液力透平流动机理的影响

除了优化液力透平蜗壳结构之外，由文献［37，38］的研究结果可知在液力透平叶轮进口前添加导叶也可有效地改善液力透平的性能，提高液力透平的效率。而添加不同数量的导叶对液力透平的性能将产生不同的影响，因此为了更好地进一步改善液力透平的性能，提高液力透平的效率，本章将在不同导叶数下对液力透平的性能进行相应的研究。通过本章的研究进一步改善液力透平的水力性能和运转时的稳定性。

6.1　导叶对液力透平外特性的影响

本章选取设计参数为：流量 $90m^3/h$，扬程 93.6m，转速 2900r/min，比转数等于 55.7 的单级离心泵反转作液力透平为研究对象。当该离心泵反转用作液力透平时，在叶轮的进口前添加一组导叶，且该导叶的数量与叶轮的叶片数之差为奇数，因为如果导叶叶片数和叶轮的叶片数之差为偶数，则液力透平在运转时容易产生整机共振，同时也考虑到导叶数的增多可使水力损失增加，所以本章所添加的导叶数为 7、9 和 11。

对于导叶几何参数的确定可参考混流式水轮机的导叶设计方法进行计算，并利用液力透平的基本能量方程，计算出导叶的出口液流角。在本章中不考虑有限导叶数的影响，所以认为导叶出口安放角与出口液流角相等，然后绘出导叶骨线，最后选用 A18（S）圆弧翼型的参数变化规律沿导叶骨线进行加厚进而得到导叶翼型，导叶的弦长可根据导叶分布圆的间距利用经验公式进行确定。导叶设计好之后对蜗壳也要做相应的改进，主要是按照导叶弦长增大蜗壳的基圆直径。如图 6-1 所示为所选模型经添加导叶后的几何参数。

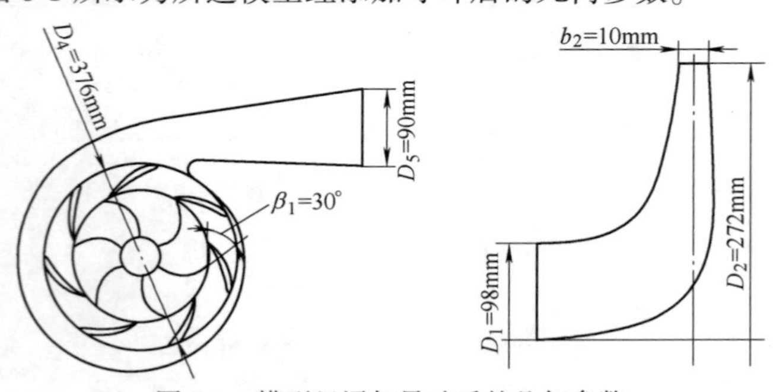

图 6-1　模型经添加导叶后的几何参数

本章首先利用 Gambit 软件采用非结构网格对建立好的模型进行网格无关性研究，经研究发现：当整个流场的总网格数大于450万时，液力透平的效率在小于0.45%的范围内变化，因此当网格数大于450万时比较合适。划分该模型的总网格单元数为4527073，而面单元数为9311714。网格划分好之后进行边界条件的设置和流场计算：液力透平的进口边界被设置为速度进口，出口边界被设置为压力出口，蜗壳和导叶以及导叶和叶轮之间的交界面被设置为 interface；利用软件 ANSYS-FLUENT 进行定常计算，采用基于压力的求解器，设置计算的收敛标准为10^{-5}，选用介质为清水，然后采用 SIMPLEC 算法做相应的计算，湍流模型被选为 SST $k-\omega$ 湍流模型。

如图6-2所示为不同导叶数下液力透平的外特性曲线。

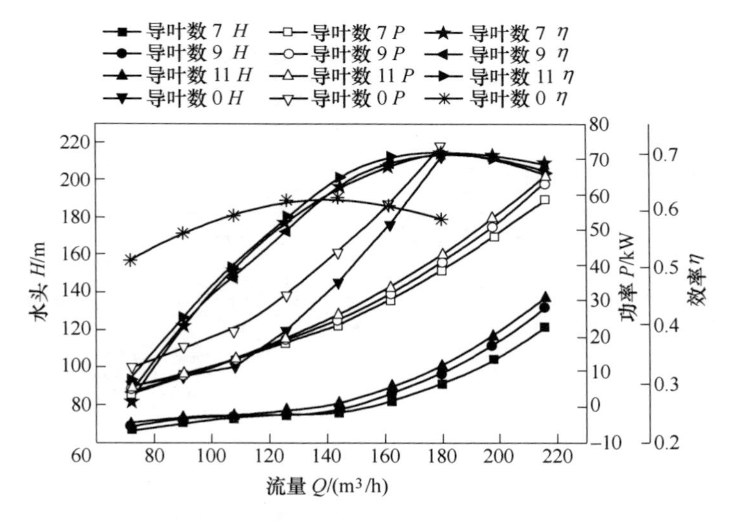

图6-2　不同导叶数下液力透平的外特性曲线

从图6-2中可以看出叶轮进口前添加导叶后液力透平的水头和功率均减小，且添加不同数量的导叶后在小流量时水头和功率基本无变化，而在大流量时随着导叶数的增加水头和功率也逐渐增加。还可以看出添加导叶后液力透平的最优工况点向大流量方向偏移，且添加导叶后最优工况点的效率远大于未加导叶时（$z=0$）的最优工况点的效率。添加不同数量的导叶后在小流量时导叶数等于11时的效率较大，随着流量的增加，在最优工况点处不同数量的导叶数下的效率基本相同。随着流量的继续增加，导叶数等于11时的效率下降最快，且最小，此时导叶数等于7的效率较大，但在整个工况范围内导叶数等于9时效率变化最小，且与其他导叶数下的效率相差较小。

6.2　导叶对液力透平内流场的影响

6.2.1　速度场分布

如图 6-3 所示为不同导叶数和不同流量下液力透平叶轮和蜗壳内的速度分布云图。从图 6-3 可以看出叶轮进口前添加导叶后液力透平蜗壳和叶轮内的流动更为均匀，在未加导叶时（$z=0$）叶轮进口有较明显的尾迹效应，该尾迹效应可使叶轮动静干涉作用加强，从而使蜗壳内的压力脉动幅值增加，影响液力透平的稳定运行，而添加导叶后叶轮内流动多为均匀流动，且导叶数越多蜗壳内的速度变化越小。

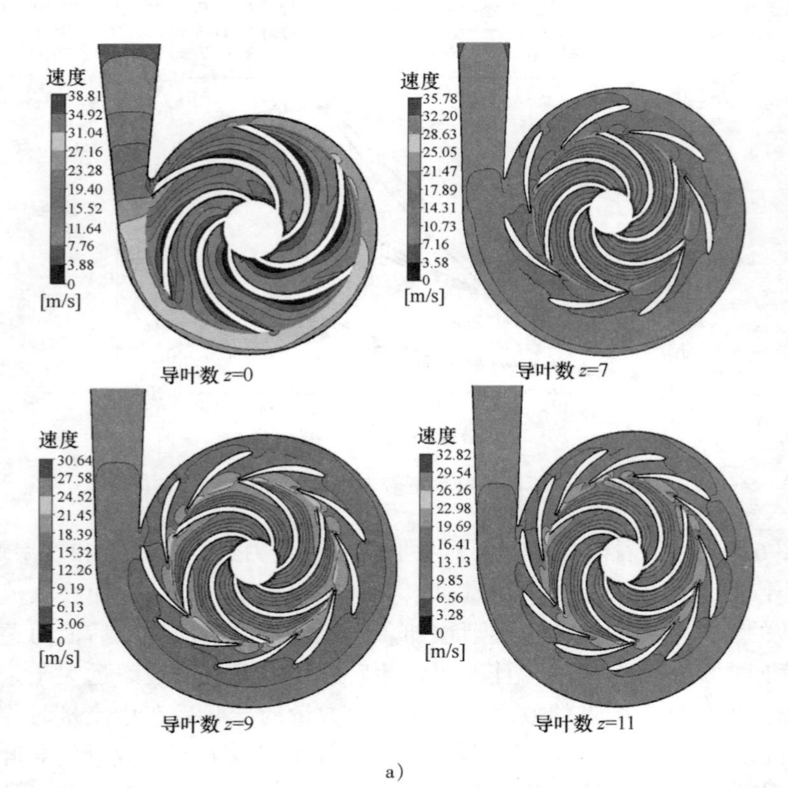

a)

图 6-3　不同导叶数和不同流量下

a）小流量

（彩图见

从图6-3还可以看出在小流量时，未加导叶时（$z=0$）叶轮进口有较明显的尾迹效应，且蜗壳内靠近叶片附近的速度变化较为明显，蜗壳内有较大的速度梯度，而添加导叶后叶轮进口无尾迹效应，叶轮内流动非常均匀，且蜗壳内速度梯度很小。随着流量的增加，在最优工况点处，未加导叶时（$z=0$）叶轮进口尾迹效应明显，而添加导叶后叶轮进口仍无尾迹效应，当导叶数等于7和9时叶轮内流动仍较为均匀，但导叶数等于11时均匀性相对较差。随着流量的继续增加，在大流量时，未加导叶时（$z=0$）叶轮进口尾迹效应非常明显，叶轮流道内出现较大的低速区，蜗壳内靠近叶片进口的速度变化较大，而添加导叶后叶轮进口也开始出现较小的尾迹效应，但蜗壳内速度的变化仍很小。

从图6-3也可以看出添加导叶后随着流量的增加导叶出口处的速度变化逐渐增加，这主要是由于叶轮旋转时叶片对其产生的影响。未加导叶时（$z=0$）蜗壳隔舌处速度变化较大，而添加导叶后隔舌处速度变化很小，这大大提高了液力透平运行的稳定性。

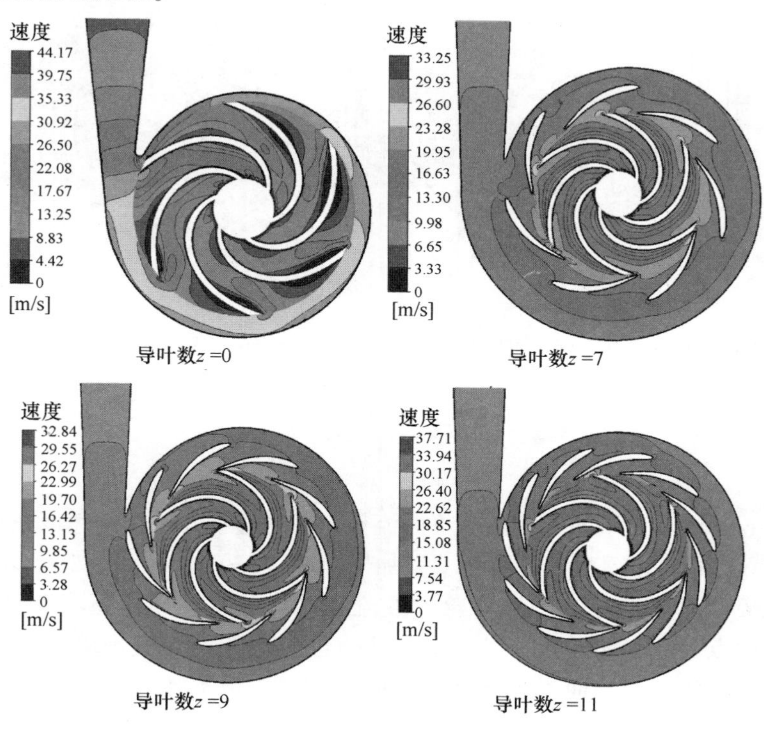

b）

液力透平叶轮和蜗壳内的速度分布

b）最优工况

书后插页）

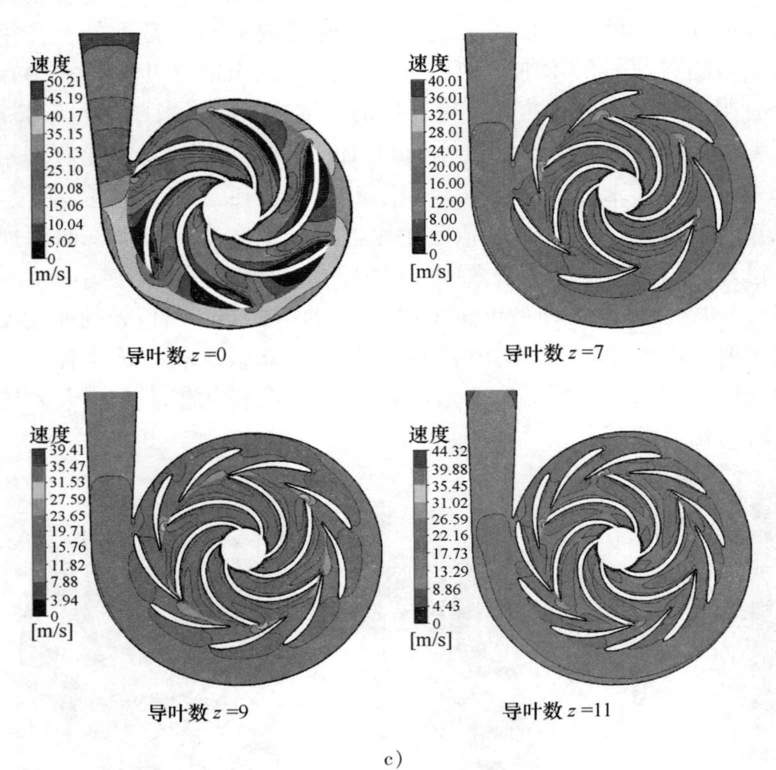

图 6-3　不同导叶数和不同流量下液力透平叶轮和蜗壳内的速度分布（续）

c）大流量

（彩图见书后插页）

如图 6-4 所示为不同导叶数和不同流量下液力透平叶轮内的速度矢量图。

从图 6-4 中可以看出在小流量下未加导叶时（$z=0$）叶片进口工作面有较小的脱流现象，而添加导叶之后叶轮内液流流动均非常均匀；随着流量的增加，在最优工况点处，未加导叶时（$z=0$）叶片进口工作面脱流现象明显，且叶片进口背面有漩涡出现，而添加导叶之后叶轮流道内液流流动仍非常均匀；随着流量的继续增加，在大流量时，未加导叶时（$z=0$）叶片进口工作面的脱流现象和叶片进口背面的漩涡较大，而添加导叶之后叶轮内液流流动仍然较为均匀，这与上述速度分布相一致。

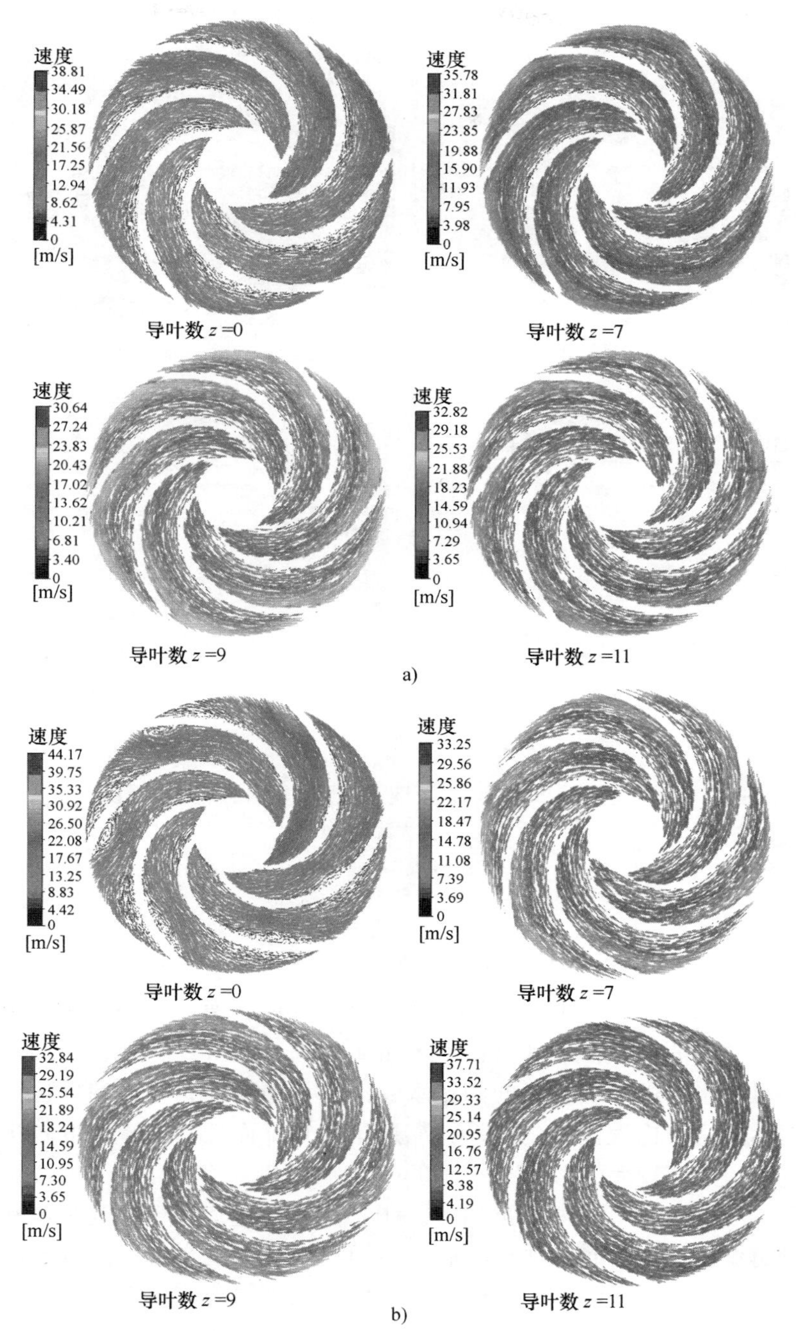

图 6-4　不同导叶数和不同流量下液力透平叶轮内的速度矢量图

a）小流量　b）最优工况

（彩图见书后插页）

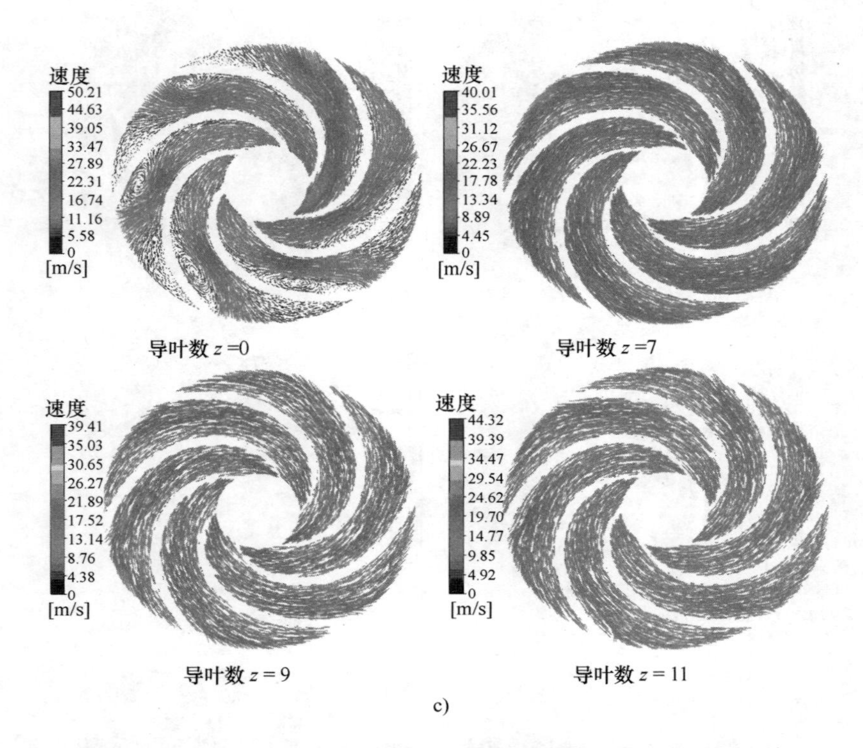

图 6-4　不同导叶数和不同流量下液力透平叶轮内的速度矢量图（续）

c）大流量

（彩图见书后插页）

如图 6-5 所示为最优工况时不同导叶数下液力透平尾水管内的速度分布和速度矢量图。从图 6-5a 可以看出添加导叶后尾水管内的速度减小，说明添加导叶后叶轮利用的动能增加；还可以看出未加导叶时（$z=0$）尾水管内液流流动较为紊乱，且尾水管进口上壁面处和尾水管出口下壁面处有较大的低速区，而添加导叶之后尾水管内液流均匀流动，靠近尾水管壁面处的液流速度较小，尾水管中间的液流速度较大。

从图 6-5b 可以看出未加导叶时（$z=0$）尾水管进口上壁面处和尾水管出口下壁面处有漩涡出现，而添加导叶后在不同导叶数下尾水管内液流流动均非常稳定。可见，叶轮进口前添加导叶也可以使尾水管内液流流动稳定，改善尾水管内液流的流动状态。

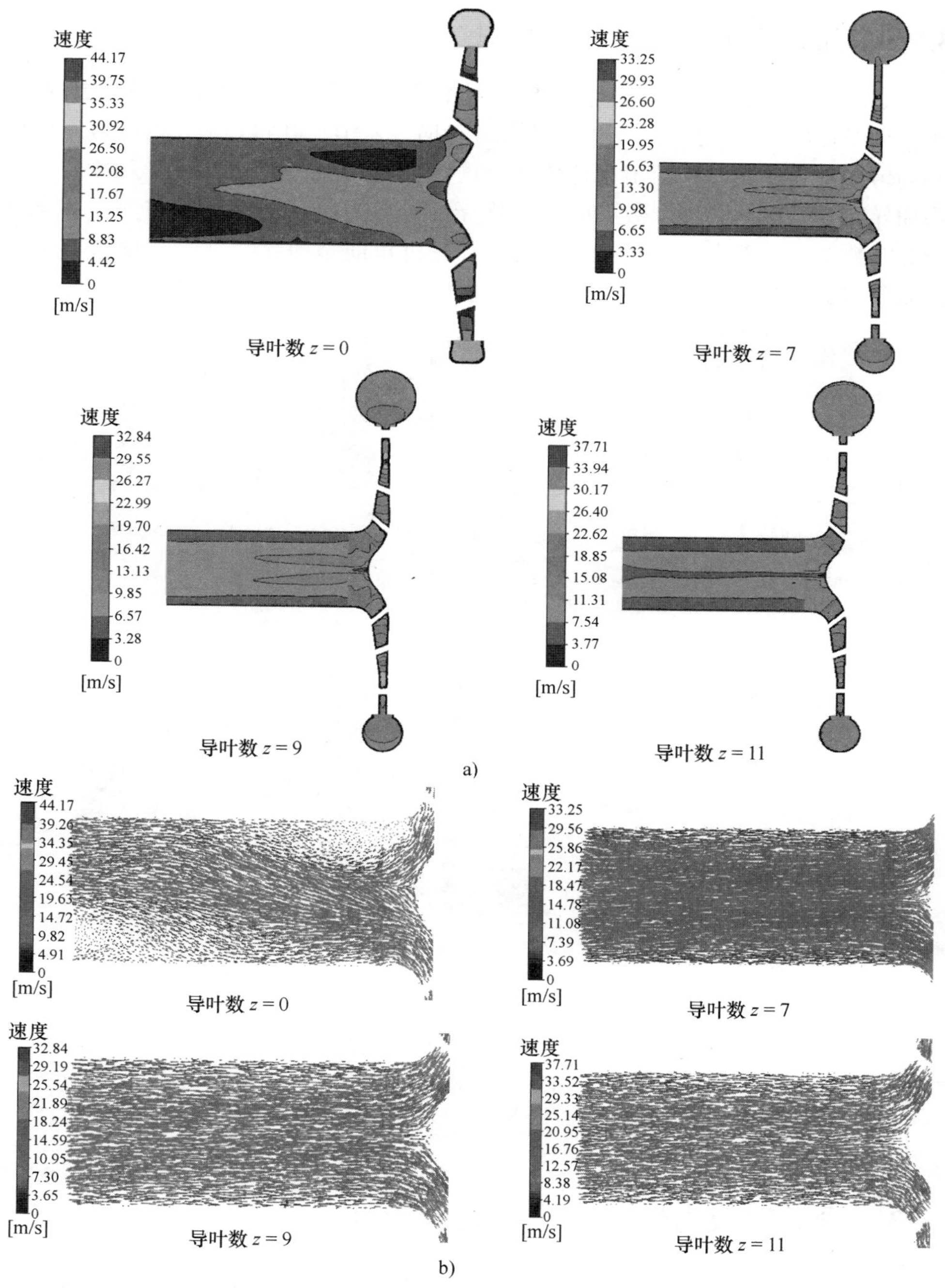

图 6-5　最优工况时不同导叶数下液力透平尾水管内的速度分布和速度矢量图

a）速度分布图　b）速度矢量图

（彩图见书后插页）

6.2.2 压力场分布

如图 6-6 所示为最优工况时不同导叶数下液力透平各过流部件内的压力分布。从图 6-6 中可以看出叶轮进口未加导叶时（$z=0$）叶轮和蜗壳内压力分布并不均匀，且叶片进口背面出现低压区，这将会导致叶轮所受的径向力增加，而添加导叶之后在不同导叶数下叶轮和蜗壳内的压力分布明显非常均匀，且添加的导叶数越多蜗壳内压力越大。可见，叶轮进口前添加导叶可使叶轮和蜗壳内压力分布更为均匀，可在一定程度上降低叶轮所受的径向力。

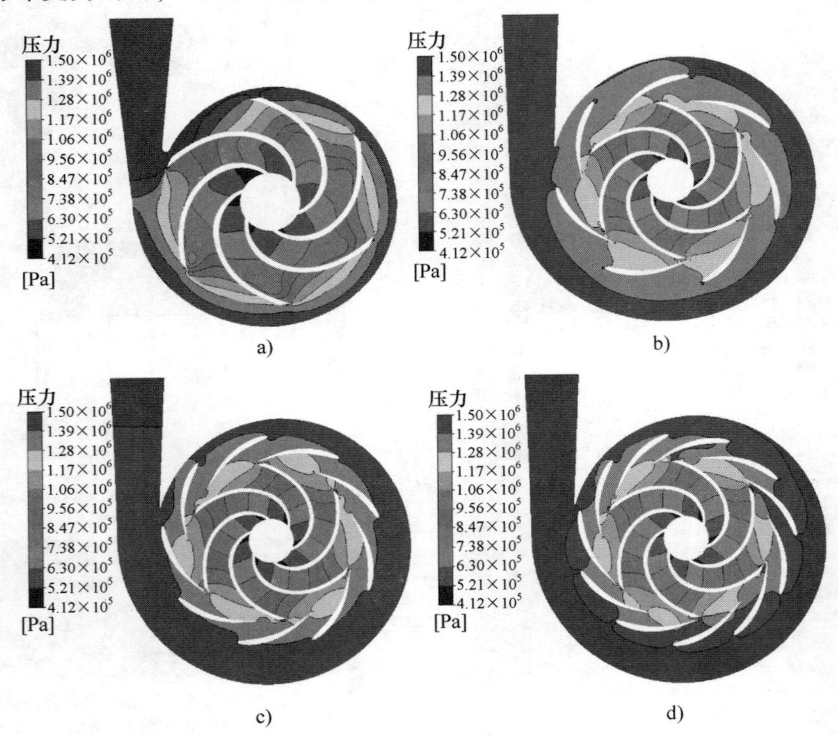

图 6-6 最优工况时不同导叶数下液力透平各过流部件内的压力分布

a）导叶数 $z=0$ b）导叶数 $z=7$ c）导叶数 $z=9$ d）导叶数 $z=11$

（彩图见书后插页）

6.3 导叶对液力透平内径向力的影响

如图 6-7 所示为液力透平叶轮进口前添加导叶前后和不同导叶数下叶轮所受到的径向力随流量的变化情况。如图 6-8 所示为液力透平叶轮进口前添加导叶前后和不同导叶数下叶轮所受到的径向力方向随流量的变化情况。

从图 6-7 中可以看出在小流量时添加导叶前后叶轮所受径向力相差不大，随着流量的增加径向力相差越来越大，且未加导叶时叶轮所受径向力随流量的增加而增大，而添加导叶之后在大流量时叶轮所受径向力随流量的增加反而减小，且导叶数等于 9 时叶轮所受的径向力最小。

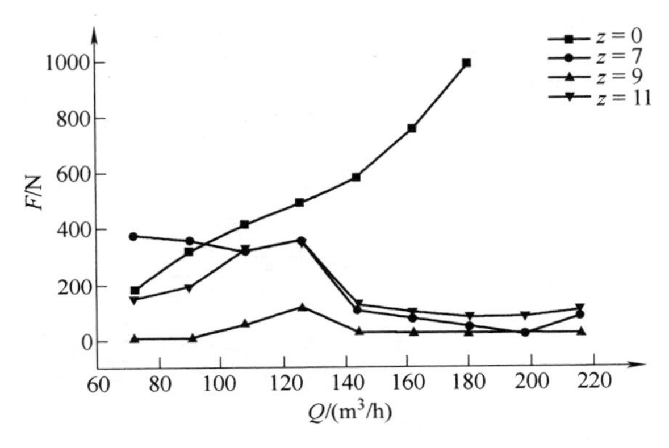

图 6-7　叶轮所受径向力

从图 6-8 可以看出未加导叶时叶轮所受径向力主要位于第三象限，且其值较大。而添加导叶后，当导叶数等于 7 时径向力主要位于第一象限，当导叶数等于 11 时径向力主要位于第二象限，且其值均大于当导叶数等于 9 时的径向力。还可以看出唯有当导叶数等于 9 时叶轮所受径向力不但最小，分布也最均匀。因此可以看出当本课题所选液力透平叶轮进口前添加的导叶数等于 9 时叶轮所受的径向力最小。

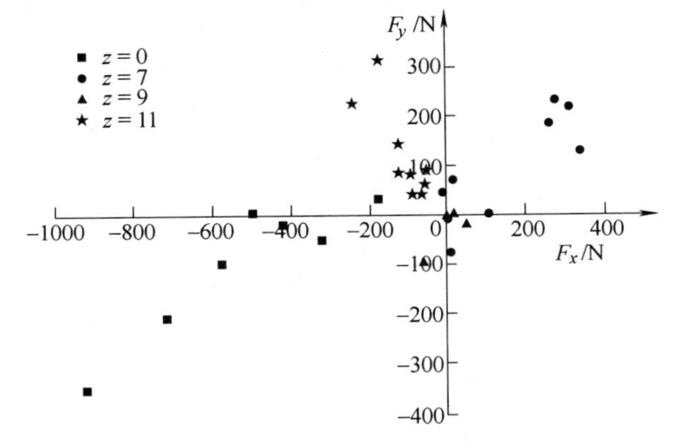

图 6-8　叶轮所受径向力方向

如图 6-9 和图 6-10 所示分别为液力透平叶轮进口前添加导叶前后和不同导叶数下叶轮所受到的压力和黏性力随流量的变化情况。

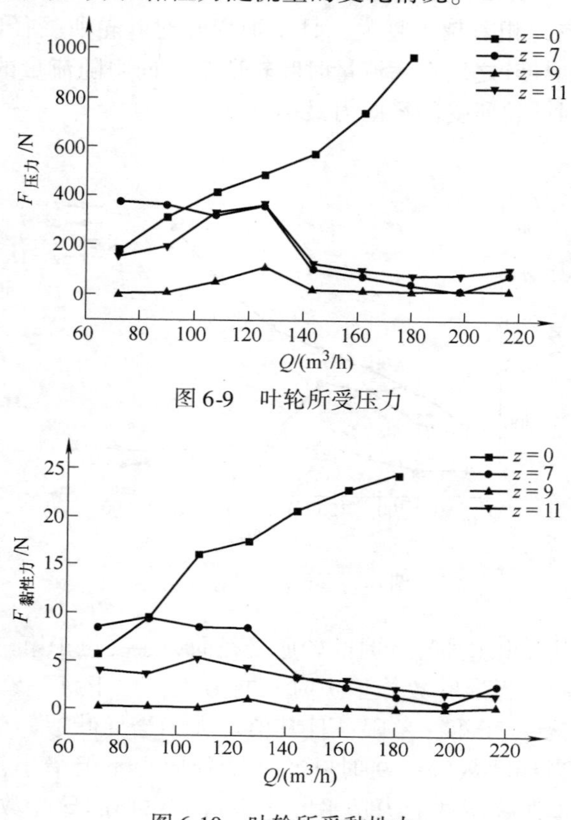

图 6-9　叶轮所受压力

图 6-10　叶轮所受黏性力

从图 6-9 和图 6-10 可以看出添加导叶后液力透平叶轮所受到的压力和黏性力均减小，且当导叶数等于 9 时叶轮所受到的压力和黏性力最小。这和本章前面研究的结果当导叶数等于 9 时液力透平各过流部件内的压力和速度分布非常均匀相一致。可见，当本课题所选液力透平叶轮的进口前被添加数量等于 9 的导叶时液力透平不但性能最好，且叶轮所受径向力最小。

6.4　导叶对液力透平内压力脉动的影响

为了提高液力透平运转时的稳定性，本章通过对叶轮进口前有无导叶和不同导叶数对液力透平各过流部件内压力脉动影响的研究，证明在叶轮进口前添加导叶可以进一步降低液力透平各过流部件内的压力脉动幅值，使液力透平能够更好的稳定运行。

6.4.1　参数设置

本章选取表5-1所列液力透平为研究对象，首先利用软件Gambit采用非结构网格对建立好的模型进行网格无关性的研究，经研究发现：添加导叶后，当整个流场的总网格数大于450万时，液力透平的效率在小于0.45%的范围内变化，因此当网格数大于450万时比较合适。划分该模型的总网格单元数为4527073，而面单元数为9311714。网格划分好之后进行边界条件的设置和流场计算：液力透平的进口边界被设置为速度进口，出口边界被设置为压力出口，蜗壳和导叶以及导叶和叶轮之间的交界面被设置为interface；在液力透平的各个过流部件内设置一系列监测点，如图6-11所示。

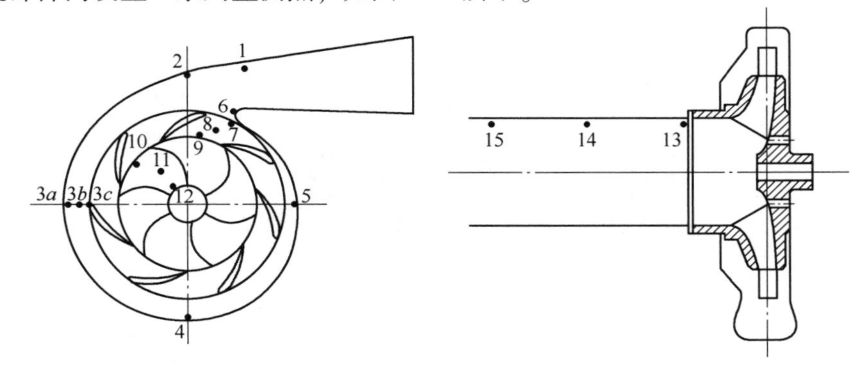

图6-11　过流部件内压力监测点

为了减少计算时间，首先利用ANSYS软件进行定常计算，采用了基于压力的求解器，设置计算的收敛标准为10^{-5}，选用介质为清水，然后采用SIMPLEC算法做相应的计算，湍流模型被选为SST $k-\omega$湍流模型；定常数值计算收敛之后，以定常数值计算的收敛结果作为非定常数值计算的初始条件，非定常计算的时间步长被设置为0.000172s，时间总长被设为0.22704s，在每个时间步长内叶轮转动3°，叶轮总共旋转11圈。如图6-12所示为监测点3a处的压力脉动时域图，由图6-12可知后6圈的压力脉动较为稳定，因此本章取后6圈的计算结果进行研究。

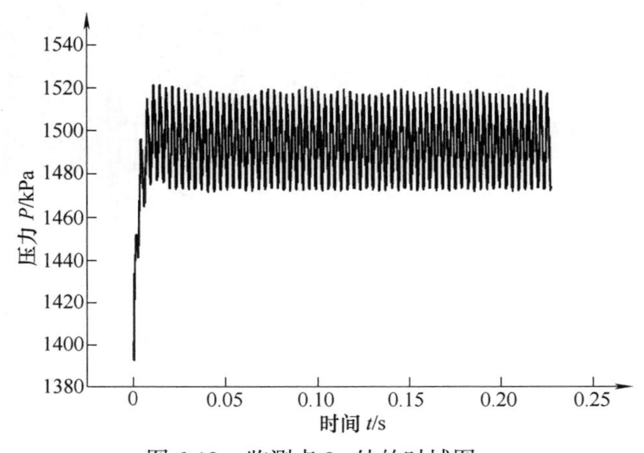

图6-12　监测点3a处的时域图

6.4.2　蜗壳内压力脉动分析

1. 蜗壳内周向压力脉动分析

如图 6-13 所示为蜗壳内周向各监测点处在两个周期内的压力脉动时域图。从图 6-13 可以看出添加导叶后蜗壳内周向压力减小，且周向各监测点处之间的压力脉动幅值差值也减小。还可以看出当导叶数等于 7 时蜗壳周向各监测点处之间的压力脉动程度基本相同，而随着导叶数的增加监测点 6 处的压力脉动程度与其他监测点处之间的压力脉动程度的差值逐渐增加。

如图 6-14 所示为通过快速傅里叶变换得到的蜗壳内周向各监测点处压力脉动的频域图。

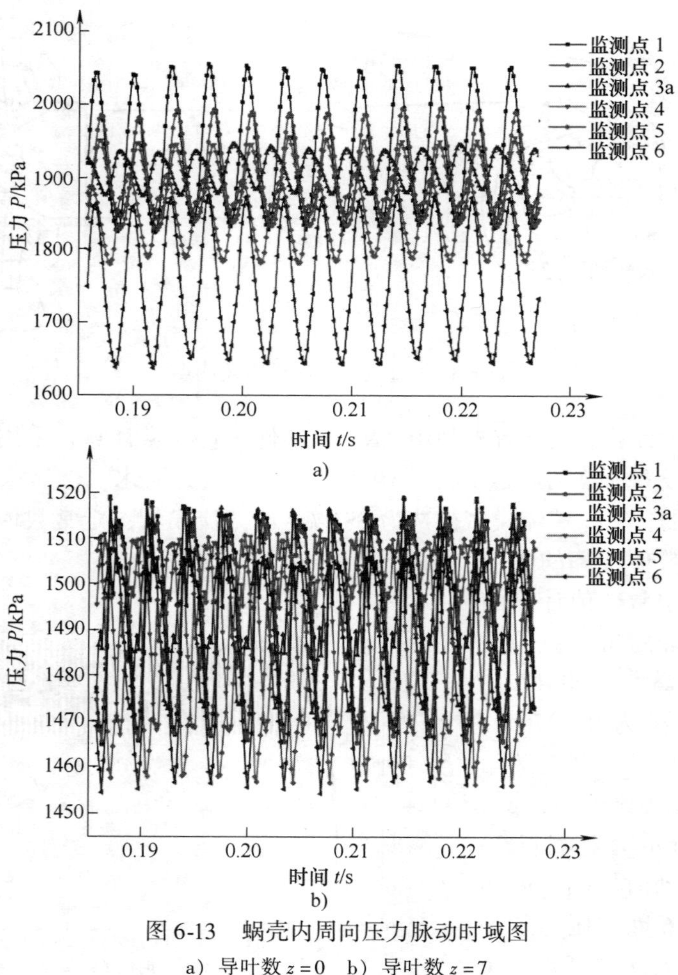

图 6-13　蜗壳内周向压力脉动时域图

a）导叶数 $z=0$　b）导叶数 $z=7$

（彩图见书后插页）

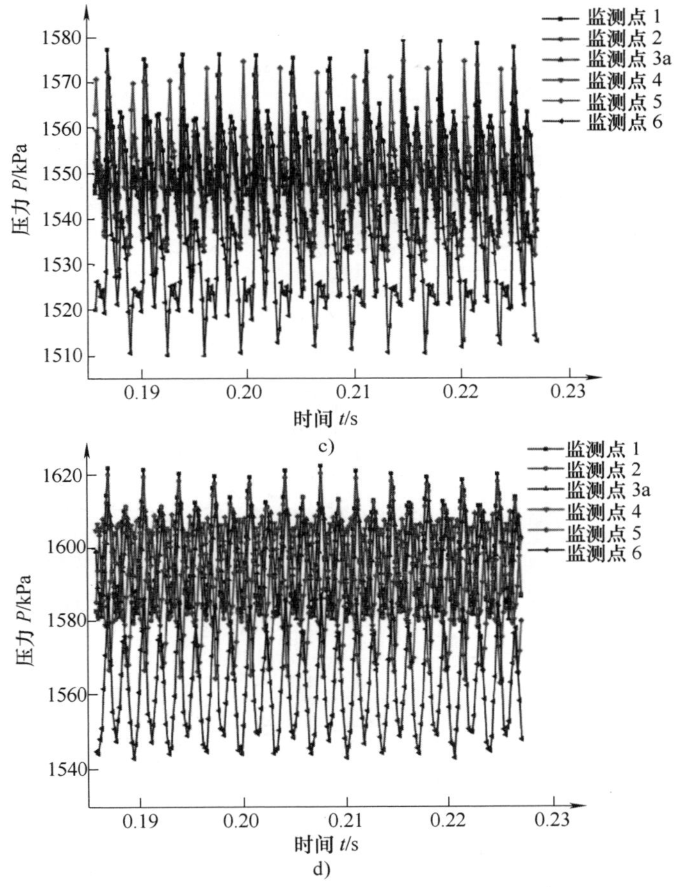

图 6-13　蜗壳内周向压力脉动时域图（续）

c）导叶数 $z=9$　d）导叶数 $z=11$

（彩图见书后插页）

蜗壳内周向各监测点处的压力脉动的主频幅值和最大脉动幅值见表 6-1。

表 6-1　蜗壳内周向压力脉动的主频幅值和最大脉动幅值

监测点	$z=0$		$z=7$		$z=9$		$z=11$	
	主频幅值/kPa	最大脉动幅值（%）	主频幅值/kPa	最大脉动幅值（%）	主频幅值/kPa	最大脉动幅值（%）	主频幅值/kPa	最大脉动幅值（%）
1	107.62	1.68	22.69	0.63	8.68	0.47	16.23	0.44
2	78.10	1.23	22.64	0.62	8.62	0.45	16.44	0.43
3	28.53	0.55	19.39	0.54	8.62	0.36	13.72	0.33
4	49.21	0.85	18.79	0.51	8.75	0.21	13.05	0.32
5	54.02	0.92	22.69	0.64	10.55	0.26	20.03	0.49
6	108.66	1.71	22.74	0.61	8.74	0.49	16.26	0.45

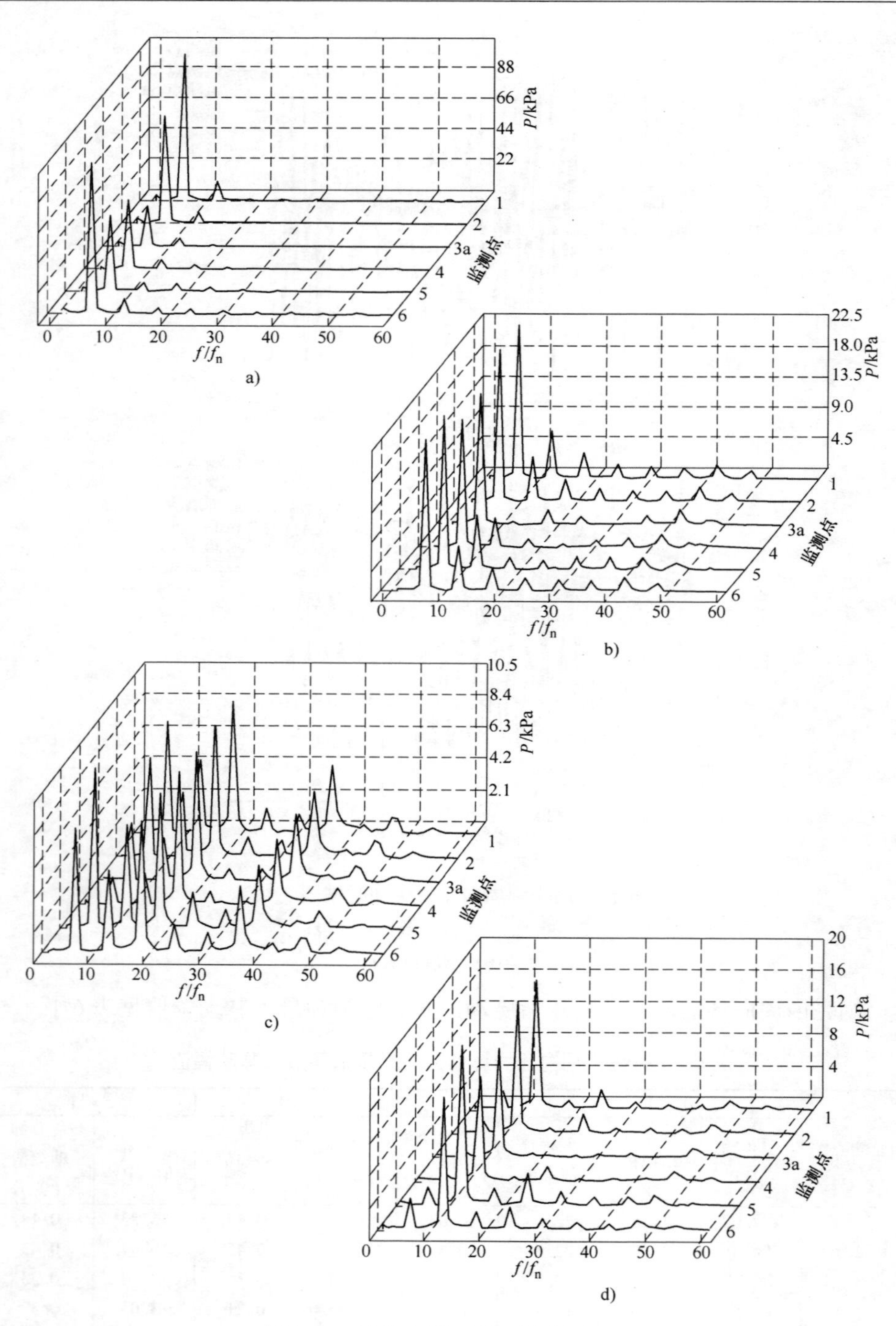

图 6-14　蜗壳内周向压力脉动频域图

a）导叶数 $z=0$　b）导叶数 $z=7$　c）导叶数 $z=9$　d）导叶数 $z=11$

结合图6-14和表6-1可以看出在未加导叶时蜗壳内周向各监测点处越接近隔舌位置其压力脉动的主频幅值和最大脉动幅值越大，而添加导叶后蜗壳内周向各监测点处的压力脉动主频幅值和最大脉动幅值均相应减小，且周向各处的压力脉动主频幅值和最大脉动幅值彼此之间相对于添加导叶之前非常接近。这主要是因为添加导叶后蜗壳内各监测点距离叶轮进口较远，受到叶轮动静相互干涉作用的影响也就较小。结合图6-3也可以看出未加导叶时叶轮进口有明显的尾迹效应，且叶轮进口的叶片背面产生了与叶轮旋转方向相同的漩涡，而添加导叶后叶轮进口无漩涡产生，叶轮内液流流动较为均匀。由于尾迹效应是产生动静相互干涉的主要原因之一，又压力脉动是叶轮动静相互干涉、涡流和回流等诸多因素相互作用的外在动态反映，所以这些因素导致添加导叶后蜗壳内周向各监测点处的压力脉动主频幅值和最大脉动幅值降低。

由表6-1还可以看出，当导叶数等于7时蜗壳内周向的最大压力脉动主频幅值和最大脉动幅值分别为未加导叶时的最大压力脉动主频幅值和最大脉动幅值的0.21倍和0.37倍；当导叶数等于9时蜗壳内周向的最大压力脉动主频幅值和最大脉动幅值分别为未加导叶时的最大压力脉动主频幅值和最大脉动幅值的0.10倍和0.29倍；当导叶数等于11时蜗壳内周向的最大压力脉动主频幅值和最大脉动幅值分别为未加导叶时的最大压力脉动主频幅值和最大脉动幅值的0.18倍和0.29倍。可见，叶轮进口前添加导叶可以有效降低蜗壳内周向最大压力脉动幅值。

由图6-14和表6-1还可以看出当导叶数等于9时蜗壳内周向各监测点处的压力脉动主频幅值最小，其次为导叶数等于11，而导叶数等于7时最大，这是因为由图6-3可知导叶数越少叶轮进口的尾迹效应越显著，即叶轮动静相互干涉作用越强，因此蜗壳内周向各监测点处的压力脉动受到叶轮动静相互干涉作用的影响就越大。由图6-3还可以看出当导叶数等于9时蜗壳内周向各监测点处的速度最小，导叶数等于11时最大，因此当导叶数等于9时蜗壳内周向各监测点处的压力脉动主频幅值最小。还可看出随着导叶数的增加，蜗壳内周向各监测点处的最大脉动幅值逐渐减小。这是因为由上述研究结果可知随着导叶数的增加，液力透平的水头逐渐增加，而蜗壳内最大压力和最小压力的差值变化较小，所以蜗壳内周向各监测点处的最大脉动幅值逐渐减小。

由表6-1还可以看出当导叶数等于7和11时距离蜗壳隔舌附近的监测点处的压力脉动主频幅值较大，而当导叶数等于9时蜗壳周向各监测点处的压力脉动主频幅值相差较小，这是因为由图6-3可知导叶数越少越易受到叶轮动静相互干涉作用的影响，且隔舌处速度变化较大，所以当导叶数等于7时隔舌附近的监测点处的压力脉动主频幅值较大，而随着导叶数的增加导叶内的过流面积逐渐减小，导叶进口速度逐渐增加，隔舌附近的速度变化也逐渐增大，所以当导叶数等于 11 时隔舌附近的监测点处的压力脉动主频幅值较大。因此当导叶数等于 9 时蜗壳内周向各监测点处的压力脉动主频幅值相差较小。可见，当导叶数等于 9 时蜗壳内周向各监测点处的压力脉动主频幅值最小。

2. 蜗壳内径向压力脉动分析

如图 6-15 所示为通过快速傅里叶变换得到的最优工况下蜗壳内径向各监测点处压力脉动的频域图。蜗壳内径向各监测点处的压力脉动主频幅值和最大脉动幅值见表 6-2。结合图 6-15 和表 6-2 可以看出未加导叶时蜗壳径向各监测点处的压力脉动主频幅值和最大脉动幅值随着距离叶轮进口越近增加程度相对添加导叶后较大，这主要是因为由图 6-3 可知未加导叶时蜗壳径向速度变化较大，且距离叶轮进口越近，受到叶轮动静相互干涉作用的影响就越大。因此添加导叶后蜗壳径向压力脉动主频幅值和最大脉动幅值随着距离叶轮进口越近其增加程度相对越小。

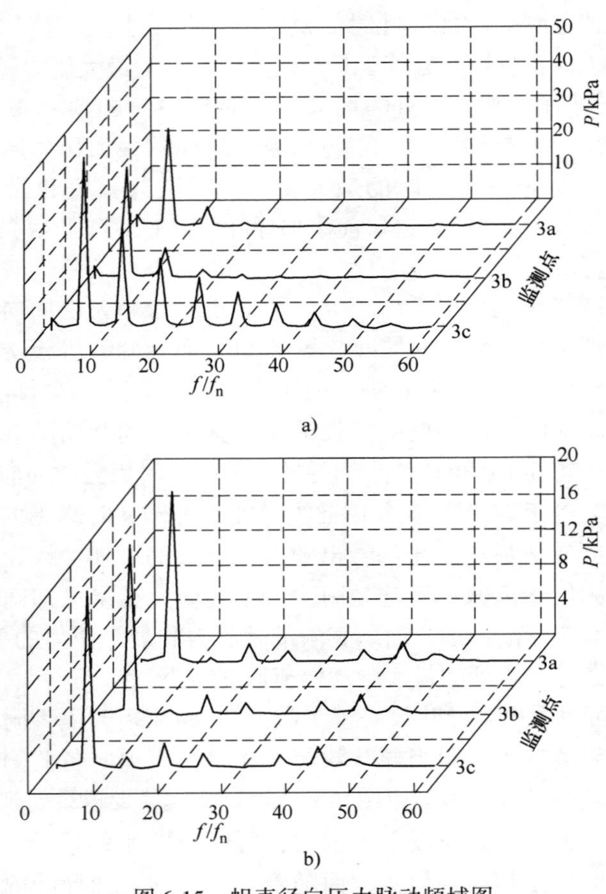

图 6-15　蜗壳径向压力脉动频域图

a）导叶数 $z=0$　b）导叶数 $z=7$

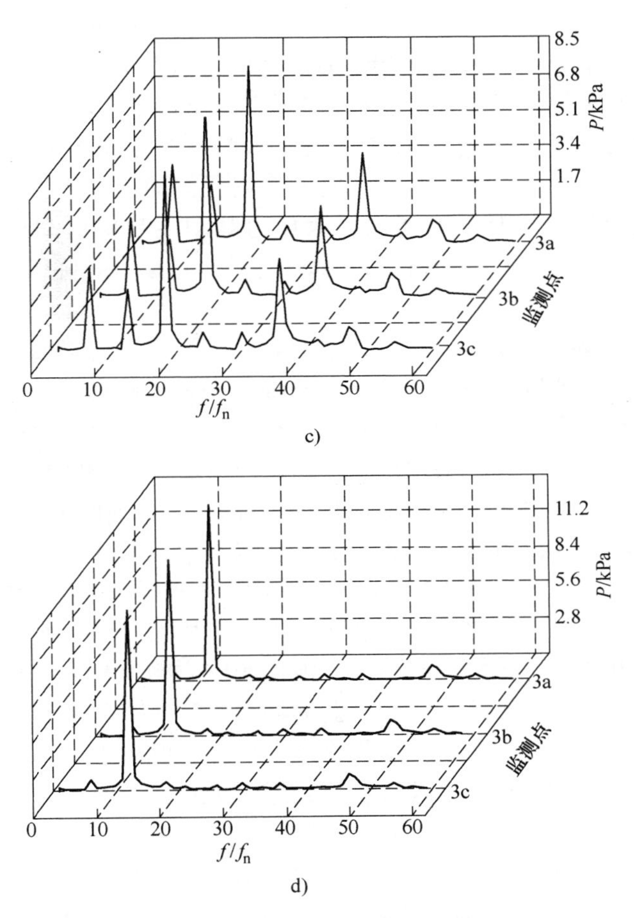

图 6-15　蜗壳径向压力脉动频域图（续）

c）导叶数 $z=9$　d）导叶数 $z=11$

表 6-2　蜗壳内径向压力脉动的主频幅值和最大脉动幅值

监测点	$z=0$		$z=7$		$z=9$		$z=11$	
	主频幅值/kPa	最大脉动幅值（%）	主频幅值/kPa	最大脉动幅值（%）	主频幅值/kPa	最大脉动幅值（%）	主频幅值/kPa	最大脉动幅值（%）
3a	28.53	0.546	19.39	0.536	8.62	0.365	13.72	0.331
3b	32.02	0.621	19.48	0.539	8.62	0.365	13.78	0.333
3c	50.27	1.500	20.07	0.564	8.63	0.370	13.87	0.336

由图 6-15 和表 6-2 可以看出添加导叶后蜗壳径向压力脉动主频幅值和最大脉动幅值均相应减小，且当导叶数等于 7 时蜗壳内径向的最大压力脉动主频幅值和最大脉动幅值分别为未加导叶时的最大压力脉动主频幅值和最大脉动幅值的 0.40 倍和 0.38 倍；当导叶数等于 9 时蜗壳内径向的最大压力脉动主频幅值和最大脉动幅值分别为未加导叶时的最大压力脉动主频幅值和最大脉动幅值的 0.17 倍和 0.25 倍；当导叶数等于 11 时蜗壳内径向的最大压力脉动主频幅值和最大脉动幅值分别为未加导叶时的最大压力脉动主频幅值和最大脉动幅值的 0.28 倍和 0.22 倍。可见，叶轮进口前添加导叶也可以有效降低蜗壳内径向最大压力脉动幅值。

由图 6-15 和表 6-2 还可以看出在不同导叶数下蜗壳内径向各监测点距离叶轮进口越近，这些位置处的压力脉动主频幅值和最大脉动幅值越大。这是因为距离叶轮进口越近受到叶轮动静相互干涉作用的影响越大，所以这些位置处压力脉动的主频幅值和最大脉动幅值就越大。还可看出当导叶数等于 9 时蜗壳内径向各监测点处的压力脉动主频幅值最小，且各点处的压力脉动主频幅值和最大脉动幅值基本相等，而当导叶数等于 7 时蜗壳内径向各监测点处的压力脉动主频幅值和最大脉动幅值均最大。这是因为由图 6-3 可知导叶数等于 7 时叶轮进口的尾迹效应最显著，由此叶轮动静相互干涉作用就越强，所以蜗壳内径向各监测点处的压力脉动受叶轮动静相互干涉作用的影响就越大，且随着导叶数的增加导叶的过流面积逐渐减小，导叶进口速度逐渐增大，使导叶数等于 11 时蜗壳内径向各监测点处的压力脉动幅值也逐渐增加，但由于压力脉动主要受叶轮动静相互干涉作用的影响，所以当导叶数等于 7 时蜗壳内径向各监测点处的压力脉动主频幅值最大，而导叶数等于 9 时最小。

由表 6-2 还可以看出当导叶数等于 9 时蜗壳内径向的最大压力脉动主频幅值和最大脉动幅值分别为导叶数等于 7 时的 0.43 倍和 0.66 倍。可见，当导叶数等于 9 时可较大程度地降低蜗壳内径向的压力脉动主频幅值和最大脉动幅值，且此时蜗壳内径向各位置处的压力脉动主频幅值和最大脉动幅值基本相等。

3. 不同流量下蜗壳内压力脉动分析

如图 6-16 所示为通过快速傅里叶变换得到的偏离最优工况下蜗壳内径向各监测点处的压力脉动频域图。从图 6-16 和图 6-15 可以看出在未加导叶时在不同流量下距离叶轮最近的监测点处除了主频幅值较大之外，其次主频幅值也较大，而添加导叶之后只有主频幅值较大。

不同流量下蜗壳内径向各监测点处的压力脉动主频幅值和最大脉动幅值见表 6-3。

表 6-3 不同流量下蜗壳内压力脉动的主频幅值和最大脉动幅值

监测点		$z=0$		$z=7$		$z=9$		$z=11$	
		主频幅值/kPa	最大脉动幅值（%）	主频幅值/kPa	最大脉动幅值（%）	主频幅值/kPa	最大脉动幅值（%）	主频幅值/kPa	最大脉动幅值（%）
3a	小流量	11.35	0.363	8.18	0.275	5.43	0.247	13.31	0.320
	最优工况	28.53	0.546	19.39	0.536	8.62	0.365	13.72	0.331
	大流量	50.69	0.767	29.85	0.784	13.56	0.493	14.77	0.364
3b	小流量	14.57	0.363	8.21	0.277	5.43	0.248	13.37	0.322
	最优工况	32.02	0.621	19.48	0.539	8.62	0.365	13.78	0.333
	大流量	58.95	0.922	30.01	0.789	13.56	0.492	14.82	0.366
3c	小流量	27.72	1.352	8.45	0.291	5.43	0.250	13.46	0.324
	最优工况	50.27	1.500	20.07	0.564	8.63	0.370	13.87	0.336
	大流量	77.97	1.822	30.89	0.816	13.57	0.498	14.94	0.372

结合图6-16和表6-3可知在未加导叶时随着流量的增加蜗壳径向各监测点处的压力脉动主频幅值和最大脉动幅值随着距离叶轮进口越近其增加程度越大，而添加导叶后随着流量的增加蜗壳径向各监测点处的压力脉动主频幅值和最大脉动幅值随距离叶轮进口越近其增加程度变化不大。这主要是因为由图6-3可知，在无导叶时随着流量的增加叶轮进口速度逐渐增大且叶轮进口的尾迹效应越明显，叶轮进口叶片背面的漩涡就越大，这些都导致叶轮动静相互干涉作用越强，即蜗壳内压力脉动幅值越大，且距离叶轮进口越近压力脉动幅值增加越大。而添加导叶之后在不同流量下相对无导叶的情况，叶轮内液流流动均匀，也无漩涡产生，所以叶轮动静相互干涉作用也就越小。

还可以看出：添加导叶之后液力透平的流量越大，蜗壳内不同位置处的压力脉动主频幅值增加程度相对无导叶时越小，这主要是因为由图6-3可知随着流量的增加，无导叶时叶轮进口尾迹效应越明显且叶轮进口漩涡越大，导致叶轮动静相互干涉作用越强，而添加导叶后随着流量的增加叶轮进口液流的流动状态变化不大，所以叶轮动静相互干涉作用的强度变化较小，即蜗壳内压力脉动幅值增加较小。可见，添加导叶可以有效地降低大流量下蜗壳内的压力脉动幅值。

由图6-16和表6-3还可以看出随着流量的增加不同导叶数下蜗壳内径向各监测点处的压力脉动主频幅值和最大脉动幅值逐渐增大，且随着导叶数的增加这些监测点处的压力脉动主频幅值和最大脉动幅值的增加程度逐渐减小，在导叶数等于11时这些监测点处的压力脉动主频幅值和最大脉动幅值基本相等。这是因为由图6-3可知导叶数越多，叶轮进口的尾流效应越小，叶轮动静相互干涉作用越弱，蜗壳内压力脉动受到叶轮动静相互干涉作用的影响就越小，所以随

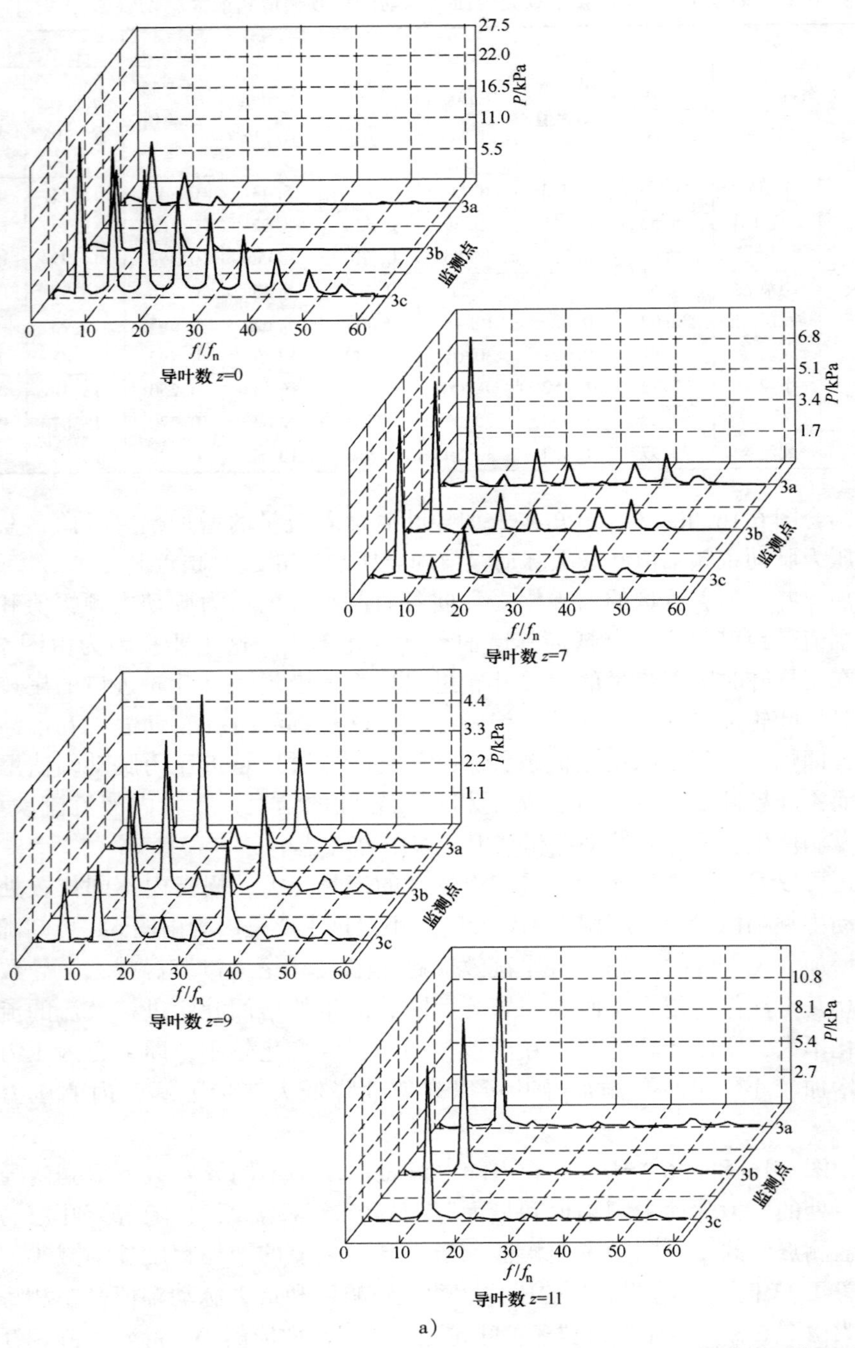

a）

图 6-16　偏离最优工况下

a）小流量

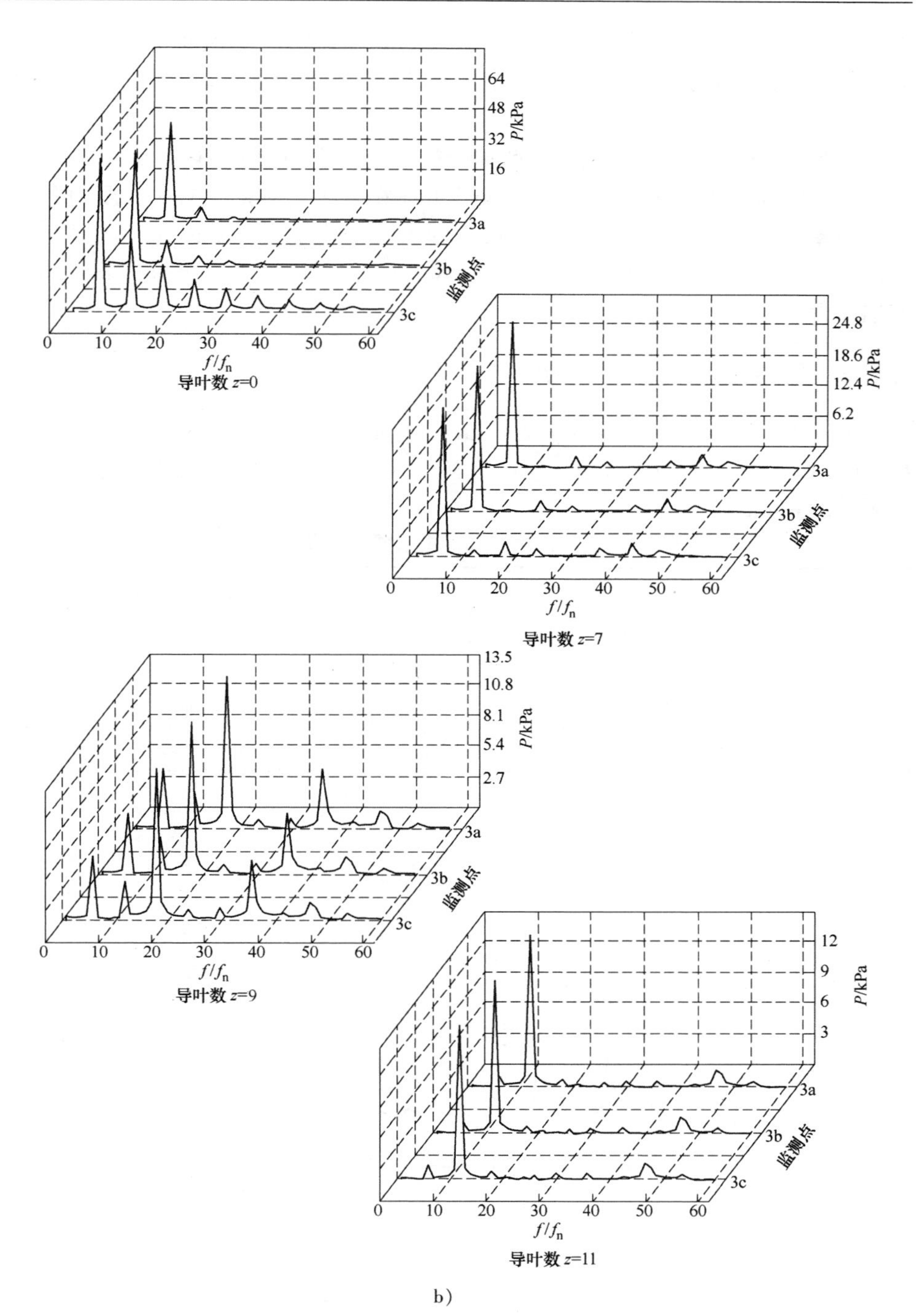

b）

蜗壳内压力脉动频域图

b）大流量

着流量的增加导叶数越多蜗壳内压力脉动主频幅值的增加程度越小。又由上述研究结果可知导叶数越多，液力透平的水头越高，从而使蜗壳内最大脉动幅值的增加程度越小。

由表6-3还可以看出在小流量时当导叶数等于9时蜗壳内最大脉动幅值最小，这是因为在小流量时当导叶数等于9时液力透平蜗壳内的最大压力和最小压力的差值最小，而小流量时液力透平的水头变化不大，所以在小流量时当导叶数等于9时蜗壳内的最大脉动幅值最小。可见，当导叶数等于9时在不同流量下蜗壳内的压力脉动主频幅值最小。

6.4.3 叶轮内压力脉动分析

最优工况下叶轮内各监测点处的压力脉动主频幅值和最大脉动幅值见表6-4。如图6-17所示为通过快速傅里叶变换得到的叶轮内最优工况下各监测点处压力脉动的频域图。

表6-4 叶轮内压力脉动的主频幅值和最大脉动幅值

监测点	$z=0$		$z=7$		$z=9$		$z=11$	
	主频幅值/kPa	最大脉动幅值(%)	主频幅值/kPa	最大脉动幅值(%)	主频幅值/kPa	最大脉动幅值(%)	主频幅值/kPa	最大脉动幅值(%)
10	446.304	13.26	359.163	17.16	364.565	16.97	374.041	16.80
11	337.383	9.97	280.740	13.85	286.225	13.12	294.635	12.38
12	172.600	4.96	204.734	7.29	162.866	7.04	164.123	6.94

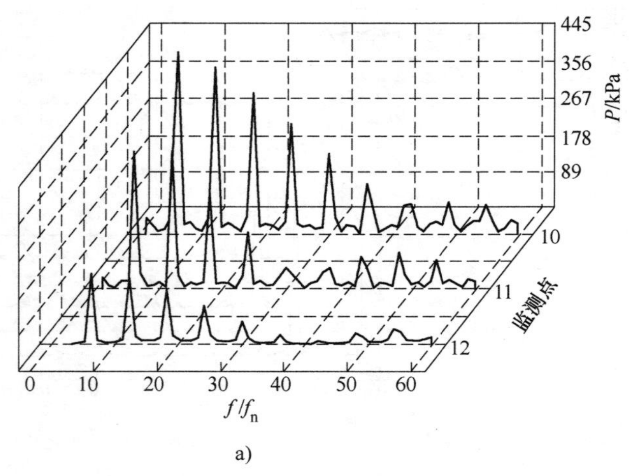

a)

图6-17 叶轮内压力脉动频域图

a) 导叶数 $z=0$

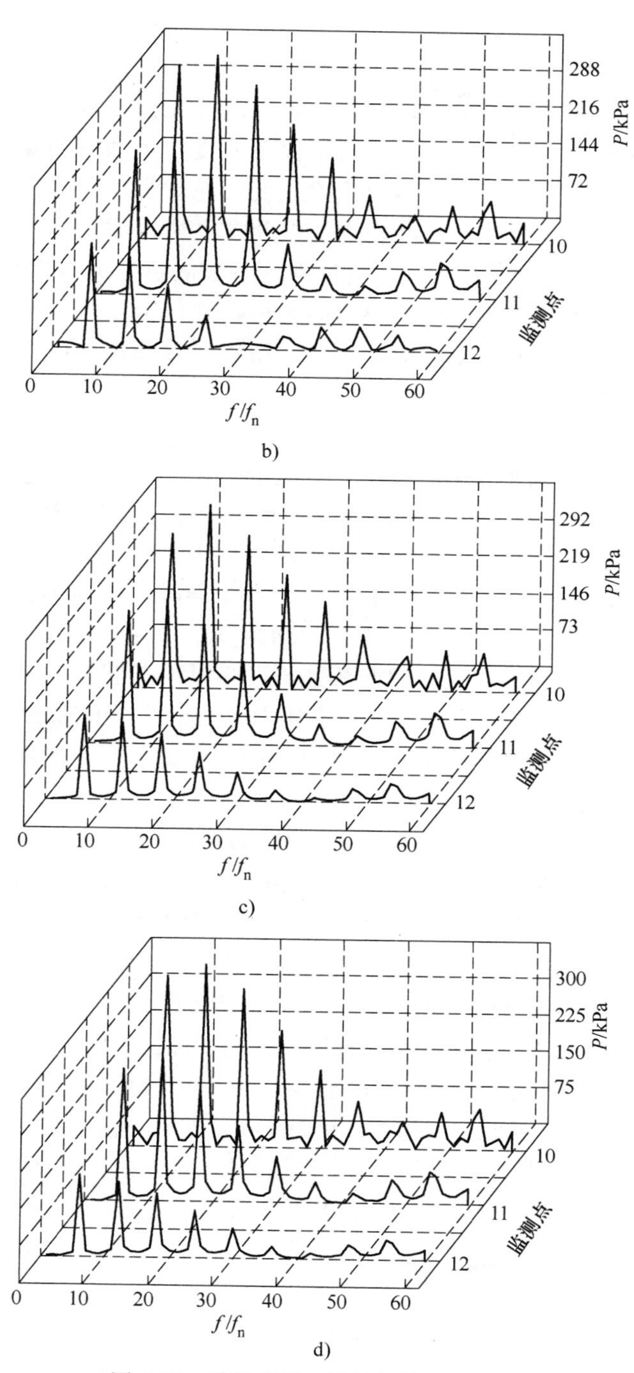

图 6-17　叶轮内压力脉动频域图（续）

b）导叶数 $z=7$　c）导叶数 $z=9$　d）导叶数 $z=11$

由图6-17和表6-4可以看出添加导叶后叶轮内各监测点处的压力脉动主频幅值均小于无导叶时各监测点处的压力脉动主频幅值，但最大脉动幅值反而增加，这是因为由图6-4可知添加导叶后叶轮内流线光滑，液流流动速度相对均匀，流道内无涡流产生，此时压力脉动幅值主要受叶轮动静相互干涉作用的影响，而无导叶时叶轮内的压力脉动幅值除了受叶轮动静相互干涉作用的影响之外，还受涡流和脱流的影响，且叶轮内流线扭曲，所以添加导叶后叶轮内各监测点处的压力脉动主频幅值小于无导叶时对应各监测点处的压力脉动主频幅值。而叶轮内最大脉动幅值反而增加主要是因为由前述研究结果可知添加导叶后液力透平的水头降低，但最大压力变化不大，所以导致添加导叶后叶轮内的最大脉动幅值反而变大。

由表6-4还可以看出添加导叶后从叶轮进口到叶轮出口压力脉动主频幅值的减小程度小于无导叶时对应压力脉动主频幅值的减小程度，这主要是因为由图6-3和图6-4可知添加导叶后叶轮内的速度分布均匀且变化较小，且位于叶轮中下游速度变化更小，所以添加导叶后叶轮内压力脉动主频幅值受叶轮动静相互干涉作用和液流流动状态的影响较小，而未加导叶时叶轮内速度变化较大且流动紊乱，所以未加导叶时叶轮内压力脉动主频幅值受到叶轮动静相互干涉作用和液流流动状态的影响较大。因此添加导叶后从叶轮进口到叶轮出口压力脉动主频幅值的减小程度小于无导叶时对应压力脉动主频幅值的减小程度。

还可以看出当导叶数等于7时叶轮内的最大压力脉动主频幅值和最大脉动幅值分别为无导叶时叶轮内最大压力脉动主频幅值和最大脉动幅值的0. 80倍和1. 29倍；当导叶数等于9时叶轮内的最大压力脉动主频幅值和最大脉动幅值分别为无导叶时叶轮内最大压力脉动主频幅值和最大脉动幅值的0. 82倍和1. 28倍；当导叶数等于11时叶轮内的最大压力脉动主频幅值和最大脉动幅值分别为无导叶时叶轮内最大压力脉动主频幅值和最大脉动幅值的0. 84倍和1. 27倍。可见，添加导叶也可以降低叶轮内的压力脉动主频幅值。

由图6-17和表6-4还可以看出随着导叶数的增加，距离叶轮进口较近的监测点10和11处的压力脉动主频幅值也逐渐增加，这是因为导叶数越多，导叶的过流面积越小，导叶出口的液流速度越大，从而使叶轮进口的速度也增大，所以叶轮动静相互干涉作用也就越强，且距离叶轮进口越近受到叶轮动静相互干涉作用的影响越大，因此随着导叶数的增加，监测点10和11处的压力脉动主频幅值逐渐增加。

6. 4. 4 导叶内压力脉动分析

如图6-18所示为通过快速傅里叶变换得到的最优工况下导叶内各监测点处压力脉动的频域图。最优工况下导叶内各监测点处的压力脉动主频幅值和最大脉动幅值见表6-5。结合图6-18和表6-5可以看出在不同导叶数下从导叶进口到导叶出口导叶内的压力脉动主频幅值和最大脉动幅值均逐渐增大，且距离叶轮进口越近增大程度越大，这主要是因为从导叶进口到导叶出口，距离叶轮和导叶的耦合面越近，受到叶轮动静相互干涉作用的影响越大。

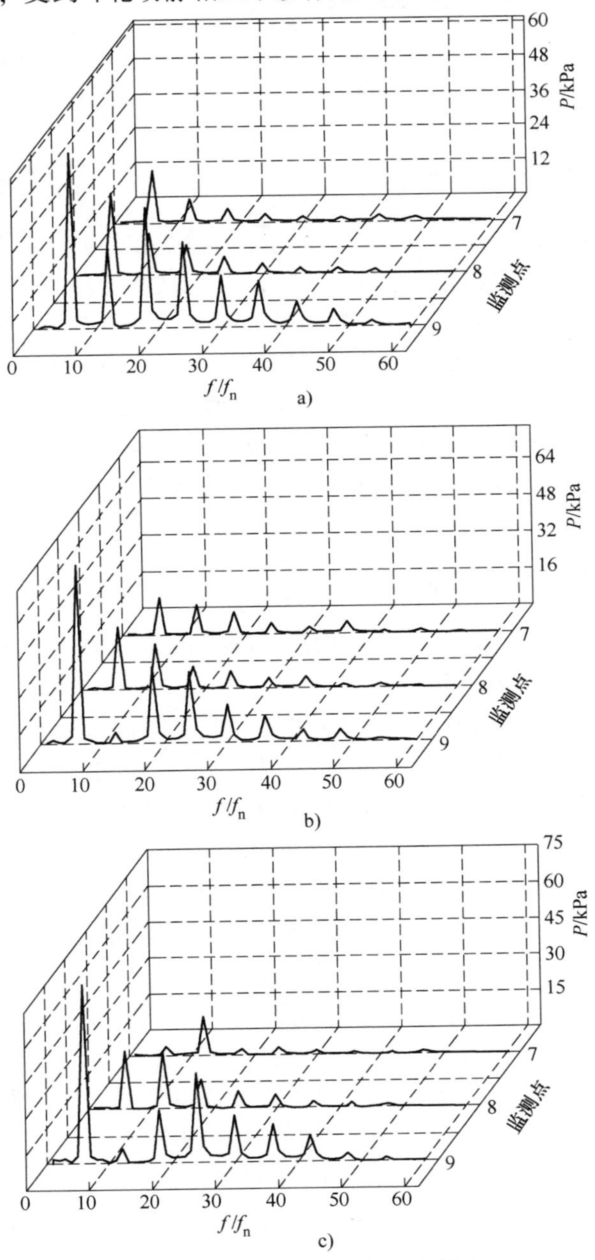

图6-18　导叶内压力脉动频域图

a）导叶数 $z=7$　b）导叶数 $z=9$　c）导叶数 $z=11$

表 6-5　导叶内压力脉动的主频幅值和最大脉动幅值

监测点	$z=7$		$z=9$		$z=11$	
	主频幅值/kPa	最大脉动幅值（%）	主频幅值/kPa	最大脉动幅值（%）	主频幅值/kPa	最大脉动幅值（%）
7	18. 020	1. 53	16. 194	1. 46	16. 298	1. 25
8	29. 233	1. 71	26. 853	1. 47	24. 389	1. 63
9	61. 484	4. 61	77. 543	3. 31	75. 354	3. 32

由图 6-18 和表 6-5 还可以看出在不同导叶数下在导叶进口处的压力脉动主频幅值相差较小，这主要是因为在导叶进口处受到叶轮动静相互干涉作用的影响相对较小，所以该处压力脉动主频幅值之间相差也就较小；而在导叶中间位置的压力脉动主频幅值随着导叶数的增加而减小，这是因为在导叶中间位置结合图 6-3 可知随着导叶数的增加导叶流道内的速度变化逐渐减小，特别是在导叶数等于 11 时导叶流道内的液流速度基本无变化，所以导叶中间位置的压力脉动主频幅值随着导叶数的增加而减小。可见，增加导叶数也可降低导叶内的压力脉动幅值。

6. 4. 5　尾水管内压力脉动分析

如图 6-19 所示为通过数理统计的方法得到的最优工况下尾水管内各监测点在两个周期内的压力脉动时域图。

由图 6-19 可以看出从尾水管进口到出口，尾水管内压力脉动强度越来越小，且在添加导叶后尾水管内各监测点处的压力变小。还可以看出未加导叶时尾水管进口的压力脉动无规律变化，而添加导叶后在尾水管进口一个周期内的压力脉动数等于叶轮叶片数，随着导叶数的增加尾水管进口的压力脉动受叶轮动静相互干涉作用的影响越大，这是因为导叶数增多，叶轮和尾水管内的速度分布更为均匀，其内流动更为稳定，所以随着导叶数的增加，液流流动状态对尾水管进口的压力脉动影响越小，主要受叶轮动静相互干涉作用的影响，因此呈现出导叶数越多受到叶轮动静相互干涉作用影响越大的情况。

由图 6-19 还可以看出随着距离尾水管进口越远，尾水管内压力脉动的强度越小，且一个周期内的压力脉动数不再等于叶轮叶片数，说明距离尾水管进口较远处的压力脉动主要受尾水管内液流流动状态的影响。

最优工况下尾水管内各监测点处的压力脉动主频幅值和最大脉动幅值见表 6-6。如图 6-20 所示为通过快速傅里叶变换得到的最优工况下尾水管内各监测点处压力脉动的频域图。

表 6-6　尾水管内压力脉动的主频幅值和最大脉动幅值

监测点	$z=0$		$z=7$		$z=9$		$z=11$	
	主频幅值/kPa	最大脉动幅值（%）	主频幅值/kPa	最大脉动幅值（%）	主频幅值/kPa	最大脉动幅值（%）	主频幅值/kPa	最大脉动幅值（%）
13	1. 224	0. 127	0. 349	0. 018	0. 575	0. 025	1. 159	0. 038
14	1. 358	0. 065	0. 437	0. 011	0. 490	0. 012	0. 113	0. 004
15	0. 738	0. 072	0. 167	0. 005	0. 449	0. 010	0. 216	0. 005

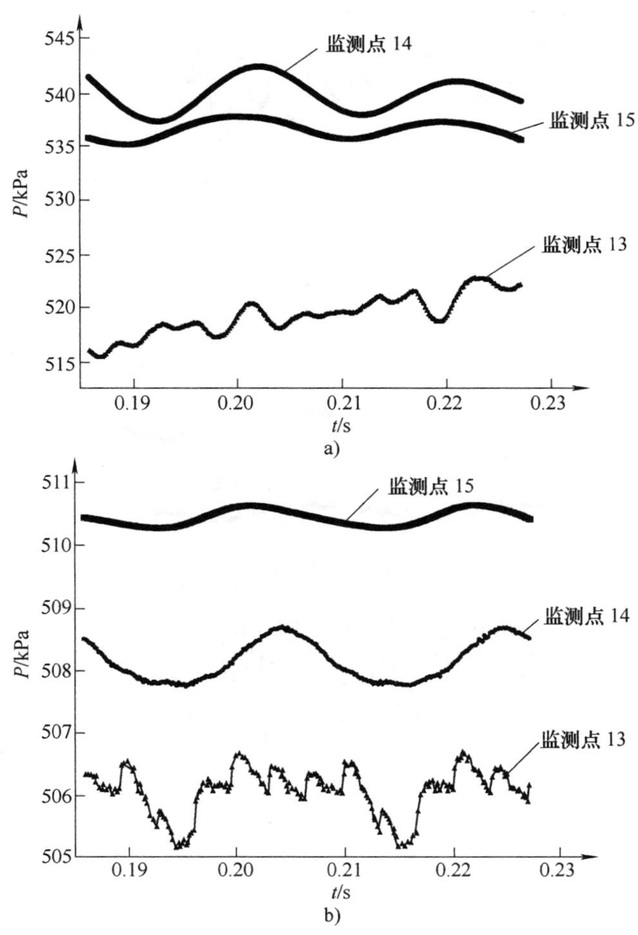

图 6-19　尾水管内压力脉动时域图

a）导叶数 $z=0$　b）导叶数 $z=7$

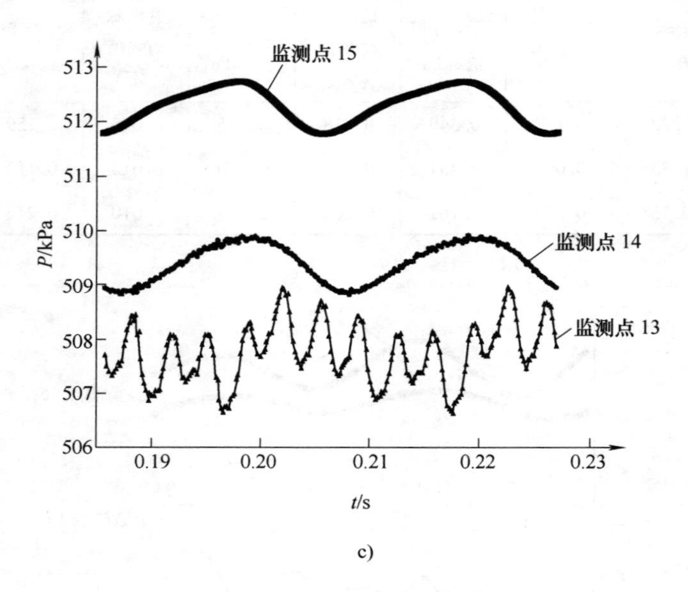

c)

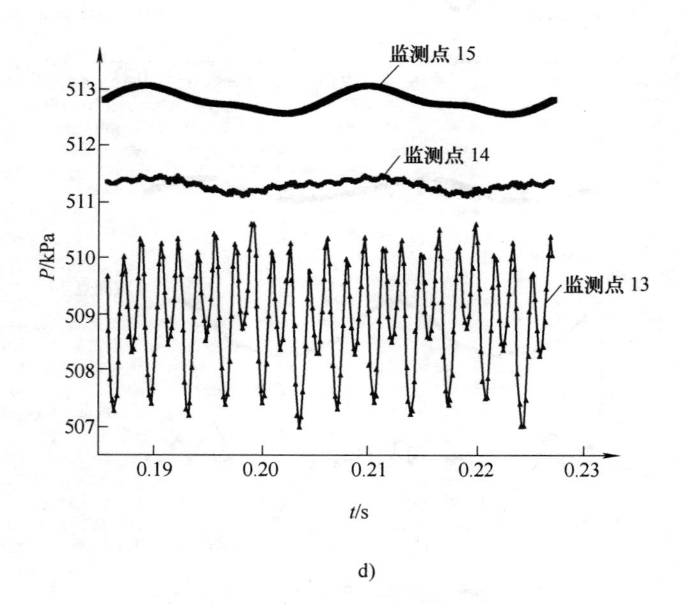

d)

图 6-19　尾水管内压力脉动时域图（续）

c）导叶数 $z=9$　d）导叶数 $z=11$

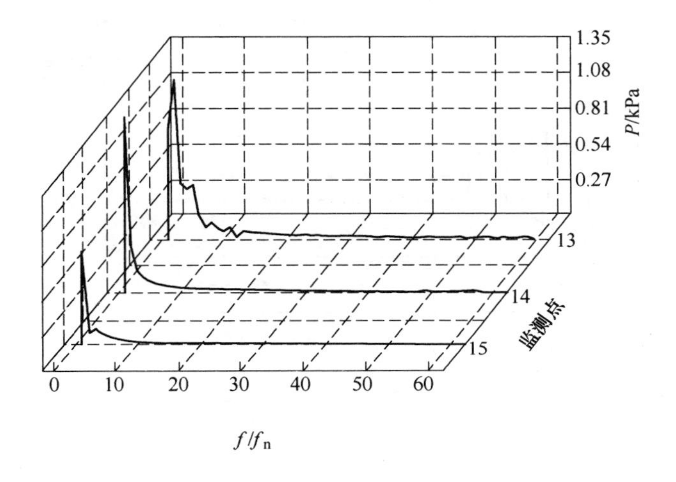

a)

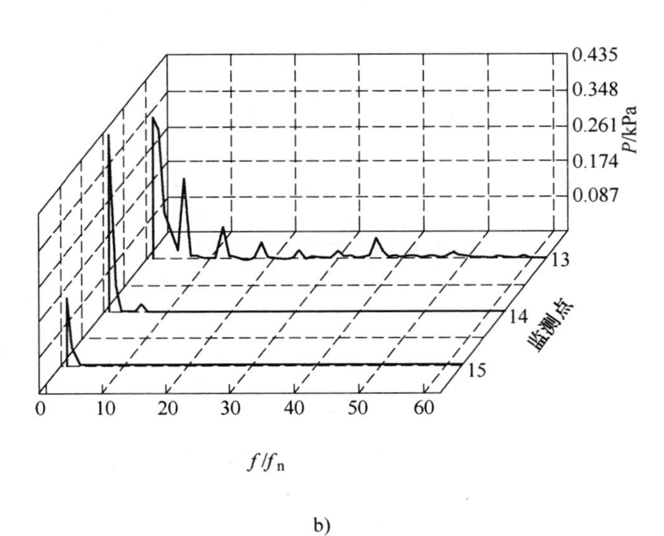

b)

图 6-20　尾水管内压力脉动频域图

a）导叶数 $z=0$　b）导叶数 $z=7$

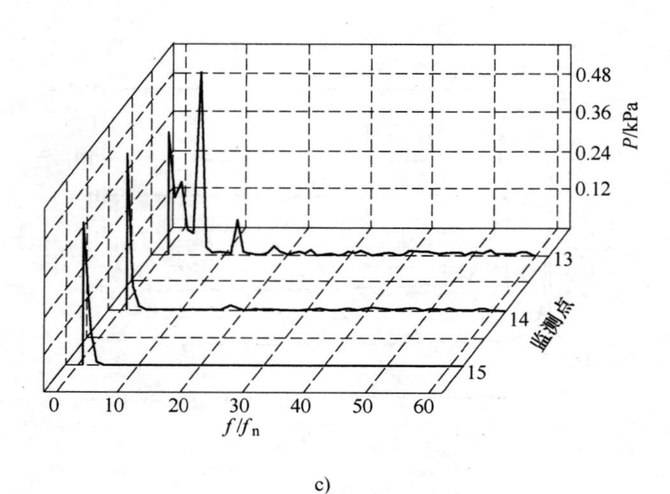

c)

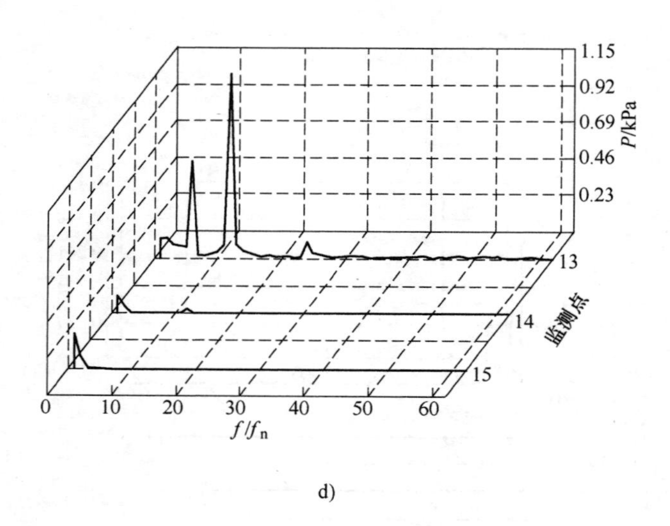

d)

图 6-20　尾水管内压力脉动频域图（续）

c）导叶数 $z=9$　d）导叶数 $z=11$

结合图 6-20 和表 6-6 可以看出在未加导叶时尾水管中间壁面处的压力脉动主频幅值最大，其次为尾水管进口壁面处的压力脉动主频幅值，而尾水管出口壁面处的压力脉动主频幅值最小，这主要是因为由图 6-5 可知在添加导叶之前尾水管进口壁面处受来自叶轮出口液流湍流的影响较小，而在尾水管中间壁面处由于液流的扩散导致液流流动状态已经影响到该处的流动，所以该处压力脉动主频幅值较大，随着距离尾水管出口越近，液流的流动逐渐稳定，趋于层流状态，所以未加导叶时尾水管出口壁面处的压力脉动主频幅值最小。

由图6-20还可以看出添加导叶后尾水管内各监测点处的压力脉动主频幅值均大幅度减小，这主要是因为由图6-5可知添加导叶后尾水管内液流流线光滑，流动稳定，且尾水管内无涡流产生，而无导叶时尾水管内液流流线扭曲，流动状态多为湍流，且尾水管进口和出口均有涡流出现，所以添加导叶后尾水管内的压力脉动主频幅值大幅度减小。

由表6-6还可以看出尾水管进口壁面的最大脉动幅值最大，由图6-5可知，这主要是因为在尾水管进口液流流动较为复杂，且在无导叶时尾水管进口有涡流产生，导致该处最大压力和最小压力的差值较大，这和图6-19的变化规律相一致，所以该处的最大脉动幅值最大。还可以看出当导叶数等于7时尾水管内的最大压力脉动主频幅值和最大脉动幅值分别为无导叶时尾水管内最大压力脉动主频幅值和最大脉动幅值的0.32倍和0.14倍；当导叶数等于9时尾水管内的最大压力脉动主频幅值和最大脉动幅值分别为无导叶时尾水管内最大压力脉动主频幅值和最大脉动幅值的0.42倍和0.20倍；当导叶数等于11时尾水管内的最大压力脉动主频幅值和最大脉动幅值分别为无导叶时尾水管内最大压力脉动主频幅值和最大脉动幅值的0.85倍和0.30倍。可见，添加导叶可较大程度的降低尾水管内的压力脉动幅值。

由图6-20和表6-6还可以看出在尾水管进口，随着导叶数的增加压力脉动的主频幅值也相应增加，这主要是因为导叶数越多叶轮内的液流速度越大，而不同导叶数下液力透平的做功能力基本相同，所以导叶数越多叶轮出口的液流速度就越大，即尾水管进口的液流速度也就越大，因此导叶数越多尾水管进口的压力脉动主频幅值也就越大。由表6-6还可以看出导叶数对距离尾水管进口较远处的压力脉动主频幅值影响较小。可见，在尾水管内导叶数主要对尾水管进口的压力脉动幅值影响较大，但相比其他各过流部件其压力脉动幅值较小，对液力透平机组的稳定运行影响不大。

6.5 本章小结

本章通过在叶轮进口前添加导叶的方法，采用ANSYS软件详细地研究了不同导叶数对液力透平外特性、流场分布、叶轮所受径向力和各过流部件内压力脉动的影响，通过研究得到了以下结论：

1）在液力透平叶轮进口前添加导叶后液力透平的水头和功率均减小，最优工况点向大流量方向偏移，且最优工况点的效率远大于未加导叶时最优工况点的效率。

2）在液力透平叶轮进口未加导叶时叶轮进口有较明显的尾迹效应，且蜗壳隔舌处速度变化较大，而添加导叶后叶轮内流动多为均匀流动，且导叶数越多蜗壳内速度变化越小，蜗壳隔舌处速度变化也很小。

3）在液力透平叶轮进口前添加导叶后尾水管内的液流速度减小，且尾水管内液流流动相比未加导叶时均匀，靠近尾水管壁面处的液流速度较小，尾水管中间的液流速度较大；未加导叶时尾水管进口和出口均有漩涡出现，而添加导叶后在不同导叶数下尾水管内并无漩涡产生。

4）在液力透平叶轮进口未加导叶时叶轮和蜗壳内压力分布并不均匀，且叶片进口背面出现低压区，而添加导叶之后在不同导叶数下叶轮和蜗壳内的压力分布都非常均匀。

5）在液力透平叶轮进口未加导叶时叶轮所受径向力随流量的增加而增大，而添加导叶之后在大流量时叶轮所受径向力随流量的增加反而减小，且导叶数等于9时叶轮所受的径向力最小，且在该导叶数下叶轮所受径向力分布最为均匀。

6）在未加导叶时蜗壳内周向各监测点处越接近隔舌位置其压力脉动的主频幅值和最大脉动幅值越大，而添加导叶后蜗壳内周向各监测点处的压力脉动主频幅值和最大脉动幅值均相应减小，且周向各处的压力脉动主频幅值和最大脉动幅值彼此之间非常接近。

7）添加导叶后蜗壳内径向压力脉动主频幅值和最大脉动幅值随着距离叶轮进口越近其增加程度相对无导叶时越小，且液力透平流量越大，蜗壳内不同位置处的压力脉动主频幅值的增加程度相对无导叶时越小。

8）当导叶数等于9时蜗壳内径向各监测点处的压力脉动主频幅值最小，且各点处的压力脉动主频幅值和最大脉动幅值基本相等，而当导叶数等于7时蜗壳内径向各监测点处的压力脉动主频幅值和最大脉动幅值均最大。

9）在无导叶时叶轮内的压力脉动幅值主要受叶轮动静相互干涉作用和叶轮内的涡流以及脱流等现象的影响，而添加导叶后叶轮内的压力脉动幅值主要受叶轮动静相互干涉作用的影响。

10）不同导叶数下在导叶和叶轮内距离叶轮进口越近，导叶和叶轮内的压力脉动幅值越大；随着导叶数的增加，距离叶轮进口较近处的压力脉动主频幅值逐渐增加，而叶轮内的最大压力脉动幅值和导叶中间位置的压力脉动主频幅值逐渐减小。

11）未加导叶时尾水管进口压力脉动呈无规律变化，而添加导叶后尾水管进口的压力脉动数等于叶轮叶片数，其压力脉动幅值主要受叶轮动静相互干涉作用的影响，而位于尾水管下游的压力脉动幅值主要受尾水管内液流流动状态的影响；在尾水管进口，随着导叶数的增加压力脉动的主频幅值也相应增加，但压力脉动幅值受液流流动状态的影响越小。

12）综合研究结果可知，在液力透平叶轮进口前添加导叶不但能改善液力透平的水力性能，还能有效地降低各过流部件内的压力脉动幅值，且当导叶数等于9时液力透平不但具有较好的水力性能，且蜗壳内的压力脉动幅值最小。

第 7 章　离心泵用作液力透平的选型方法

目前对液力透平的研究主要是利用离心泵反转作透平，而当离心泵用作液力透平时，需将透平工况参数换算为泵工况参数，所以需要一个较为准确的离心泵用作液力透平的换算关系。对于该换算关系的研究，学者们主要通过理论推导和实验回归的方法进行了相关研究[39-49]，通过研究不同学者提出了不同的离心泵用作液力透平的换算关系，这些换算关系不但形式不同，其换算结果也不相同，计算误差也较大，且这些换算关系大部分仅适合于低比转数离心泵。

由于低比转数离心泵在设计时大部分采用了加大流量的设计方法，且不同设计者在采用加大流量的设计方法进行设计时选取了不同的流量放大系数，不同的放大系数（流量放大系数、扬程放大系数和比转数放大系数）导致放大后的最优工况点与设计工况的最优工况点之间出现差异[50-52]，从而导致离心泵用作液力透平的换算系数不同。可见，离心泵在加大流量设计时采用的放大系数对离心泵用作液力透平的换算关系有较大影响。

因此，放大系数是导致不同学者提出的离心泵作液力透平换算关系的计算结果不同的主要原因之一，为了剔除放大系数对离心泵用作液力透平换算关系的影响，更精确地选择用作液力透平的离心泵，本章在考虑放大系数的基础上利用离心泵和液力透平叶轮进出口速度三角形并结合离心泵和液力透平基本能量方程对离心泵用作液力透平的换算关系做进一步的理论推导。

7.1　含有放大系数的离心泵用作液力透平的换算关系

设 $H_t = k_1 H'_p$，$Q_t = k_2 Q'_p$，$n_{st} = k_3 n'_{sp}$，其中 $H'_p = \varepsilon_1 H_p$，$Q'_p = \varepsilon_2 Q_p$，$n'_{sp} = \varepsilon_3 n_{sp}$，$\varepsilon_1$、$\varepsilon_2$ 和 ε_3 分别为离心泵经加大流量设计之后的扬程、流量和比转数的放大系数，可由文献［50，51］中介绍的方法求得，H_p、Q_p 和 n_{sp} 分别为离心泵的设计扬程、流量和比转数；H'_p、Q'_p 和 n'_{sp} 分别为经加大流量设计后离心泵的扬程、流量和比转数；H_t、Q_t 和 n_{st} 分别为液力透平的水头、流量和比转数；k_1、k_2 和 k_3 分别为离心泵用作液力透平时扬程、流量和比转数的换算系数。

如图 7-1 所示为离心泵和液力透平叶轮进出口速度三角形。

假设液力透平的转速和离心泵的转速相同，即 $n_t = n_p$，则由比转数公式

$$n_{st} = \frac{3.65 n_t \sqrt{Q_t}}{H_t^{3/4}} = \frac{3.65 n_p \sqrt{k_2 Q'_p}}{(k_1 H'_p)^{3/4}} = n'_{sp} \cdot \frac{k_2^{1/2}}{k_1^{3/4}}$$

所以
$$k_3 = \frac{n_{st}}{n'_{sp}} = \frac{k_2^{1/2}}{k_1^{3/4}} \tag{7-1}$$

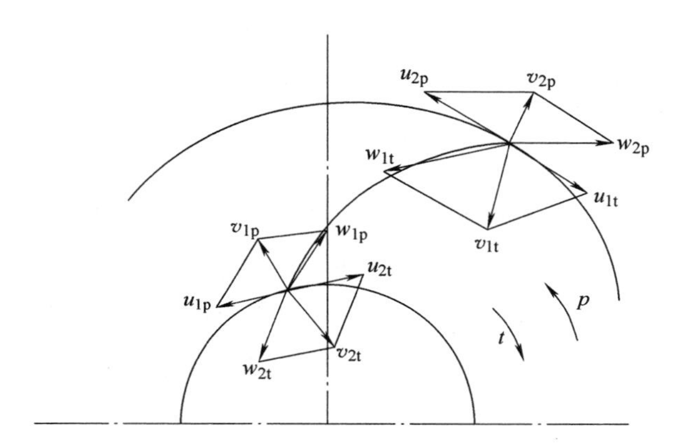

图 7-1　离心泵和液力透平叶轮进出口速度三角形

注：u_{1p}、u_{2p}分别为泵工况下叶轮进出口的圆周速度（m/s）；v_{1p}、v_{2p}分别为泵工况下叶轮进出口的绝对速度（m/s）；w_{1p}、w_{2p}分别为泵工况下叶轮进出口的相对速度（m/s）；u_{1t}、u_{2t}分别为透平工况下叶轮进出口的圆周速度（m/s）；v_{1t}、v_{2t}分别为透平工况下叶轮进出口的绝对速度（m/s）；w_{1t}、w_{2t}分别为透平工况下叶轮进出口的相对速度（m/s）；t 为透平工况；p 为泵工况。下同。

泵工况基本方程

$$H'_p = \frac{\eta_{hp}}{g}(u_2 v_{u2} - u_1 v_{u1})_p \tag{7-2}$$

透平工况基本方程

$$H_t = \frac{1}{g\eta_{ht}}(u_1 v_{u1} - u_2 v_{u2})_t \tag{7-3}$$

式中　g——重力加速度，m/s^2；

η_{hp}、η_{ht}——分别为离心泵和液力透平的水力效率；下同

由文献［43，53］的假设有：两工况运行相似（速度三角形相似），则有

$$(u_2 v_{u2} - u_1 v_{u1})_p = (u_1 v_{u1} - u_2 v_{u2})_t \tag{7-4}$$

由式（7-2）、式（7-3）和式（7-4）可知

$$\frac{H'_p}{H_t} = \eta_{hp}\eta_{ht} \tag{7-5}$$

由式（7-5）可知
$$k_1 = \frac{1}{\eta_{hp}\eta_{ht}} \tag{7-6}$$

由式（7-4）可知

$$\mu u_{2p}^2 - v_{m2p}\cot\beta_{2p} u_{2p} - (u_{1p} - v_{m1p}\cot\beta_{1p}) u_{1p} = (u_{1t} - v_{m1t}\cot\beta_{1t}) u_{1t} - (u_{2t} - v_{m2t}\cot\beta_{2t}) u_{2t}$$

$$\left(\mu u_{2p}^2 - \frac{Q'_p}{\pi D'_{2p} b'_{2p} \varphi_{2p} \eta_{vp}}\cot\beta_{2p} u_{2p} - u_{1p}^2 + \frac{Q'_p}{F_{1p}\varphi_{1p}\eta_{vp}}\cot\beta_{1p} u_{1p}\right) = \left(u_{1t} - \frac{k_2 Q'_p}{\pi D_{1t} b_{1t} \varphi_{1t} \eta_{vt}}\cot\beta_{1t}\right) u_{1t} - \left(u_{2t} - \frac{k_2 Q'_p}{F_{2t}\varphi_{2t}\eta_{vt}}\cot\beta_{2t}\right) u_{2t} \tag{7-7}$$

式中　v_{u1p}、v_{u2p}——分别为离心泵叶轮进出口绝对速度的圆周分量（m/s）；

u_{1p}、u_{2p}——分别为离心泵叶轮进出口的圆周速度（m/s）；

μ——离心泵滑移系数，$\mu = 1 - \frac{\pi}{z}\sin\beta_{2p}$，$z$ 为叶片数；

β_{1p}、β_{2p}——分别为离心泵叶片进出口安放角（°）；

v_{m1p}、v_{m2p}——分别为离心泵叶轮进出口绝对速度的轴面分量（m/s）；

D'_{2p}——离心泵经加大流量后叶轮出口直径（m）；

b'_{2p}——离心泵经加大流量后叶轮出口宽度（m）；

φ_{2p}——离心泵叶片出口排挤系数，$\varphi_{2p} = 1 - \frac{z\delta_2}{\pi D'_{2p}} \cdot \sqrt{1 + \left(\frac{\cot\beta_{2p}}{\sin\gamma_2}\right)^2}$；

γ_2——轴面截线与轴面流线的夹角（°），一般 $\gamma_2 = 60° \sim 90°$；

δ_2——叶片出口的真实厚度（m）；

η_{vp}——离心泵容积效率；

F_{1p}——离心泵叶片进口轴面液流的过水断面面积（m^2）；

$F_{1p} = 2\pi Rb$，b、R——分别是在叶轮的轴面投影图中小流道的宽度和半径（m）；

φ_{1p}——离心泵的叶片进口排挤系数，取 $\varphi_{1p} = 0.85$；

v_{u1t}、v_{u2t}——分别为液力透平叶轮进出口绝对速度的圆周分量（m/s）；

u_{1t}、u_{2t}——分别为液力透平叶轮进出口的圆周速度（m/s）；

β_{1t}、β_{2t}——分别为液力透平叶轮进出口安放角（°）；

v_{m1t}、v_{m2t}——分别为液力透平叶轮进出口绝对速度的轴面分量（m/s）；

D_{1t}——液力透平叶轮进口直径（m）；

b_{1t}——液力透平叶轮进口宽度（m）；

φ_{1t}——液力透平叶片进口排挤系数，$\varphi_{1t} = 1 - \frac{z\delta_1}{\pi D_{1t}}\sqrt{1 + \left(\frac{\cot\beta_{1t}}{\sin\gamma_1}\right)^2}$；

γ_1——轴面截线与轴面流线的夹角（°），一般 $\gamma_1 = 60° \sim 90°$；

δ_1——叶片进口的真实厚度（m）；

η_{vt}——液力透平容积效率；

F_{2t}——液力透平叶片出口轴面液流过水断面面积（m^2），$F_{2t} = 2\pi Rb$；

φ_{2t}——液力透平叶片出口排挤系数，取 $\varphi_{2t}=0.85$。下同。

由于离心泵用作液力透平时 $D'_{2p}=D_{1t}$，$b'_{2p}=b_{1t}$，$\beta_{1p}=\beta_{2t}$，$\beta_{2p}=\beta_{1t}$，$\varphi_{2p}=\varphi_{1t}$，$\varphi_{1p}=\varphi_{2t}$，$F_{1p}=F_{2t}$，$u_{2p}=u_{1t}$，$u_{1p}=u_{2t}$

可设

$$D'_{2p}=D_{1t}=D_2,b'_{2p}=b_{1t}=b_2,\beta_{1p}=\beta_{2t}=\beta_1,\beta_{2p}=\beta_{1t}=\beta_2,\varphi_{2p}=\varphi_{1t}=\varphi_2,$$

$$\varphi_{1p}=\varphi_{2t}=\varphi_1,F_{1p}=F_{2t}=F_1,u_{2p}=u_{1t}=u_2,u_{1p}=u_{2t}=u_1 \tag{7-8}$$

将式（7-8）代入式（7-7）可得

$$\left(\mu u_2^2-\frac{Q'_p}{\pi D_2 b_2\varphi_2\eta_{vp}}\cot\beta_2 u_2-u_1^2+\frac{Q'_p}{F_1\varphi_1\eta_{vp}}\cot\beta_1 u_1\right)$$

$$=\left(u_2-\frac{k_2Q'_p}{\pi D_2 b_2\varphi_2\eta_{vt}}\cot\beta_2\right)u_2-\left(u_1-\frac{k_2Q'_p}{F_1\varphi_1\eta_{vt}}\cot\beta_1\right)u_1 \tag{7-9}$$

令 $\dfrac{Q'_p}{F_1\varphi_1}u_1\cot\beta_1=C_1$、$\dfrac{Q'_p}{\pi D_2 b_2\varphi_2}u_2\cot\beta_2=C_2$，则上式变为

$$\mu u_2^2-\frac{C_2}{\eta_{vp}}-u_1^2+\frac{C_1}{\eta_{vp}}=u_2^2-k_2\frac{C_2}{\eta_{vt}}-u_1^2+k_2\frac{C_1}{\eta_{vt}} \tag{7-10}$$

由上式可得

$$k_2=\left(\frac{\mu-1}{C_1-C_2}u_2^2+\frac{1}{\eta_{vp}}\right)\eta_{vt} \tag{7-11}$$

将式（7-6）和式（7-11）代入式（7-1）可得

$$k_3=\eta_{vt}^{1/2}(\mu\eta_{hp}\eta_{ht})^{3/4}\left(\frac{\mu-1}{C_1-C_2}u_2^2+\frac{1}{\eta_{vp}}\right)^{1/2} \tag{7-12}$$

因此

$$\frac{H_t}{H'_p}=\frac{1}{\eta_{hp}\eta_{ht}} \tag{7-13}$$

$$\frac{Q_t}{Q'_p}=\left(\frac{\mu-1}{C_1-C_2}u_2^2+\frac{1}{\eta_{vp}}\right)\eta_{vt} \tag{7-14}$$

$$\frac{n_{st}}{n'_{sp}}=\eta_{vt}^{1/2}(\eta_{hp}\eta_{ht})^{3/4}\left(\frac{\mu-1}{C_1-C_2}\cdot u_2^2+\frac{1}{\eta_{vp}}\right)^{1/2} \tag{7-15}$$

其中 $C_1=\dfrac{Q'_p}{F_1\varphi_1}u_1\cot\beta_1$、$C_2=\dfrac{Q'_p}{\pi D_2 b_2\varphi_2}u_2\cot\beta_2$，$Q'_p=\varepsilon_2 Q_p$，$\eta_{vp}=\dfrac{1}{1+0.68n'^{-2/3}_{sp}}$，$\eta_{vt}=\dfrac{1}{1+0.68n_{st}^{-2/3}}$，$n'_{sp}=\varepsilon_3 n_{sp}$。

式（7-13）、式（7-14）和式（7-15）即为含有放大系数的离心泵用作液力透平的换算关系，由于该换算关系考虑了离心泵在设计时的放大系数，所以利用该换算关系可以更精确地选择离心泵用作液力透平。

7.2 放大系数对换算系数的影响

由换算关系式（7-13）、式（7-14）和式（7-15）可知离心泵用作液力透平的换算关系的确与离心泵在设计时的流量放大系数和比转数放大系数有关。不同放大系数下比转数等于 33 的离心泵用作液力透平时换算系数的对应值见表 7-1。

由表 7-1 可知随着流量放大系数的增加，流量换算系数和比转数换算系数均逐渐减小，且流量放大系数对流量换算系数的影响较大，而流量放大系数对扬程换算系数没有影响，可见，在低比转数离心泵加大流量设计时不同放大系数对离心泵用作液力透平的换算系数影响较大。

表 7-1 不同放大系数下的换算系数

序号	流量 放大系数 ε_2	扬程 换算系数 k_1	流量 换算系数 k_2	比转数 换算系数 k_3
1	1.44	2.33	2.08	0.77
2	1.48	2.33	2.05	0.76
3	1.52	2.33	2.02	0.75
4	1.56	2.33	2.00	0.75
5	1.60	2.33	1.97	0.75
6	1.64	2.33	1.95	0.74

7.3 试验研究

7.3.1 液力透平试验方案的选型

在本试验中选取比转数分别为 33、47 和 66 的离心泵用作液力透平，这三台离心泵具体的设计参数分别为：流量 $Q_P=25m^3/h$，扬程 $H_P=32m$，转速 $n=1450r/min$，比转数 $n_s=33$；流量 $Q_P=25m^3/h$，扬程 $H_P=20m$，转速 $n=1450r/min$，比转数 $n_s=47$；流量 $Q_P=25m^3/h$，扬程 $H_P=12.5m$，转速 $n=1450r/min$，比转数 $n_s=66$。

7.3.2 离心泵用作液力透平换算关系的试验验证

选取本章所选的 3 台离心泵作液力透平为试验研究对象，并将表 7-2 中的这

3台离心泵的几何参数代入式（7-6）、式（7-11）和式（7-12），计算含有流量放大系数的离心泵用作液力透平的新换算系数，然后利用第2章的液力透平试验台对本章所得到的含有放大系数的离心泵用作液力透平的换算关系的计算结果进行试验验证。

表7-2　离心泵的几何参数

部　件	参　数	$n_{sp}=33$	$n_{sp}=47$	$n_{sp}=66$
叶轮	叶轮进口直径 D_{1p}/mm	48	80	80
	进口安放角 β_{1p}（°）	42	40	38
	叶片数 z	5	5	5
	叶轮出口直径 D_{2p}/mm	200	252	210
	叶轮出口宽度 b_{2p}/mm	6	6.5	9
	出口安放角 β_{2p}（°）	38	39	27
	叶片厚度 δ/mm	5	4	4
蜗壳	蜗壳基圆直径 D_{4p}/mm	205	260	215
	蜗壳进口宽度 b_{3p}/mm	12	22	26
	蜗壳出口直径 D_{5p}/mm	50	50	50
	蜗壳断面形状	圆形	圆形	圆形

利用式（7-6）、式（7-11）和式（7-12）计算的离心泵用作液力透平的新换算系数与试验数据以及Childs关系式、Hancock关系式、Stepanoff关系式、Sharma关系式、Alatorre-Fren关系式、Schmiedl关系式、Hergt关系式和文献［43］的关系式的比较见表7-3。

由表7-3可以看出利用式（7-6）、式（7-11）和式（7-12）计算的离心泵用作液力透平的换算系数比利用其他换算关系的计算结果更接近试验值，且相对试验数据的误差较小，该误差主要是由于在研究过程中引用了文献［43，53］的假设（泵工况和透平工况运行相似，即速度三角形相似）而导致的误差。可见，利用本章所推导的含有流量放大系数的离心泵用作液力透平的换算关系可以较准确地选择离心泵用作液力透平。

通过对本章的研究可以看出离心泵用作液力透平的换算关系的确与离心泵的流量放大系数有关，且通过本章研究剔除了离心泵在设计时产生的流量放大系数对离心泵用作液力透平换算关系的影响，提高了选择离心泵用作液力透平的准确性。

表 7-3　不同换算关系的计算结果与试验数据的比较

离心泵	参　数	新关系式	Childs	Hancock	Stepanoff	Sharma	Alatorre-Fren	Schmiedl	Hergt	文献［43］	实验值	新关系式相对试验值误差（%）
$n_{sp}=33$	扬程换算系数 k_1	2.33	1.92	2.00	2.24	2.19	2.40	3.87	1.02	2.46	2.30	+1.30
	流量换算系数 k_2	1.97	1.92	2.00	2.24	1.69	2.00	2.34	1.22	1.72	1.91	+3.14
	比转数换算系数 k_3	0.75	—	—	0.67	—	—	—	—	—	0.73	+2.74
$n_{sp}=47$	扬程换算系数 k_1	1.98	1.67	1.71	1.93	1.85	2.22	3.13	1.13	2.10	1.94	+2.06
	流量换算系数 k_2	1.86	1.67	1.71	1.93	1.50	2.04	2.07	1.25	1.59	1.78	+4.49
	比转数换算系数 k_3	0.82	—	—	0.72	—	—	—	—	—	0.78	+5.13
$n_{sp}=66$	扬程换算系数 k_1	1.89	1.54	1.59	1.83	1.68	2.07	2.90	1.18	1.93	1.86	+1.61
	流量换算系数 k_2	1.72	1.54	1.59	1.83	1.41	2.03	1.98	1.27	1.52	1.66	+3.61
	比转数换算系数 k_3	0.81	—	—	0.74	—	—	—	—	—	0.80	+1.25

7.4 本章小结

本章研究了流量放大系数对离心泵用作液力透平换算关系的影响，并得到了含有流量放大系数的离心泵用作液力透平的换算关系；还对本章所得到的离心泵用作液力透平的换算关系进行了试验验证。通过研究得到了以下结论：

（1）利用含有流量放大系数的离心泵用作液力透平的换算关系计算的换算系数与试验值非常接近。

（2）随着流量放大系数的增加，流量换算系数和比转数换算系数均逐渐减小，且流量放大系数对流量换算系数的影响较大，而流量放大系数对扬程换算系数没有影响。

第 8 章　液力透平向心叶轮主要尺寸的确定方法

由于离心泵直接用作液力透平时效率较低，且运行稳定性较差，所以当离心泵用作液力透平时需对液力透平向心叶轮进行重新设计，使液力透平具有较高的效率和较好的稳定性。因此，为了得到性能较好的液力透平，需减少对离心泵反转作液力透平的研究，较多的研究专门的液力透平。本章通过对液力透平向心叶轮几何参数的理论研究，得到了专门的适合于液力透平向心叶轮几何参数的计算方法，这将为重新设计液力透平提供重要的理论依据，同时也可以提高液力透平的效率，改善液力透平的性能。

8.1　向心叶轮进口安放角的计算方法

如图 8-1 所示为液力透平叶轮进口速度三角形及蜗壳出口的速度三角形。

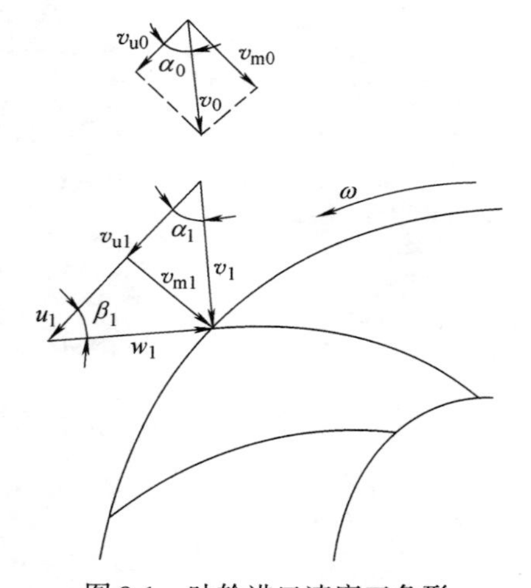

图 8-1　叶轮进口速度三角形

注：u_1 为叶片进口的圆周速度（m/s）；v_1 为叶片进口的绝对速度（m/s）；v_{u1} 为叶片进口的绝对速度的圆周分量（m/s）；v_{m1} 为叶片进口的绝对速度的轴面分量（m/s）；w_1 为叶轮叶片的进口相对速度（m/s）；β_1 为叶片进口液流角（°）；v_0 为蜗壳出口的绝对速度（m/s）；v_{u0} 为蜗壳出口液流的绝对速度的圆周分量（m/s）；v_{m0} 为蜗壳出口液流的绝对速度的径向分量（m/s）；α_0 为蜗壳出口液流的绝对液流角（°）；α_1 为叶片进口液流的绝对液流角（°）；ω 为叶轮的旋转速度（rad/s）。下同。

图 8-1 中 α_1 是由吸入室的几何形状决定的，对于螺旋形吸入室即蜗壳来讲，

α_1 是由蜗壳常数 K 来确定的，蜗壳在设计时是按液流的速度矩保持不变来设计的，即

$$v_u R = K \tag{8-1}$$

式中　K——蜗壳系数，其值取决于蜗壳的几何参数，为使液流均匀进入叶轮，通过任意断面 ϕ_i 处的流量为

$$Q_i = \frac{Q\phi_i}{360°} = \int_{R_3}^{R_c} v_u b \mathrm{d}R = K\int_{R_3}^{R_c} \frac{b}{R}\mathrm{d}R \tag{8-2}$$

式中　Q——液力透平最大流量。

当蜗壳断面形状确定后，b 与 R 的函数关系是可知的，式中的积分即可计算。K 值可由蜗壳进口断面的参数确定

$$K = \frac{\dfrac{Q\phi_0}{360°}}{\displaystyle\int_{R_3}^{R_8} \frac{b}{R}\mathrm{d}R} \tag{8-3}$$

式中　ϕ_0——蜗壳包角。

又蜗壳出口处液流的轴面速度

$$v_{m0} = \frac{Q}{2\pi R_3 b_0} \tag{8-4}$$

式中　b_0——蜗壳出口宽度。

且蜗壳出口处液流的圆周速度

$$v_{u0} = \frac{K}{R_3} \tag{8-5}$$

因此，蜗壳出口处液流速度与圆周方向的夹角

$$\alpha_0 = \arctan\frac{v_{m0}}{v_{u0}} = \arctan\frac{Q}{2\pi K b_0} = \mathrm{const} \tag{8-6}$$

设 $A = \int_{R_3}^{R_8} \frac{b}{R}\mathrm{d}R$，则不同蜗壳形状的进口断面有不同的 A 值，如图 8-2 所示为蜗室的不同断面形状。

1. 矩形蜗室

如图 8-2b 所示：$b = \mathrm{const}$

$$A = \int_{R_3}^{R_8} \frac{b}{R}\mathrm{d}R = b(\ln R_8 - \ln R_3) = b\ln\frac{R_8}{R_3} \tag{8-7}$$

$$K = \frac{Q\phi_0}{360° b\ln\dfrac{R_8}{R_3}} \tag{8-8}$$

2. 梯形蜗室

如图 8-2c 所示：当梯形两边交于中心线时，$b = aR(a = \mathrm{const})$

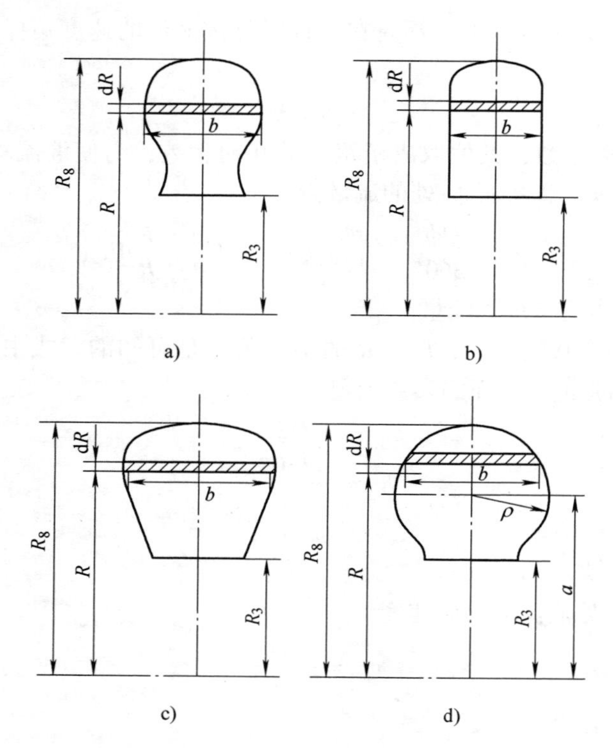

图 8-2　蜗室的断面形状

a）任意形状　b）矩形　c）梯形　d）圆形

$$A = \int_{R_3}^{R_8} \frac{b}{R} \mathrm{d}R = \int_{R_3}^{R_8} \frac{aR}{R} \mathrm{d}R = a(R_8 - R_3) \tag{8-9}$$

$$K = \frac{Q\phi_0}{360° a(R_8 - R_3)} \tag{8-10}$$

3. 圆形蜗室

如图 8-2d 所示：$\left(\frac{b}{2}\right)^2 = \rho^2 - (R-a)^2 \Rightarrow b = 2\sqrt{\rho^2 - (R-a)^2}$，$\rho$ 为蜗壳进口断面半径，$R_8 = a + \rho$。

$$A = \int_{R_3}^{R_8} \frac{b}{R} \mathrm{d}R = \int_{a-\rho}^{a+\rho} \frac{2\sqrt{\rho^2 - (R-a)^2}}{R} \mathrm{d}R = 2\pi(a - \sqrt{a^2 - \rho^2}) \tag{8-11}$$

$$K = \frac{Q\phi_0}{360° \times 2\pi(a - \sqrt{a^2 - \rho^2})} \tag{8-12}$$

由于从蜗壳出口到叶轮进口液流为自由流动，无能量损失，所以有

$$v_{u0} r_0 = v_{u1} r_1 = K \tag{8-13}$$

因此：

$$v_{u1} = \frac{v_{u0} r_0}{r_1} = \frac{K}{r_1} \tag{8-14}$$

又由叶轮进口速度三角形可知

$$v_{u1} = u_1 - v_{m1}\cot\beta_1 \tag{8-15}$$

$$\frac{K}{r_1} = u_1 - v_{m1}\cot\beta_1 \tag{8-16}$$

$$\cot\beta_1 = \frac{u_1 - \dfrac{K}{r_1}}{v_{m1}} = \frac{\omega r_1 - \dfrac{K}{r_1}}{\dfrac{Q\eta_v}{\pi D_1 b_1 \varphi_1}} = \frac{(\omega r_1^2 - K)2\pi b_1 \varphi_1}{Q\eta_v} \tag{8-17}$$

即

$$\beta_1 = \operatorname{arccot}\left[\frac{(\omega r_1^2 - K)2\pi b_1 \varphi_1}{Q\eta_v}\right] \tag{8-18}$$

为了减小液流进入叶片时的水力损失，且使其值最小，须使液流在叶轮叶片进口边不发生冲击现象，为此，叶片进口安放角 $\beta_{1\alpha}$应约等于叶片进口液流角 β_1，因此，式（8-18）即为液力透平叶轮进口安放角的计算公式。而当叶片进口液流角等于安放角时，液力透平的性能并不一定是最佳的，因为还要考虑使叶轮的做功能力最大。所以为了既减小冲击损失又提高液力透平叶轮的做功能力，叶片进口安放角可通过在所获得的液流角基础上加一较小的冲角而得到，该冲角大小可根据叶片两边压差最大、叶轮做功能力最强的要求进行计算。

8.2 向心叶轮出口安放角的计算方法

在液力透平叶轮出口，叶轮出口安放角由尾水管的形状决定，不同的尾水管对应不同的最佳叶轮出口安放角。

对于直锥形尾水管，为使液流在叶轮叶片出口边处的水力损失最小，需使出口处的绝对流速 v_2 的方向与圆周速度 u_2 相垂直，这就是所谓的法向出口。此时叶轮的出口动能 $v_2^2/2g$ 数值最小，同时由于 $v_{u2}=0$，表明在叶轮出口处无液流的旋转，可以使尾水管中的摩擦损失较小。

此时

$$\tan\beta_2 = \frac{v_2}{u_2} = \frac{v_{m2}}{u_2} = \frac{\dfrac{Q\eta_v}{F_2\varphi_2}}{u_2} = \frac{Q\eta_v}{F_2\varphi_2\omega r_2} \tag{8-19}$$

即

$$\beta_2 = \arctan\left(\frac{Q\eta_v}{F_2\varphi_2\omega r_2}\right) \tag{8-20}$$

当尾水管为半螺旋形时，对应的叶轮叶片出口的绝对流速具有与叶轮转速方向相同的圆周分量 v_{u2}，该圆周分量由尾水管的结构确定，为保证设计工况时液流能够稳定的从叶轮流入尾水管，且水力损失最小，必须按照从叶轮出口到

尾水管进口速度矩保持常数进行设计叶轮出口。即

$$v_{u2}r_2 = v_{u3}r_3 = K_2 \tag{8-21}$$

式中 K_2——叶轮出口处的速度矩。

如图 8-3 所示为液力透平向心叶轮出口的速度三角形和尾水管进口的速度三角形。

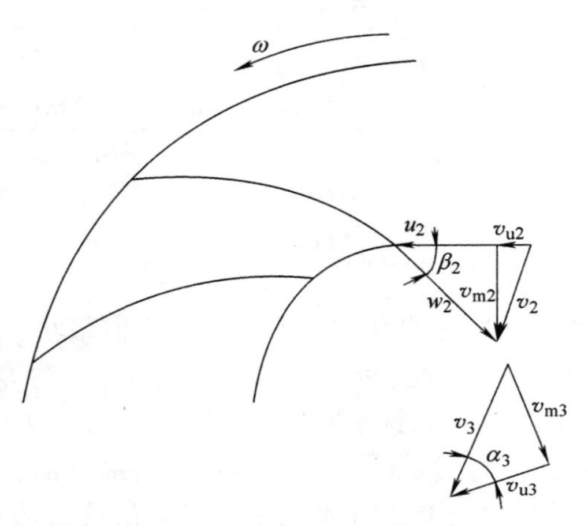

图 8-3 叶轮进出口的速度三角形

注：u_2 为叶片出口的圆周速度（m/s）；v_2 为叶片出口的绝对速度（m/s）；v_{u2} 为叶片出口的绝对速度的圆周分量（m/s）；v_{m2} 为叶片出口的绝对速度的轴面分量（m/s）；w_2 为叶轮叶片的出口相对速度（m/s）；β_2 为叶片出口液流角（°）；v_3 为尾水管进口液流的绝对速度（m/s）；v_{u3} 为尾水管进口液流的绝对速度的圆周分量（m/s）；v_{m3} 为尾水管进口液流的绝对速度的径向分量（m/s）；α_3 为尾水管进口液流的绝对液流角（°）；ω 为叶轮的旋转速度（rad/s）。下同。

对半螺旋形尾水管进行设计时，其设计方法与螺旋形吸水室相同，关键是设计第 8 断面。其第 8 断面的流量 Q_8

$$Q_8 = \int_8 v_u \mathrm{d}F = K_8 \int \frac{b}{r}\mathrm{d}r \tag{8-22}$$

由半螺旋形尾水管设计经验公式

$$K_8 = \frac{K_{av}}{C_3} \tag{8-23}$$

式中 K_{av}——尾水管进口处的平均速度矩，等于叶轮出口处的速度矩 K_2。

$C_3 < \frac{1}{2}$。

所以
$$K_8 = \frac{K_2}{C_3} \Rightarrow K_2 = K_8 C_3 \tag{8-24}$$

又
$$Q_8 = C_4 Q, C_4 < \frac{1}{2} \tag{8-25}$$

式中　Q——液力透平的流量。

由式（8-22）、式（8-24）及式（8-25）

$$K_2 = \frac{C_3 C_4 Q}{\int \frac{b}{r} \mathrm{d}r} \tag{8-26}$$

在设计尾水管时，当已选好高效能液力透平的尾水管断面形状后，积分 $\int \frac{b}{r} \mathrm{d}r$ 可用图解积分法求出其数值。

联立式（8-21）和式（8-26）可得

$$v_{u2} r_2 = \frac{C_3 C_4 Q}{\int \frac{b}{r} \mathrm{d}r} \tag{8-27}$$

又由叶轮出口速度三角形

$$v_{u2} = u_2 - v_{m2} \cot\beta_2 \tag{8-28}$$

将式（8-28）代入式（8-27）可得

$$(u_2 - v_{m2} \cot\beta_2) r_2 = \frac{C_3 C_4 Q}{\int \frac{b}{r} \mathrm{d}r}$$

整理得

$$\cot\beta_2 = \frac{u_2 - \dfrac{C_3 C_4 Q}{r_2 \int \frac{b}{r} \mathrm{d}r}}{v_{m2}} = \frac{u_2 - \dfrac{C_3 C_4 Q}{r_2 \int \frac{b}{r} \mathrm{d}r}}{\dfrac{Q \eta_v}{F_2 \varphi_2}} = \frac{\left(\omega r_2^2 \int \frac{b}{r} \mathrm{d}r - C_3 C_4 Q\right) F_2 \varphi_2}{\eta_v Q r_2 \int \frac{b}{r} \mathrm{d}r}$$

即

$$\beta_2 = \operatorname{arccot}\left\{\frac{\left(\omega r_2^2 \int \frac{b}{r} \mathrm{d}r - C_3 C_4 Q\right) F_2 \varphi_2}{\eta_v Q r_2 \int \frac{b}{r} \mathrm{d}r}\right\} \tag{8-29}$$

在有限叶片数时，由于液体本身惯性力的影响，力图保持其进入叶轮前的原有运动方向，致使叶轮叶片出口液流角 β_2 略大于叶片出口安放角 $\beta_{2\alpha}$，所以叶轮出口安放角应根据大部分液流质点运动情况加以修正。

3　向心叶轮进口直径的计算方法

相对速度的大小和变化对叶轮内的水力损失起主要的决定作用，因此
液流相对速度受液力透平进口直径的影响。另外从降低叶轮进口的撞
来考虑，必须减小叶轮进口的相对速度 w_1。下面就从使 w_1 最小的思

想出发推导液力透平向心叶轮的进口直径计算公式。

由叶轮进口速度三角形（图 8-1）

$$
\begin{aligned}
w_1^2 &= u_1^2 + v_1^2 - 2u_1 v_1 \cos\alpha_1 \\
&= u_1^2 + v_1^2 - 2u_1 v_{u1} \\
&= u_1^2 + v_{u1}^2 + v_{m1}^2 - 2u_1 v_{u1}
\end{aligned} \tag{8-30}
$$

由于从蜗壳出口到叶轮进口为自由流动，无能量损失，即有

$$v_{u1} r_1 = v_{u0} R_3 = K \tag{8-31}$$

式中　K——蜗壳系数；

r_1——叶轮进口半径（m）；

R_3——蜗壳基圆半径（m）。

由式（8-31）可知

$$v_{u1} = \frac{K}{r_1} \tag{8-32}$$

又叶轮进口的圆周速度 u_1 为

$$u_1 = \frac{\pi D_1 n}{60} \tag{8-33}$$

式中　D_1——叶轮进口直径（m）；

n——叶轮转速（r/min）。

$D_1 = 2r_1$；$n = \dfrac{60\omega}{2\pi}$。

且叶轮进口的轴面速度 v_{m1} 可表示为

$$v_{m1} = \frac{Q\eta_v}{\pi D_1 b_1 \varphi_1} \tag{8-34}$$

式中　b_1——叶轮进口宽度（m）；

η_v——液力透平容积效率；

Q——液力透平流量（m^3/s）；

φ_1——叶片进口排挤系数，$\varphi_1 = 1 - \dfrac{z\delta_1}{\pi D_1}\sqrt{1 + \left(\dfrac{\cot\beta_1}{\sin\gamma_1}\right)^2}$；

γ_1——轴面截线与轴面流线的夹角（°），一般 $\gamma_1 = 60° \sim 90°$；

δ_1——叶片进口的真实厚度（m）。

将式（8-32）、式（8-33）及式（8-34）代入式（8-30）可得

$$
\begin{aligned}
w_1^2 &= \left(\frac{\pi D_1 n}{60}\right)^2 + \left(\frac{2K}{D_1}\right)^2 + \left(\frac{Q\eta_v}{\pi D_1 b_1 \varphi_1}\right)^2 - 2\,\frac{\pi D_1 n}{60}\,\frac{2K}{D_1} \\
&= \left(\frac{\pi n}{60}\right)^2 D_1^2 + \left(\frac{2K}{D_1}\right)^2 + \left(\frac{Q\eta_v}{\pi b_1 \varphi_1}\right)^2 \frac{1}{D_1^2} - \frac{\pi n K}{15}
\end{aligned}
$$

为求对应 w_1 最小的 D_1 值，用上式对 D_1 求导数，令 $\dfrac{dw_1^2}{dD_1^2}=0$

$$\frac{dw_1^2}{dD_1^2}=\left(\frac{\pi n}{60}\right)^2-4K^2\frac{1}{D_1^4}-\left(\frac{Q\eta_v}{\pi b_1\varphi_1}\right)^2\frac{1}{D_1^4}=0$$

$$D_1^4\left(\frac{\pi n}{60}\right)^2-4K^2-\left(\frac{Q\eta_v}{\pi b_1\varphi_1}\right)^2=0$$

整理得

$$D_1^4=\frac{4K^2+\left(\dfrac{Q\eta_v}{\pi b_1\varphi_1}\right)^2}{\left(\dfrac{\pi n}{60}\right)^2}=\frac{4K^2+\left(\dfrac{Q\eta_v}{\pi b_1\varphi_1}\right)^2}{\left(\dfrac{\omega}{2}\right)^2}$$

即

$$D_1=\sqrt{\frac{\left[4K^2+\left(\dfrac{Q\eta_v}{\pi b_1\varphi_1}\right)^2\right]^{1/2}}{\dfrac{\omega}{2}}}\tag{8-36}$$

在利用上式计算叶轮进口直径 D_1 时，由于叶片进口排挤系数 φ_1 与叶轮进口直径 D_1 有关，需利用逐次逼近法进行计算，所以在计算之前需先假定一个 D_1，为此，最好用速度系数法确定的 D_1 作为第一次近似值进行计算。如果算得的 D_1 与假定的 D_1 相同，说明假定的 D_1 即为准确的值，如果求得的 D_1 与假定的 D_1 不同，还需再假定一个 D_1 重新进行计算，直到求得的 D_1 与假定的 D_1 相同或相近为止。

式（8-36）中的 K 值可通过式（8-3）的方法进行计算。

8.4　向心叶轮出口直径的计算方法

由于尾水管内的水力损失和叶轮出口液流的绝对速度的平方成正比，所以为了降低尾水管内的水力损失，必须使叶轮出口的绝对速度减小，因此，本章在满足设计参数的前提下为了计算叶轮的出口直径 D_2，将叶轮出口的绝对速度最小作为研究的出发点。

根据叶轮出口的速度三角形（图8-3）：

$$v_2^2=v_{m2}^2+v_{u2}^2\tag{8-37}$$

8. ~ 由液力透平基本方程

液流

$$H=\frac{\omega}{g\eta_h}(v_{u1}r_1-v_{u2}r_2)\tag{8-38}$$

必须考虑 H——液力透平的水头（m）；

击损失角度 g——重力加速度（m/s²）；

η_h——液力透平的水力效率；

r_1、r_2——分别为叶轮进出口半径（m）；

v_{u1}——叶轮进口绝对速度的圆周分量（m/s）。下同。

由式（8-38）可知

$$v_{u2}=\frac{v_{u1}r_1-\frac{gH\eta_h}{\omega}}{r_2} \tag{8-39}$$

又由叶轮出口速度三角形

$$v_{m2}=(u_2-v_{u2})\tan\beta_2 \tag{8-40}$$

将式（8-39）和式（8-40）代入式（8-37）

$$v_2^2=\left(u_2-\frac{v_{u1}r_1-\frac{gH\eta_h}{\omega}}{r_2}\right)^2\tan^2\beta_2+\left(\frac{v_{u1}r_1-\frac{gH\eta_h}{\omega}}{r_2}\right)^2 \tag{8-41}$$

整理得

$$v_2^2=\left(\frac{n\pi\tan\beta_2}{60}\right)^2D_2^2-\frac{n\pi\tan^2\beta_2(v_{u1}r_1\omega-gH\eta_h)}{15\omega}+\left(2\frac{v_{u1}r_1\omega-gH\eta_h}{\omega D_2}\right)^2(\tan^2\beta_2+1) \tag{8-42}$$

为求绝对速度 v_2 最小时的叶轮出口直径 D_2，v_2 对 D_2 取导数，令$\frac{dv_2^2}{dD_2^2}=0$，即

$$\frac{dv_2^2}{dD_2^2}=\left(\frac{n\pi\tan\beta_2}{60}\right)^2-4(\tan^2\beta_2+1)\left(\frac{v_{u1}r_1\omega-gH\eta_h}{\omega}\right)^2\frac{1}{D_2^4}=0$$

$$\left(\frac{\omega\tan\beta_2}{2}\right)^2D_2^4-4(\tan^2\beta_2+1)\left(\frac{v_{u1}r_1\omega-gH\eta_h}{\omega}\right)^2=0$$

即

$$D_2^4=\frac{4(\tan^2\beta_2+1)\left(\frac{v_{u1}r_1\omega-gH\eta_h}{\omega}\right)^2}{\left(\frac{\omega\tan\beta_2}{2}\right)^2} \tag{8-43}$$

又

$$\tan^2\beta_2+1=\frac{\sin^2\beta_2}{\cos^2\beta_2}+1=\frac{\sin^2\beta_2+\cos^2\beta_2}{\cos^2\beta_2}=\frac{1}{\cos^2\beta_2}$$

将上式代入式（8-43）

$$D_2^4=\frac{\frac{4}{\cos^2\beta_2}\left(\frac{v_{u1}r_1\omega-gH\eta_h}{\omega}\right)^2}{\left(\frac{\omega\tan\beta_2}{2}\right)^2} \tag{8-44}$$

所以

$$D_2=\frac{2}{\omega}\sqrt{\frac{v_{u1}r_1\omega-gH\eta_h}{\sin\beta_2}} \tag{8-45}$$

上式还可写为

$$D_2 = \frac{2}{\omega}\sqrt{\frac{K\omega - gH\eta_h}{\sin\beta_2}} \tag{8-46}$$

式中　K——叶轮进口速度矩，$K = v_{u1} r_1$。

由于从蜗壳出口到叶轮进口液流为自由流动，无能量损失，所以速度矩保持不变，即 $v_{u1} r_1 = v_{u0} r_0 = K$，可通过式（8-3）的方法计算 K 值。

8.5　向心叶轮进口宽度的计算方法

由液力透平向心叶轮进口轴面速度 v_{m1} 可知，液力透平向心叶轮进口宽度 b_1 可表示为

$$b_1 = \frac{Q\eta_v}{D_1 \pi \varphi_1 v_{m1}} \tag{8-47}$$

假如将最佳叶轮进口的轴面速度 v_{m1} 和最佳叶轮进口的直径 D_1 代入式（8-47）中，那么得到的 b_1 也应该是最佳值。而最佳的叶轮进口直径 D_1 可由式（8-36）计算得到，最后可得到最佳的液力透平向心叶轮进口宽度。而最佳的叶轮进口轴面速度 v_{m1} 可通过以下方法得到：

由叶轮进口速度三角形可知

$$v_{m1} = (u_1 - v_{u1})\tan\beta_1$$

又由液力透平基本方程和叶轮进口圆周速度，上式可表示为

$$\begin{aligned} v_{m1} &= \left(\frac{\pi D_1 n}{60} - \frac{K}{r_1}\right)\tan\beta_1 \\ &= \frac{\pi n \tan\beta_1}{60}\sqrt{\frac{\left[4K^2 + \left(\frac{Q\eta_v}{\pi b_1 \varphi_1}\right)^2\right]^{1/2}}{\omega/2}} - \frac{K\tan\beta_1}{r_1} \end{aligned} \tag{8-48}$$

式（8-48）即为最佳的叶轮进口轴面速度。

现将最佳的 D_1 和 v_{m1} 代入式（8-47）可得

$$b_1 = \frac{Q\eta_v}{\pi\varphi_1 \sqrt{\frac{\left[4K^2 + \left(\frac{Q\eta_v}{\pi b_1 \varphi_1}\right)^2\right]^{1/2}}{\frac{\omega}{2}}}\left\{\frac{\pi n \tan\beta_1}{60}\sqrt{\frac{\left[4K^2 + \left(\frac{Q\eta_v}{\pi b_1 \varphi_1}\right)^2\right]^{1/2}}{\frac{\omega}{2}}} - \frac{K\tan\beta_1}{r_1}\right\}}$$

整理得

$$b_1 = \frac{Q\eta_v}{\pi\varphi_1 \tan\beta_1 \sqrt{4K^2 + \left(\dfrac{Q\eta_v}{\pi b_1 \varphi_1}\right)^2} - \dfrac{\pi\varphi_1 K \tan\beta_1}{r_1}\sqrt{\dfrac{2\left[4K^2 + \left(\dfrac{Q\eta_v}{\pi b_1 \varphi_1}\right)^2\right]^{1/2}}{\omega}}}$$

令 $\pi\varphi_1 \tan\beta_1 = C_1$，$\left(\dfrac{Q\eta_v}{\pi b_1 \varphi_1}\right)^2 = C_2$，则上式可简化为

$$b_1 = \frac{Q\eta_v}{C_1\sqrt{4K^2 + C_2} - \dfrac{C_1 K}{r_1}\sqrt{\dfrac{2\left(4K^2 + C_2\right)^{1/2}}{\omega}}} \tag{8-49}$$

在计算 b_1 时，先给 b_1 取一初值，利用式（8-49）计算 b_1，如果计算的 b_1 与预取值相同或相近（小于2%），则预取值即为 b_1 的准确值，若不相等，继续取一 b_1 值，再次计算，直到与预取值相等为止。

8.6 算例

选取表 7-2 中的 3 台离心泵作为算例，结合本章所得到的液力透平向心叶轮主要几何尺寸的计算方法计算这 3 台离心泵用作液力透平时叶轮的最佳尺寸。所选 3 台离心泵作液力透平时叶轮的主要尺寸见表 8-1。

表 8-1 所选 3 台离心泵作液力透平时叶轮的主要尺寸

比转数 n_{sp}	进口直径 D_1/mm	出口直径 D_2/mm	进口安放角 β_1 (°)	出口安放角 β_2 (°)	进口宽度 b_1/mm
33	202.5	50.2	39.5	40.3	6.3
47	255.1	83.6	39.7	39.1	6.9
66	213.5	82.4	31.3	36.8	9.6

8.7 本章小结

本章通过分析液力透平向心叶轮进出口速度三角形、蜗壳出口速度三角形和尾水管进口速度三角形以及蜗壳和尾水管内流体的流动机理，并结合欧拉方程从减小液力透平各过流部件内的水力损失出发提出了适合于液力透平向心叶轮进出口安放角的计算方法、叶轮进出口直径的计算方法和叶轮进口宽度的计算方法。通过本章研究为液力透平叶轮的重新设计提供了重要的理论依据。

第9章　基于代理模型和智能优化算法优化系统的建立

离心泵用作液力透平时效率相对较低，通过第4章对液力透平内部能量转换的研究，掌握了液力透平内部能量转换特性及其规律，为液力透平叶轮的优化设计提供了参考。对液力透平几何参数进行优化设计时，目标函数一般由其水力性能参数构成，但液力透平内流体的流动是复杂的湍流流动，加之流道结构复杂及旋转坐标系等因素的影响，使得液力透平几何参数与其水力性能间的隐式关系极其复杂，如果采用梯度优化等方法易陷入目标函数的局部最优解。而智能优化算法是一种通过模拟或揭示某些自然现象或过程而得到的优化方法，其思想和内容涉及数学、生物进化、物理学、人工智能、神经科学和统计学等方面，为解决复杂问题提供了新的思路和手段。如智能优化算法中的遗传算法，它是一种模仿自然界生物进化原理而产生的具有高度并行性、自适应性等优点的全局优化算法。采用该算法进行优化设计时不需要如微分、求导等过多的数学要求，而且也不需要设计变量与目标函数间的明确关系式，只需要引导搜寻方向的目标函数和适应度函数即可，这种优化算法非常适合于水力机械的优化设计，因此，本书选用遗传算法对液力透平的几何形状进行优化。然而在寻优过程中仍需要进行大量的CFD计算用于目标函数的评估，因此计算成本也是必须考虑的问题。为了克服优化设计过程中计算量过大的问题，可以采用代理模型技术。代理模型技术是国外结构分析与设计领域的一个研究热点[54-55]，它通过较少的信息构造出一个计算量小、但计算结果与数值模拟结果相近的数学模型。这样便可建立以代理模型结合智能优化算法的优化系统开展液力透平叶轮的优化设计。

本章详细介绍本书所建立优化系统的具体内容，包括优化系统所涉及的关键技术及具体实现过程，其中涉及的关键技术有几何参数化方法、试验设计方法、近似模型和遗传算法。

9.1　几何参数化

一般情况下，简单的几何形状，如叶片是由几十个甚至上百个型值点给出的。如果对这些型值点直接进行优化设计，必然因优化变量过多造成工作量巨大而无法进行，因此需要对初始几何形状进行拟合和参数化处理。为了保证在能够相对准确的表达优化几何外形的同时又能灵活地进行修改，本书选用B样条曲线对后续叶片的优化进行参数化处理。B样条曲线不仅保留了Bezier曲线全部的优点，而且还克服了Bezier曲线不能作局部修改，当次数较大、控制点较多时不方便使用等缺点。另外，B样条曲线基于控制点构造的特点使设计人员将曲线的表达与具体的几何形状结合起来，可以方便地通过改变控制点来修改几何的形状。

9.1.1　B样条曲线的数学表达

B样条理论是在1946年由Schoenberg提出，而在1974年Gordon与Riesenfeld把Schoenberg提出的B样条理论用于曲线的定义，这样就引入了B样条曲线。虽然B样条曲线算法和Bezier曲线算法一样，同样具有直观的几何特点，但其具有非常晦涩难懂的数学风格[56]。一条k次B样条曲线表达式如下[57]

$$\boldsymbol{P}(u) = \sum_{i=0}^{n} \boldsymbol{d}_i N_{i,k}(u) \tag{9-1}$$

式中　u——曲线隐式表达的独立变量；

$\boldsymbol{P}(u)$——B样条曲线上任意一点；

$\boldsymbol{d}_i$——控制多边形的顶点，$(i=0,1,2,\cdots,n)$；

$N_{i,k}(u)$——k次规范B样条基函数，$(i=0,1,\cdots,n)$，其定义为

$$\begin{cases} N_{i,0}(u) = \begin{cases} 1, & 若\ u_i \leqslant u < u_{i+1} \\ 0, & 其他 \end{cases} \\ N_{i,k}(u) = \dfrac{u-u_i}{u_{i+k}-u_i} N_{i,k-1}(u) + \dfrac{u_{i+k+1}-u}{u_{i+k+1}-u_{i+1}} N_{i+1,k-1} \\ 规定 \dfrac{0}{0} = 0 \end{cases} \tag{9-2}$$

$N_{i,k}(u)$的双下标中第一个表示序号，第二个表示次数。

9.1.2　B样条曲线的局部性质

式（9-2）表明，欲确定第i个k次B样条$N_{i,k}(u)$需要用到u_i，u_{i+1}，…，u_{i+k+1}共计$k+2$个节点，区间［u_i, u_{i+k+1}］称之为$N_{i,k}(u)$的支撑区间，支撑区间的左端节点的下标与该B样条的次数k无关，但支撑区间的右端节点的下标与次数k有关，这也说明支撑区间中的节点区间数与次数k有关，包括零长度的区间。k次B样条的支撑区间中含有$k+1$个节点区间，这样在参数t轴上任一点$t \in$［u_i，u_{i+1}］处，最多有$k+1$个非零的$k+1$次样条基函数$N_{j,k}(u)$$(j=i-k, i-k+1, \cdots, i)$，其他的在该处均等于零，这样对于定义在$u \in [u_i, u_{i+1}]$上的

一段B样条曲线，可以表示为：

$$P(u) = \sum_{j=i-k}^{i} d_j N_{j,k}(u), \quad t \in [u_i, u_{i+1}] \tag{9-3}$$

这个式子从一个方面表明了B样条曲线的局部性质，即k次B样条曲线上的一点$P(u)(u \in [u_i, u_{i+1}])$最多与$k+1$个控制顶点$d_j(j = i-k, i-k+1, \cdots, i)$有关，与其他顶点无关，这也是有别于Bezier曲线除了两个端点外其余各点都与控制顶点有关。

B样条曲线的局部特性对于几何形状的优化有非常重要的作用，因为移动几何形状上的第i个控制点只会影响定义在$u \in [u_i, u_{i+1}]$上的一段曲线，而其他部分不受影响，这样在优化过程中可以极大的增加搜索能力，提高搜索效率。

局部性是B样条曲线优于Bezier曲线的重要性质之一，另外B样条曲线还有一些也非常适用于几何参数化设计的性质，如：①参数的连续性；②比Bezier曲线更强的凸包性；③变差减少性质；④几何不变性与放射不变性；⑤重节点对B样条的影响，零节点即节点区间的长度等于零的情况，其中当定义域端节点是k重节点时，k次B样条曲线的端点与控制多边形的端点相重，且在端点处于控制多边行相切，这个性质可以很好地应用于几何的端点处理。

9.1.3 B样条插值曲线控制顶点的反算

B样条插值方案对于几何形状优化设计有其实际的意义。通过大致给出几何形状上的一些点，反算出B样条曲线上的控制点，这些算出的控制点作为设计的初始控制点，要比直接给出不位于曲线上的控制点更加符合设计者的意愿。下面将介绍控制点反求过程[57]。

1. 节点矢量的确定

对于$m+1$个数据点（型值点）$q_i(i=0,1,\cdots,m)$，在构造一条首尾不重合的三次B样条曲线时，该曲线将包含m段。该三次B样条插值曲线将会有$n+1$个控制顶点$d_j(j=0,1,\cdots,n)$，其中$n=m+2$。节点矢量为$\boldsymbol{U}=[\boldsymbol{u}_0, \boldsymbol{u}_1, \cdots, \boldsymbol{u}_{n+k+1}]$。为了几何形状在端点处位置不变且便于控制，使得$\boldsymbol{u}_0=\boldsymbol{u}_1=\boldsymbol{u}_2=\boldsymbol{u}_3=0$，$\boldsymbol{u}_{n+1}=\boldsymbol{u}_{n+2}=\boldsymbol{u}_{n+3}=\boldsymbol{u}_{n+2}=1$。对数据点$q_i(i=0,1,\cdots,m)$取规范积累弦长的参数化确定参数序列$\hat{u}_i(i=0,1,\cdots,m)$，相应也得到$\boldsymbol{u}_{3+i}=\hat{u}_i(i=0,1,\cdots,m)$，这样节点矢量全部得到。

2. 反求控制点

对于三次B样条插值曲线而言，将定义域$u \in [u_i, u_{i+1}] \subset [u_3, u_{n+1}]$内的节点值依次带入到该曲线方程中，满足如下的插值条件

$$\begin{cases} \boldsymbol{p}(u_i) = \sum_{j=i-3}^{i-1} \boldsymbol{d}_j N_{j,3}(u_i) = \boldsymbol{q}_{i-3} \quad i = 3,4,\cdots,n \\ \boldsymbol{p}(u_{n+1}) = \sum_{j=n-2}^{n} \boldsymbol{d}_j N_{j,3}(u_{n+1}) = \boldsymbol{q}_m \end{cases} \tag{9-4}$$

式（9-4）的线性方程组可以改写成如下的矩阵形式

$$\begin{bmatrix} N_{1,3}(u_3) & N_{2,3}(u_3) & & N_{0,3}(u_3) \\ N_{1,3}(u_4) & N_{2,3}(u_4) & N_{3,3}(u_4) & \\ \ddots & \ddots & \ddots & \\ & N_{n-4,3}(u_n) & N_{n-3,3}(u_n) & N_{n-2,3}(u_n) \\ N_{n-1,3}(u_{n+1}) & & N_{n-3,3}(u_{n+1}) & N_{n-2,3}(u_{n+1}) \end{bmatrix} \begin{bmatrix} \boldsymbol{d}_1 \\ \boldsymbol{d}_2 \\ \vdots \\ \boldsymbol{d}_{n-3} \\ \boldsymbol{d}_{n-2} \end{bmatrix} = \begin{bmatrix} \boldsymbol{q}_0 \\ \boldsymbol{q}_1 \\ \vdots \\ \boldsymbol{q}_{n-4} \\ \boldsymbol{q}_{n-3} \end{bmatrix} \tag{9-5}$$

式中系数矩阵中的元素为 B 样条基函数的值，与节点有关，式子右边是已知的型值点，这样控制点可采用数学中的高斯消元法求得。

9.1.4 B 样条曲线上点的计算

对于一条 k 次 B 样条插值曲线，其可由 $n+1$ 个控制点 $d_j(j=0,1,\cdots,n)$ 和节点矢量 $\boldsymbol{U}=[\boldsymbol{u}_0,\boldsymbol{u}_1,\cdots,\boldsymbol{u}_{n+k+1}]$ 来定义，通过上一节方法可以确定节点矢量以及控制点坐标，确定了节点矢量和控制点坐标之后，既可根据 B 样条曲线方程和 B 样条基的计算求出该曲线上点的坐标，但也可以采用快捷的德布尔算法来求得[57]。

9.2 代理模型

代理模型技术是用于代替原有复杂模型的一种“模型”，代理模型与原分析模型相比，在保证一定精度的情况下，具有计算量小、计算周期短的特点。如图 9-1 所示为构建代理模型的示意图，其具体建立一般需要如图 9-2 所示的四个步骤：第一，根据具体的优化设计要求，确定优化设计变量以及设计变量的取值空间，随后采用试验设计方法在变量的设计空间内生成一定数量的样本点，生成的样本点即为该模型的输入数据；第二，通过高精度分析模型（如数值计算或试验）获得这些输入数据分别所对应的输出数据；第三，对这些输入、输出数据进行某种拟合处理，生成代理模型；第四，对该代理模型进行误差分析，验证该代理模型是否满足精度要求。从构建代理模型的过程可以看出，代理模型主要包含两部分内容：一是试验样本点的选取策略，该部分属于试验设计方法的范畴；二是代理函数逼近方法的选择，该部分属于近似方法的范畴。

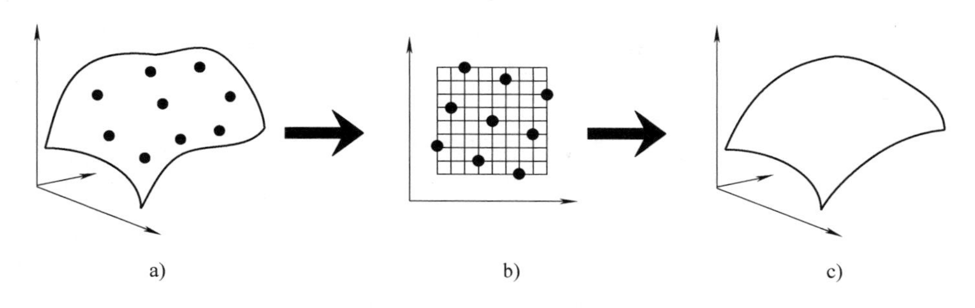

图9-1　构建代理模型示意图

a）真实模型　b）试验设计　c）代理模型

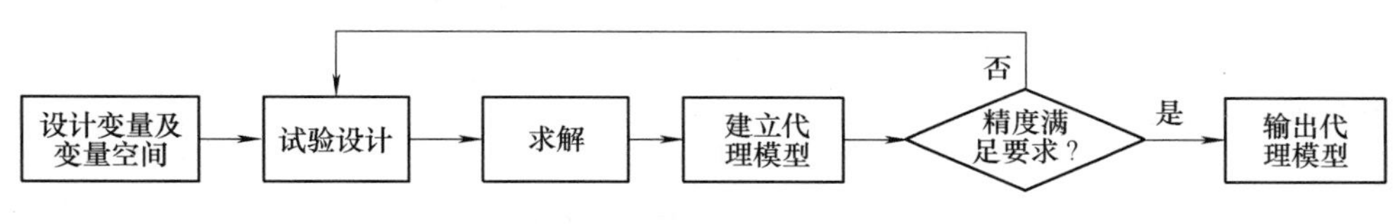

图9-2　构建代理模型流程图

9.2.1　试验设计方法

试验设计方法是数理统计学的一个分支，它是以概率论和数理统计为理论基础，并结合具体专业知识和实践经验，经济、科学地安排试验、处理试验结果的方法；它有别于其他一些数理统计方法，因为其他大多数的数理统计方法是用于分析、处理已经得到的试验数据，而试验设计方法则是用于决定数据如何来收集的方法。采用试验设计方法的目的是以最少的人力、物力和财力消耗，在最短的时间内获得更好的科研成果或生产成果。如果试验安排科学、合理，就可以以相对较少的试验次数、试验周期以及较低的试验成本获得正确的结果；如果试验安排不科学、合理，就很难达到预期想要的效果，甚至有可能会导致试验的失败。在试验设计中，设计变量称之为因素，每个因素在设计空间内取值的个数称之为水平。基于试验设计方法以上的特点，试验设计方法也是构建代理模型的一个重要组成部分，因为它可以为代理模型的训练提供科学、合理的试验样本。

从试验设计方法的发展来看[58-59]，试验设计技术已经成为一门相对比较成熟的学科。下面对常用的几种试验设计方法加以介绍。

1. 全因子试验设计

全因子试验设计，顾名思义是进行各因素各水平间所有组合的试验设计，它是最基本的试验设计方法。通过全因子试验设计可以准确地得出所有试验因素的主次效应以及因素间的交互效应，这是全因子试验设计的优点。但其最大的缺点就是试验次数最多，且试验次数随因素的增加呈指数增长，因此在做全因子试验设计时耗费的人力、物力、财力和时间是最多的。

2. 正交试验设计

各种试验设计的目的均是在设计空间内挑选出具有代表性的点，其中正交试验设计是基于正交准则来选出具有代表性的点的方法。“均匀分散、整齐可比”是正交试验挑选出来具有代表性点的特点。“均匀分散”使得试验点在设计空间内均衡分布，这样每个试验点均具有代表性；“整齐可比”性则便于试验数据的分析以及处理。为了使挑选出来的点“整齐可比”，正交试验安排的试验次数是水平数平方的整数倍。基于正交试验设计的特点，正交试验方法在科学研究、工业生产等领域有广泛的应用，而且科学家设计出了一系列用于实现正交设计的适用表格，该表格称之为正交表，通过正交表可以更加方便的安排具体的试验。

3. 均匀试验设计

均匀设计是由我国著名数学家王元和方开泰创立的一种新的试验方法[60]，该方法是通过分析正交试验设计试验点在设计空间内的“均匀分散、整齐可比”特点的基础上得出的。正交试验设计试验点在试验空间内的“均匀分散”是在照顾了“整齐可比”之后的均匀分散，所以从数理统计学的角度来看，这些试验点在试验空间内并不是充分的“均匀分散”。为了使试验点在设计空间内充分均匀，可以不考虑“整齐可比”性，这种只从试验点在设计空间内的均匀性出发的设计方法称之为均匀设计。在均匀性相当的情况下，均匀设计安排的试验次数要远少于正交试验安排的试验次数。

4. 拉丁超立方设计和优化的拉丁超立方设计

拉丁超立方试验设计（LatinHypercube Design）[61]与上面介绍的正交试验设计、均匀试验设计均属于“空间填充（Space Filling）”式的试验设计方法。该方法是由 M. D. McKay、R. J. Beckman 等人提出，其原理是：在 n 个设计变量构成的 n 维空间中选取 m 个样本点，将每个设计变量的变化范围均分为 m 个水平（区间），然后随机选取 m 个样本点，在选取的过程中保证每个设计变量的水平只被研究一次，即构成了 n 维空间（n 个设计变量），样本数为 m 的拉丁方设计，记为 $m \times n$ 拉丁超立方。其有两个显著的优点：一是有效的设计空间填充能力和拟合非线性响应；二是与常用的正交试验相比，在同样多的样本点数下它可研究更多的组合，并且对水平的分级没有严格的控制，这样试验次数可自由控制。拉丁超立方试验设计和其他试验设计方法一样，同样也存在着缺点：一是不可重复性，因为试验样本是以随机组合的方式生成的；二是试验点分布不够均匀，虽然拉丁超立方试验设计较传统的试验设计方法能够更好的填充整个空间，但仍存在试验点分布不均的情况，而最优拉丁超立方设计（Optimal Latin Hypercube Design）方法很好地解决了该缺点，它是通过改进随机拉丁超立方设计的均匀性，使得因子和响应的拟合更加精确的一种方法，该设计方法具有较好的空间填充性和均衡性。

9.2.2 近似方法

代理模型的实质是采用近似方法对离散的数据加以拟合而建立的一种数学模型。目前，在优化设计中使用较多的代理模型近似方法有：多项式响应面模型、Kriging 模型、径向基函数模型和 BP 神经网络模型等。下面对 BP 神经网络模型作详细的介绍。

BP 神经网络模型及优化的 BP 神经网络

人工神经网络（Artificial Neural Network，ANN），又称连接主义模式，是模仿人脑的结构与特性，通过大量基本处理单元（神经元）按照某种拓扑结构连接而形成的一种新型信息处理和非线性动力系统。它具有高度非线性映射能力、很强的自适应学习能力、并行性、结构可变性、鲁棒性和容错能力等特点。因此，它在很多研究领域已经得到了广泛的应用。从人工神经网络的实际应用中（如函数的逼近、数据的压缩、模式识别和分类、滤波等）发现，接近90%的人工神经网络采用的是反向误差传播神经网络（Back Propagation Neural Network，BP）或者是它的衍生形式，它同时也是前馈型神经网络的核心部分。下面对 BP 神经网络及其基本数学原理进行介绍。

Rumelhart 和 McCelland 等人于1986年在书中对 BP 神经网络作了详尽的描述与分析[62]。神经网络最基本的结构是由输入层、隐含层（中间层）和输出层三层结构组合而成，如图9-3所示，其中输入节点数目为 n，输出节点数 k，ω_a、ω_b 分别为输入层和隐含层与隐含层和输出层之间的连接权值。

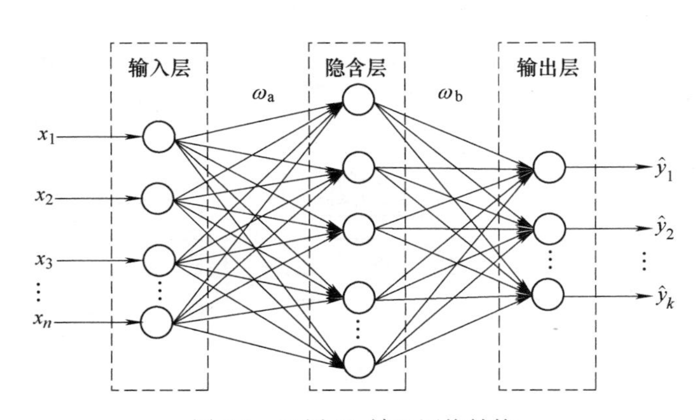

图9-3 三层 BP 神经网络结构

BP 神经网络学习训练的基本思想是在给定输入信息和输出信息的情况下，对网络的权值和阈值进行不断的修正，使得网络能够实现该给定的输入输出的映射关系。具体实施过程如图 9-4 所示：首先，输入样本信息，从输入层传入，经隐含层逐层处理，一直传到输出层；其次，对输出层的实际输出值与期望值进行对比，如果输出值与期望值的误差在可接受的范围内，则停止训练，反之，需要将误差信息以某种形式经隐含层向输入层逐层反向传播，并将误差信号分摊给每层中的所有单元，以分摊后的误差信号分别作为修正各个单元权值的依据，这种正向传播与反向传播一直进行着，直到输出值与期望值的误差在可接受的范围内，则停止训练；最后，输出训练好的 BP 网络。

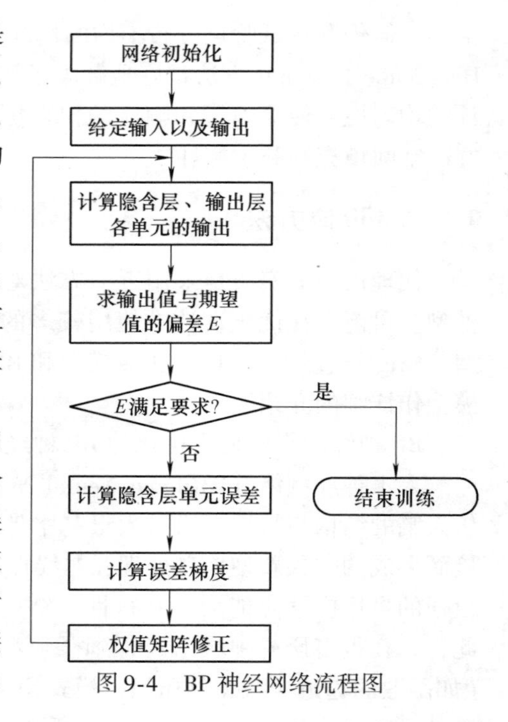

图 9-4　BP 神经网络流程图

BP 神经网络结构确定后，对于初始权值和阈值而言，它们是随机生成的，但初始权值和阈值对网络的收敛速度及预测精度有很大的影响而又无法准确获得。针对于此，可以采用遗传算法以预测的误差最小为目的，初始权值和阈值为设计变量，找出最优的权值和阈值，以寻找得到的最优权值和阈值作为 BP 神经网络的权值和阈值，这样不仅使得网络训练有较快的收敛速度，而且有更好的预测精度。本书后续章节的优化过程中所采用的神经网络即为用遗传算法优化的 BP 神经网络（GA-BP）。如图 9-5 所示为采用遗传算法优化 BP 神经网络的流程图。

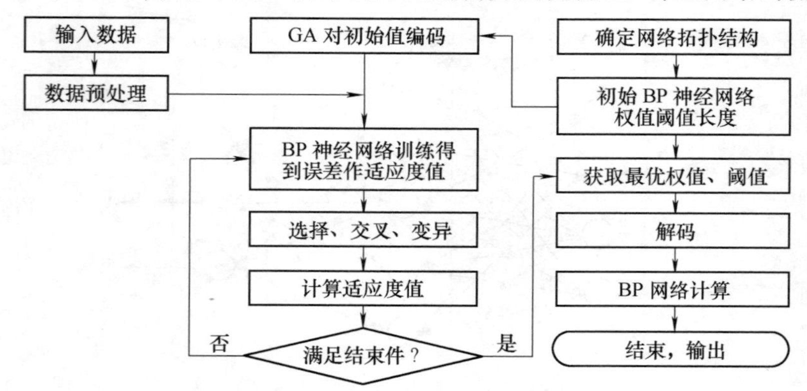

图 9-5　遗传算法优化 BP 神经网络的流程

9.3　智能优化算法

智能优化算法是一类启发式优化算法，它和传统优化算法一样，它是根据所需要优化问题的目标函数来寻求最优解，只是传统的优化算法是以目标函数的数学特征来寻求最优解，而智能优化算法是通过模仿自然或生物现象来模拟目标函数以寻求最接近最优解的优化解。正是智能优化算法的这种特点，它非常适合于水力机械几何形状的优化设计。常用的智能优化算法有：模拟退火算法，遗传算法，群体智能（蚁群算法、粒子种群算等）等，而遗传算法则是智能优化算法中应用最为广泛、最为成功的算法。本书在后续章节对液力透平叶轮的优化采用的也是智能优化算法中应用最为广泛的遗传算法，下面对遗传算法的基本原理加以介绍。

9.3.1　遗传算法概述

遗传算法（Genetic Algorithm，GA）是通过模拟生物在自然环境中的遗传和进化过程而形成的一种智能优化方法。它是由美国密执安大学的 John H. Holland 教授于20世纪60年代最早提出的[63]，随后在一些学者的共同努力下，使其理论与方法得到不断的改进与完善，现在遗传算法已经成为一种成熟、健壮性高的全局优化算法，在工业工程、自动控制、人工智能、生物工程等各领域均得到广泛应用。

9.3.2　遗传算法基本原理

遗传算法是根据所解决问题的目标函数来构造适应度函数（Fitness Function），对问题可能潜在解集的种群（Population）进行评估、遗传操作、选择，按照适者生存和优胜劣汰的原理逐代（Generation）繁殖进化，最后获得适应度值最好的个体（individual）作为所解决问题的最优解。其具体操作实现流程如下：

1. 遗传编码

遗传算法不能直接处理问题的空间变量，需要将参数转换成按一定结构组成的个体或染色体，即从变量的表现型到基因型的映射，这个映射操作称之为编码。通常遗传算法有两种编码方法：一种是二进制编码，它是将变量值代表的个体表示成一个 $\{0,1\}$ 二进制串，串长短取决于求解的精度要求；另外一种是实数编码，它是采用十进制的实数对变量值进行编码，编码串的长度与优化问题所含的变量个数相等。

2. 初始种群的设定

初始种群是随机生成，它的产生方式依赖于步骤（1）中的编码方式。对于初始种群的设定问题就是确定种群规模的大小，即种群中所含个体数目多少。

个体数目的多少会在一定程度上对遗传算法效能的发挥产生一定的影响的。个体数目少，遗传算法的计算速度相对较高，但是种群缺乏多样性，优化后得到的结果一般不会很好。随着个体数目增多，种群多样性得到提高，算法陷入局部收敛的可能性降低，生成有价值的基因并逐步进化，最后得到全局最优解的概率增大。但是，如果个体数目太多，这也就相应地增加了遗传算法的计算量，使得收敛时间增长，计算效率下降。因此，群规模的大小需要根据计算机的硬件能力和计算的复杂度确定。

3. 适应度函数选取及计算

遗传算法在进化过程中基本不需要其他外部信息，仅需要适应度函数，适应度函数是用于评估个体适应度优劣的函数。适应度越高，遗传到下一代的可能性就越大，反之，适应度越低，遗传到下一代的可能性就会相对较小。因此适应度函数的确定是比较重要的，一般来说，适应度函数是通过问题的目标函数转化而成的。常见的适应度函数有三种[64]：

（1）直接将目标函数转化成适应度函数，即：

$$\text{如果目标函数为最大化问题,则 } \mathrm{Fit}(f(x))=f(x) \tag{9-6}$$

$$\text{如果目标函数为最小化问题,则 } \mathrm{Fit}(f(x))=-f(x) \tag{9-7}$$

（2）如果目标函数是最小化问题，则

$$\mathrm{Fit}(f(x))=\begin{cases} c_{\max}-f(x) & f(x)<c_{\max} \\ 0 & \text{其他} \end{cases} \tag{9-8}$$

如果目标函数是最大化问题，则

$$\mathrm{Fit}(f(x))=\begin{cases} f(x)-c_{\max} & f(x)>c_{\max} \\ 0 & \text{其他} \end{cases} \tag{9-9}$$

式中　$c_{\max}$——$f(x)$的最大值估计。

（3）如果目标函数是最小化问题，则

$$\mathrm{Fit}(f(x))=\frac{1}{1+c+f(x)} \qquad c+f(x)\geqslant 0,c\geqslant 0 \tag{9-10}$$

如果目标函数是最大化问题，则

$$\mathrm{Fit}(f(x))=\frac{1}{1+c-f(x)} \qquad c-f(x)\geqslant 0,c\geqslant 0 \tag{9-11}$$

基于适应度函数在进行选择操作时可能会出现种群的早熟（提前收敛）或者对重点区域无法进行搜索的现象，为了避免上述问题的产生，需要对个体的适应度函数进行适当地调整，比如为了提高个体的竞争能力，可以扩大最佳个体的适应度和其他个体的适应度的差异程度，这种适应度调整称之为适应度函数的尺度变换。常用的个体适应度变换方式有三种：线性变换、幂函数变换和指数变换。

4. 遗传操作

遗传操作包含选择算子、交叉算子和变异算子，这三个算子是遗传算法的精髓，利用这些算子产生新一代的种群，从而实现种群的进化过程。

选择操作是以概率的形式对个体进行选择，其中个体概率的大小取决于种群中个体的适应度值及其分布。常用的选择方法有：轮盘赌选择法（Roulette Wheel Selection）、随机变量抽样法（Stochastic Universal Sampling）、局部选择法（Local Selection）、锦标赛选择法（Tournament Selection）等，在这些选择方法中，轮盘赌选择法相对操作简单，容易理解，并且理论相对成熟，因此本书中选择轮盘赌选择法作为遗传算法的选择机制。

交叉运算是指将两个个体的部分结构以某种方式进行交换，形成新个体的操作。交叉是遗传算法中获得新优良个体最重要的操作。遗传算法中交叉算子有：单点交叉、双点交叉、多点交叉、均匀交叉、循环交叉等，其中使用最多的是单点交叉与双点交叉。本书中的交叉操作采用的是单点交叉。

变异是指将交叉之后的子个体变量以很小的概率或者步长发生改变，对于{0,1} 编码而言，就是在基因某个位置反转其位值。变异操作同样是遗传算法中的主要算子，其本身是一种局部随机搜索，它与选择算子、交叉算子相结合，有力地确保了遗传算法的有效性，使得遗传算法具有局部搜索能力，同时使遗传算法保持了种群的多样性，以防出现早熟收敛。

5. 终止条件的判断

遗传算法中判断终止条件的方法有：适值边界方法、时间边界方法和进化代数方法。基于本书中无法给出确切的终止时间以及确切的优化精度，而可以给出进化代数，因此本书以进化代数作为判断算法是否终止的条件，即进化代数方法。

6. 判定是否终止

如果满足所设定的终止条件，则终止，否则转到步骤 3 继续进行个体的适应度评估以及对种群的遗传操作。

如图 9-6 所示为遗传算法的优化流程图。

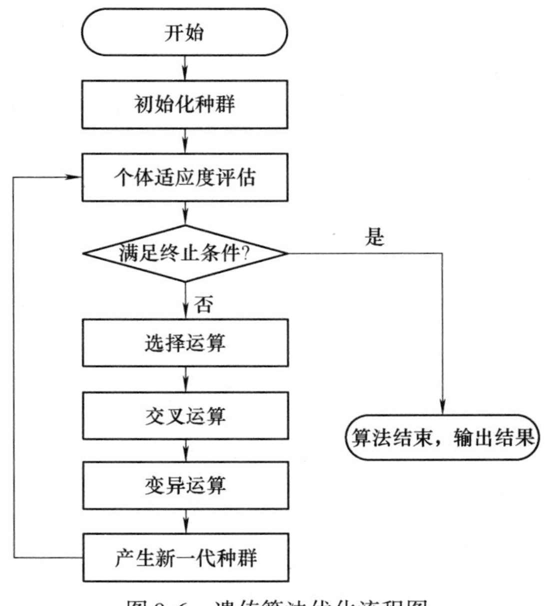

图 9-6　遗传算法优化流程图

采用遗传算法对液力透平的几何参数进行优化时，其水力性能的 CFD 数值计算无疑是非常耗时的，因此本书还需引入代理模型来代替在寻优过程中获取液力透平性能参数的 CFD 数值计算，这样便可节省计算成本，缩短优化时间。下面对代理模型加以介绍。

9.4　优化系统的构建

通过对以上各关键技术的介绍，下面构建本书的优化系统框架。如图 9-7 所示为优化系统框架。

该优化系统包括五个模块，即液力透平整体模型建立模块、整体模型网格划分模块、模型性能计算模块、代理模型模块和遗传算法模块。在优化过程中，前三个模块逐一完成，然后结合第一个模块的设计变量以及与之对应的性能参数实施第四个模块，在第四个模块实施完成并成功输出代理模型后，将其内嵌入第五模块中，随后进行遗传算法的寻优过程。

1. 液力透平整体模型建立模块

该模块由三部分组成，即几何参数化、试验设计和液力透平整体模型的建立。本书的优化首先是针对两个几何形状，即液力透平叶轮轴面投影图和叶片型线。

对于叶轮轴面投影图的优化，液力透平整体模型的建立过程为：首先，确定设计变量，本书以叶轮前后盖板的两个倾角、前盖板流线上的两个圆弧半径以及后盖板流线上的一个圆弧半径为设计变量；其次，采用试验设计方法在设计变量的空间内生成设计变量的试验样本；最后，采用 Pro/E 软件对液力透平初始模型（整体）中的变量进行参数化设计，用到的是 Pro/E 中的“关系”操作，通过 Pro/E 中的“关系”来更新生成不同叶轮轴面投影图对应的液力透平整体模型。

对于叶片型线的优化，液力透平整体模型建立过程为：首先，从待优化的几何形状上提取数个型值点，对提取的型值点进行 n 次非均匀 B 样条插值处理，其中型值点的个数以及 B 样条曲线的次数根据具体几何形状的复杂程度和拟合精度进行合理选择，对于本书中的叶片型线而言，由于几何形状较为简单，从叶片型线上提取 7 个型值点并采用三次非均匀 B 样条曲线进行插值处理即可较为精确表达叶片的初始型线；其次，反算出非均匀 B 样条曲线的控制点坐标（具体在 matlab 中实现，参见附录），反算出控制点后根据优化设计的具体要求，选择部分或全部控制点作为优化的设计变量，改变控制点在设计空间内的位置（坐标）即可生成不同的叶片型线，从而达到改变叶片型线的目的；然后，采用试验设计方法在设计变量的空间内生成变量试验样本，在 matlab 中通过拟合生成不同的叶片型线数据，最终这些叶片型线数据需要依次导入到三维造型软件中，因此需要对叶片型线的数据文件稍作处理（结合三维软件能够识别的线文件的格式，使处理后的文件格式符合要求），以便使三维造型软件（如 Pro/E）能够成功识别；最后，将叶片型线和叶轮回转体一并导入到三维造型软件中，通过一系列的特征操作后建立叶轮的计算域模型，随后将液力透平的各个计算域（叶轮、蜗壳、间隙、延伸段和尾水管）进行组装形成液力透平的整体模型。

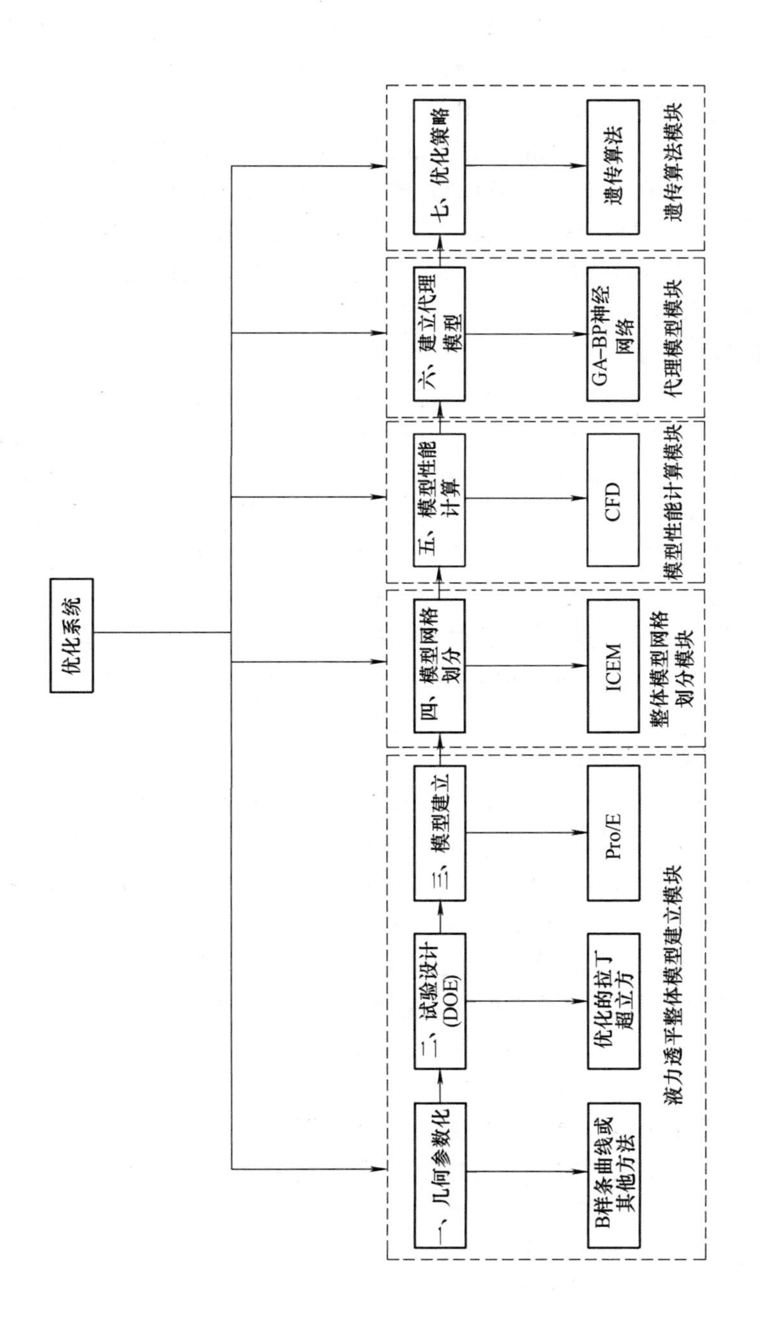

图 9-7　液力透平叶轮优化系统框架

以上是对液力透平两个几何形状在优化时的整体模型的建立过程进行了详细的介绍。但这是针对建立一个新模型而阐述的过程，对于试验样本对应的所有模型，需要用到批处理文件。Pro/E 软件在模型建立过程中会生成一个跟踪文件（trail. txt），记录下用户在 Pro/E 中的整个操作过程。将 trail. txt 文件重命名后（如 1. txt）导入（Tools→Play Trail/Training File）到 Pro/E 中，可以回放整个操作的过程，结合这个特点，可以通过改变跟踪文件中优化设计变量的信息以及保存文件名信息，即可生成试验样本中对应的每个模型，依次类推，将试验样本对应的所有模型的跟踪文件放到一个文件中，通过回放操作可一次性生成所需要的所有模型。

2. 整体模型网格划分模块

在后续操作过程中需要对每个模型进行 CFD 流场分析，这也就不可避免的需要对每个模型进行网格的划分。虽然在优化过程中叶轮的回转体或叶片的几何形状会发生改变，但模型的总的结构形式并没发生大的变化。因此，如果采用 ICEM 进行网格划分时，可以共用一个拓扑结构，然后根据每个模型的具体几何形状进行自动关联映射，从而实现网格的划分；如果采用 Gambit 对模型进行网格划分，可采用相同的设置参数。Gambit 在对模型网格划分过程中会生成一个日志（journal）文件，上面记录了对模型网格划分过程中的参数设置以及边界条件的定义，因此对这个 journal 文件稍作处理可用于其他所有模型网格的自动划分。

3. 液力透平性能计算模块

在对每个模型的网格划分完毕后，即可进行每个模型的 CFD 性能计算，并将性能计算的结果输出到数据文件中，以供后续代理模型的建立。在对每个模型进行性能计算时，采用的是商业软件 ANSYS-FLUENT 14. 5，FLUENT 数值计算具体包括三个部分，即前处理、求解器求解和后处理，这三个部分的操作采用 journal 文件，以便使前处理实现快速加载并设置、求解器自动运行和后处理自动生成不同几何形状下液力透平的性能数据并输出。在采用 FLUET 进行数值计算时，可以生成一个 journal 文件（File→Write→Start Journal），该文件可记录下用户在 FLUET 中的所有操作过。将生成的 journal 文件导入（File→Read→Journal）到 FLUET 中可以重复之前的整个操作过程，结合这个特点，可以通过改变 journal 文件中样本模型的网格信息（名称不同）及存储用于计算性能值的数据文件名称，即可对每个样本模型进行自动数值计算，依次类推，将每个试验样本对应的 journal 文件组合到一个文件中，导入到 FLUET 中便可依次自动地进行操作处理，最后得到所有模型的性能值。

4. 代理模型模块

在获得每个样本模型对应的性能参数后，即可开始代理模型的学习训练，以设计变量为代理模型的输入参数，以与之对应的性能参数为输出参数。代理模型训练完成后内嵌到后续的遗传算法中用于优化过程中个体的性能评估。

5. 遗传算法模块

遗传算法模块的作用是对种群中的每个个体进行性能评估以及遗传进化操作，其中个体性能评估功能是通过训练好的并内嵌于遗传算法中的代理模型来实现。采用遗传算法对几何形状进行优化时，首先会随机生成初始种群，初始种群中的每个个体为其对应的遗传基因；其次，对种群中每个个体进行性能评估，性能参数与目标函数相关；最后，有了每个个体的遗传基因以及目标函数，遗传算法就可以根据其原理对种群进行遗传操作，最终得到目标函数的最优解。

9.5　本章小结

本章详细地介绍了构成本书优化系统的主要组成部分，同时介绍了该优化系统的具体实现过程，为后续章节采用该优化系统对液力透平叶轮进行优化设计奠定了重要的基础。

第 10 章　离心泵作液力透平的叶轮优化设计

离心泵用作液力透平时普遍存在效率低下的问题，Yang 等[65]在研究中发现液力透平在运行时叶轮中的水力损失占总水力损失的 50% 以上，这就说明液力透平水力性能欠佳的主要原因在于其叶轮性能较差。液力透平叶轮性能较差，其原因在于离心泵在最初设计时并没有考虑其在透平工况下的性能，因此泵的一些几何参数并不一定能很好地适用于在透平工况下运行。如图 10-1 所示为离心泵与液力透平在各自最优工况下的流线图，从图 10-1 可以看出，尽管离心泵与液力透平仅在叶轮旋转方向及进出口发生了变化，但二者内部流动特性存在着较大的差异。泵工况时流体的流动稳定，速度分布均匀，而在透平工况时流体的流动较为紊乱，尤其在叶片工作面进口及背面均存在较大的漩涡区域。通过第 3 章对液力透平叶轮内能量转换特性的分析，发现液力透平的叶轮轴面图及叶片有待优化改进，结合第 9 章针对液力透平叶轮优化所建立的优化系统，本章首先对液力透平的叶轮轴面图及叶片型线进行优化设计，随后结合其他几何参数的优化来进一步提高液力透平叶轮的性能，从而提高液力透平的能量转换效率。

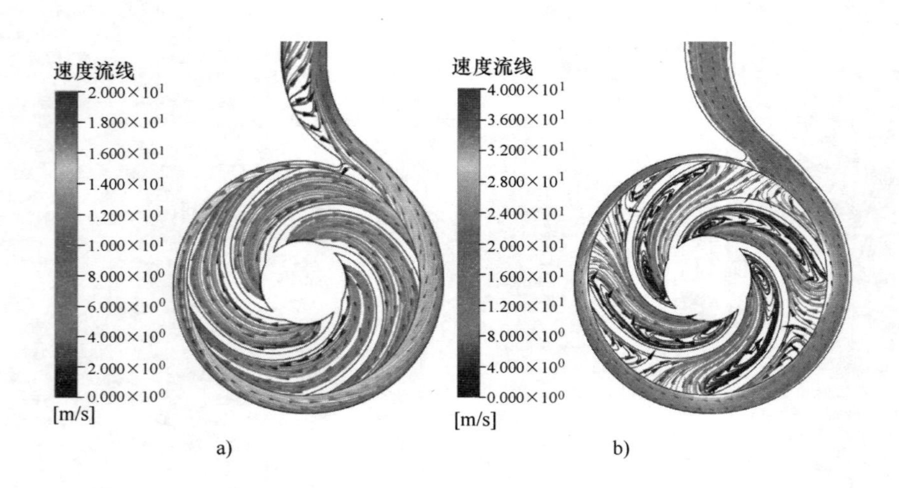

图 10-1　离心泵与液力透平中间截面上的速度流线图

a）离心泵　b）液力透平

（彩图见书后插页）

10.1　离心泵作液力透平叶轮轴面投影图优化设计

10.1.1　叶轮轴面投影图控制变量的确定及参数化控制

本书所研究液力透平的初始轴面投影图是采用双圆弧法绘制的，即前盖板流线由一段直线与两段圆弧构成，后盖板流线由一段直线与一段圆弧构成，如图 10-2a 所示。从图 10-2a 中可以看出，在叶轮进口直径 D_2、进口宽度 b_2 和出口直径 D_1 确定的情况下，轴面投影图上可变的控制参数有前盖板直线段与水平方向的夹角（前盖板倾角）α_1、后盖板直线段与水平方向的夹角（后盖板倾角）α_2、前盖板流线上的两段圆弧半径 R_1 和 R_2 以及后盖板流线上的圆弧半径 R_3。本节以 α_1、α_2、R_1、R_2 和 R_3 这 5 个参数为设计变量，采用第 4 章建立的优化系统对液力透平的叶轮轴面投影图进行优化设计。

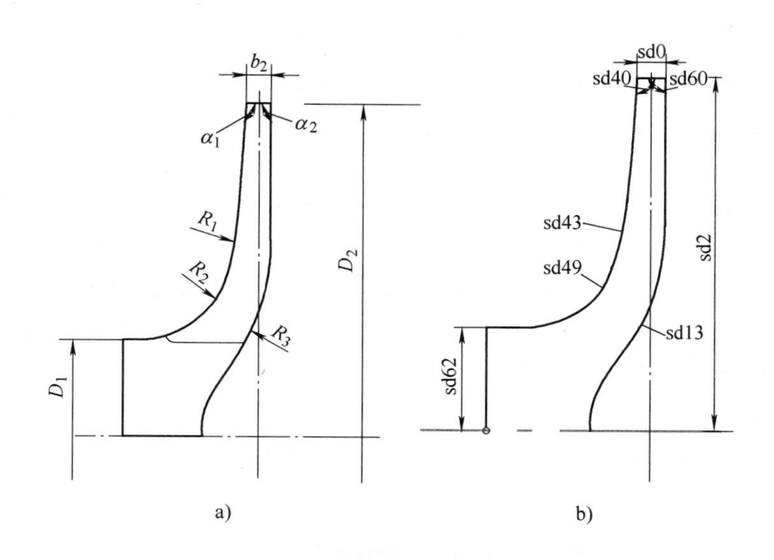

图 10-2　叶轮轴面投影示意图

采用第 9 章建立的优化系统对液力透平叶轮轴面投影图进行优化时，需要借助三维建模软件 Pro/E 自动建立大量试验样本模型。自动建模的关键是利用 Pro/E 中的“关系（也称之为参数关系）”功能[66]，“关系”是用户定义的符号尺寸和参数之间的等式，图 10-2b 给出了液力透平叶轮轴面投影图的符号尺寸。“关系”可以被用于驱动模型，如果更改关系，则模型也随之改变。正是由于

“关系”的这个特点，当需要建立大量试验样本模型时，只需在输入文件中更改设计变量 α_1、α_2、R_1、R_2 和 R_3 的值，Pro/E 会根据最新的参数“关系”自动更新模型，从而实现模型的自动建立。该液力透平叶轮轴面投影图的初始参数关系为

sd40 = 94.00；

sd60 = 90.00；

sd43 = 71.00；

sd49 = 21.00；

sd13 = 53.00.

从图 10-2a、b 中可以看到符号尺寸与参数之间的对应关系，即 α_1 为 sd40、α_2 为 sd60、R_1 为 sd43、R_2 为 sd49、R_3 为 sd13。

建立模型的具体过程为：

1）确定设计变量及设计变量的范围，采用试验设计方法生成训练 GA-BP 神经网络的试验样本，每个试验样本对应着不同的液力透平叶轮轴面投影图，即对应着不同的液力透平模型，根据 Pro/E 中“关系”的格式要求，对每个试验样本加以简单处理，使其符合“关系”的表达格式要求。

2）试验样本处理完成后即可在 Pro/E 中开始实施建模，第一步是先导入初始液力透平的叶轮模型，在初始模型的基础上“编辑定义”叶轮的轴面投影图，第二步是导入其中一个试验样本（工具→关系→文件→导入关系），导入完成后，Pro/E 会根据最新的参数“关系”自动更新轴面投影图，单击“确定”即可生成新的叶轮模型，保存并拭除当前窗口，此即为一个样本模型的建立过程。该过程的具体操作过程均包含在本次的 trail 文件中。建立其他大量模型的过程以此类推，只需逐个更改待导入试验样本的不同的“关系”名称，并将所有的操作过程制作成一个输入文件，导入到 Pro/E 后即可依次自动地生成所有试验样本的叶轮模型。

3）通过一个简单的模型装配文件，实现所有模型的自动装配并导出待划分网格的几何文件（iges 文件或 step 文件）。

10.1.2　叶轮轴面投影图优化模型的建立

对离心泵作液力透平叶轮轴面图开展流体动力学优化的目的是使其在最优工况（27.5m^3/h）下具有更好的水力性能，从而提高液力透平能量回收能力。本节以叶轮轴面投影图上的前盖板倾角 α_1、后盖板倾角 α_2、前盖板两个圆弧半径 R_1、R_2 以及后盖板圆弧半径 R_3 等 5 个几何参数为设计变量，采用第 9 章建立的优化系统对液力透平的叶轮轴面投影图进行优化设计，为了获得设计变量尽可能大的搜寻空间，且保证叶轮轴面图能够成功生成，本研究最终确定设计变

量的取值范围见表 10-1。

表 10-1　设计变量的变化范围

设计变量	几何意义	取值范围
α_1 (°)	前盖板倾角	92～96
α_2 (°)	后盖板倾角	88～92
R_1/mm	前盖板第一个圆弧半径	66～76
R_2/mm	前盖板第二个圆弧半径	16～26
R_3/mm	后盖板圆弧半径	48～58

此外，为了使得优化前后液力透平的压头不发生大的变化，约束优化后液力透平的压头在最初设定的范围之内，因此本次对液力透平叶轮轴面投影图优化的目标函数表述如下

$$\begin{cases} X=[\alpha_1,\alpha_1,R_1,R_2,R_3] \\ F_{obj}(X)=\mathrm{Min}[(\eta_h^{ini}-\eta_h)+N|\mathrm{Min}(0,\Delta H-|H-H^{ini}|)|] \end{cases} \tag{10-1}$$

式中　$F_{obj}(X)$——优化设计的目标函数；

X——设计变量；

η_h——液力透平的水力效率；

H——液力透平的压头；

N——罚因子；

上标 ini——初始叶轮轴面投影图下对应的液力透平性能参数。

方程（10-1）右边第 1 项是极大化液力透平在最优工况下的水力效率，第 2 项为惩罚项，对不满足压头约束的情况进行惩罚，ΔH 设定为 2m。

采用遗传算法对目标函数进行寻优时，需要对种群中的每一个体进行适应度评估。如果采用 CFD 数值计算方法进行逐一计算，无疑使计算成本太高，因此本书引入了 GA-BP 神经网络（详细见第 9 章）作为近似模型，采用该模型在优化过程中替代 CFD 数值计算来获取优化个体中的效率和压头数据。

为使 GA-BP 神经网络在寻优空间内具有良好的目标函数响应特性，采用优化的拉丁超立方试验设计方法选择尽量多的样本点训练 GA-BP 神经网络。本书以设计变量数为 5、样本数为 150 在设计空间内生成了优化的拉丁超立方试验设计样本，生成试验样本后对每个样本点所对应的液力透平进行 CFD 数值计算，并获得其对应的性能参数，随后根据试验样本的几何参数和对应液力透平的性能参数训练 GA-BP 神经网络，具体流程如图 10-3 所示。

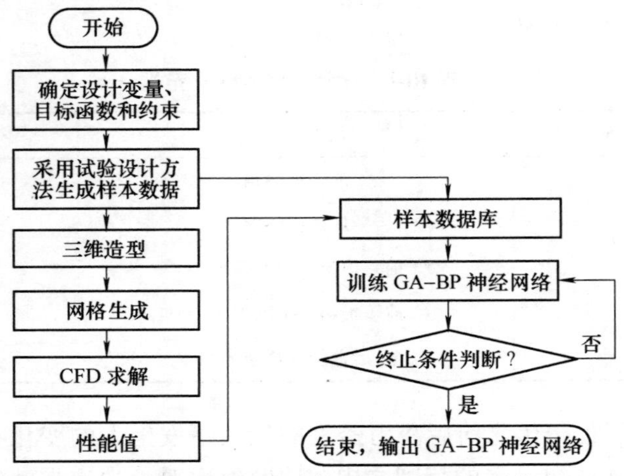

图 10-3　试验样本性能计算及近似模型的训练流程

10.1.3　优化流程

当 GA-BP 神经网络训练完成并输出后，即可开展叶轮轴面投影图的性能优化，其整个优化流程如图 10-4 所示。

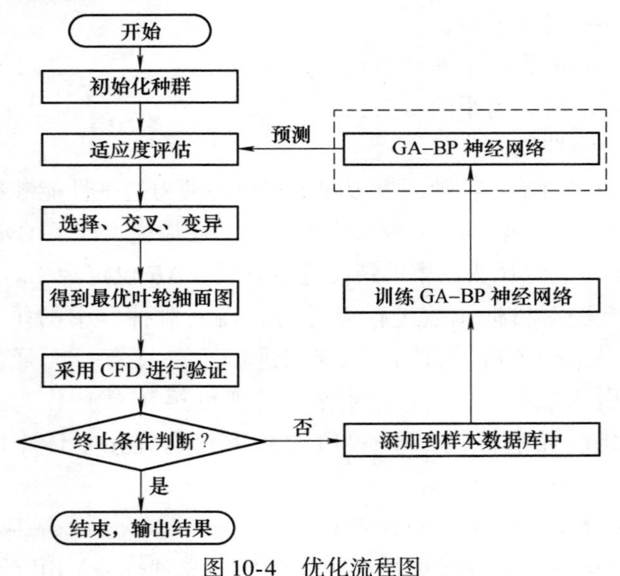

图 10-4　优化流程图

10.1.4　优化结果及分析

1. 优化前后叶轮轴面图的几何对比

根据上述优化流程，对本书所研究液力透平的叶轮轴面投影图进行优化，优化时遗传算法参数设置如下：种群规模为60，进化代数为40，交叉概率设定为0.8，变异概率设为0.2。优化前后设计变量对比见表10-2。

表10-2　优化前后叶轮轴面投影图的参数对比

设计变量/unit	优　化　前	优　化　后
α_1 (°)	94.00	95.12
α_2 (°)	90.00	89.31
R_1/mm	71.00	66.43
R_2/mm	21.00	16.00
R_3/mm	53.00	52.49

优化前后液力透平叶轮轴面投影图的几何形状对比如图10-5所示。

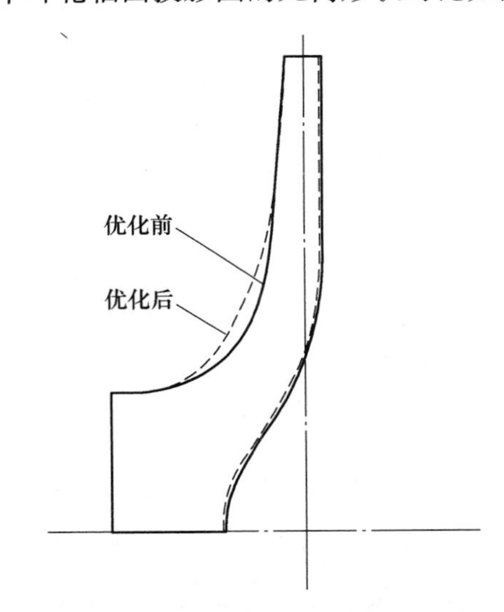

图10-5　优化前后叶轮轴面投影图的几何比较

2. 叶轮轴面图优化前后液力透平外特性对比

为了比较优化前后叶轮轴面投影图的性能差异，采用CFD数值计算的方法对优化前后的液力透平模型分别进行了数值计算。优化前后液力透平在最优工况下的效率与压头值见表10-3。

表10-3　优化前后初始模型与优化后模型的性能对比

叶轮轴面优化前后透平的性能	流量/(m^3/h)
	27.5
优化前效率（%）	62.87
优化后效率（%）	65.15
优化前压头/m	72.21
优化后压头/m	70.53

从表 10-3 中可以看出，优化后的模型在最优工况下的效率比初始模型的效率提高了 2.28%，且压头在初始设定的范围之内。

为了进一步研究优化后其他工况下液力透平的性能，除优化时的 1 个工况（最优工况）外又增设了 8 个工况点对其进行了 CFD 数值计算，外特性结果如图 10-6 所示。

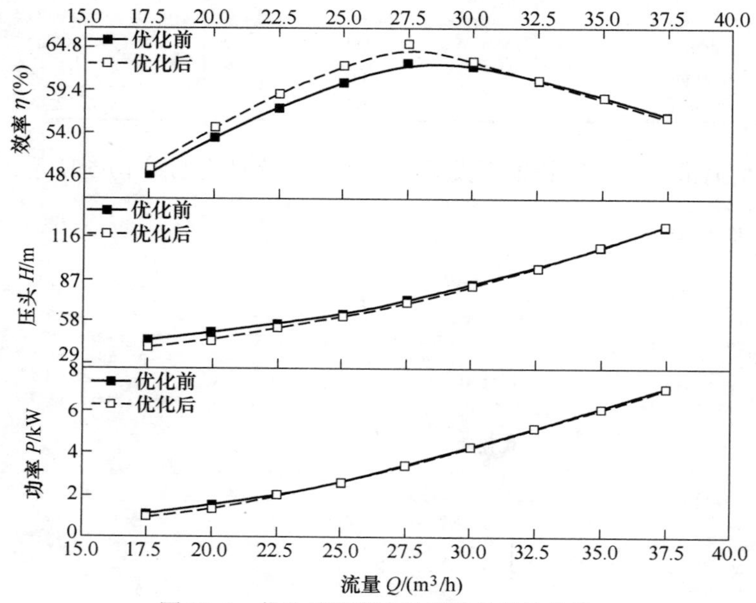

图 10-6　优化前后液力透平的外特性曲线

从图 10-6 可以看出，优化后的液力透平除了在指定工况点（最优工况）的效率有所提升外，在小流量工况及部分大流量工况下效率均有所提升，只是随着流量的进一步增大，优化后液力透平的效率与优化前的效率相当。这主要是因为本节的优化只是针对最优工况点进行的，优化后液力透平在最优工况点效率得到了提升，说明第 9 章建立的优化方法的有效性，但存在其他工况效率下降的可能性。因此为了使得优化后的液力透平在较大范围内性能均有所提升，在计算量允许的情况下，应该在多个工况点下对叶轮轴面图进行优化。

3. 优化前后叶轮轴面的内流场对比分析

如图 10-6 所示为液力透平优化前后的外特性曲线，外特性是内特性的外在表现，为此应该对优化前后的内特性加以分析，以明确优化前后液力透平外特性变化的内在原因，可为液力透平叶轮的进一步优化提供参考。

如图 10-7 所示为优化前后液力透平分别在一个小流量工况（22.5m^3/h）、最优工况（27.5m^3/h）和一个大流量工况（32.5m^3/h）下叶轮轴截面上的湍流耗散率分布。湍流耗散率[67] 是流体分子在黏性作用下由湍流动能转化成分子热运动动能的速率，其值越大表明单位质量流体在单位时间内损耗的湍流动能越多，即损失越大。

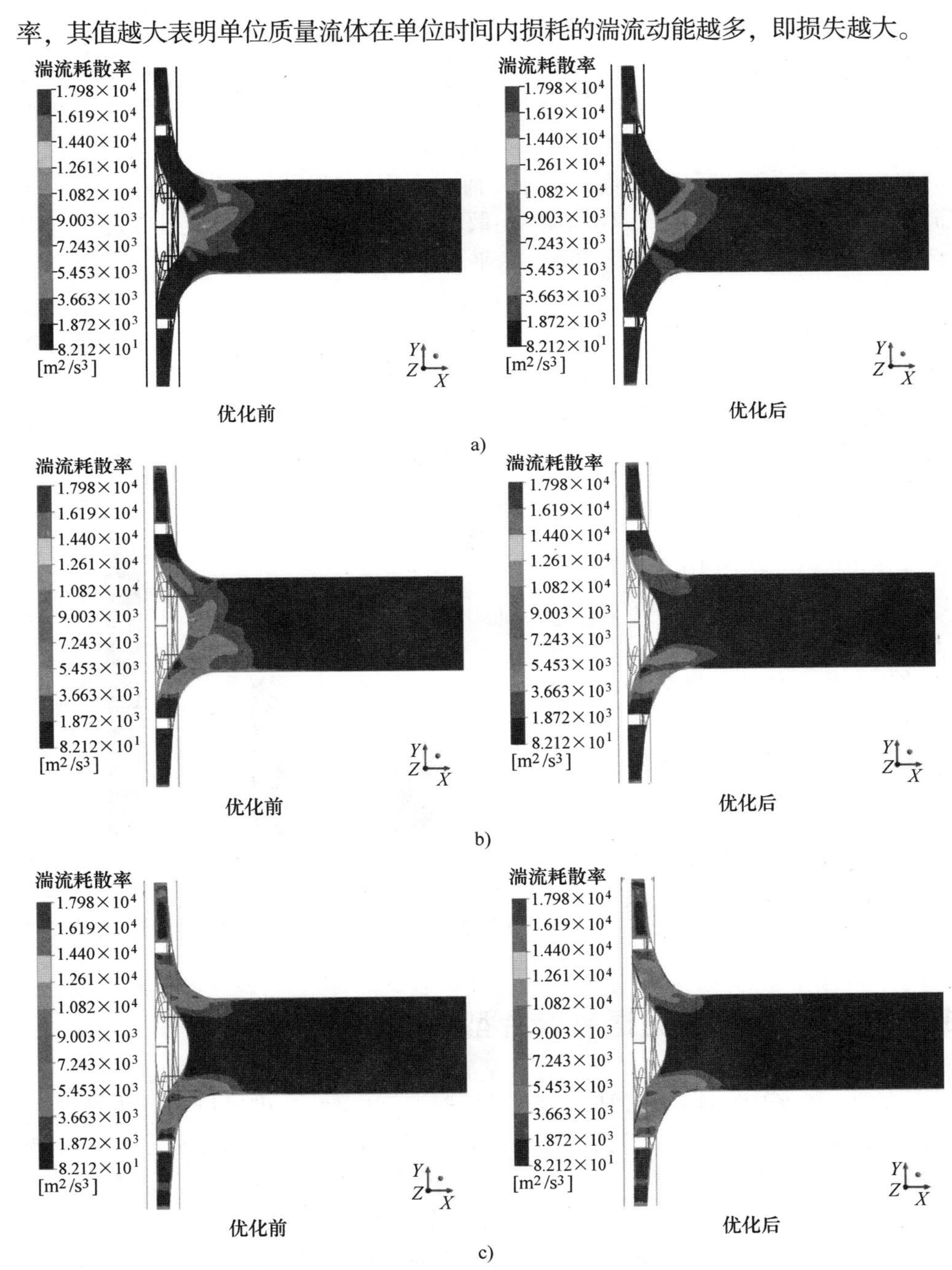

图 10-7　不同流量下叶轮轴截面上的湍流耗散率云图

a）22.5m^3/h　b）27.5m^3/h　c）32.5m^3/h

（彩图见书后插页）

从图 10-7 可以看出，小流量工况下叶轮中的湍流耗散率在叶轮出口区域相对较大，其他地方相对较小，而大流量工况下整个流道中的湍流耗散率均相对比较大，其中最大处在叶轮叶片的出口区域。另外，从图中也可以看出，在小流量工况和最优工况下，优化后叶轮中的湍流耗散率要明显小于优化前叶轮中的湍流耗散率，特别是在最优工况下。而在大流量工况下，优化后叶轮中的湍流耗散率要大于优化前叶轮中的湍流耗散率，这与图 10-6 中大流量工况下优化后液力透平的效率略低于优化前液力透平的效率相符。

图 10-7 从湍流耗散率的角度分析了液力透平在不同流量下叶轮中的流动特点，在小流量工况和最优工况下，优化后叶轮中湍流耗散率小于优化前湍流耗散率。但叶轮中湍流耗散损失是湍流耗散率对体积的积分［见式（10-2）］，从叶轮轴面投影图优化前后的几何对比（图 10-5）中可以看出，优化后叶轮流体域的体积要大于优化前的体积，因此在小流量工况和最优工况下优化前后叶轮中的湍流耗散损失需要通过式（10-2）计算求得，并进行对比（图 10-8）。从图 10-8 中可以看出，在小流量工况和最优工况下，优化后叶轮中的湍流耗散损失小于优化前叶轮中的湍流耗散损失；而大流量工况下优化后的湍流耗散损失则大于优化前的湍流耗散损失。

$$P_t = \int_V \rho\varepsilon \mathrm{d}V \quad (10\text{-}2)$$

式中　P_t——湍流耗散的功率；

ε——湍流耗散率。

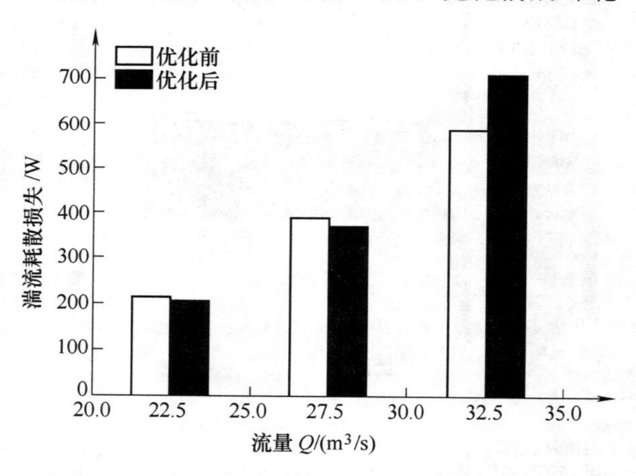

图 10-8　不同流量下叶轮中湍流耗散损失分布

10.2　离心泵作液力透平叶片型线的优化设计

在液力透平中，能量转换的核心是叶片，在叶轮叶片进出口安放角确定的情况下，叶片型线影响着叶轮流道内的速度和压力分布，而速度和压力分布势必影响到叶轮的性能，因此，叶片型线设计的合理与否是叶轮性能优良与否的必要条件之一。结合对液力透平叶轮内能量转换特点的分析，发现叶轮中不仅能量损失大，而且在大流量工况时叶轮叶片的后部区域还消耗叶轮的机械能，即对叶轮做负功。因此，本节将对液力透平的叶片型线进行优化研究，以使其水力性能得到一定程度的改善。

10.2.1　液力透平的计算模型

本文以 IS50-32-165 离心泵反转作液力透平为研究对象。该离心泵在泵工况和透平工况下的性能参数分别见表 10-4 和表 10-5，主要几何参数见表 10-6。如图 10-9 所示为 IS50-32-165 离心泵叶轮的水力图，本研究将其设计成等厚度的叶片。因为在后续叶片型线的优化过程中，为了降低优化的复杂度，优化过程中的所有模型均为等厚度叶片，为了方便与优化后叶片在几何和性能方面进行对比，所以将初始模型的叶片设计成为等厚度的叶片。

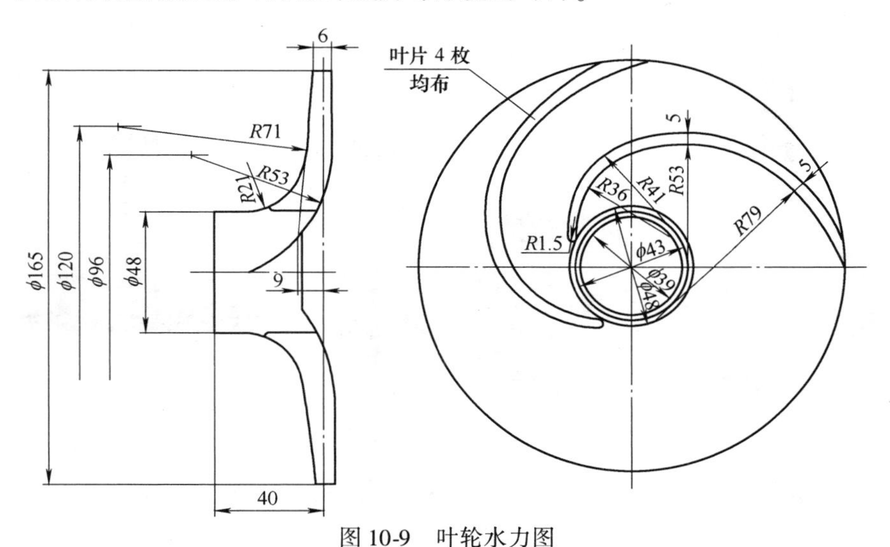

图 10-9　叶轮水力图

表 10-4　IS50-32-165 离心泵性能参数

流量 $Q/(m^3/h)$	扬程 H/m	转速 $n/(r/min)$	比转速 n_s
12.50	30.70	2900	48

表 10-5　IS50-32-165 离心泵用作液力透平时的性能参数

流量 $Q/(m^3/h)$	压头 H/m	转速 $n/(r/min)$
27.50	72.21	2900

表 10-6　IS50-32-165 离心泵的主要几何参数

部　件	参　数	数　值
叶轮	叶轮进口直径 D_1/mm	48
	进口安放角 β_1（°）	32.5
	出口安放角 β_2（°）	14
	叶轮出口宽度 b_2/mm	6
	叶片数 z	4
	叶轮出口直径 D_2/mm	165
	叶片形状	圆柱形

（续）

部件	参数	数值
蜗壳	蜗壳基圆直径 D_3/mm	170
	蜗壳进口宽度 b_3/mm	16
	蜗壳出口直径 D_4/mm	32
	蜗壳断面形状	马蹄形

如图 10-10 所示为液力透平的计算域模型示意图。

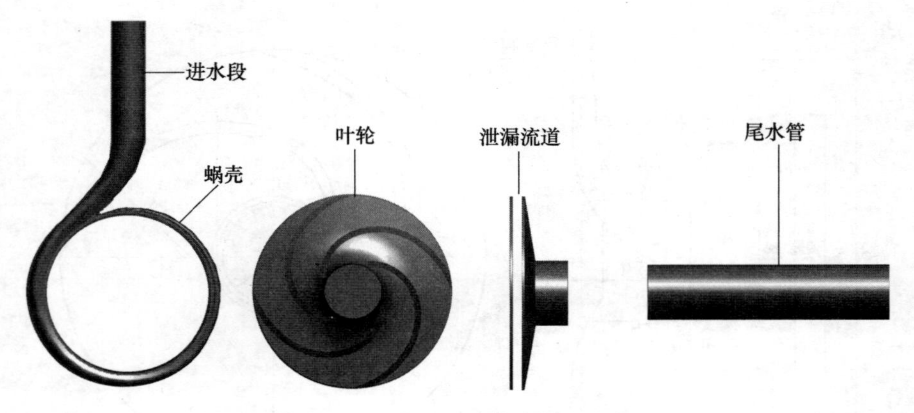

图 10-10 液力透平计算域模型示意图

如图 10-11 所示为所选模型的叶轮投影示意图。

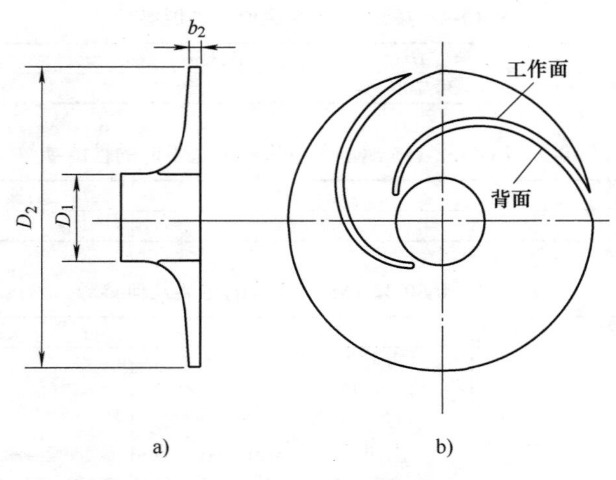

图 10-11 叶轮投影示意图

a）轴面投影 b）平面投影

10.2.2　叶片型线的参数化表达

本节采用三次非均匀 B 样条曲线对液力透平的叶片背面型线进行参数化。因为 B 样条曲线不仅保留了 Bezier 曲线全部的优点，而且还克服了 Bezier 曲线不能作局部修改，以及当次数较大、控制点较多时不方便使用等缺点。另外，B 样条曲线基于控制点构造的特点使设计人员可以将曲线的表达与具体的几何形状结合起来，可以方便地通过改变控制点来修改几何的形状。叶片型线的具体参数化过程见 9.4 节，参数化后的效果如图 10-12 所示。

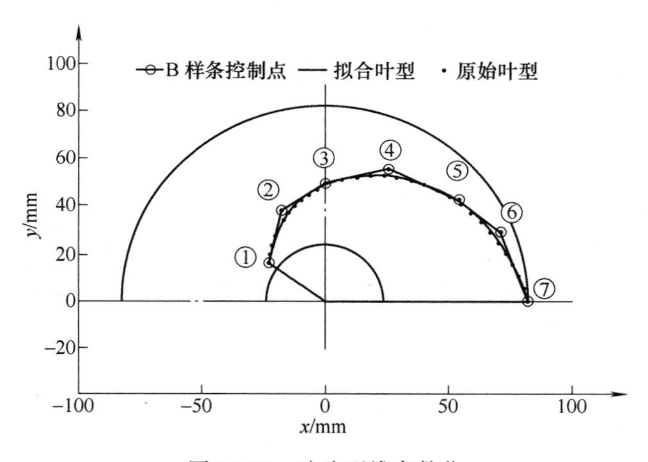

图 10-12　叶片型线参数化

注：折线为控制多边形，圆圈为控制顶点，曲线为拟合的叶片背面型线，黑色的圆点是初始叶片型线上的型值点（用于检验三次 B 样条曲线对叶片型线的拟合效果）。

本节以拟合叶片背面型线的部分控制点为设计变量对叶片型线进行优化，但对于三次非均匀 B 样条曲线来说，仅给定控制点和次数，是不能定义出曲线的，还必须确定它的节点矢量 $\boldsymbol{U}=[\boldsymbol{u}_0,\boldsymbol{u}_1,\cdots,\boldsymbol{u}_{12}]$ 中具体的节点值，本书采用里森费尔德（Riesenfeld）方法[57]确定节点矢量，且曲线在两端点处采用重节点，目的是让非均匀 B 样条曲线在端点处退化成 Bezier 曲线，使其具有 Bezier 曲线的端点几何性质，即控制多边形与叶片型线在端点处相切，以便于控制叶片型线的进出口角。

10.2.3　叶片型线优化模型的建立

对于液力透平叶片型线开展流体动力学优化的目的是使其在最优工况附近（$25\text{m}^3/\text{h}$，$27.5\text{m}^3/\text{h}$，$30\text{m}^3/\text{h}$）具有更好的性能，从而提高其能量转换能力。本节以图 10-12 所示的控制点②、③、④、⑤和⑥的坐标（x，y）为设计变量，为了减少设计变量的个数，使各个设计的自由度均为 1，即所选控制点只在 xy

平面内的一个方向上进行变化。具体是控制点③、④、⑤沿 y 轴方向上下变化，即变量用(y_3,y_4,y_5)表示；另外，在研究过程中为了保持叶片进、出口角以及叶片进、出口位置不变，控制点②、⑥在叶片进、出口端点处的切线方向上变化，变量计为 y_2 和 y_6，其中 x_2 和 x_6 可根据叶片进、出口端点处的切线方程求出；控制点①、⑦坐标保持不变。为了获得设计变量尽可能大的搜寻空间，本研究最终确定设计变量的取值范围见表 10-7。

表 10-7 设计变量的变化范围

变量名称	几何意义	变化范围/mm
y_2	控制点②的纵坐标	16～40
y_3	控制点③的纵坐标	20～50
y_4	控制点④的纵坐标	30～55
y_5	控制点⑤的纵坐标	10～50
y_6	控制点⑥的纵坐标	3～40

在优化过程中，为了使液力透平的压头不发生大的变化，约束 3 个流量下的压头变化范围均在初始设定的范围之内，本次液力透平叶片型线优化的最终目标函数可表述如下

$$\begin{cases} X = (y_2, y_3, y_4, y_5, y_6) \\ F_{\mathrm{obj}}(X) = \mathrm{Min}\left[\sum_{i=1}^{3} C_i(\eta_{\mathrm{h}i}^{\mathrm{ini}} - \eta_{\mathrm{h}i}) + \sum_{i=1}^{2}\sum_{j=i+1}^{3}\left|(\eta_{\mathrm{h}j} - \eta_{\mathrm{h}i})\right| + N\sum_{i=1}^{3}\left|\mathrm{Min}(0, \Delta H - \left|H_i - H_i^{\mathrm{ini}}\right|)\right|\right] \end{cases} \tag{10-3}$$

式中 $F_{\mathrm{obj}}(X)$——优化设计的目标函数；

X——设计变量；

$i=1$，2，3——在优化过程中指定的三个工况点；

C_i——权重系数；

η_{h}——液力透平的水力效率；

H——液力透平的压头；

N——罚因子；

上标 ini——初始叶片型线对应的液力透平的性能参数。

方程（10-3）右边第 1 项的目的是极大化液力透平在三个指定工况点下的水力效率，第 2 项是为了消除液力透平在三个指定工况下效率过大的差别，该项展开式如式（10-4）所示；第 3 项为惩罚项，对不满足压头约束的情况进行惩罚。

$$\sum_{i=1}^{2}\sum_{j=i+1}^{3}\left|(\eta_{\mathrm{h}j} - \eta_{\mathrm{h}i})\right| = \left|\eta_{\mathrm{h1}} - \eta_{\mathrm{h2}}\right| + \left|\eta_{\mathrm{h1}} - \eta_{\mathrm{h3}}\right| + \left|\eta_{\mathrm{h2}} - \eta_{\mathrm{h3}}\right| \tag{10-4}$$

10.2.4　优化流程

本节以遗传算法作为优化算法，引入 GA-BP 神经网络作为代理模型，采用该代理模型在优化过程中替代 CFD 数值计算来获取优化个体中的效率和压头数据。

为了使 GA-BP 神经网络在寻优空间内有良好的目标函数响应特性，采用优化的拉丁超立方试验设计方法选择尽量多的样本点训练 GA-BP 神经网络。本书以设计变量数为 5、样本数为 500 进行了优化的拉丁超立方试验设计，生成试验样本后，为了保证每个样本所形成的叶片是后弯型叶片，这样就要求由控制点构成的控制多边形内角小于 180°或叶片型线的二阶导数恒小于 0。根据这个条件，在 matlab 中编写相应的代码（附录），从生成的 500 个样本中筛选出符合上述要求的样本，得到符合要求的样本（342 个）后，对每个样本点所对应的液力透平进行 CFD 数值计算，获得相应的性能参数。整个具体过程如下：

1）采用优化的拉丁试验设计方法生成试验样本，并筛选符合要求的试验样本。

2）根据试验样本中的控制点拟合叶片型线，为了简化该优化设计，接下来在 Pro/E 软件中生成等厚度叶片的叶轮，最后在 Pro/E 软件中生成液力透平整体模型。

3）对液力透平的模型进行网格划分。

4）采用 CFD 数值计算方法获取每个样本点对应的液力透平性能参数，流程如图 10-13 所示。

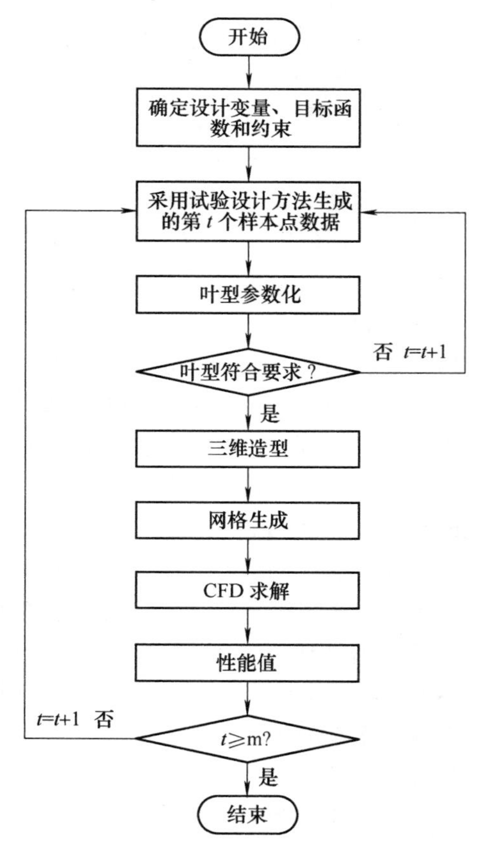

图 10-13　试验样本性能计算流程

得到试验样本对应的液力透平水力性能参数后，即可开展 GA-BP 神经网络的学习训练，具体流程如图 9-5 所示。GA-BP 神经网络训练完成并输出后，即可采用遗传算法开展叶片型线的性能优化，具体流程是：

1）随机生成一定规模的初始种群，从初始种群中筛选出符合后弯形叶片的样本，然后采用训练好的 GA-BP 神经网络进行目标函数的适应度评估。

2）进行遗传操作，得到新的叶片型线，并对新的叶片型线进行光顺处理。

3）建立液力透平整体模型、划分网格和 CFD 数值计算。

4）进行终止条件的判断，如果满足终止条件，则结束，并输出结果，否则将得到的新个体以及其性能值一并添加到样本数据库中，再次进行 GA-BP 神经网络的学习训练，得到预测精度相对更高的GA-BP 神经网络，重新进行上述流程，其整个优化的流程如图 10-14 所示。

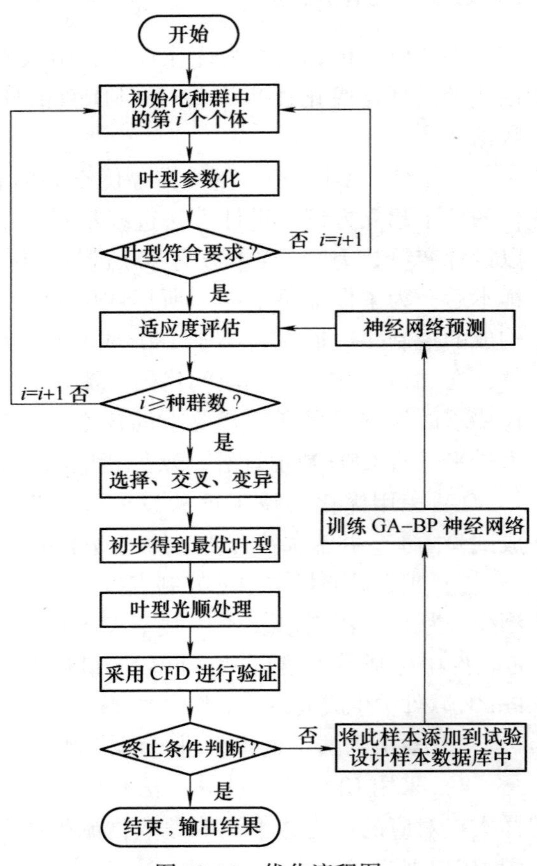

图 10-14　优化流程图

从如图 10-14 所示的优化流程中可以看出，该流程中有一个叶片型线光顺（光滑顺眼）环节，这主要是因为本节采用控制点类的 B 样条曲线进行叶片型线的参数化，尽管这种参数化方法解决了叶片型线曲率的不连续性问题，但是叶片型线的光顺性无法保证，而叶片型线的光顺性直接关系着叶片的质量，在一定程度上影响着叶片上的载荷分布，进而影响液力透平的能量转换能力。对于平面曲线的光顺性有四项判断准则[57]：第一，二阶几何连续；第二，曲线上没有奇点以及多余拐点；第三，曲线的曲率变化均匀；第四，应变能小，可粗略地认为曲线的绝对曲率较小。这四项判断准则中，第一项是数学上的光滑概念，仅涉及每个点及其相对充分小的范围，因此是一个局部的概念；第二项、第三项和第四项是全局的概念，其中第二项是用于控制曲线的凹凸规律，第三项控制曲线的鼓瘪变化，第四项控制曲线的整体走势。本节采用三次非均匀 B 样条曲线参数化叶片型线，因此叶片型线曲率连续，满足判断准则一；通过约束三次非均匀 B 样条曲线的控制点内角小于 180°，满足本研究对叶片是后弯形叶片的要求，同时叶片型线上也不可能出现奇点和多余的拐点，符合平面曲线光顺准则二；但对于准则三和准则四就无法保证，因此要对叶片型线进行光顺处理。对于平面曲线的光顺方法有选点修改法、小波光顺和能量法等，本节对于构成叶片型线的三次 B 样条曲线的光顺采用应用较为广泛的曲线光顺处理方法——能量法。能量法的基本原理是：在一定的约束条件下（调整前后曲线的最大偏移量小于初始设定的值），调整样条曲线的控制点，使得样条曲线的应变能达到最小。对于一条曲线 $P(u)$，通常以式（10-5）表示其应变能[57]。

$$E = \int k^2 \mathrm{d}s \tag{10-5}$$

式中　k——曲线的曲率。

式（10-5）具有明确的物理意义，且可以获得较好的光顺效果，但是在进行光顺时，需要求解非线性方程组，计算量大，鉴于此，在实际应用中，通常将式（10-5）简化成式（10-6）的形式[68]。

$$E = \int (P''(u))^2 \mathrm{d}u \tag{10-6}$$

式中　$P(u)$——样条曲线函数；

　　P''——函数的二次导数。

采用能量法对曲线的光顺需要确定能量函数以及优化函数的求解。下面写成两者的一般形式，将式（9-1）代入式（10-6），经过简单的推导，即可获得能量函数（见式（10-7））。

$$E = \boldsymbol{d}^T N \boldsymbol{d} \tag{10-7}$$

式中　$\boldsymbol{d} = [\boldsymbol{d}_0, \boldsymbol{d}_1, \boldsymbol{d}_2, \cdots, \boldsymbol{d}_n]^T$——位置控制点组成的向量；

　　N——$n+1$ 阶的能量矩阵，其元素 $N_{i,j} = \int N''_{i,p}(u) N''_{j,p}(u) \mathrm{d}u$。

因此将样条曲线的光顺转化成如下的优化问题

$$\begin{cases} \min: E(\boldsymbol{d}) = \boldsymbol{d}^{\mathrm{T}} N \boldsymbol{d} \\ \mathrm{s.\ t.}\ \max\{ \| \boldsymbol{d}_i - \boldsymbol{d}_i^{\mathrm{ini}} \| \} \leqslant \varepsilon \end{cases} \tag{10-8}$$

式中　$\boldsymbol{d}$——待求的控制点向量，上标“ini”表示光顺前变量的值；

　　ε——设定的光顺容差。

式（10-8）是一个不等式约束的优化问题，为了方便优化，可以将其转化成一个无约束的优化问题，具体如下

$$\begin{aligned} \min: F &= mE(\boldsymbol{d}) + \sum_{i=0}^{n} n_i \| \boldsymbol{d}_i - \boldsymbol{d}_i^{\mathrm{ini}} \|^2 \\ &= m\boldsymbol{d}^T N \boldsymbol{d} + (\boldsymbol{d} - \boldsymbol{d}^{\mathrm{ini}})^{\mathrm{T}} \boldsymbol{V} (\boldsymbol{d} - \boldsymbol{d}^{\mathrm{ini}}) \end{aligned} \tag{10-9}$$

式中　m 和 n_i——指定的非负常数；

　　$\boldsymbol{V}$——对角元素为 $n_i (i = 0, 1, \cdots, n)$ 的对角矩阵。

令 $\frac{\partial F}{\partial d} = 0$，则

$$(\boldsymbol{V} + mN)\boldsymbol{d} = \boldsymbol{V}\boldsymbol{d}^{\mathrm{ini}} \tag{10-10}$$

求解式（10-10）方程组，即可获得优化问题的解。

对于叶片型线的光顺处理，理论上应该对试验设计方法生成的每个试验样本、初始种群中的每一个体以及遗传操作得到的新个体均需要做光顺处理，但这样做计算量巨大，因为这种处理不仅需要对控制点在 y 轴上进行调整，而且还需在 x 轴方向作调整，工作量大。因此，本书对每个试验样本和初始种群中的个体均先不做光顺处理，只对遗传操作得到的最优个体进行光顺处理，随后进行数值计算验证，这样就要求在叶片光顺处理过程中控制点的调整不能过大，一方面是尽可能小的偏离优化得到的叶型，另一方面是如果光顺前后叶型变化小，其水力性能变化相对较小，这样就减小了试验样本和初始种群中的个体没有经过光顺处理引起的误差。

10.2.5 优化结果及分析

根据上述的优化流程，对本书所选液力透平的叶片型线进行了优化，优化时遗传算法参数设置如下：种群规模为 100，进化代数为 60，交叉概率设定为 0.8，变异概率设为 0.2。采用遗传算法优化初步得到的叶片型线（光顺前）与初始叶片型线的参数对比见表 10-8。

表 10-8 优化前后叶片型线参数对比

控制点	变量名称	初始叶型/mm	优化叶型/mm
②	x_2，y_2	−17.91，37.97	−18.87，28.02
③	y_3	46.25	37.36
④	y_4	51.89	42.67
⑤	y_5	43.38	28.06
⑥	x_6，y_6	71.32，28.77	79.62，9.33

1. 优化前后叶片型线的几何比较

初始叶片型线与优化后叶片型线（光顺前）的几何形状对比如图 10-15 所示。

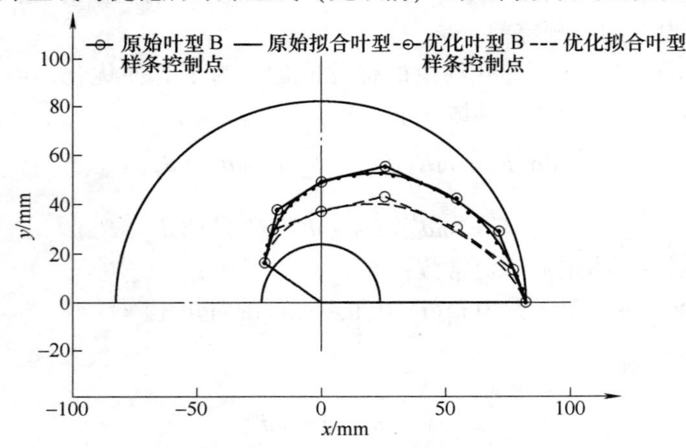

图 10-15 优化前后叶片型线的几何比较

光顺之前叶片型线的曲率半径分布如图 10-16 所示。

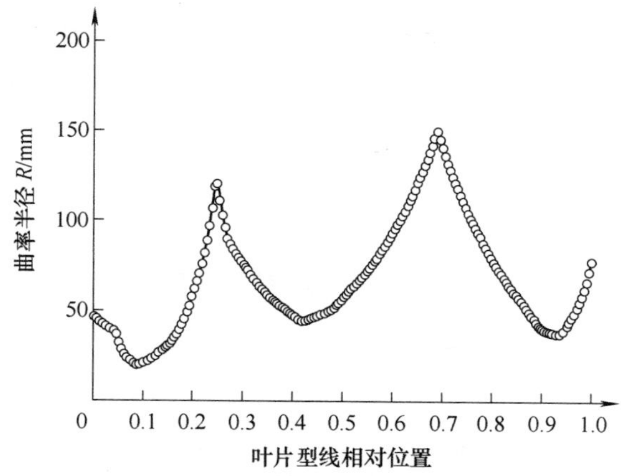

图 10-16　优化后叶片型线的曲率半径分布

从图 10-16 可以看出，优化后（光顺前）叶片型线的曲率半径沿叶片相对长度存在五个极值点，即叶片型线的曲率不均匀，为了使得叶片型线的曲率变化相对较为均匀，需要对获得的叶片型线采用上述的能量法进行光顺处理。光顺后，叶片型线的控制点见表 10-9，叶片型线如图 10-17 所示，其曲率半径分布如图 10-18 所示。从图 10-18 中可以看出，光顺后叶片型线的曲率半径分布较之前更加均匀，可知光顺后叶片质量相对更好。

表 10-9　叶片型线光顺后控制点的坐标

控　制　点	变 量 名 称	光顺优化叶型/mm
②	x_2，y_2	-20.50，25.34
③	x_3，y_3	-3.01，40.00
④	x_4，y_4	25.82，43.96
⑤	x_5，y_5	59.97，30.94
⑥	x_6，y_6	79.62，9.33

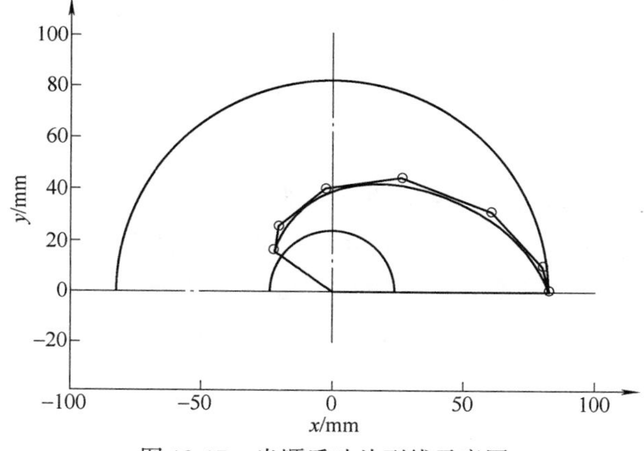

图 10-17　光顺后叶片型线示意图

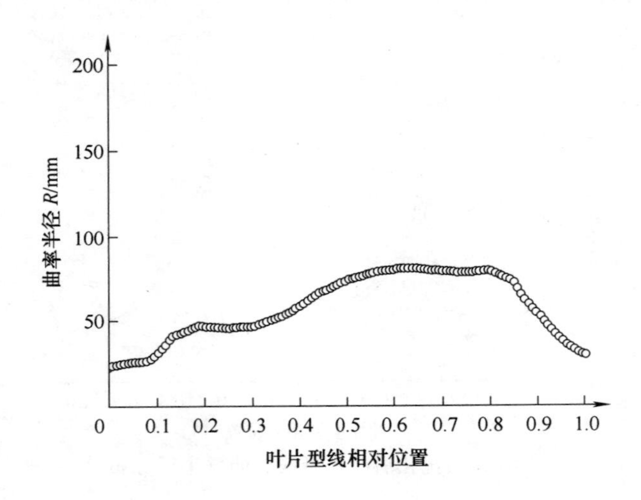

图 10-18　光顺后叶片型线的曲率半径分布

叶片型线优化前后，液力透平叶轮的几何对比如图 10-19 所示。

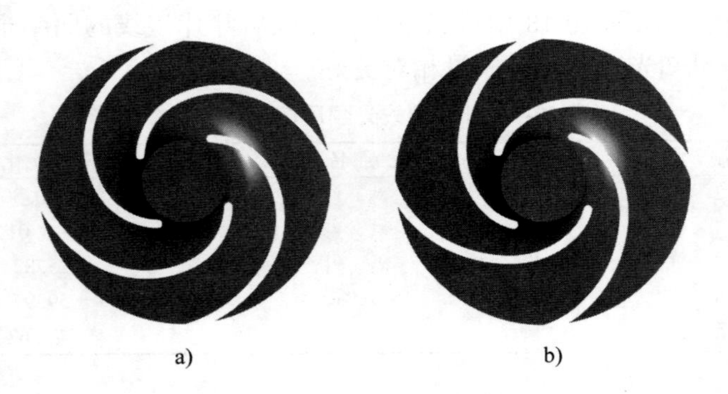

图 10-19　叶片型线优化前后叶轮的几何对比

a）优化前　b）优化后

（彩图见书后插页）

2. 叶片型线优化前后液力透平的外特性对比

为了比较原始叶片型线和优化后叶片型线的性能差异，采用 CFD 数值计算的方法对液力透平初始模型和优化后模型进行了详细的数值计算。优化前后液力透平在三个指定工况下的效率及压头值见表 10-10。

表 10-10　初始模型与优化后模型性能对比

叶型优化前后透平的性能	流量/(m^3/h)		
	25	27.5	30
优化前效率（%）	60.39	62.87	62.45
优化后效率（%）	62.66	65.30	65.32
优化前压头/m	62.98	72.21	84.09
优化后压头/m	60.14	68.05	76.62

从表 10-10 可以看出，优化后的液力透平在三个指定工况下的效率均得到了提高，分别提高了 2.27%、2.43% 和 2.87%，说明了采用该优化方法对液力透平叶片型线优化的有效性。

为了进一步掌握优化前后其他工况下液力透平的性能，除优化时指定的 3 个工况外又增设了 6 个工况点对其进行 CFD 数值计算，性能计算结果如图 10-20 所示。从图 10-20 的性能曲线可以看出，优化后的液力透平不仅在三个指定工况点下效率有所提升，而且在其他各工况下的效率均有所提升，并且压头的变化均在初始设定的范围之内。因此可见，经本书所采用的优化方法对液力透平叶片型线进行优化后，提高了其能量转换能力。

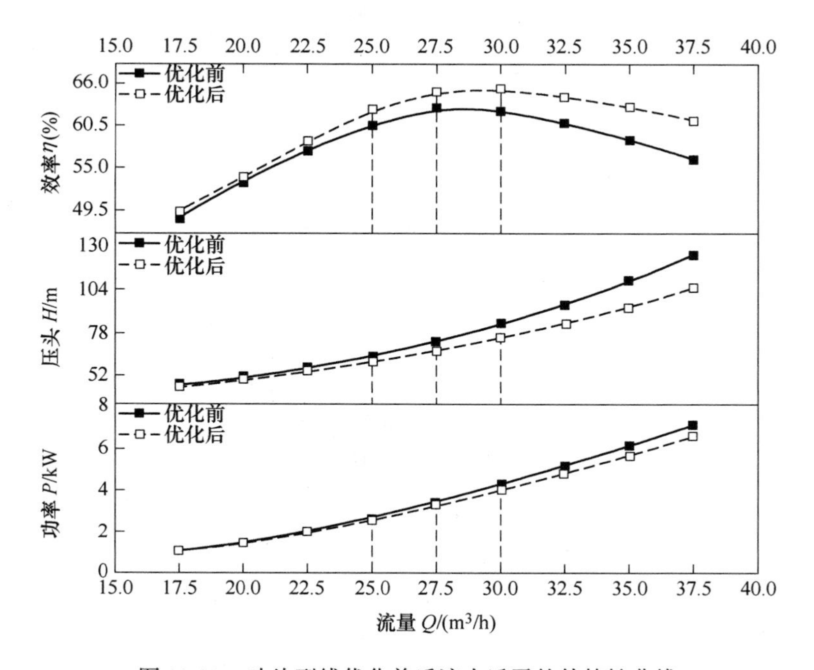

图 10-20　叶片型线优化前后液力透平的外特性曲线

为了全面掌握优化后液力透平的外特性，除了在初始转速（2900r/min）外又增设了4个转速对其进行了CFD数值研究，所得外特性曲线如图10-21所示。从图10-21可以看出，液力透平最优效率点的效率值随转速的增大呈逐渐增大的趋势，但增加梯度相对较小。最优效率点的流量当转速由750r/min增大到2900r/min时，分别为$7.5m^3/h$、$10m^3/h$、$15m^3/h$、$20m^3/h$、$27.5m^3/h$，与转速基本呈线性增加的趋势（图10-22）。另外，在小流量工况下效率曲线陡峭，而在大流量工况下效率变化相对缓慢，且效率随流量的变化梯度随着转速的减小而增大；压头和功率均随着转速的增大整体呈增大的趋势，压头在小流量工况下增加梯度较大，而在大流量工况下增加梯度相对较小，功率的变化趋势恰好与压头变化规律相反，即功率随着转速的增大在小流量工况下增大梯度相对较小，而在大流量工况下功率随转速的增大呈现急剧上升的趋势。

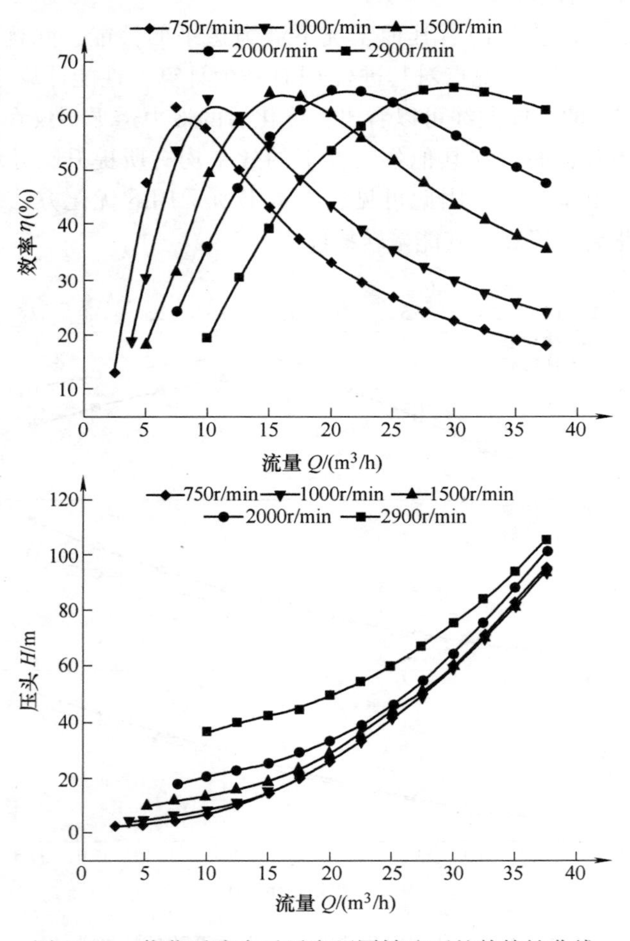

图10-21　优化后液力透平在不同转速下的外特性曲线

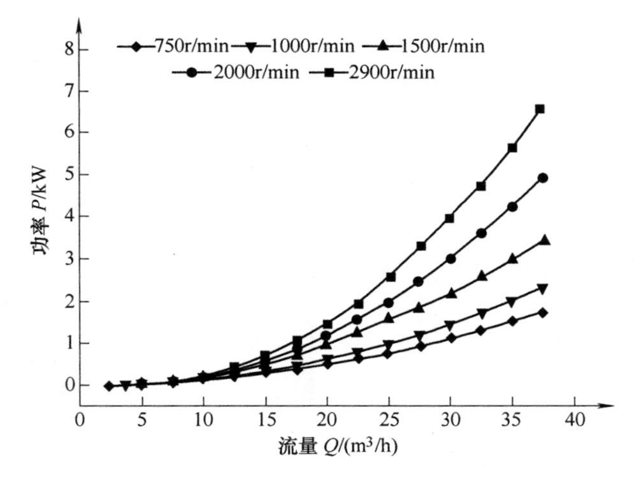

图 10-21　优化后液力透平在不同转速下的外特性曲线（续）

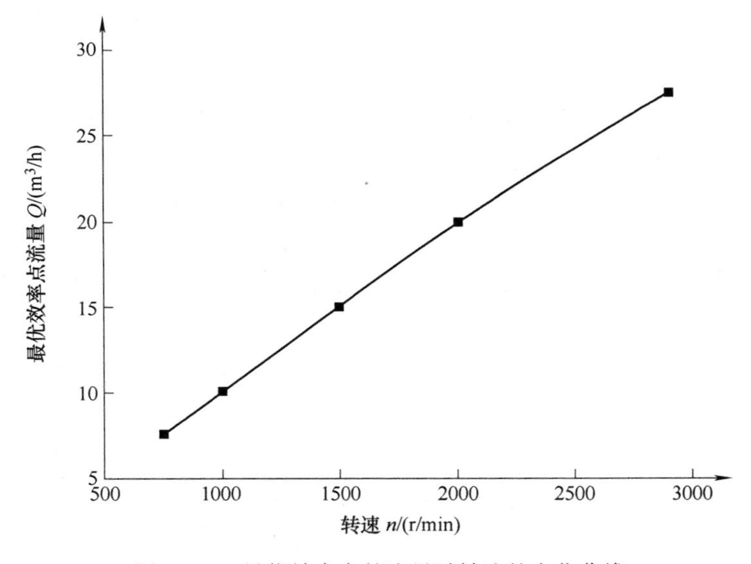

图 10-22　最优效率点的流量随转速的变化曲线

3. 叶片型线优化前后液力透平的内流场对比

外特性是内特性的外在表现，下面对优化前后液力透平在流量为 27.5m^3/h（最优工况）下的速度流线图、湍流动能及湍流耗散率等内特性进行对比分析。

图 10-23 为优化前后液力透平中间截面（$z=0$）上的速度流线分布图。由于在稳态的数值计算中，流线与迹线重合，则下图也是优化前后液力透平中间截面上流体运动的轨迹图。

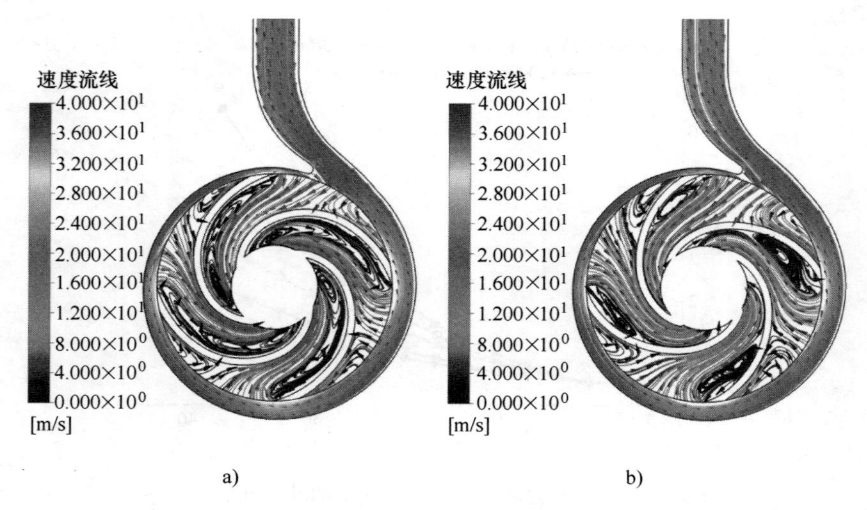

图 10-23　优化前后液力透平中间截面上的速度流线图

a）优化前　b）优化后

（彩图见书后插页）

从图 10-23 可以看出，在优化前后的液力透平叶轮中，均存在着漩涡区域，优化前漩涡区域主要在叶片工作面的进口位置以及整个叶片背面，而优化后的漩涡区域主要分布在叶片工作面和背面的进口位置。相比于优化前的叶轮，优化后叶轮中的流体在叶片背面中部及出口位置的流动有明显的改善。另外，在流道中，优化后叶轮中流体的速度小于优化前叶轮中流体的速度，所以在优化后的叶轮中与速度正相关的水力损失会有所减小。

湍流动能是湍流速度涨落方差的二分之一，可根据湍流强度来计算[67]，且与湍流强度呈正相关，其中湍流强度等于湍流脉动速度与平均速度的比值｛式(10-11)｝，它是衡量湍流强弱的指标，其大小与液力透平的性能无直接的对应关系，但可以判断液力透平流道中速度脉动的大小，间接的表征流体的流动状况。湍流强度越大，流动越不稳定，相应的流动损失就会越大，反之，流动越稳定，相应的流动损失越小。图 10-24 为优化前后液力透平中间截面（$z=0$）上的湍流动能分布云图。

$$I = u'/\overline{u} = 0.16\,Re^{-1/8} \tag{10-11}$$

式中　u'和 $\overline{u}$——分别为湍流脉动速度和平均速度；

Re——雷诺数。

从图 10-24 可以看出，在蜗壳中，湍流动能较大的区域位于隔舌及叶片头部相对的位置，优化前后变化不是很明显，而在叶轮中，优化前后湍流动能存在较大的区别，从图中可明显地看到，优化后叶轮中的湍流动能强度明显减弱，从而说明叶片型线的优化对叶轮中的流动有所改善，较之前更加稳定。

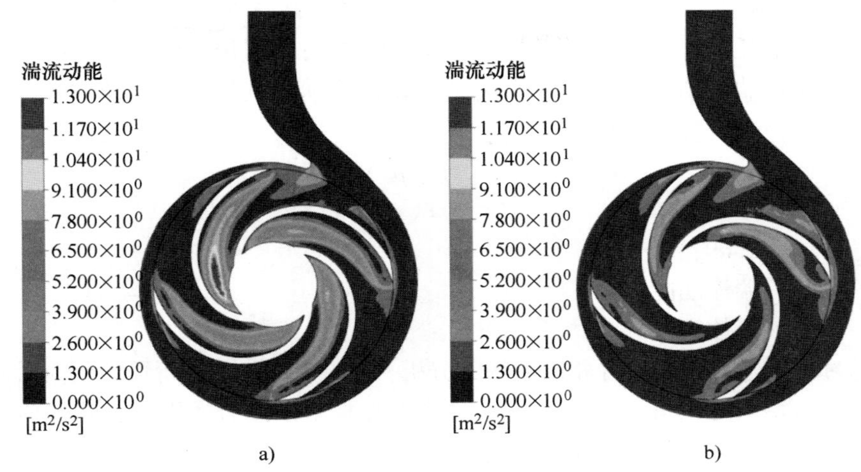

图 10-24　优化前后液力透平中间截面上的湍流动能云图

a）优化前　b）优化后

（彩图见书后插页）

湍流动能耗散率（Turbulent Dissemination）是指在分子黏性作用下，由湍流动能向分子热运动动能转化的速率。如图 10-25 所示为优化前后液力透平中间截面（$z=0$）上的湍流动能耗散率分布云图。

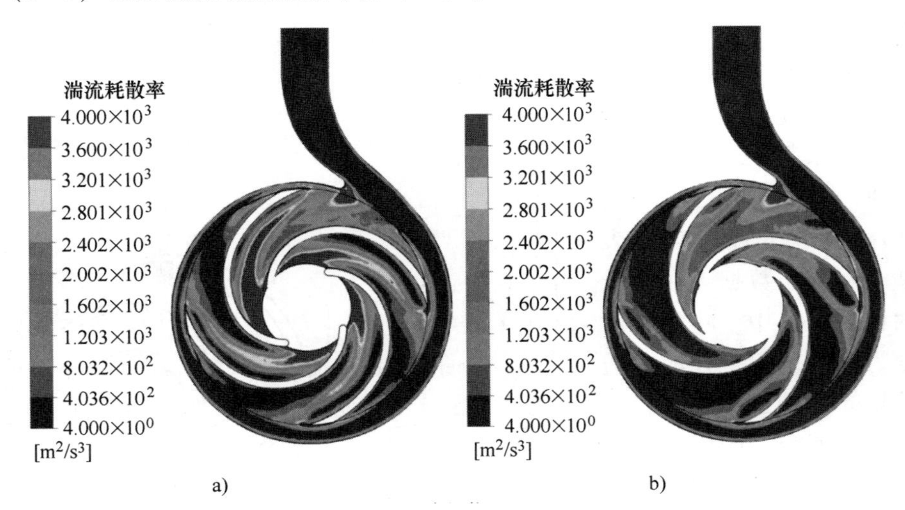

图 10-25　优化前后液力透平中间截面上的湍流动能耗散率云图

a）优化前　b）优化后

（彩图见书后插页）

从图 10-25 可以看出，优化前后蜗壳中的湍流动能耗散率没有明显的变化，而在叶轮中，优化前后有较大的变化。优化后叶轮中湍流动能耗散率较大的区域较优化前明显减少，即流体在叶轮中的能量损失相应地减少。另外结合图 10-24 发现，湍流动能耗散率强烈的区域与湍流动能强烈的区域相对应，这是因为湍流动能耗散率与湍流动能存在着一定关系，如在湍动黏度比 μ_t/μ 已知的情况下，湍流动能耗散率可按式（10-12）计算[67]。

$$\varepsilon = \rho C_\mu \frac{k^2}{\mu}\left(\frac{\mu_t}{\mu}\right)^{-1} \tag{10-12}$$

式中 C_μ——0.09；

k——湍流动能；

ρ——流体密度。

通过对上述优化前后叶轮内流场的分析，并结合图 10-19 所示优化前后叶片型线的几何特点可以得出，在将低比转速离心泵用作液力透平时，叶片曲率的减小有利于其性能的提升。虽然经过优化，但在叶片进口处还存在较大的漩涡区域，这主要是由于在优化过程中没有考虑流体在叶片进口处的液流角，而是设定叶片进口角保持不变的原因所致，从而致使叶片在出口区域曲率以相对较大的梯度下降（图 10-18）。

4. 优化前后叶轮叶片上压力载荷分布

叶片压力载荷定义为叶片工作面与背面的压力之差。本节选择叶片三条流线上的压力载荷进行分析，分别是 span 为 0（叶片与后盖板交线）、0.5 和 1（叶片与前盖板交线）的三条流线（见图 10-26a）。首先对这三条流线上的静压数据分别进行提取，为了方便比较分析，将静压数据转换成无量纲的压力系数，压力系数的定义见式（10-13）；其次，以叶片的相对长度（0-1）表征某一个静压数据点在流线上的位置，其中，叶片相对长度为 0 的位置是在液力透平叶轮叶片的进口位置，叶片相对长度为 1 的位置是在液力透平叶轮叶片的出口位置；最后，得到液力透平叶片工作面和背面压力系数及叶片载荷系数沿叶片相对长度的分布曲线。

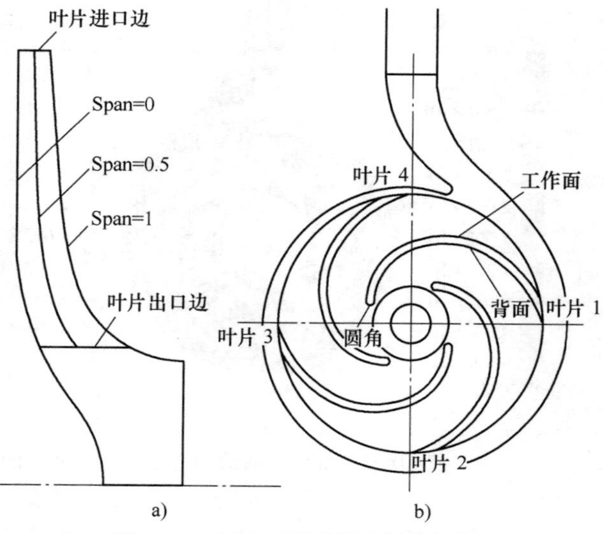

图 10-26 液力透平叶轮及整体投影

a）叶轮轴面投影 b）液力透平整体平面投影

理论上液力透平叶轮流道内的流动是轴对称的，但实际上叶轮内的流动受到蜗壳隔舌等因素的影响，使得叶轮流道内的流动并非是轴对称流动，也可以说不同的流道在不同的“工况”下运行，因此，不同流道叶片上的载荷也会有一定的差异。为了详细地比较优化前后叶片压力及载荷的差异，同时也比较不同流道叶片上的压力及载荷分布，将对每个叶片上的压力及载荷进行分析。如图 10-27 所示为优化前后各个叶片在最优工况下工作面及背面的静压系数分布曲线，其中各个叶片的位置如图 10-26b 所示。

$$C_p = \frac{p - p_{aver}}{0.5\rho U^2} = \frac{p - p_{aver}}{0.5\rho\omega^2 R_2^2} \tag{10-13}$$

式中　p——span 分别取 0、0.5、1 时叶片工作面或背面所在位置上各点的静压值；

p_{aver}——工作面与背面静压值的线性平均；

U——圆周速度；

ρ——流体的密度；

ω——液力透平叶轮的旋转角速度；

R_2——液力透平叶轮的进口直径。

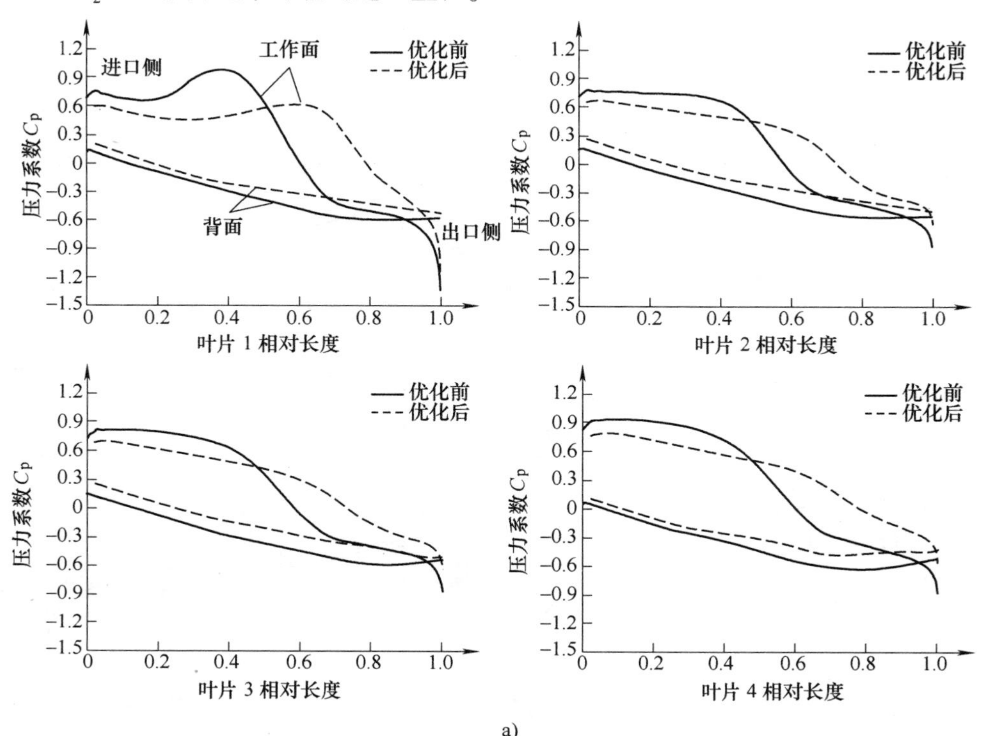

图 10-27　优化前后透平各叶片在最优工况下工作面及背面的静压系数分布曲线

a）span 为 0

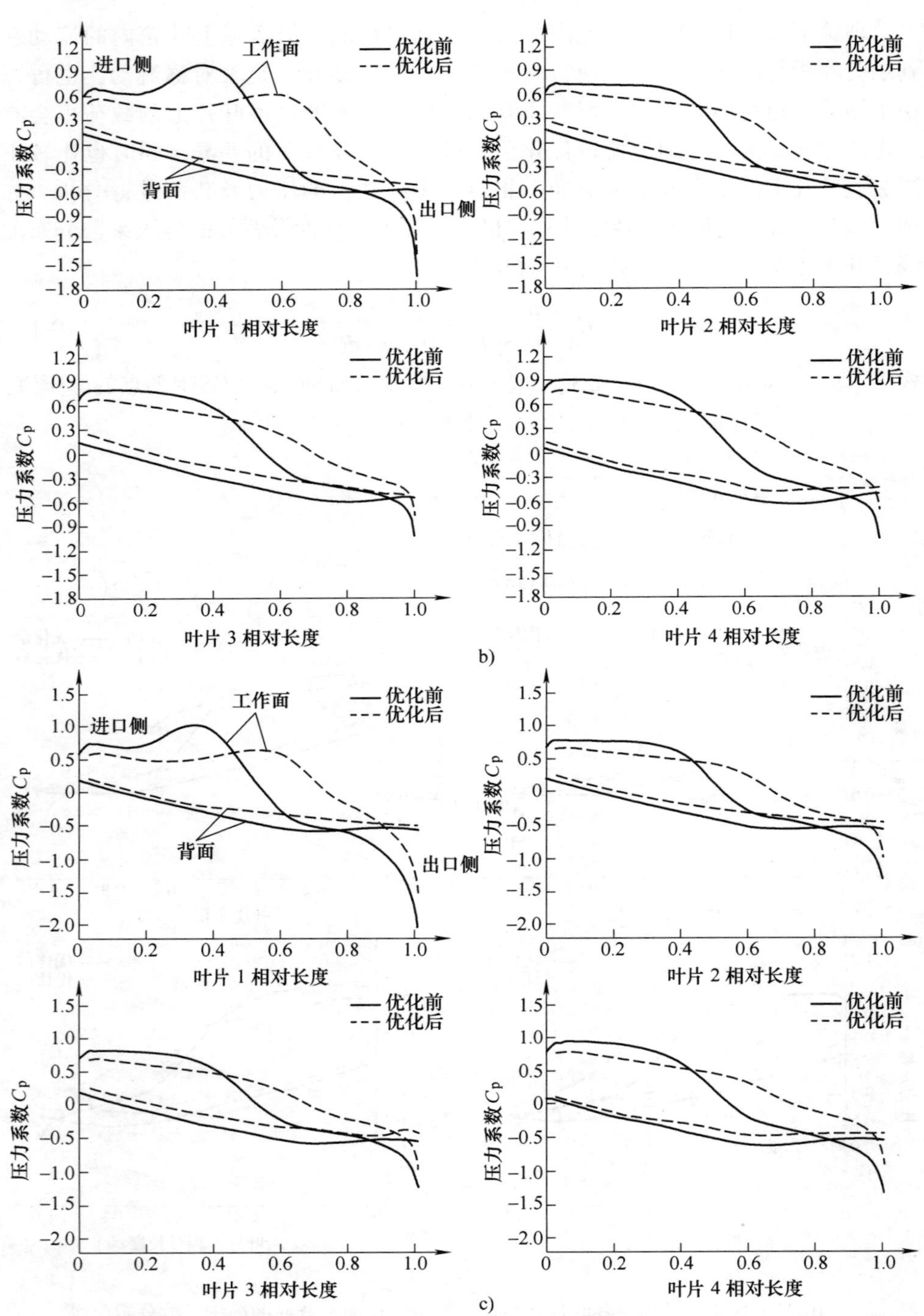

图 10-27　优化前后透平各叶片在最优工况下工作面及背面的静压系数分布曲线（续）

b）span 为 0.5　c）span 为 1

对比图10-27a、b和c中对应叶片上的静压系数分布发现，各对应叶片上的静压分布规律相似，且在数值上也相差很小，说明液力透平各个叶片上的静压沿叶展方向均变化相对较小。叶片工作面上的静压除了叶片1外，其余3个叶片上的静压变化规律相似，叶片1工作面上静压有别于其他3个叶片上静压的主要原因是叶片1的工作面与叶片4的背面组成的流道与蜗壳隔舌相对，而蜗壳隔舌对该流道中流体的流动影响最大；叶片背面上的静压在4个叶片上的分布都相对比较均匀，变化幅度稍微相对较大的是叶片4，这同样是受到蜗壳隔舌的影响。优化后叶片工作面、背面上的压力从进口到出口的变化均比优化前更加均匀。除此以外，优化后叶片工作面的压力在叶片相对长度为0～0.5范围内小于优化前的压力，而在叶片相对长度为0.5～1.0范围内则大于优化前的压力；优化后叶片背面的压力均大于优化前叶片背面的压力。

对叶片工作面与背面压力系数求差即可得到叶片从进口到出口的载荷系数分布。如图10-28所示为优化前后各个叶片在最优工况下的叶片载荷系数分布曲线。

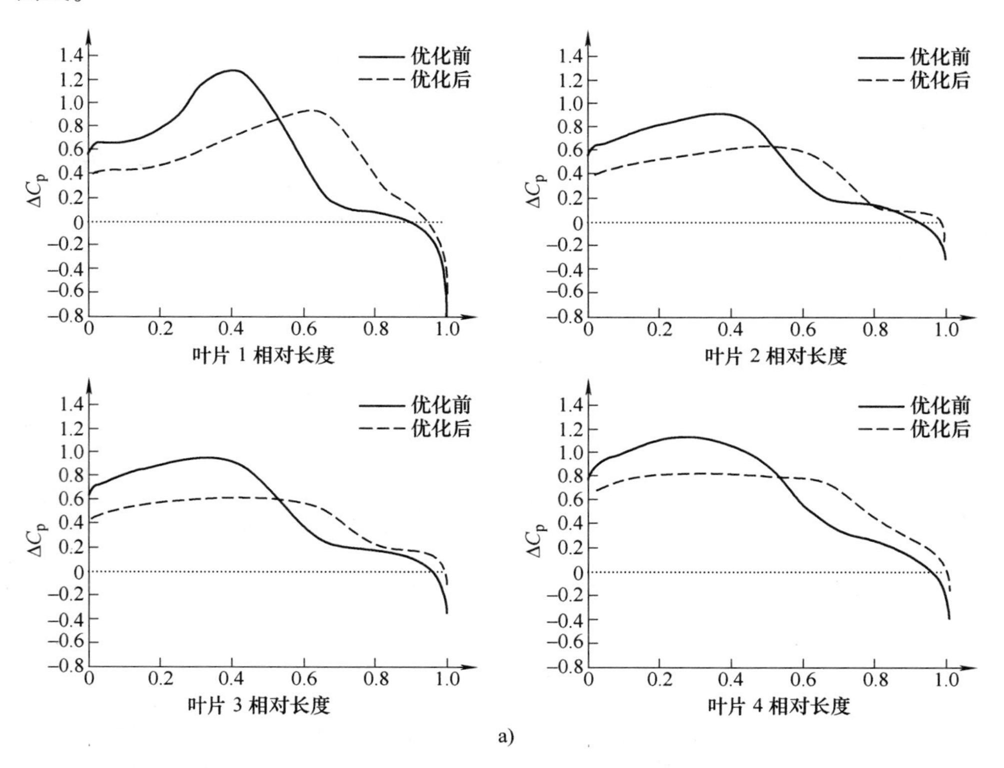

图10-28　优化前后液力透平各叶片在最优工况下的载荷系数分布曲线

a）span为0

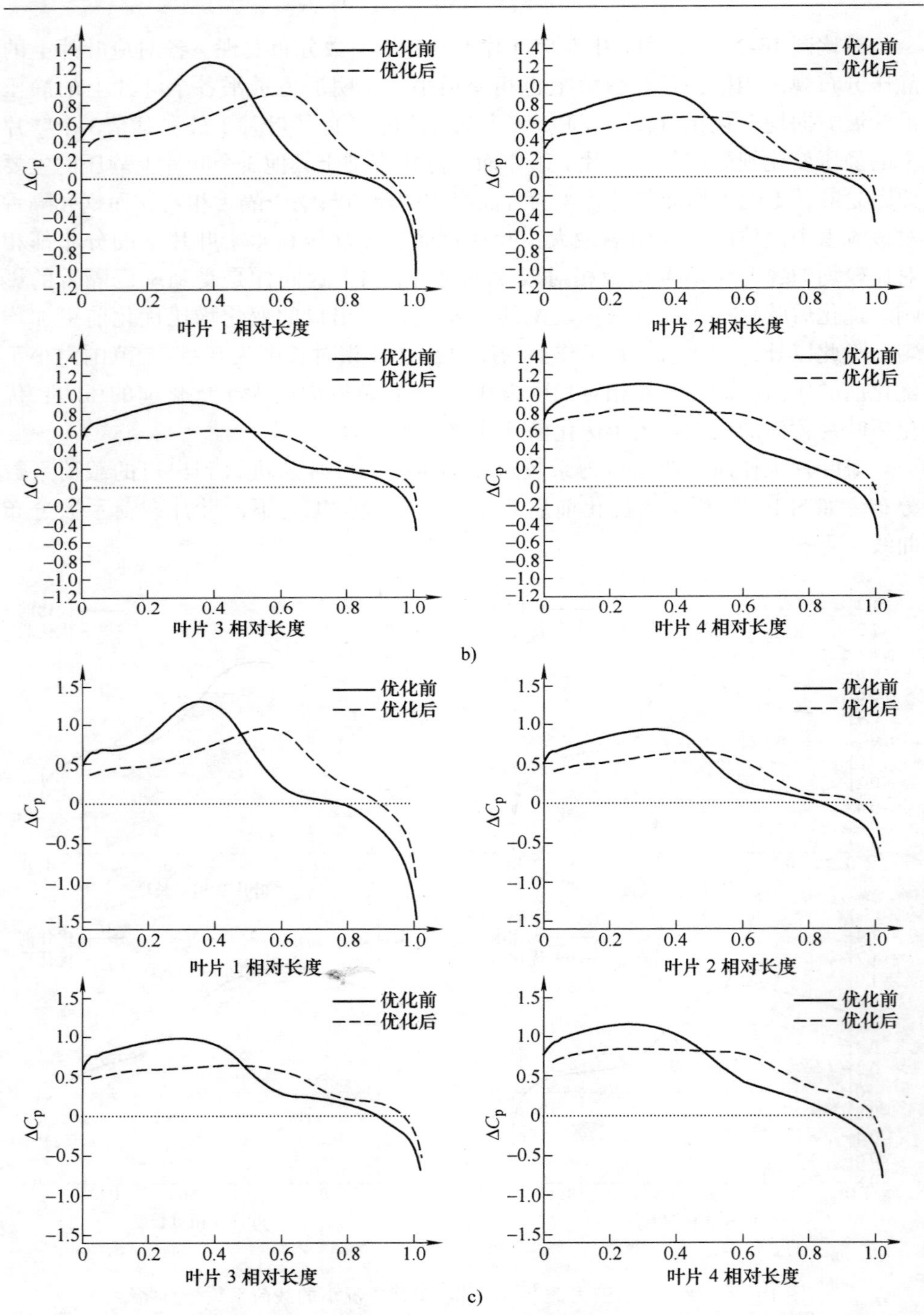

图 10-28　优化前后液力透平各叶片在最优工况下的载荷系数分布曲线（续）

b）span 为 0.5　c）span 为 1

对比图10-28a、b和c中对应叶片上的载荷分布发现，各对应叶片上的载荷分布规律相似，且在数值上也相差较小，说明液力透平各个叶片上的载荷沿叶展方向变化不大。4个叶片上的载荷分布规律除了叶片1外，其他3个较为相似，叶片1有别于其他3个叶片主要是受到蜗壳隔舌的影响所致。优化后叶片载荷在叶片相对长度为0~0.5范围内小于优化前叶片的载荷，在0.5~1.0范围内大于优化前的载荷，优化后叶片载荷的变化梯度较小，且优化后的载荷分布较之前均匀光滑。在液力透平叶轮中，叶片载荷分布与相对速度分布直接相关，如果载荷分布曲线波动严重，必然会引起速度分布的波动变化，反之，速度分布均匀，则流动越趋稳定；另外从图中可以看出，叶片载荷在叶片出口附近为负值，当叶片载荷为负值时，说明流体对叶片做负功，这对液力透平来说是极为不利的，但优化后叶片载荷为负值的叶片相对长度明显小于优化前叶片的相对长度，说明优化后的叶片在出口处性能较之前有所改善。

10.3　叶片数对液力透平性能的影响

通过上节对液力透平叶片型线的优化研究发现，尽管以液力透平水力性能参数为目标函数，采用智能优化算法对叶片型线优化能较好地改善液力透平的性能，但是从优化后液力透平的内流场中发现，叶轮中的流动仍然不是很均匀，特别是在叶片进口处的工作面和背面均存在漩涡区域，这样必然对整机的性能造成一定的影响。在旋转水力机械叶轮中，除了叶片型线、进出口角和包角等几何参数的影响外，还可通过增加叶片数的方法来改善其内部流动。本节以上节中优化得到的液力透平为研究对象（其叶轮见图10-19），将叶轮叶片由4片依次增加到8片，通过CFD数值计算的方法分别研究其外特性及内流场，其中数值计算策略与5.2.1节中所述相同。

10.3.1　外特性分析

通过CFD数值计算，分别得到不同叶片数下液力透平的效率、压头和功率曲线，如图10-29所示。

从图10-29中可以看出，随着叶片的逐渐增加，液力透平的最高效率点向小流量工况偏移，最高效率点的流量分别为：30m³/h、27.5m³/h、22.5m³/h、22.5m³/h、20m³/h，其效率值分别为：65.32%、71.77%、72.23%、72.41%、72.52%；无论液力透平叶轮叶片数是多还是少，其效率曲线的变化特点均呈现当流量从最高效率点向小流量变化时效率迅速下降，而从最高效率点向大流量变化时效率下降相对缓慢；与叶片数相关的是随着叶片数的增加，流量从最高

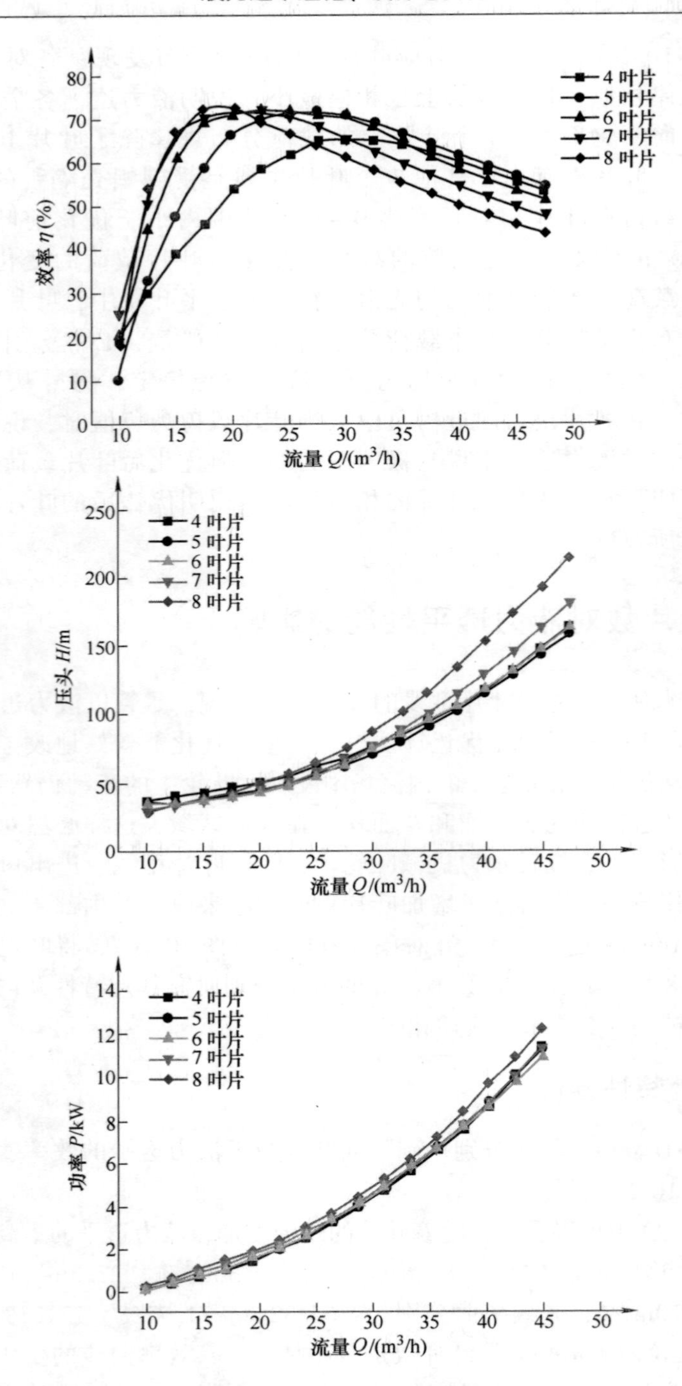

图 10-29 不同叶片数时液力透平的外特性曲线

效率点向小流量变化时效率下降的梯度增大，而从最高效率点向大流量变化时效率呈现先增大后减小的变化趋势。不同叶片数下，液力透平的压头、功率均随着流量的增大呈现逐渐上升的趋势；压头在小流量区域随着叶片数的增加变化不是很大，而在大流量区域，随着叶片数增加呈现出先减小后增大的趋势，即 $H_4 > H_5 < H_6 < H_7 < H_8$；功率在小流量区域，随着叶片数的增加而逐渐增大，即 $P_4 < P_5 < P_6 < P_7 < P_8$，在大流量区域随着叶片数的增加而呈现出先减小后增大的趋势，即 $P_4 > P_5 > P_6 < P_7 < P_8$。

液力透平的外特性随叶片数增加产生变化的原因是：液力透平叶轮叶片数的增多和离心泵一样，均可增强叶轮的做功能力，有利于效率的提升。但随着叶片数逐渐增加，叶轮流道内会出现较为严重的叶片排挤现象，导致流道内的流体速度增大，同时，叶片数的增加，使得流体与叶片接触的总表面积增加，这样流体与叶片表间的摩擦损失会增大，从而增大了水力损失；反之，当叶片数较少时，流体受叶片的束缚不够，叶轮内流体由惯性引起的速度滑移会相对比较大[69]，流体在叶轮中的流动势必较为紊乱，同时会在局部出现不同强度的漩涡区域，从而造成一定的水力损失。下面对不同叶片数时液力透平在某一大流量工况（40m³/h）下的效率变化特点加以详细分析，其他工况下的分析原理与之类似。

在大流量工况下，叶片从4片增加到5片时，效率增大，效率与叶片数呈正相关；叶片由5片增加到8片时，效率逐渐下降，效率与叶片数呈负相关。这说明，液力透平叶片由4片增加到5片，尽管与流体接触的叶片表面净增2个，表面摩擦损失增大，但叶轮内的流动状况得到改善，如叶轮内二次流强度大幅减弱[70]，二次流引起的水力损失减少较多，所以总的来说降低了叶轮中的水力损失；在叶片由5片逐渐增加到8片的过程中，每增加1个叶片，与流体接触的表面净增2个，叶轮中的摩擦损失会增大，但由于叶片数增加引起的二次流损失的减少量小于增加的摩擦损失，所以总的水力损失上升，水力效率下降。

10.3.2　内流场分析

为了更加深刻地理解上述因叶片数的变化而导致液力透平性能的差异，下面对不同叶片数的模型分别在一个小流量工况（15m³/h）、各自最优工况（见上节）和一个大流量工况（40m³/h）下的速度流线、湍流动能及湍流动能耗散率加以分析。

1. 速度流线分布

如图10-30所示为不同叶片数时，三个工况下液力透平中间截面（$z=0$）上的速度流线图。

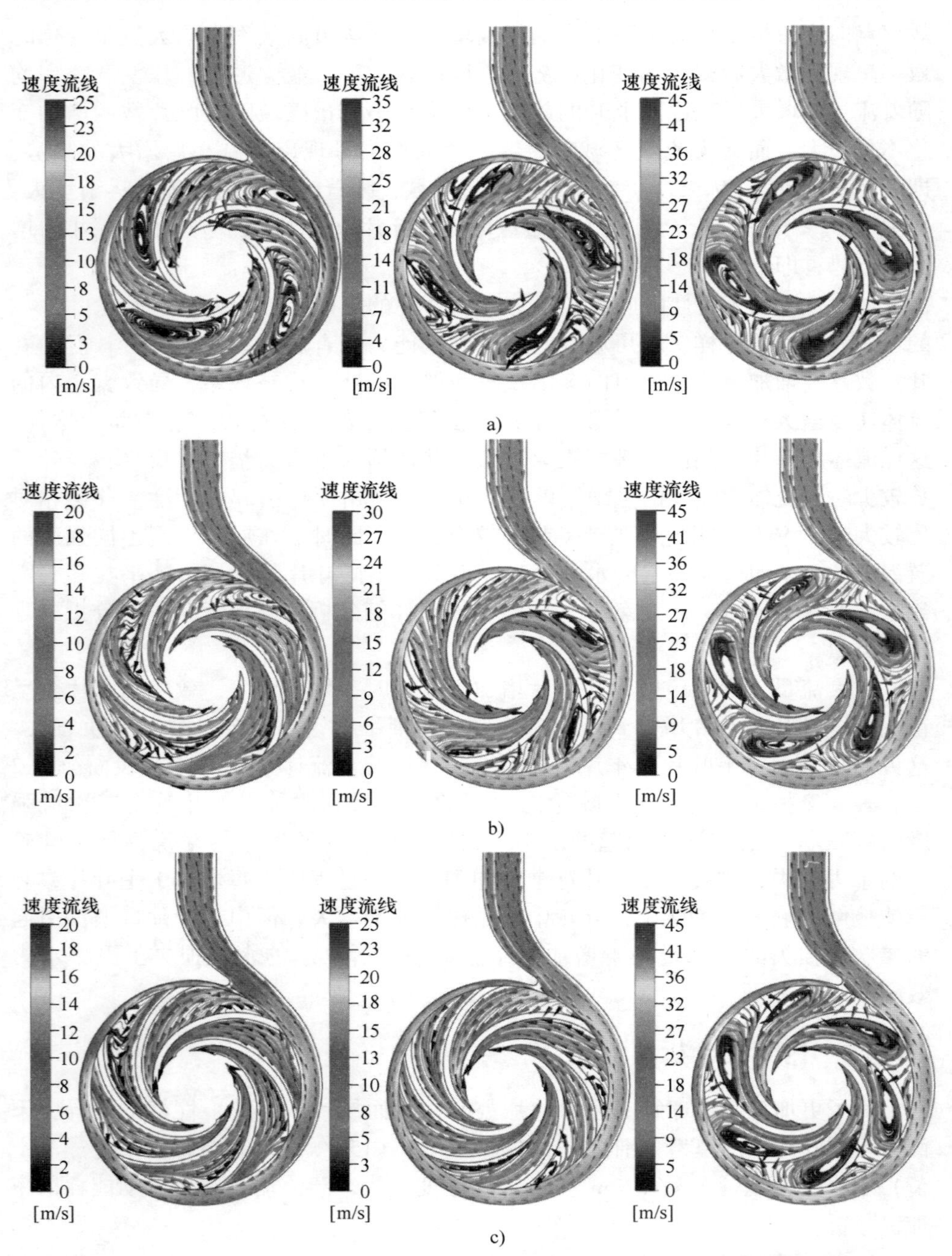

图 10-30　不同叶片数时液力透平在三个工况下的速度流线图

a）4 叶片模型　b）5 叶片模型　c）6 叶片模型

（彩图见书后插页）

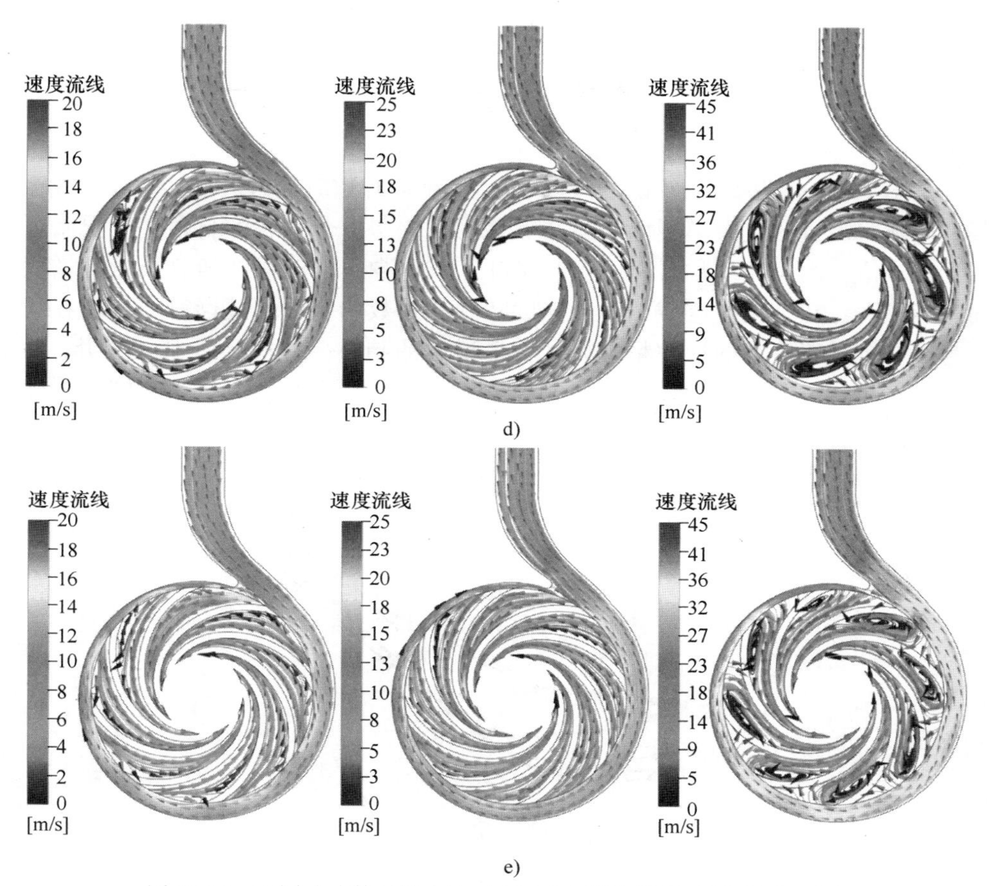

图 10-30　不同叶片数时液力透平在三个工况下的速度流线图（续）

d）7 叶片模型　e）8 叶片模型

（彩图见书后插页）

从图 10-30 可以看出，对于本节研究的初始模型（4 叶片）而言，无论是在小流量工况、最优工况，还是在大流量工况，在叶片进口位置处均存在着较大的漩涡区域，且叶轮内流体的速度梯度也比较大。随着叶片数的逐渐增加，在三个工况下叶轮中漩涡区域和速度梯度均逐渐减小，当叶片增加到 6 片之后，液力透平在各自的最优工况下叶轮中几乎没有漩涡区域，速度流线和叶轮叶片弯曲形状基本趋于一致，可见随着叶片数的增加，叶轮内部的流动有很大的改善。但叶片数增加却使得叶片表面的摩擦损失有所增加，同时在叶片出口处产生严重的排挤现象。因此，对于具体参数组合的液力透平，存在着最佳叶片数，这个叶片数能使得液力透平的效率达到最高。

2. 湍流强度及湍流动能分布

如图 10-31 所示为不同叶片数时液力透平叶轮中湍流强度体积加权平均值的

分布。湍流强度体积加权平均值的计算见式（10-14）。

$$\bar{I} = \frac{1}{V}\int_V I_i \mathrm{d}V \tag{10-14}$$

式中　I——湍流强度，定义见式（10-11）。

从图 10-31 可以看出，除 4 叶片数外，其他叶片数时液力透平叶轮中的湍流强度均随着流量的增大呈现出先减小后增大的趋势，分别在各自最优工况附近取到最小值，而 4 叶片数时，由于叶轮叶片数较少，湍流强度随着流量的增大而逐渐增大；在小流量区域，湍流强度随着叶片数的增加而逐渐减小，而在大流量区域则随着流量的增大呈现先减小后增大的趋势，另外从图中也可明显地看出，在小流量区域湍流强度变化的梯度相对较小，而在大流量区域湍流强度变化的梯度较大，随着流量的增大而急剧上升。

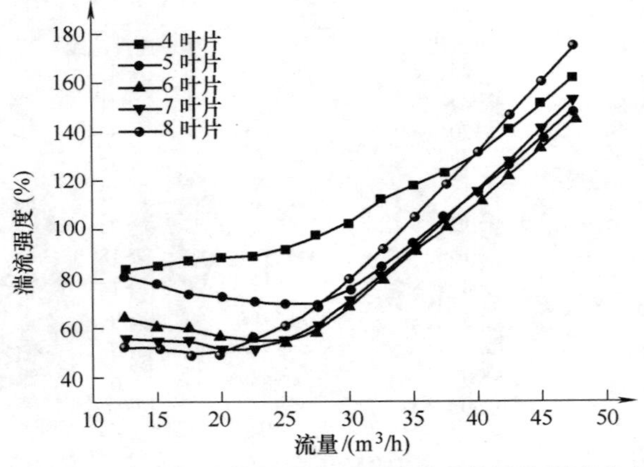

图 10-31　不同叶片数时液力透平叶轮中的湍流强度分布

如图 10-32 所示为不同叶片数时液力透平在三个工况下叶轮中湍流动能体积加权平均值的分布。

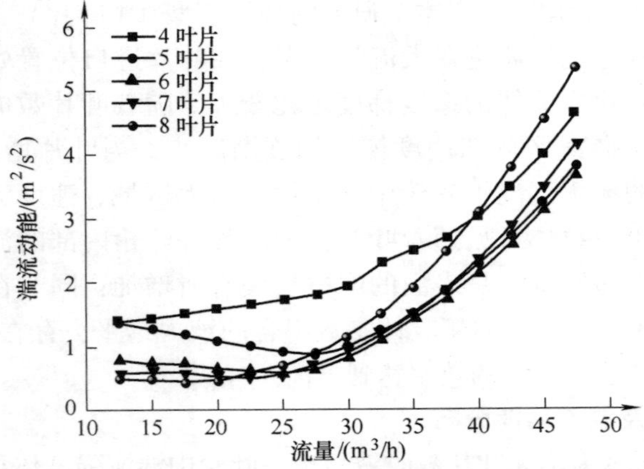

图 10-32　不同叶片数时液力透平叶轮中的湍流动能分布

从图 10-32 可以看出，湍流动能随叶片数的变化规律与湍流强度随叶片数变化的趋势相似，因为湍流强度与湍流动能之间存在着相对准确的关系式，即通常用含有湍流强度的公式估算湍流动能[67]，具体见式（10-15）。

$$K = 3/2\ (\overline{u}I)^2 \tag{10-15}$$

式中　$\overline{u}$——湍流的平均速度；

I——湍流强度。

为了掌握不同叶片数时液力透平叶轮内湍流动能的分布情况，图 10-33 给出了不同叶片数时液力透平分别在三个工况下，中间截面上（$z=0$）的湍流动能分布云图。

从图 10-33 可以看出，液力透平在小流量工况和最优工况下，叶轮中的湍流动能随着叶片数的增加而逐渐减弱。另外，在小流量工况下，当叶片数分别为 4、5 和 6 时，叶轮中湍流动能最强烈的区域在隔舌相对的位置，且在叶片的工作面附近；随着叶片数的进一步增加，叶轮中湍流动能最强烈的区域按逆时针方向转移到下一个流道，且在叶片的背面附近；在大流量工况下，叶轮中的湍流动能均大于小流量工况以及最优工况下的湍流动能，且剧烈的区域在叶轮叶片的背面附近，从隔舌相对的流道开始沿着逆时针方向，流道中的湍流动能在逐渐增大。

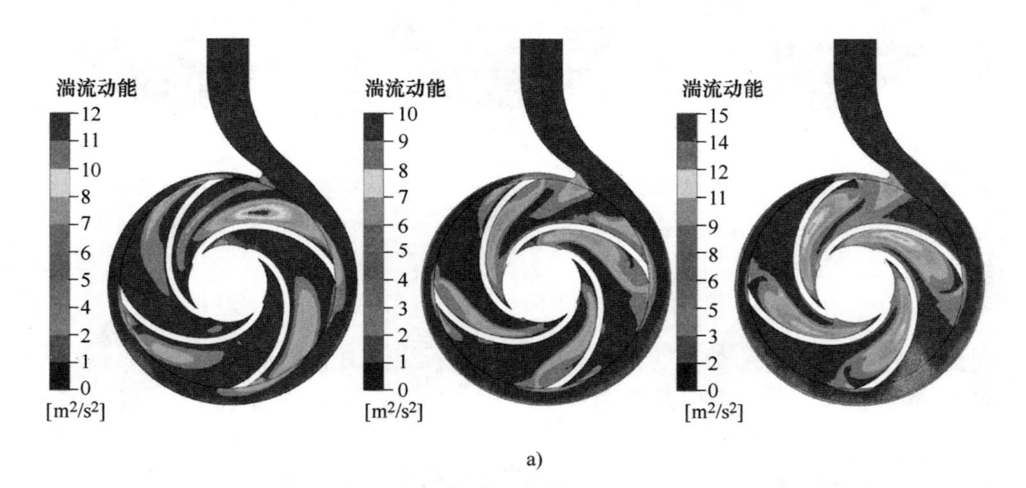

图 10-33　不同叶片数时液力透平在三个工况下的湍流动能分布云图

a）4 叶片模型

（彩图见书后插页）

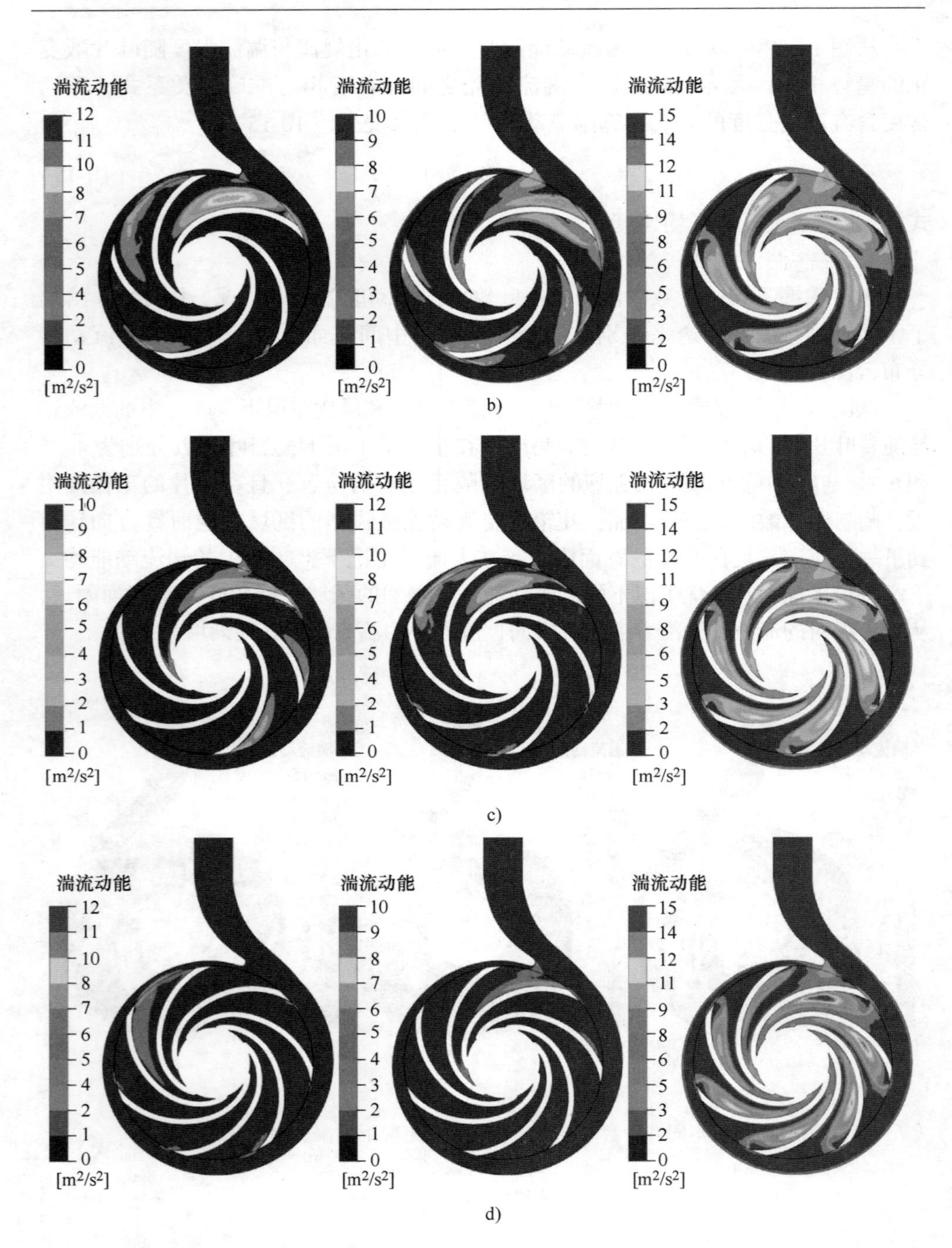

图 10-33 不同叶片数时液力透平在三个工况下的湍流动能分布云图（续）

b）5 叶片模型 c）6 叶片模型 d）7 叶片模型

（彩图见书后插页）

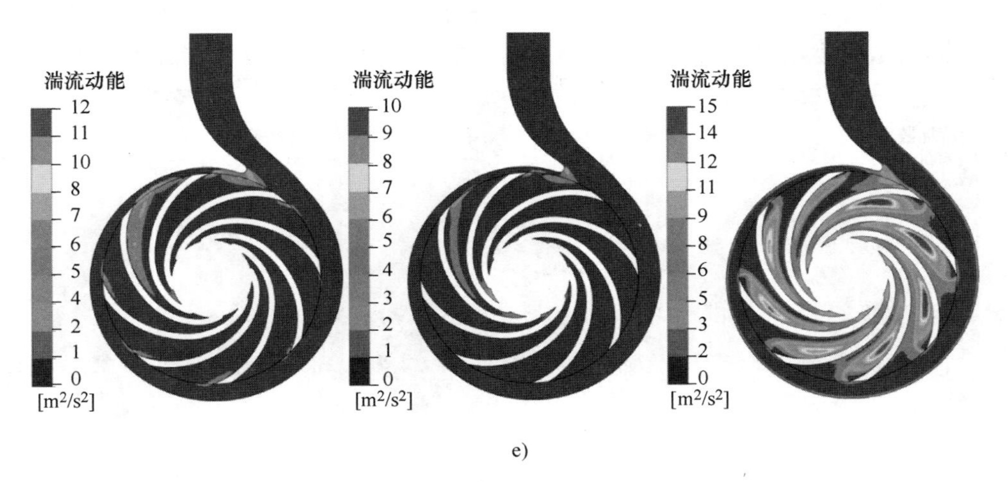

图 10-33　不同叶片数时液力透平在三个工况下的湍流动能分布云图（续）

e）8 叶片模型

（彩图见书后插页）

3. 湍流动能耗散率

如图 10-34 所示为不同叶片数时液力透平叶轮中湍流耗散率体积加权平均值分布。

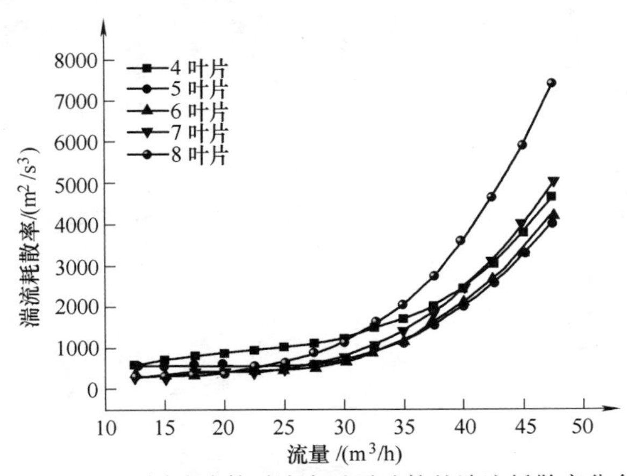

图 10-34　不同叶片数时液力透平叶轮的湍流耗散率分布

从图 10-34 可以看出，液力透平叶轮中湍流耗散率随流量的增大而逐渐增大，在小流量区域以及最优工况附近，湍流耗散率增大的梯度较小，而在大流量工况下，湍流耗散率急剧增大；在小流量工况及最优工况附近，湍流耗散率呈现随叶片数增加逐渐减小的趋势，而在大流量工况下，湍流耗散率则呈现出先增大后减小的变化趋势。

为了掌握不同叶片数时液力透平叶轮内湍流耗散率的分布情况，图 10-35 给出了不同叶片数时液力透平分别在三个工况下时，中间截面（$z=0$）上的湍流耗散分布。

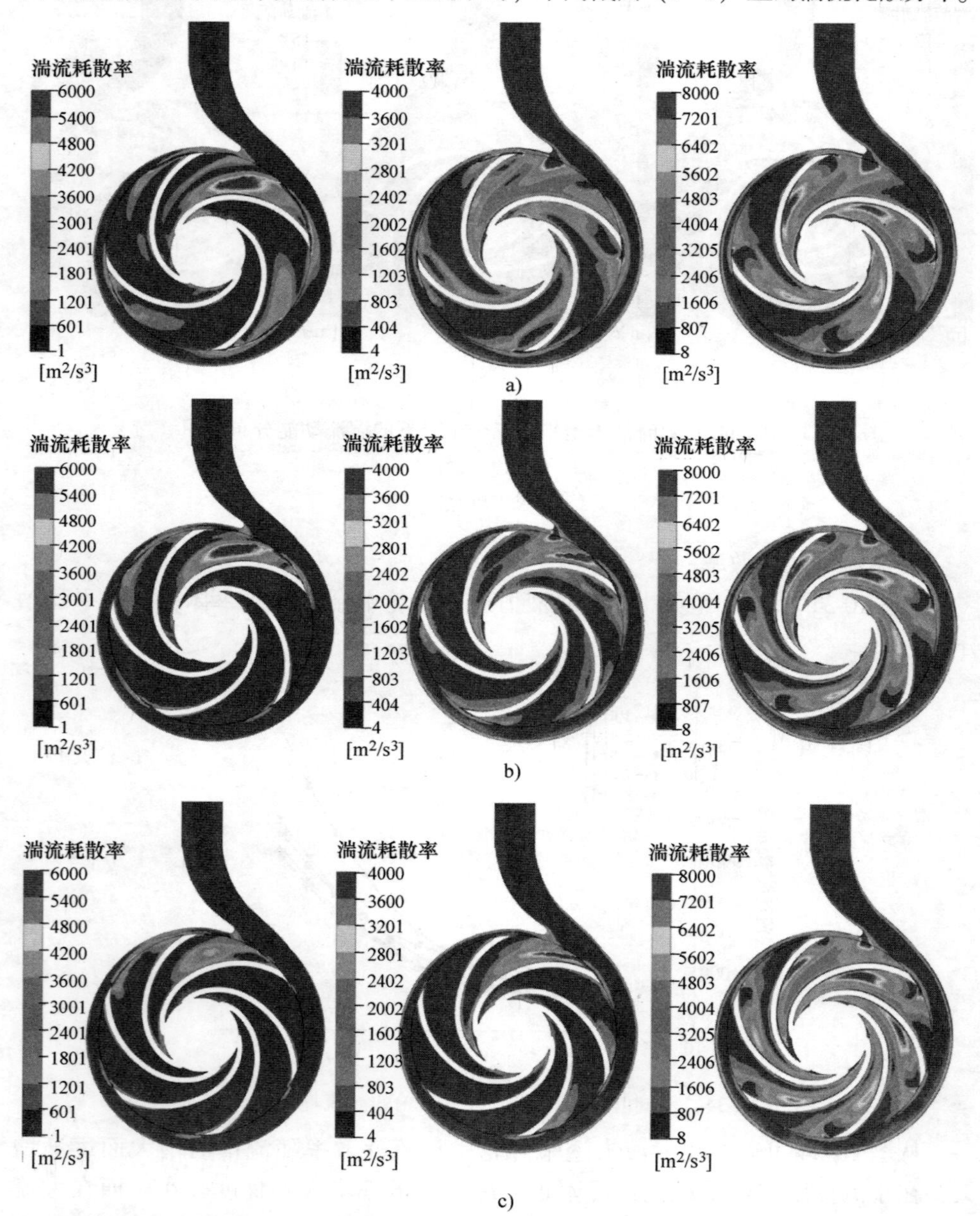

c)

图 10-35　不同叶片数下液力透平在三个工况下的湍流动能耗散率分布云图

a）4 叶片模型　b）5 叶片模型　c）6 叶片模型

（彩图见书后插页）

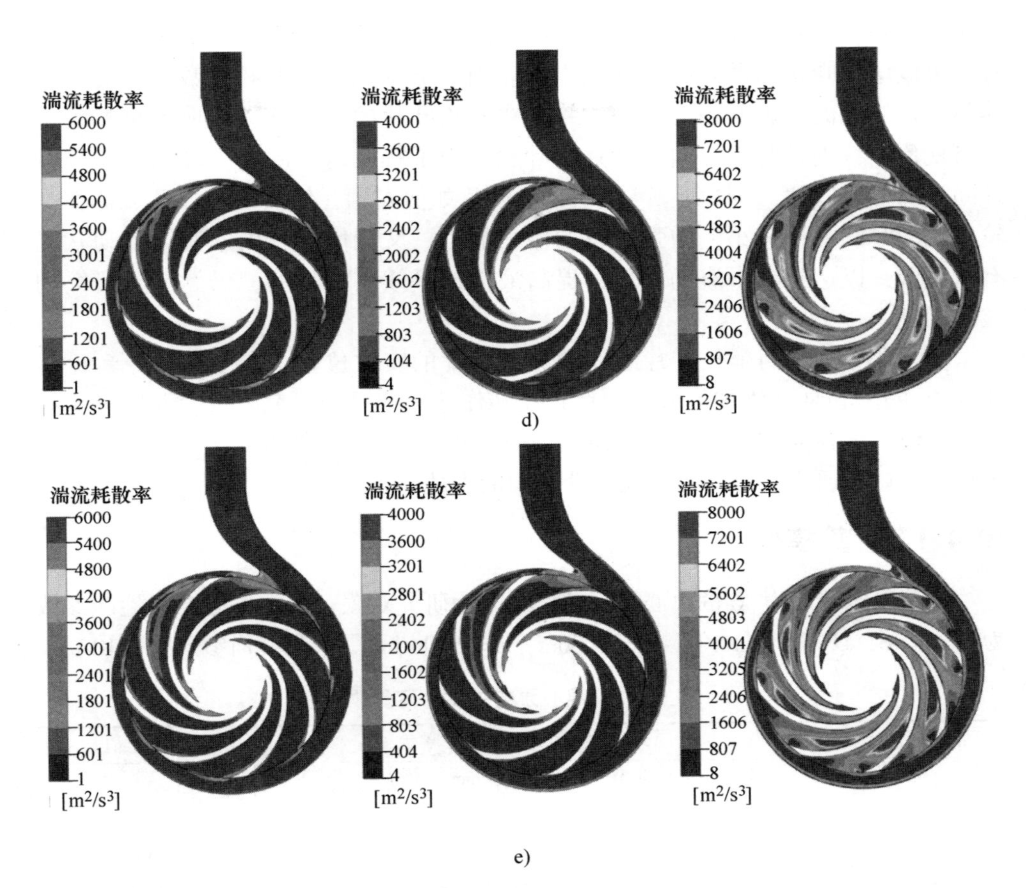

图 10-35　不同叶片数下液力透平在三个工况下的湍流动能耗散率分布云图（续）

d) 7 叶片模型　e) 8 叶片模型

（彩图见书后插页）

从图 10-35 可以看出，在蜗壳中，湍流动能耗散率最大的区域在隔舌附近，且随着流量的增大而逐渐增大；在叶轮中，当液力透平的运行工况处在小流量工况和最优工况时，其湍流动能耗散率随着叶片数的增加而逐渐减小，湍流动能耗散率强烈的区域与湍流动能强烈的区域相对应，在大流量工况时也是如此，这是因为湍流动能耗散率与湍流动能存在着一定关系[67]。

10.4　分流叶片偏置对液力透平性能的影响

通过上节的研究发现，在增加一定叶片数后，液力透平叶轮中的流动状况有较大的改善。因为在旋转水力机械中，叶轮叶片数的增加使得流体受叶片的控制力增强，有效地减弱了流道内二次流的强度及叶轮内由惯性引起的速度滑移，可以增强叶轮的做功能力并减小叶轮内的流动损失。但叶片数过多时，流体与叶片接触的总表面积会增加，并且在叶轮叶片的出口处会形成严重的叶片排挤现象，特别是对于扭曲形叶片的叶轮。为了解决这个问题，可在叶轮的叶片间添加分流叶片（即短叶片）。但分流叶片如何安置，使其既能保证流体在叶轮内流动时的滑移减小，增强叶轮的做功能力，又能使叶轮内的流体流动状况有所改善，以达到减小流动损失，提高液力透平效率的目的，仍然是要研究的核心问题。

为了研究位于两个长叶片之间的分流叶片的安放位置，本节选择一台比转速为46的离心泵（添加了分流叶片）反转作液力透平为研究对象，并以分流叶片周向位置、径向位置（出口直径）、叶片数和出口偏转角四个几何参数为变量进行正交试验研究，以确定分流叶片合理的安放位置。

10.4.1　计算模型

本节以比转速为46的离心泵反转作透平为研究对象，其中离心泵的性能参数为：$n_s=46$，$Q=24.75\mathrm{m^3/h}$，$H=51.06\mathrm{m}$，$n=2900\mathrm{r/min}$。具体几何参数见表10-11。

表10-11　离心泵的主要几何参数

部　件	参数/单位	数　值
叶轮	叶轮进口直径 D_1/mm	50
	叶轮出口直径 D_2/mm	209
	进口安放角 β_1（°）	30
	出口安放角 β_2（°）	22.5
	叶片进口宽度 b_2/mm	4
	叶片数 z	5
	叶片形状	扭曲形
蜗壳	蜗壳基圆直径 D_3/mm	214
	蜗壳进口宽度 b_3/mm	14.45
	蜗壳出口直径 D_4/mm	40
	蜗壳断面形状	梯形

10.4.2　数值计算条件的确定

采用三维造型软件Pro/E生成计算域模型，用ICEM网格划分软件对计算域模型进行网格划分，由于叶片扭曲，且整个计算域流道形状复杂，因此在网格划分过程中采用适用性较强的非结构化网格。如图10-36所示为添加分流叶片后的复合式叶轮网格和网格装配示意图。

图 10-36　复合式叶轮网格和网格装配示意图
（彩图见书后插页）

对无分流叶片模型的网格无关性进行了研究，结果表明：当模型网格数量达到 100 万以上时，效率的变化幅度在 0.5% 以内。本书用于数值计算的进口延伸、蜗壳、初始叶轮及尾水管的网格数分别为 163973、338939、564642、168061，网格总数 1235615。有、无分流叶片的模型网格数相差不大。

在数值计算时，对于湍流模型的选择、控制方程的离散方法及边界条件的设定等均与 5.2.1 节所述相同。

10.4.3　正交试验方案的确定

对分流叶片的主要几何参数周向位置、出口直径、叶片数和出口偏转角均取 3 个水平值进行正交试验研究，详细参数见表 10-12。如图 10-37 所示为分流叶片偏置设计示意图。

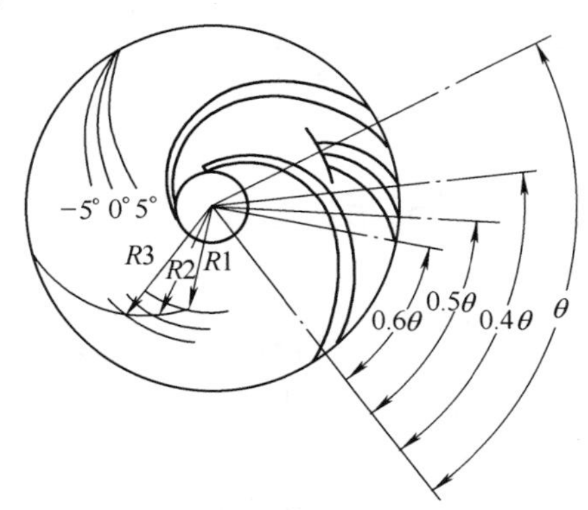

图 10-37　分流叶片的偏置设计示意图

注：θ 为相邻两叶片之间的周向夹角

表 10-12　分流叶片正交设计方案因素水平表

因　素	水　平	因素说明
A	0.4θ 0.5θ 0.6θ	周向位置（°）（图 10-37）
B	$0.4(D_2-D_1)+D_1$ $0.5(D_2-D_1)+D_1$ $0.6(D_2-D_1)+D_1$	出口直径/mm
C	4 5 6	叶片数
D	-5 0 5	出口偏转角度/°（图 10-37）

同时为了与没有分流叶片的叶轮进行对比，方案中又增加了不带分流叶片的三个叶轮（0-0-4-0，0-0-5-0，0-0-6-0，其中 0-0-4-0 代表不含分流叶片的 4 叶片叶轮，其他类似），具体正交方案见表 10-13。

表 10-13　正交设计方案

方案号	因素组合	方案号	因素组合
1	1-1-1-1	7	3-1-3-1
2	1-2-2-2	8	3-2-1-3
3	1-3-3-3	9	3-3-2-1
4	2-1-2-3	10	0-0-4-0
5	2-2-3-1	11	0-0-5-0
6	2-3-1-2	12	0-0-6-0

注：表中 1-1-1-1 表示第一个因素的第 1 个水平、第二个因素的第 1 个水平、第三个因素的第 1 个水平、第四个因素的第 1 个水平；其他类似。

10.4.4　数值计算结果及其分析

1. 正交试验结果

采用 ANSYS-FLUENT 软件对上述所有方案的液力透平进行了数值计算，其中每个方案各取 11 个工况点（即 $1.0Q_d$、$1.1Q_d$、$1.2Q_d$、$1.3Q_d$、$1.4Q_d$、$1.5Q_d$、$1.6Q_d$、$1.7Q_d$、$1.8Q_d$、$1.9Q_d$ 和 $2.0Q_d$，其中 Q_d 为泵工况的设计流量），计算收敛后从 FLUENT 中读取液力透平进、出口总压 $\overline{p_{in}}$、$\overline{p_{out}}$ 以及扭矩 M，从而可求出每种方案在各个工况点下的效率值。通过对比各方案在 11 个工况点下的效率值发现，有 10 种方案均在 $1.3Q_d$ 时效率取到最大值，而方案 2 在 $1.2Q_d$ 时效率最高，方案 8 在 $1.4Q_d$ 时效率最高，不过这两个方案的最高效率值与各自在 1.3Q_d 工况下的效率值相差不大。为了方便进一步的比较分析，均取各方案在 1.3Q_d 时的性能值进行比较。各方案在 1.3Q_d 时的效率值见表 10-14。

表 10-14　1.3Q_d 工况时各方案的效率值汇总

方案号	η (%)	方案号	η (%)
1	78.35	7	77.96
2	78.05	8	76.04
3	76.09	9	78.01
4	76.58	10	75.02
5	79.06	11	75.80
6	77.04	12	76.31

2. 极差分析

通过对表 10-14 中的数据处理分析，得到效率与分流叶片正交法设计因素水平极差见表 10-15。其中，K_i 这一行的四个数分别是因素 A、B、C 和 D 第 i 个水平所对应的效率之和。k_i 为 i 水平的平均值。极差 R 是同一列中 k_1、k_2 和 k_3 这三个数中最大值与最小值的差值，反映了因素水平对试验指标的影响程度。从极差 R 的大小可知，在分流叶片设计因素中，各因素对效率影响的主次顺序为 $DBCA$，即：出口偏转角、出口直径、叶片数、周向偏置度。

表 10-15　正交试验数据处理结果

水平	η (%)			
	A	B	C	D
K_1	232.49	232.89	231.43	235.42
K_2	232.69	233.15	232.6382	233.05
K_3	232.00	231.15	233.116	228.71
k_1	77.50	077.63	77.1441	78.47
k_2	77.56	077.72	77.5461	77.68
k_3	77.34	77.05	77.7053	76.24
R	0.16	0.67	0.56	2.24
最优组合	2	2	3	1
主次顺序	$DBCA$			

3. 各因素对分流叶片设计的影响分析

根据以上极差分析的结果，可得到各不同水平因素随效率的变化曲线，如图 10-38 所示。

由图 10-38 可见：

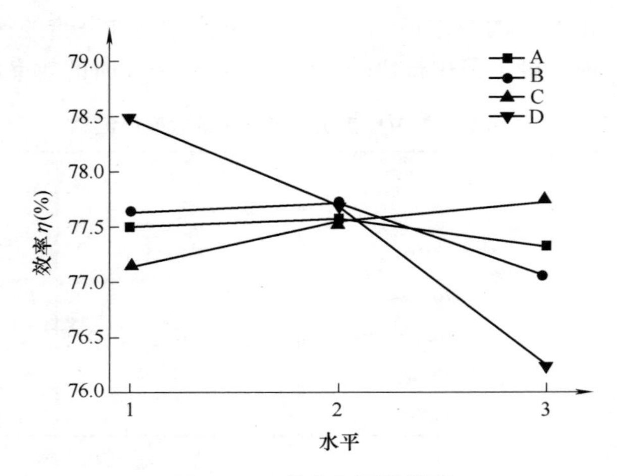

图 10-38　效率与因素关系

A—周向位置　B—出口直径　C—叶片数　D—出口偏置角

(1) 因素 A：分流叶片的周向位置对效率的影响呈现先上升后下降的趋势，但幅度较小，在第二水平达到最大，即取周向位置为 0.5θ 时效果较好。

(2) 因素 B：分流叶片的出口直径对效率的影响呈现先上升后下降的趋势，在第二水平达到最大值，因此选取出口直径为 $0.5(D_2-D_0)+D_0$ 较为理想。

(3) 因素 C：随着叶片数的增加，效率曲线逐渐上升，第一水平到第二水平效率的增大梯度高于第二水平到第三水平，在第三水平取到最大值，因此，取 6 个分流叶片较为合理。

(4) 因素 D：随出口偏置角的逐渐增大，效率曲线逐渐下降，且幅度较大，在第一水平时效率最高，所以出口偏置角取 $-5°$。

基于上述研究，对于本节所选模型，分流叶片主要几何参数的最佳组合为周向位置取 0.5θ、出口直径取 $0.5(D_2-D_0)+D_0$、分流叶片数取 6、出口偏转角取 $-5°$。

4. 外特性分析

如图 10-39 所示为常规叶轮和复合式（分流叶片最佳组合）叶轮液力透平的外特性曲线。

从图 10-39 可以看出，在 Q/Q_d 为 0.8 ~ 1.8 范围内，复合式叶轮液力透平的效率高于常规叶轮液力透平的效率，说明常规叶轮在添加分流叶片后，叶轮的做功能力较之前有所增强；压头则在添加分流叶片后有所下降，在小流量工况和大流量工况下降较多，而在最优工况附近与常规叶轮的压头基本相当；从功率曲线看出，在小流量工况、最优工况以及部分大流量工况下，复合式叶轮液力透平的输出功率大于常规叶轮液力透平的输出功率，而随着流量的进一步增

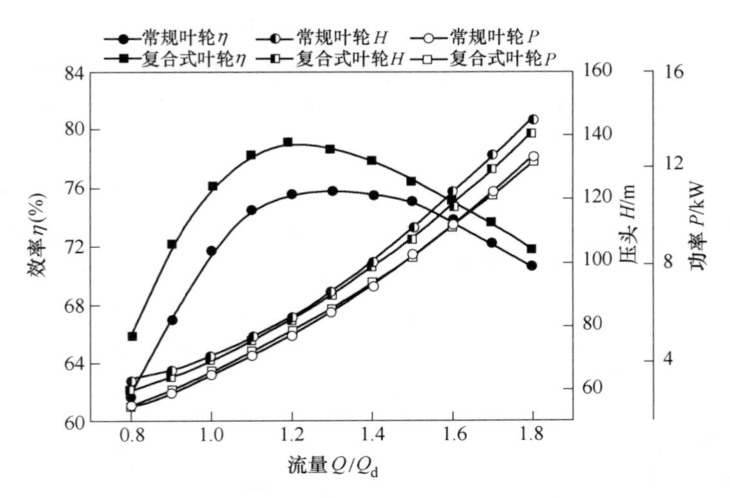

图 10-39　两种叶轮的液力透平外特性曲线

大，复合式叶轮液力透平的输出功率小于常规叶轮液力透平的输出功率。

5. 内流场分析

如图 10-40 和图 10-41 所示分别为常规叶轮和复合式（分流叶片最佳组合）叶轮液力透平在最优工况下，各自中间截面（$z=0$）上的相对速度和静压分布图。

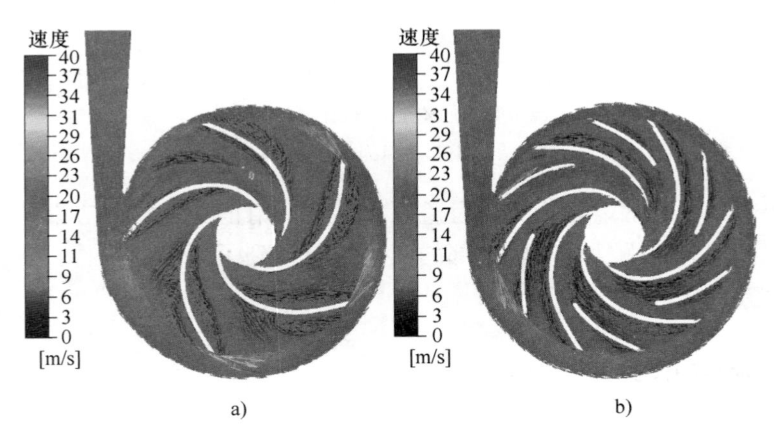

图 10-40　两种叶轮的液力透平在最优工况下内部相对速度分布

a）常规叶轮　b）最佳组合叶轮

（彩图见书后插页）

从图 10-40a、b 可以看出，液力透平叶片工作面的进口附近均存在着一定的轴向漩涡，该漩涡的旋转方向与叶轮旋转方向相反；在叶片背面出现脱流现象，也存在漩涡，此漩涡旋转方向与叶轮旋转方向一致，强度弱于工作面上的漩涡。图 10-40a 中的漩涡区域和强度较大，脱流也较为严重，而图 10-40b 中最佳组合叶轮内部流场分布较为均匀，漩涡的区域和强度明显减弱，脱流现象也得到了很大的改善。

从图 10-41a、b 可以看出，叶轮内部的静压力由进口到出口逐渐降低，等压曲线在叶轮上几乎是沿圆周方向分布，叶片上的最小压力值出现在叶片的出口位置；另外，从图 10-41a 中看到，叶轮内的压降较大，这主要是由常规叶轮内液体流动不稳定、损失较大所致，而从图 10-41b 中可以看出，叶轮内的静压分布较为均匀，且压降相对较小，蜗壳喉部的高压区减少，过流能力强，工作性能好。

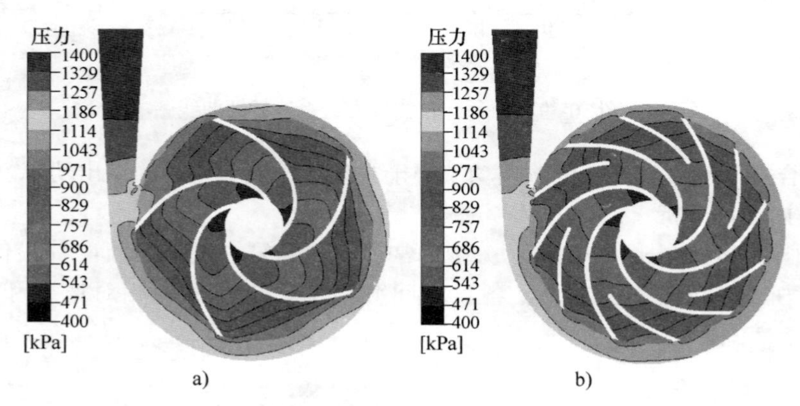

图 10-41　两种叶轮的液力透平在最优工况下内部静压分布

a）常规叶轮　b）最佳组合叶轮

（彩图见书后插页）

综上所述，与常规叶轮的液力透平相比，采用正交试验方法设计得到的复合式叶轮的液力透平，其叶轮内部的流动状况得到了明显的改善，增强了其能量转换能力。

10.5　本章小结

本章主要以提高液力透平的效率为目的对其叶轮进行了一定的优化研究，通过优化得出了如下结论：

1）结合第 4 章液力透平叶轮内能量转换特点及离心泵用作液力透平时轴面流动特点，发现液力透平叶轮流道过水断面面积的变化规律与其内部液体的流动规律不是很匹配。因此，采用本书建立的优化系统对液力透平叶轮轴面投影图在最优工况下进行了优化设计，优化后在除部分大流量工况外的其他工况下，液力透平性能均有所提升，这说明优化后改善了液力透平叶轮流道过水断面面积的变化规律与其内部液体的流动规律的匹配性。

2）采用第9章建立的优化系统对液力透平的叶片型线进行了优化研究，优化后液力透平的性能较之前有较大的改善，说明了本书所采用的优化设计方法的有效性。

3）尽管叶片型线的优化在一定程度上提升了液力透平的性能，但通过对叶轮内部流场的分析发现，其内部流动仍然很紊乱，相应的流动损失也比较大。随后采用增加叶片数的方法来进一步改善液力透平内的流动状况，研究发现，叶轮叶片数的增加使得流体受叶片的控制力增强，有效地减弱了流道内二次流的强度及叶轮内由惯性引起的速度滑移，这样增强了叶轮的做功能力并减小了叶轮内的流动损失；但并不是叶片越多越好，随着叶片数的逐渐增多，流体与叶片接触的总表面积会增加，摩擦损失会相应的增大，同时在叶片的出口处形成严重的排挤现象。因此，对于具体参数组合的液力透平，存在着最佳叶片数，这个叶片数使液力透平的效率达到最高。

4）叶轮叶片数过多的增加不仅增加了壁面摩擦损失，还会在液力透平叶轮叶片的出口处形成严重的排挤现象，特别是对于扭曲形叶片的叶轮。但叶片数较少时叶轮内部的液流受叶片的约束有限而变得较为紊乱，针对此问题，可以在叶轮的叶片间添加分流叶片（即短叶片），这样既可改善叶轮内部流动，又在出口处不会产生严重的排挤，且壁面摩擦损失也相对较小。但分流叶片如何安置，使其既能保证液体在叶轮内流动时的滑移减小、增强叶轮的做功能力，又能使叶轮内的液体流动状况有所改善，以达到减小流动损失、提高液力透平效率的目的，仍然是要研究的核心问题。本章采用正交实验的方法对某一模型分流叶片的主要几何参数进行了研究，确定了相对较好的安放位置。

第11章　CFD方法在液力透平内流场中的应用

11.1　概述

11.1.1　CFD的技术简介

CFD是英文Computational Fluid Dynamics的缩写，意为计算流体动力学，是以计算机作为模拟手段，运用一定的计算技术寻求流体力学各种复杂问题离散化数值解的一门新型独立学科。CFD技术通常是指采用计算流体力学的理论及方法，借助计算机对工程中的流动、传热、多相流、相变、燃烧及化学反应等现象进行数值预测的一种工程研究方法。

CFD的基本思想可以归结为：把原来在空间及时间域上连续的物理量的场，如速度场和压力场，用一系列有限个离散点上的变量值的集合来代替，通过一定原则和方式建立起关于这些离散点上场变量之间关系的代数方程组，然后求解代数方程组以获得场变量的近似值。

CFD技术、理论分析和实验测试方法构成了研究流体流动问题的完整体系。理论分析的结果具有普遍性，各种影响因素清晰可见，是指导试验和验证CFD数值计算的理论基础，但是在非线性情况下，只有少数流动才可以借助这种方法得到解析解。试验测试所得到的结果真实可信，是理论分析和数值研究的基础，然而试验往往受到模型尺寸、流场扰动、人身安全及经费和时间等方面的限制。而CFD技术是在计算机上实现特定的计算，恰好克服了前两种方法的弱点，能以较少的费用和较短的时间获得大量有价值的研究结果。

CFD技术在液力透平领域的应用可以实现如下功能：

1）为液力透平设计创建“虚拟测试平台”。CFD可以较准确地预测所设计液力透平的全工况范围内的水头、功率和效率等特性，从而大大减少原型试验，缩短开发周期，降低开发成本，还可与CAD（计算机辅助设计）、CAM（计算机辅助制造）结合在一起，形成集成的液力透平设计/分析/制造系统。

2）将液力透平内流动“可视化”。CFD可提供液力透平过流部件内部任意一个面上的流动情况，还可以生成动画，演示所计算出的流态，包括速度矢量、流线、压力等值线等，还可使一些试验室内很难完成的测试任务在CFD环境中完成。

3）优化液力透平性能。CFD可以给出液力透平内流动分离、间隙流动、进出口的速度分布以及其他影响液力透平性能的流动特性，从而为改进设计、优化透平的性能提供依据。

11.1.2　常用的CFD商用软件

常用的CFD软件有两类，一类是以有限体积法为核心，如FLUENT、STAR-CD，PHOENICS；另一类是以有限元法为核心，如FIDAP。还有的软件是将两类方法结合在一起，如CFX-TASCflow采用基于有限元理论的有限体积法。目前在水力机械研究中使用最广泛的CFD软件是FLUENT、CFX-TASCflow和STAR-CD。随着计算机技术的快速发展，这些商用软件在工程界正发挥着越来越大的作用。

1. FLUENT

是由美国FLUENT公司于1983年推出的CFD软件。它是继PHOENICS软件之后的第二个投放市场的基于有限体积法的软件。FLUENT是目前功能最全面、适用性最广、国内使用最广泛的CFD软件之一。ANSYS公司于2006年收购了FLUENT。FLUENT可以用来模拟从不可压缩到高度可压缩范围内的复杂流动。

由于采用了多种求解方法和多重网格加速收敛技术，因而FLUENT能达到最佳的收敛速度和求解精度。灵活的非结构化网格和基于解的自适应网格技术及成熟的物理模型，使FLUENT在转捩与湍流、传热与相变、化学反应与燃烧、多相流、旋转机械、动/变形网格、噪声、材料加工、燃料电池等方面有广泛应用。

FLUENT软件包含丰富而先进的物理模型，使得用户能够精确地模拟无黏流、层流、湍流。湍流模型包含Spalart-Allmaras模型、κ-ω模型组、κ-ε模型组、雷诺应力模型（RSM）组、大涡模拟模型（LES）组以及最新的分离涡模拟（DES）和V2F模型等。另外用户还可以定制或添加自己的湍流模型。

FLUENT可让用户定义多种边界条件，如流动入口及出口边界条件、壁面边界条件等，可采用多种局部的笛卡儿和圆柱坐标系的分量输入，所有边界条件均可随空间和时间的变化，包括轴对称和周期变化等。提供用户自定义子程序功能（UDF），可让用户自行设定连续方程、动量方程、能量方程或组分输运方程中的体积源项，自定义边界条件、初始条件、流体的物性、添加新的标量方程和多孔介质模型等。

FLUENT 是用 C/C ++ 语言写的，可实现动态内存分配及高效数据结构，具有很大的灵活性与很强的处理能力。在 FLUENT 中，解的计算与显示可以通过交互式的用户界面来完成。用户界面是通过 Scheme 语言写的，高级用户可以通过写菜单宏及菜单函数自定义及优化界面。用户还可使用基于 C/C ++ 语言的用户自定义函数功能对 FLUENT 进行扩展。

2. CFX-TASCflow

1995 年，CFX 收购了旋转机械领域著名的加拿大 TASC 公司，推出了专业的旋转机械设计与分析模块——CFX-TASCflow，CFX-TASCflow 一直占据着 90% 以上的旋转机械 CFD 市场份额。2003 年，CFX 加入了全球最大的 CAE 仿真软件 ANSYS 的大家庭中。

CFX 应用已经遍及航空航天、旋转机械、能源、石油化工、机械制造、汽车、生物技术、水处理、火灾安全、冶金、环保等领域。CFX 采用了先进的全隐式多重网格算法，可计算包括可压与不可压流体、耦合传热、热辐射、多相流、粒子输送过程、化学反应和燃烧等问题，还拥有诸如空化、多孔介质、相间传质、非牛顿流、喷雾干燥、动静干涉、真实气体等大量复杂现象的实用模型。

和大多数 CFD 软件不同的是，CFX 除了可以使用有限体积法之外，还采用了基于有限元的有限体积法，保证了在有限体积法守恒特性的基础上，吸收了有限元的数值精确性。在湍流模型的应用上，除了常用的湍流模型外，CFX 最先使用了大涡模拟（LES）和分离涡模拟（DES）等高端湍流模型。

CFX 为用户提供了表达式语言（CEL）及用户子程序等不同层次的用户接口程序，允许用户加入自己的特殊物理模型。

CFX 的前处理模块是 ICEM CFD，所提供的网格生成工具包括表面网格、六面体网格、四面体网格、棱柱体网格（边界层网格）、四面体与六面体混合网格、自动六面体网格、全局自动笛卡儿网格生成器等。它在生成网格时，可实现边界层网格自动加密、流场变化剧烈区域网格局部加密、分离流模拟等。

ICEM CFD 除了提供自己的实体建模工具之外，它的网格生成工具也可集成在 CAD 环境中。用户可在自己的 CAD 系统中进行 ICEM CFD 的网格划分设置，如在 CAD 中选择面、线并分配网格大小属性等。其接口适用于 Solidworks、CATIA、Pro/E、Ideas、Unigraphics 等 CAD 系统。

此外，CFX 还有两个辅助分析工具：BladeGen 和 TurboGrid。BladeGen 是交互式涡轮机械叶片设计工具，用户通过修改元件库参数或完全依靠 BladeGen 中的工具，设计各种旋转和静止叶片元件及新型叶片，对于各种轴向流和径向流叶型，使CAD设计在数分钟内即可完成。TurboGrid是叶栅通道网格生成工具。它采用了创新性的网格模板技术，结合参数化能力，工程师可以快捷地为绝大多数叶片类型生成高质量叶栅通道网格，用户所需提供的只是叶片数目、叶片及轮毂和外罩的外形数据文件。

3. STAR-CD

STAR-CD是由英国帝国理工学院提出，1987年由英国CD-adapco集团公司开发的通用流体分析软件。该软件基于有限体积法，适用于不可压流和可压流（包括跨音速流和超音速流）、热力学及非牛顿流的计算。它具有前处理器、求解器、后处理器三大模块，以良好的可视化用户界面把建模、求解及后处理与全部的物理模型和算法结合在一个软件包中。

STAR-CD的前处理器（Prostar）具有较强的CAD建模功能，而且它与当前流行的CAD/CAE软件（ICEM、PATRAN、IDEAS、ANSYS、GAMBIT等）有良好的接口，可有效地进行数据交换。

STAR-CD具有多种网格划分技术（Extrusion方法、Multi-block方法、Data import方法等）和网格局部加密技术，具有对网格质量优劣的自我判断功能。

STAR-CD提供了多种高级湍流模型，如各类κ-ε模型。STAR-CD具有SIMPLE、SIMPISO和PISO等求解器，可根据网格质量的优劣和流动物理特性来选择。在差分格式方面，具有低阶和高阶的差分格式，如一阶迎风、二阶迎风、中心差分、QUICK格式和混合格式等。

STAR-CD在三大模块中提供了与用户的接口，用户可根据需要编制Fortran子程序并通过STAR-CD提供的接口函数来达到预期的目的。

11.1.3　CFD技术在液力透平中的应用

液力透平内部的流动是非常复杂的三维流动，包括层流、湍流和转捩流。输送的流体可能是单相的，也可能是多相的。由于受叶轮旋转和叶片表面曲率的影响，还伴有分离流、回流及二次流等复杂流态。液力透平内部流动是流体工程中最难进行试验和理论研究的流动问题之一，大量研究有赖于数值模拟，因此其技术也就获得很大发展。特别是近些年来，借鉴其他叶轮机械的成果，液力透平内部流动的数值模拟取得了巨大的进步。

1. 液力透平CFD发展现状

液力透平CFD的发展现状体现在以下几个方面。

1）CFD已成为现代叶轮机械设计与分析的必要工具和手段。有些用户自行开发满足个性化需求的CFD软件，如Concepts NREC公司开发了pbCFD软件，德国慕尼黑大学开发了CNS3D软件，但大多数厂商选择商用CFD软件进行流动分析，如 ITT Flygt、KSB 等公司选择 FLUENT，ABB、Siemens 等公司选择 CFX-TASCflow 进行产品研发。CFD 已不仅仅局限于流场计算，它与 CAD 的集成越来越密切，因而正在形成满足工业应用的液力透平反问题设计方法。

CFD 还常与结构有限元系统集成，用于流固耦合计算，以完成液力透平结构动力学特性分析，特别是结构振动特性和结构强度特性的计算。

2）基于 CFD 的液力透平性能预测已基本达到工程实用程度。在定常条件下，液力透平水头、效率等主要能量指标的预测精度一般可达 6% 或更高。例如，文献［71］采用全流场计算时，透平在最高效率点的效率、水头、轴功率的 CFD 预测值与试验值的相对误差分别为 5.09%、4.04%、9.21%。小流量时的效率相对误差较大，最大为 7.74%，水头的最大相对误差为 4.29%，轴功率的最大相对误差为 12.31%。可见：CFD 软件可以较为准确地预测透平的流量、效率和水头，在设计工况附近，预测值的相对误差最小，而在小流量和大流量附近，预测值的相对误差较大。当然，取得这种预测精度与软件使用者的经验、同类型液力透平的流场测试和外特性曲线数据库大小等有关。目前还没有办法做到对于任意给定类型、规格的液力透平均能准确预测出全工况范围内的水头、功率和效率特性。

非定常条件下的液力透平 CFD 分析，是近几年的研究热点之一，基于非定常理论的液力透平流场压力脉动计算、流固耦合分析、振动分析等已取得进展。

3）一些新计算模型正被逐渐采用，CFD 分析方法趋向于多样化。从 CFD 分析方法看，以前广泛使用的 2D 或准 3D 的流线曲率法、两类流面迭代计算方法，已经基本退出历史舞台，取而代之的是全 3D 湍流分析方法。为了有效处理水流黏性，在液力透平 CFD 中，目前广泛采用基于 RANS 的湍流模型。

大涡模拟方法虽然计算量偏大，但近几年随着计算机性能的提高，在非定常模拟方面表现出独特优势。从所研究的输送介质看，多数 CFD 分析是针对单相流体（水）的，但气液两相流的分析也越来越多，因为在工程实际中，液力透平所回收的流体是含有一定体积气体的。

过去以单通道（即选取两个叶片所夹区域为计算域）分析为主，目前大多以全通道分析为主。在动静部件的界面处理模式上，目前普遍采用滑移网格技术及动网格技术等。

4）快速发展的叶轮机械内部流场测量技术为准确评价 CFD 计算精度提供了帮助。要准确评价 CFD 计算结果，在目前缺乏国家标准和 ANSI 标准的情况下，只能采用与内部流场实测结果或液力透平外特性测试结果对比的方法。目前使用最广泛的速度场直接测试方法是 PIV。内流场直接测量的方式，虽然理论上更准确，且具有发展潜力，但测试成本较高，实测精度受限，因此，目前更多的

CFD计算通过与液力透平外特性相比较的方法来检验CFD精度。例如，文献［72］采用理论分析、数值模拟和试验研究相结合的方法获得了一组离心泵用作液力透平的换算系数。

2. 液力透平CFD的发展方向

液力透平CFD技术已经成为液力透平研发非常重要的工具之一，是改善透平水力性能、提高稳定性、优化透平结构等的重要手段，也将是未来液力透平领域研究的重点。未来液力透平CFD的发展方向可以概括如下：

1）探求更适合液力透平的计算模型和方法。目前的CFD分析还存在很大局限性，只有在特定条件下才能取得比较可靠的结果，且由于目前大部分液力透平均为离心泵作液力透平，所以在研究液力透平时所选取的计算模型大部分都是按照泵的计算模型选取的，但由于工作原理的不同，导致其计算模型不一定相同。因此，需要在计算模型、数值计算方法等诸多方面进行改进，同时探索不同的数值处理模式。

2）矢量化及并行技术。目前的液力透平CFD计算时间还显过长，即使在最快速的PC上，高精度、多时步的非定常计算也需要数天才能完成，有时计算规模还受到一定限制，特别是在气液两相条件下。应用矢量化及并行技术可以提高数值模拟的精度，提高计算的速度，能解决比较复杂的流动问题，因此越来越受到重视。目前这方面的工作还很薄弱。

3）集成化与模块化。需要研究更加适应液力透平特点的CFD前处理器、求解器、后处理器，以及与CAD、FEM和CAM等模块能有效连接的液力透平集成设计分析系统，此外，针对液力透平应用的不同特点，要建立专门的分析模块，如能量指标预测模块、稳定性分析模块、压力脉动分析模块等。

4）评价体系的建立。为了从根本上提高CFD水平，需要进一步改进和提高流场测试手段和水平，建立CFD计算的标准化评判体系。

11.2　CFD基础理论

11.2.1　CFD的计算步骤

进行CFD计算，用户可以借助商用软件完成所需要解决的问题，也可自己直接编写计算程序，两种方法的基本工作过程是相同的，在此给出基本的计算思路。CFD计算流程如图11-1所示。

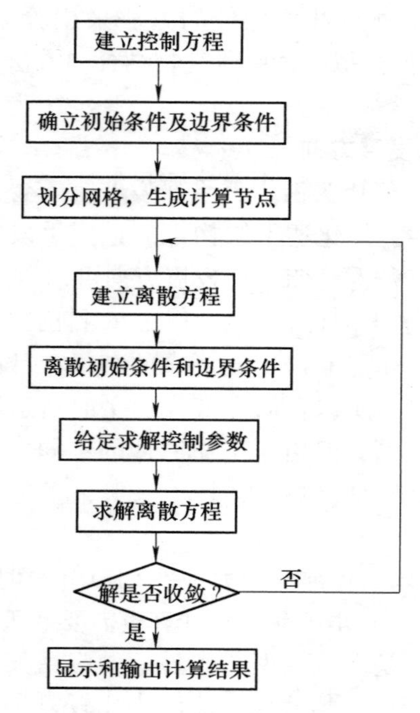

图 11-1　CFD 计算流程图

11.2.2　CFD 的基础理论

1. 流动控制方程及求解方法

湍流是自然界非常普遍的流动类型。湍流运动的特征是在运动过程中流体质点具有不断的相混掺的现象，速度和压力等物理量在时间和空间上均具有随机的脉动值。无论层流还是湍流，三维瞬态的 N-S 方程都是适用的，而且流体流动要受物理守恒定律支配，基本的守恒定律包括：质量守恒定律、动量守恒定律和能量守恒定律。如果流动包含不同成分的混合和相互作用，系统还要遵守组分守恒定律。如果流动处于湍流状态，还要遵守附加的湍流输运方程。控制方程（Governing Equations）是这些守恒定律的数学描述。

（1）质量守恒方程（连续性方程）　任何流动问题都必须满足这种质量守恒定律，在直角坐标系下可得到微分形式的方程

$$\frac{\partial \rho}{\partial t}+\frac{\partial(\rho u)}{\partial x}+\frac{\partial(\rho v)}{\partial y}+\frac{\partial(\rho w)}{\partial z}=0 \tag{11-1}$$

对于不可压缩均质流体，密度为常数，则有

$$\frac{\partial u}{\partial x}+\frac{\partial v}{\partial y}+\frac{\partial w}{\partial z}=0 \tag{11-2}$$

（2）动量守恒方程（运动方程）　动量守恒方程也称为 N-S 方程，即

$$\begin{cases} \dfrac{\partial(\rho u)}{\partial t}+\mathrm{div}(\rho uu)=\mathrm{div}(\mu \mathrm{grad} u)-\dfrac{\partial p}{\partial x}+s_{\mathrm{u}} \\ \dfrac{\partial(\rho v)}{\partial t}+\mathrm{div}(\rho uu)=\mathrm{div}(\mu \mathrm{grad} v)-\dfrac{\partial p}{\partial y}+s_{\mathrm{v}} \\ \dfrac{\partial(\rho w)}{\partial t}+\mathrm{div}(\rho uu)=\mathrm{div}(\mu \mathrm{grad} w)-\dfrac{\partial p}{\partial z}+s_{\mathrm{w}} \end{cases} \tag{11-3}$$

式中　s_{u}、s_{v}、s_{w}——动量守恒方程的广义源项；

μ——动力黏度。

（3）能量守恒方程

$$\frac{\partial(\rho T)}{\partial t}+\mathrm{div}(\rho uT)=\mathrm{div}\left(\frac{k}{c_p}\mathrm{grad}T\right)+S_{\mathrm{T}} \tag{11-4}$$

式中　k——流体的热传导系数；

c_{p}——质量比定压热容；

S_{T}——流体内热源及由于黏性作用流体机械能转化为热能的部分。

（4）组分质量守恒方程（组分方程）　流体存在浓度差时，则会有物质的输送，即存在质量的交换，对应有组分质量守恒方程

$$\frac{\partial(\rho c_{\mathrm{s}})}{\partial t}+\mathrm{div}(\rho u c_{\mathrm{s}})=\mathrm{div}\{D_{\mathrm{s}}\mathrm{grad}(\rho c_{\mathrm{s}})\}+S_{\mathrm{s}} \tag{11-5}$$

式中　D_{s}——该组分的扩散系数；

c_{s}——组 s 的体积浓度；

S_{s}——系统内部单位时间内单位体积通过化学反应产生的该组分的质量，即生产率。

对于湍流，如果直接求解三维瞬态的控制方程，需要采用直接模拟方法，但这对计算机的内存和速度要求都很高，很难在实际工程中采用。工程上广泛采用的方法是对瞬态 N-S 方程进行时均化，同时补充反映湍流特性的其他方程，组成封闭方程组再进行求解。目前对湍流研究的数值模拟方法主要有四种：

1）DNS 直接数值模拟方法：直接求解三维非稳态的 N-S 方程，从模型层次角度看，该模型完全精确，理论上可获得精确解，但受计算条件所限，尚无法用于工程计算。

2）PDF 概率密度函数法：从统计的角度进行湍流场信息的描述，是一种很有潜力的模型，但工程应用还有一定距离。

3）RANS 雷诺时均 N-S 方程方法：是流场平均变量的控制方程，其相关的模拟理论被称为湍流模式理论。此理论假定湍流中的流场变量由一个时均量和一个脉动量组成，以此观点处理 N-S 方程可以得出雷诺时均 N-S 方程。在引入 Boussinesq 假设（即认为湍流雷诺应力与应变成正比）之后，湍流计算就归结为

对雷诺应力和应变之间的比例系数（即湍流黏性系数）的计算。此方法是目前进行液力透平内部流动数值模拟广为采用的方法。

4）LES 大涡模拟：是一种介于 DNS 和湍流模式之间的一种直接数值模拟的方法，用非稳态 N-S 方程直接求解湍流中的大涡，而小涡的影响采用近似模型来模拟。这种方法对计算机资源的要求低于 DNS 方法，在理论上比湍流模式理论也更加精确，但因为 LES 需要使用高精度的网格，对计算机资源的要求仍比较高，所以还不能在工程上被广泛应用。在绝大多数情况下，湍流计算还要采用湍流模式理论，LES 方法可以在计算资源足够丰富的时候尝试使用。

2. 求解问题的计算模型

在形成了 CFD 数学模型（控制方程）后，要通过下述环节形成所求解问题的计算模型：计算模式、计算域的数值离散方法、空间离散格式、时间域离散格式、时间积分步长、流场数值算法、几何模型、计算网格、边界条件、初始条件、MKF、滑移网格、动网格等。

（1）计算模式　所谓计算模式就是决定流场是定常还是非定常（稳定流还是非稳定流）、单相流还是多相流、流体是否有黏性、有无离散相、温度变化是否需要考虑等。对于液力透平的起动、关机过程以及压力脉动等特性的分析，均属于非定常分析，即需要考虑时间因素的影响。对于液力透平在稳定工况下运行特性的分析，一般只需要作定常计算，即在控制方程中不考虑时间因素，从而可大大降低计算量。

（2）离散方法及离散格式　计算域的数值离散方法是指变量在离散节点之间的分布假设及相应推导离散方程的方法。常用的方法有有限差分法、有限元法和有限体积法，近年来使用最广泛的是有限体积法。FLUENT、STAR-CD 和 CFX 都是常用的基于有限体积法软件，它们在流动、传热传质、燃烧和辐射等领域应用广泛。

在时间域和空间域将原本连续的控制方程转化为离散方程，是实现 CFD 计算的第一步，也是决定后续算法精度与效率的重要环节。空间离散格式是在空间域（网格）上建立离散方程时采用的插值方式，常用的离散格式有中心差分格式、一阶迎风格式、二阶迎风格式、乘方格式、QUICK 格式等。在 FLUENT 中，默认情况下，当使用分离求解器时，所有方程中的对流项均用一阶迎风格式离散；当使用耦合求解器时，流动方程使用二阶精度的格式，其他方程使用一阶精度格式进行离散。当流动与网格对齐时，如使用四边形或六面体网格模拟层流流动，使用一阶精度离散是可以接受的，但当流动斜穿网格线时，一阶精度格式将产生很大的离散误差。因此，对于二维三角形网格和三维四面体网格，要使用二阶精度格式，特别对复杂流动更是如此。有时为了加快计算速度，可先在一阶精度下计算，然后再转到二阶精度格式下计算；如果使用二阶精度格式遇到难于收敛的情况，才考虑一阶精度格式。

时间积分格式是指在时间域上积分控制方程时所使用的格式，常用的有显式、半隐式、全隐式等。显式格式要求时间步长较小，但计算效率高，而隐式格式一般需要解方程组。此外，时间积分格式是与所求解的物理问题相关的。对于瞬态问题，尤其是时间步长不受计算稳定性限制的情况，应用最广泛的离散格式是全隐式方案。

（3）数值算法　流场数值算法本质上是指离散方程组的解法，主要有耦合式解法和分离式解法，具体分类如图11-2所示。

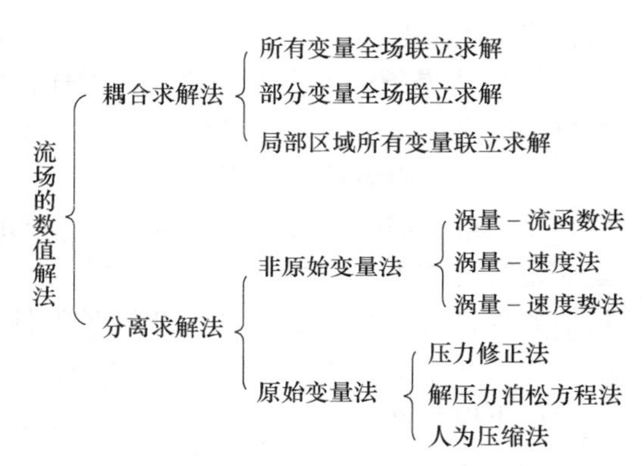

图11-2　流场数值计算方法分类

一种常用的分离式解法是基于原始变量模式的压力修正算法，即SIMPLE算法，意为求解压力耦合方程组的半隐式方法。此外，还有改进SIMPLE算法（如SIMPLEC算法）及PISO算法等。PISO算法在分析瞬态问题时优势更突出一些。

液力透平内部流动通常是作为不可压缩流体流动来处理的，SIMPLE系列算法是目前求解不可压缩流体流动的最主要方法。

（4）几何模型和网格划分　几何模型是指针对计算域，采用CAD软件构造的实体模型。实际计算的计算域，往往需要在物理域的基础上作适当延伸。

网格生成是数值计算中一个重要的前处理过程，即在计算域上进行剖分形成小的单元。网格生成大致可以分为两大类：结构化网格和非结构化网格。所谓结构化网格就是网格拓扑，相当于矩形区域内均匀的网格，可以方便准确地处理边界条件，计算精度高，并且可以采用许多高效隐式算法和多重网格法，计算效率也较高。缺点是对复杂外形的网格生成较难，甚至难以实现，即使能生成多块结构化网格，块与块之间的界面处理也十分复杂，因而在使用上受限制。非结构化网格就是指网格单元和节点彼此没有固定的规律可循，其节点分布完全是任意的，其基本思想是任何空间区域都可以被四面体（三维）或三角形（二维）单元所填满，即任何空间区域都可以被划分。但是在实际应用时，非结构化网格的生成，特别是三维情况，是十分耗时的烦琐工作，而且目前与之相结合的有限差分格式也有待进一步优化。

网格品质的好坏直接影响到数值解的精度和计算的稳定性。从理论上讲，网格单元越小，即网格越密，计算精度越高。实际计算时，往往在流场压力梯度或速度梯度比较大的地方，进行局部加密处理。此外，为了提高解的精度，网格点必须足够密，而整体加密网格所增加的计算量是无法忍受的，因此可以作网格的自适应处理。因为非结构化网格的自适应处理很方便，使得自适应网格成为数值计算中提高计算效率和求解精度的一种重要手段。

一般说来，在大梯度的区域，像剪切层或混合域中，网格应该足够密集，使得在单元的流动变量中的变化减到最小。但大多数复杂的三维流动中的网格划分将受到 CPU 和计算机资源的局限。虽然随着网格的增多，求解的准确性提高，但是求解和结果的处理对 CPU 和内存的要求也相应提高了。

(5) 边界条件　边界条件是求解任何物理问题都要设定的，常用的有速度进口、压力进口、壁面、出口等。选择正确的边界条件是得到正确计算结果的关键。选择边界条件虽然看似简单，但准确给定复杂问题的边界条件并不是一件容易的事，需要通过积累经验才能够熟练地选择正确的边界条件。初始条件是非定常（瞬态）问题所必须输入的内容，以表征各物理量在初始时刻的取值。初始条件是所研究对象在过程开始时刻各个求解变量的空间分布情况。对于瞬态问题，必须给定初始条件，对于定常流动问题，不需要初始条件。

以下以软件 FLUENT 为例说明常用的几个边界条件。

1）速度进口：此边界条件用入口处流场速度及相关流动变量作为边界条件。需要注意的是，因为这种条件中允许驻点参数任意浮动，所以速度入口条件仅使用于不可压缩流，如果用于可压流则可能导致非物理解。同时还要注意的是，不要让速度入口条件过于靠近入口内侧的固体障碍物，这样会使驻点参数的不均匀程度大大增加。

2）压力出口：此边界条件在流场出口边界上定义静压。在压力出口边界上还需要定义“回流（backflow）”条件。回流条件是在压力出口边界条件上出现回流时使用的边界条件。推荐使用真实流场中的数据作为回流条件，这样计算将更容易收敛。在压力出口边界上，FLUENT 用 Gauge Pressure（表压）栏中的压力作为静压，其他变量则由流场内部插值获得。

3）出流：如果在流场求解前，流场出口处的流动速度和压力是未知的，就可以使用出流边界条件（outflow boundary conditions）。需要注意的是下列情况不适合采用出流边界条件：

① 如果计算中使用了压力入口条件的话，应该同时使用压力出口条件；

② 流场是可压缩流时；

③ 在非定常计算中，如果密度是变化的，则不适用出流边界条件；

④ 在出流边界存在很大的法向梯度，或者出现回流时不应使用此边界条件。

4）壁面边界条件：在黏性流动计算中，FLUENT 使用无滑移条件作为默认。在壁面有平移或转动时，也可以定义一个切向速度分量，或定义剪应力作为边界条件。壁面上需要输入的参数如下：

① 在移动或转动壁面计算中的壁面运动条件；

例如当壁面有旋转运动时，选择旋转选项并确定转动轴的旋转速度，就可以将壁面的旋转运动唯一确定下来；

② 滑移壁面中的剪切力条件；

③ 湍流计算中的壁面粗糙度；

④ 粗糙度常数 C_s，主要取决于粗糙颗粒的类型，FLUENT 系统默认为 $C_s = 0.5$，在与 κ-ε 模型混合使用时，C_s 的默认值可以准确地计算均匀沙粒型粗糙度。在粗糙度的类型与均匀沙粒相距甚远，以致计算结果出现很大偏差时，可以调整 C_s 的取值。比如对于非均匀沙粒、肋板等粗糙度的设置，C_s 在 0.5 ~ 1.0 之间进行选择。需要注意的是，没有必要让壁面附近的网格尺度小于粗糙度高度。为了获得最好的计算结果，需要保证从壁面到网格几何中心的尺寸大于粗糙度高度。

5）边界条件中湍流参数的计算及设置：在流场的入口、出口和远场边界上，用户需要定义流场的湍流参数。在 FLUENT 中可以使用的湍流模型有很多种，在使用各种湍流模型时，哪些变量需要设定，哪些不需要设定以及如何给定这些变量的具体数值，都是经常困扰用户的问题。在此只讨论在边界上设置均匀湍流参数的方法，湍流参数在边界上不是均匀分布的情况可以用型函数和 UDF（用户自定义函数）来定义，具体方法可参考 FLUENT 帮助文件。

在设置边界条件时，首先应该定性地对流动进行分析，以便边界条件的设置不违背物理规律。违背物理规律的参数设置往往导致错误的计算结果，甚至导致计算发散而无法进行下去。在 FLUENT 的 Turbulence Specification Method（湍流定义方法）下拉列表中，可以简单地用一个常数定义湍流参数，即通过给定湍流强度、湍流黏度比、水力直径或湍流特征长度在边界条件上的值来定义流场边界上的湍流。下面具体讨论这些湍流参数的含义。

① 湍流强度 I（Turbulence Intensity）

$$I = \frac{\sqrt{u'^2 + v'^2 + w'^2}}{u_{avg}} \tag{11-6}$$

式中　u'、v'、w'——速度脉动量；

u_{avg}——平均速度。

湍流强度小于 1% 时，可以认为湍流强度是比较低的，当大于 10% 时，则认为湍流强度是比较高的。

如果上游是没有充分发展的没有扰动的流动，则进口处可以使用低湍流强度；如果上游是充分发展的湍流，则进口处的湍流强度可以达到几个百分点。如果管道中的流动是充分发展的湍流，则湍流强度可以用式（11-7）计算得到，这个公式是从管流经验公式得到的。

$$I=\frac{u'}{u_{avg}}=0.16\left(Re_{D_H}\right)^{-\frac{1}{8}} \tag{11-7}$$

式中　D_H——Hydraulic Diameter（水力直径），作为下标是表示以水力直径为特征长度求出的雷诺数。

液力透平出口的湍流强度通常按此公式进行估算。

② 湍流的长度尺度 l 和水力直径。在充分发展的管流中，湍流的长度尺度 l 是受到管道尺寸制约的几何量，它与管道物理尺寸 L 的关系可以表示为

$$l=0.07L \tag{11-8}$$

式中的比例因子 0.07 是充分发展管流中混合长度的最大值，也是管道的特征尺寸，一般是管道直径，当管道截面不是圆形时，L 可以取为管道的水力直径。

湍流的特征长度取决于对湍流发展具有决定性影响的几何尺度。如果在流动中还存在其他对流动影响更大的物体，比如在管道中存在一个障碍物，而该物对湍流的发生和发展过程起着重要的干扰作用，在这种情况下，湍流特征长度就应该取为障碍物的特征长度。

因此，式（11-8）对于大多数管道流动是适用的，但不是普遍适用的，在某些情况下可以进行调整。在 FLUENT 中选择特征长度 L 或湍流长度尺度 l 的方法如下：

对于充分发展的内流，可以用 Intensity and Hydraulic Diameter（湍流强度与水力直径）方法定义湍流，其中湍流特征长度就是 Hydraulic Diameter（水力直径）D_H。

对于导叶下游的流场，可以用 Intensity and Hydraulic Diameter（湍流强度与水力直径）方法定义湍流，并在 Hydraulic Diameter（水力直径）中将导叶开口部分的长度 L 定义为湍流特征长度。

如果进口的流动为受到壁面限制而带有湍流边界层的流动。可以在 Intensity and Length Scale 面板中，用边界层厚度 δ_{99} 通过公式 $l=0.4\delta_{99}$，计算得到湍流长度尺度 l。最后在 Turbulence Length Scale（湍流长度尺度）中输入 l 的值。

③ 湍流黏度比与湍流雷诺数 Re_t 成正比。

湍流雷诺数定义为

$$Re_t=\frac{k^2}{\varepsilon v} \tag{11-9}$$

Re_t 在高雷诺数边界层、剪切层和充分发展的管道流动中的数值较大，其量级大约在 100 ~ 1000 之间，而大多数外部流动的自由流边界层上，其值较小，通常在 1 ~ 10 之间。

用湍流黏度比定义流动，可以使用 Turbulence Viscosity Radio（湍流黏度比）

或 Intensity and Viscosity Radio（湍流强度和黏度比）进行定义。前者适用于 Spalart-Allmaras 模型，后者适用于 κ-ε 模型、κ-ω 模型和 RSM 模型。

3. 湍流模型

在求解雷诺数时均 N-S 方程时，需要用湍流模型封闭求解，因此湍流模型的选用成为影响内流计算精度的重要因素，但是目前还没有普遍适用的湍流模型。

在叶轮机械内部流场计算中应用较多的是零方程模型、单方程模型、双方程模型及雷诺应力模型。FLUENT 提供的湍流模型包括：单方程 Spalart-Alimaras 模型、双方程模型标准 κ-ε、重整化群 RNG、可实现 Realizable 及雷诺应力和大涡模拟模型，如图 11-3 所示。

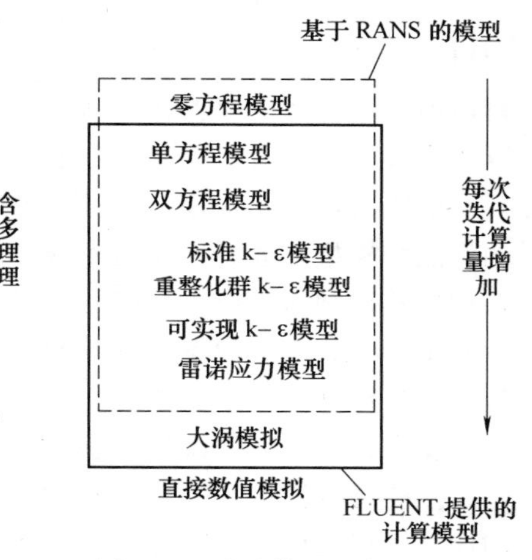

图 11-3　湍流模型示意

（1）常用的湍流模型　零方程模型用代数关系式把湍流黏性系数与时均值联系起来，但只能用于射流、管流、边界层流等简单流动。

单方程模型考虑了湍动能的对流和扩散，较零方程模型合理，但必须事先给出湍流尺度的表达式，该模型主要用于边界层上。Spalars-Allmaras 模型是单方程模型里最成功的一个模型，最早被应用于有壁面限制的流动情况中，特别在存在逆压梯度的流动区域内。该模型经常被用于流动分离区附近的计算，后来在旋转机械的计算中也得到广泛应用。FLUENT 对此模型进行了改进，可在网格精度不高时使用壁面函数，通常在湍流对流场影响不大，同时网格较粗糙时，可以选用这个模型。但 Spalars-Allmaras 模型的稳定性相对较差。

标准 κ-ε 模型是最简单的双方程模型，主要是基于湍动能及其耗散率，只适合完全湍流的流动过程模拟。该模型在计算带有压力梯度的二维流动和三维边界层流动时可以取得良好的效果，但由于它采用各向同性的涡黏性假设，因而在计算旋转、曲率大、分离流动时表现得不很理想。因此近 20 年来，以 κ-ε 模型为基础，又提出了很多改进的方案，如重整化群模型（RNGκ-ε 模型）和可实现模型（Realizable κ-ε 模型）等衍生模型。这些改进后的模型也越来越广泛应用于液力透平叶轮内部流动的计算上。

RNG 模型是对瞬时的 N-S 方程用重整化群的数学方法推导出来的模型。与标准 κ-ε 模型相似，它采用高 *Re* 数 κ-ε 方程，近壁处要采用壁面函数法处理，其精度较高，在流线曲率大、有漩涡和旋转的叶轮机械内部流场中更加适用。

可实现 κ-ε 模型（Realizable κ-ε 模型）是近年才出现的，与标准 κ-ε 模型有两个主要的不同点：①该模型为湍流黏性系数给出了一个新的公式；②耗散率方程与 κ-ε 方程不同。该模型适合的流动类型比较广泛，包括有旋均匀剪切流、自由流（射流和混合层）、腔道流动和边界层流动。对以上流动过程模拟结果都比标准 κ-ε 模型的结果好，特别是可实现 κ-ε 模型在圆口射流和平板射流模拟中，能给出较好的射流扩张角。

（2）κ-ω 模型　κ-ω 模型以湍流动能 κ 方程和湍流脉动频率 ω 方程来封闭方程组，标准模型中考虑了低 Re、可压缩性、剪切流传播等因素，能够成功预测自由剪切流传播速率，像尾迹流动、混合流动、平板绕流、圆柱绕流和射流计算，以及受壁面束缚流动和自由剪切流动的计算等。

剪应力输运 κ-ω 模型（简称 SSTκ-ω 模型），综合了 κ-ω 模型在近壁区计算的优点和模型在远场计算的优点，将模型和标准 κ-ε 模型都乘以一个混合函数后再相加就得到这个模型。在近壁区，混合函数的值等于 1，因此在近壁区域等价于 κ-ω 模型，在远离壁面的区域混合函数的值等于 0，因此自动转换为标准 κ-ε 模型。与标准 κ-ω 模型相比，SSTκ-ω 模型中增加了横向耗散导数项，同时在湍流黏度定义中考虑了湍流剪应力的运输过程，模型中使用的湍流常数也有所不同。这些特点使得 SSTκ-ω 模型的适用范围更广，比如可以用于带逆压梯度的流动计算、翼型计算、跨音速激波计算等。

（3）雷诺应力模型　对标准 κ-ε 模型进行修正和改进：修正了 ε 方程的源项，并把 C_μ、C_1、C_2 等系数作为服从某种规律的函数；放弃了涡黏度的各向同性假设（Boussinesq 假设），而是直接对 6 个雷诺应力分量建立输运方程并进行求解。雷诺应力模型（RSM）即为求解雷诺应力张量的各个分量的输运方程。具体形式为

$$
\begin{aligned}
&\frac{\partial}{\partial t}(\rho\,\overline{u_i u_j})+\frac{\partial}{\partial x_k}(\rho U_k\,\overline{u_i u_j})=-\frac{\partial}{\partial x_k}\left[\rho\,\overline{u_i u_j u_k}+\overline{p(\delta_{kj}u_i+\delta_{ik}u_j)}\right]\\
&+\frac{\partial}{\partial x_k}\left(\mu\frac{\partial}{\partial x_k}\overline{u_i u_j}\right)-\rho\left(\overline{u_i u_k}\frac{\partial U_j}{\partial x_k}+\overline{u_j u_k}\frac{\partial U_i}{\partial x_k}\right)-\rho\beta(g_i\,\overline{u_j\theta}+g_j\,\overline{u_i\theta}) \qquad (11\text{-}10)\\
&+p\left(\frac{\partial u_i}{\partial x_j}+\frac{\partial u_j}{\partial x_i}\right)-2\mu\,\overline{\frac{\partial u_i\partial u_j}{\partial x_k\partial x_k}}-2\rho\Omega_k(\overline{u_j u_m}\varepsilon_{ikm}+\overline{u_i u_m}\varepsilon_{jkm})
\end{aligned}
$$

式中左边的第二项是对流项 C_{ij}，右边第一项是湍流扩散项 D_{ij}^{T}，第二项是分子扩散项 D_{ij}^{L}，第三项是应力产生项 P_{ij}，第四项是浮力产生项 G_{ij}，第五项是压力应变项 ϕ_{ij}，第六项是耗散项 ε_{ij}，第七项是系统旋转产生项 F_{ij}。

该模型能够更好地反映湍流的物理特征，但计算量庞大，数值计算具有不稳定性，故用于进行全三维工程计算仍不普遍。只有在雷诺应力明显具有各向异性的特点时才必须使用雷诺应力模型，比如龙卷风、燃烧室内流动等带强旋

转的流动问题。

（4）代数应力模型　在工程实践中，对上面的雷诺应力模型方程进行进一步的简化，得到了湍流代数应力模型，简称 ASM 模型。其主要思路是将雷诺应力的微分方程简化为代数表达式，以减少需要求解的微分方程的个数，同时又保存湍流各向异性的特点。仍是用 κ 和 ε 的输运方程解出 κ 和 ε，只是用代数关系计算雷诺应力。在计算量相对较小情况下，无需改进即可捕捉旋转和曲率流动的效果。因此，比较适用于离心式叶轮的内部流动，包括叶轮尾迹、叶顶间隙的数值模拟。

（5）大涡模拟　湍流中包含了不同时间与长度尺度的涡旋。最大长度尺度通常为平均流动的特征长度尺度，最小尺度为 Komogrov 尺度。LES 的基本假设是：①动量、能量、质量及其他标量主要由大涡输运；②流动的几何和边界条件决定了大涡的特性，而流动特性主要在大涡中体现；③小尺度涡旋受几何和边界条件影响较小，并且各向同性。大涡模拟（LES）过程中，直接求解大涡，小尺度涡旋模拟，从而使得网格要求比 DNS 低。

LES 的控制方程是对 N-S 方程在波数空间或者物理空间进行过滤得到的。过滤的过程是去掉比过滤宽度或者给定物理宽度小的涡旋，从而得到大涡旋的控制方程

$$\frac{\partial \rho}{\partial t} + u\frac{\partial \overline{\rho u_i}}{\partial x_i} = 0 \tag{11-11}$$

$$\frac{\partial}{\partial t}(\overline{\rho u_i}) + \frac{\partial}{\partial x_j}(\overline{\rho u_i u_k}) = \frac{\partial}{\partial x_j}\left(\mu\frac{\partial \overline{u_i}}{\partial x_j}\right) - \frac{\partial \overline{p}}{\partial x_j} - \frac{\partial \tau_{ij}}{\partial x_j} \tag{11-12}$$

式中　τ_{ij}——亚网格应力，$\tau_{ij} = \rho\,\overline{u_i u_j} - \rho\,\overline{u_i}\ \overline{u_j}$。

很明显，上述方程与雷诺平均方程很相似，只不过大涡模拟中的变量是过滤过的量，而非时间平均量，并且湍流应力也不同。

需要说明的是：计算速度的快慢与计算量成正比，即计算量大则计算速度慢，需要的时间也长。湍流模型计算中的工作量主要取决于方程的数量和方程中函数项的多少，如果不考虑大涡模拟方法，湍流模型计算从总体上说，一方程模型计算最快，双方程模型次之，雷诺应力模型最慢。

4. 显示和输出结果

CFD 软件通常都可以用多种方式显示和输出计算结果，如显示速度矢量图、压力等值线图、等温线图、压力云图、流线图，还可绘制 XY 散点图、残差图，可生成流场变化的动画，可以报告流量、力，可对界面进行面积分、体积分等，具体功能详见各软件帮助文档。

5. 数值模拟结果的验证

目前大家习惯采用的对某一个数值模拟结果进行验证的方法是：采用 CFD

对某液力透平进行数值模拟，通过计算得到一些结果，再通过模型制作，进行试验研究，把二者进行对比，看是否一致，一致的程度越好，说明计算结果越准确，从而判定数值模拟结果的准确程度。

但这种方法并不十分科学，不能用来进行量化的比较，只能用来定性分析。因为液力透平的试验结果受到多种因素制约，例如制作因素、产品结构、试验方法和技术、试验仪器仪表精度等，而数值模拟的计算结果是对水力元件的流动状态的模拟，不能考虑所有因素的影响。实际上由于边界条件的设置、网格的划分、计算的误差、数学模型的误差等都会影响数值模拟精度，因此将两种方法得到的结果进行量化比较，并追求高度一致性的验证方法是不合理的。

为了准确评价并有效地采用 CFD 进行工程分析，需要针对特定的液力透平分别开展内部流场测试和 CFD 标准化数值试验研究，以期建立可用于液力透平 CFD 的准确性评估用的参考系。但这种方法的研究工作处于刚刚起步阶段，将是一项长期的任务。

11.2.3 液力透平 CFD 计算中的注意事项

1. 网格生成准则

液力透平的过流部件往往为复杂的三维曲面，给造型带来很大的困难，而且要生成满足计算要求精度的高质量网格也十分困难。一般采用以下方法：

（1）多块结构化网格方法　为了更好地划分网格，一般在液力透平模型中采用分块网格技术，将数值模型分为多个部分：进口段、叶轮、导叶和蜗壳等，各部分之间采用连续拼接网格技术。

该法的优点是：可以使用结构化网格成熟的高效算法；块与块之间的数值守恒性容易保证；交界面处流动信息的传递不需要插值解向量。缺点是：自动空间分块较难，通常需要人工参与。

（2）混合网格方法　即采用结构化网格和非结构化网格混合的方法来求解。流场中大部分区域是结构化网格，只有很小部分是非结构化网格，因而同样可以在结构化网格上使用高效算法，以保证整个流场求解的高效率；通常结构化网格位于物面附近，非结构化网格仅存在于结构化网格的连接处，因而可以得到光滑的物面网格分布，易于求解复杂外形的黏性绕流。

（3）非结构化网格方法　由于非结构化网格能够适应任意复杂的边界形状，对复杂计算区域有较强的网格自适应能力，且相邻流域的网格夹角可以自动调整，对全流道计算来说，可以得到较优的网格质量和较快的收敛速度。对于液力透平水力部件的网格划分采用此方法是最为简便的。

但需要注意的是，从理论上讲，网格单元越小，即网格越密，计算精度越高，但计算时间会增加，收敛性变差。实际操作时应该以能否得到满足精度要求的计算结果为准，经过一些实际验证，当网格尺度达到某一下限值之后，计算结果将对网格精度的变化不再敏感。

对网格相关参数进行设置时，采取在叶轮的扭曲叶片头部、蜗壳隔舌等细小的区域设定较密的网格，然后以一定膨胀系数外推的方式，这样，一方面能够合理地减少网格数目，另一方面也能较准确地捕捉到叶片区域的流动特性。同时，为了能够比较精确地模拟低比转速液力透平内部的流场，采用网格自适应技术，在计算过程中让求解器自动判断并进行网格优化，以此达到捕捉流动细节的目的。

在此总结几项网格生成准则，仅供参考：

1）网格线应尽可能垂直于壁面，在计算流域内的网格线应相互垂直。网格单元的夹角应该在 40° ~ 140°之间（少数在 20° ~ 160°之间也可以容忍）。低于 40°的角度不但降低准确度而且削弱收敛性。然而，对于液力透平，叶轮和蜗壳叶片区域网格高度扭曲是不可避免的。

2）网格线在入口和出口边界处的角度接近 90°。

3）网格线不允许存在相交（无负体积网格存在）。

4）网格线应尽可能地沿流线方向（但对三维流动和边界层分离区是很难实现的）。

5）网格单元的尺寸不应急剧变化。从一个单元格到另一个单元格的尺寸变化不应该超过 1.5 到 2 倍，在速度梯度大的区域，这一要求尤其重要。

6）在速度梯度很大的区域（靠近叶片前缘和后缘处，狭窄缝隙和近壁面处），必须对网格进行细化。细化网格区域和粗糙网格区域的界限也不会落在速度梯度很大的地方。一些 CFD 程序会在速度梯度变化很大的地方自动对网格进行加密。

7）使用周期边界条件时，必须保证网格足够精密。

2. 边界条件设置

为了使所计算叶轮内流场能保持稳定、收敛，在设计网格时对叶轮流道进行了向前向后的延伸，这同时也是流场计算中所要求的。延伸时应尽可能地考虑到流道本身的特点，满足实际的运行情况。常用的边界条件如下。

（1）进口边界条件采用速度进口（Velocity Inlet）。由质量守恒定律和无旋假设确定进口轴向速度，考虑叶轮与液流的相对运动，给出叶轮进口截面上的相对速度分布。假设在进口截面上压力为均匀分布，进口处的湍动能值 κ_{in}、进口处的湍动能耗散率 ε_{in} 按下列公式计算

$$\begin{aligned}\kappa_{in} &= 0.005u_{in}^2 \\ \varepsilon_{in} &= \frac{C_\mu^{3/4}K_{in}^{3/2}}{l}\end{aligned} \tag{11-13}$$

式中 u_{in}——进口速度；

l——特征长度，$l=0.07D_{\text{inlet}}$，D_{inlet}为进口直径。

（2）出口边界条件。液体进入叶轮后，在压力的作用下在叶片表面、前后盖板所组成的流道内朝叶轮的出口运动。计算时，出口的边界条件可以设置为自由出流或压力出口。

1）自由出流（Outflow）：假定出口边界处流动已充分发展，出口区域距离回流区较远。出口处的速度由上游一层网格点的速度值推延而得，再根据质量守恒条件按比例修正，其他物理量都取为上游一层网格点的值，即

$$\boldsymbol{\Phi}_i=\boldsymbol{\Phi}_{i-1}$$

式中 $\boldsymbol{\Phi}_{i-1}$——上游方向的邻点之值；

$\boldsymbol{\Phi}_i$——出口边界上的值，分别指圆周速度 u，绝对速度 v，相对速度 w；压力 p。

取出口压力迭代的初始值为零。

2）压力出口（Pressure Outlet）：指定出口处的静压，当有回流时，使用压力出口边界条件代替自由出流边界条件会有比较好的收敛结果。

（3）固壁条件。对于近壁区内的流动，Re 较低，湍流发展并不充分，湍流的脉动影响不如分子黏性的影响大，这样在这个区域内就不能使用前面建立的 κ-ε 模型进行计算，必须采用特殊的处理方式，常见的方法有壁面函数法和低雷诺数 κ-ε 模型。本书采用壁面函数法来解决这个问题。

固壁上满足无滑移条件，即相对速度 $w=0$；压力取为第二类边界条件 $\partial p/\partial n=0$。湍流壁面条件采用壁面函数边界条件。在接近固体壁面区，壁面迫使流动产生较大的速度梯度，适应于湍流充分发展的 κ-ε 湍流模型，在此区域需进行修正。设近壁点 P 到壁面的距离为 y_{p}，则 P 点处的速度和湍动能耗散的值分别由下列壁面函数确定

$$\frac{u_{\text{p}}}{u_\tau}=\frac{1}{\kappa}\ln(Ey_{\text{p}}^+),k_{\text{p}}=\frac{u_\tau^2}{\sqrt{C_{\text{u}}}},\varepsilon_{\text{p}}=\frac{u_\tau^3}{\kappa y_{\text{p}}} \tag{11-14}$$

式中 u_τ——壁面摩擦因数，$u_\tau=\sqrt{\tau_{\text{w}}/\rho}$；

τ_{w}——壁面切应力；

E——常数，$E=9.011$；

κ——常数，$\kappa=0.419$；

y_{p}^+——表示离壁面最近的网格节点到壁面的距离，$y_{\text{p}}^+=\dfrac{\rho u_\tau y_{\text{p}}}{\mu}=\dfrac{\rho C_\mu^{1/4}k_{\text{p}}^{1/4}y_{\text{p}}}{\mu}$。

（4）初始条件计算开始前，需要在每个单元格内设定初始值。初始值可以由程序自动设置（或者置0），如果不能则由用户给定。分析非定常流动时，初始条件必须是一微分方程的解。用 $t=0$ 时的系统状态来计算瞬时状态。如果不

能定义一个微分方程的解，则应用普通解“0”。

（5）使用边界条件时的注意事项。使用边界条件，看起来是一件比较简单的事，但在许多情况下，用户并不是可以很清楚地决定使用哪一类边界条件。一定要保证在合适的位置、选择合适的边界条件，同时让边界条件不要过约束，也不能欠约束。

1）边界条件的组合：在CFD计算域内的流动是由边界条件驱动的，从某种意义上说，求解实际问题的过程就是将边界上的数据，扩展到计算域内部的过程。以下是几种可能的边界条件组合方式：①只有壁面；②壁面、进口和至少一个出口；③壁面、进口和至少一个恒压边界；④壁面和压力边界。

2）流动出口边界位置的选取：如果流动出口边界太靠近固体障碍物，流动可能尚未达到充分发展状态，这将导致相当大的误差。一般来讲，为了得到准确的结果，出口边界必须位于距离最后一个障碍物10倍障碍高度或更远的位置。对于更高的精度要求，还要研究模拟结果对出口位于不同距离时影响的敏感程度，以保证内部模拟不受出口位置的影响。

3）近壁面网格：在CFD模拟时，为了获得较高的精度，常需要加密计算网格，而另一方面，在近壁处为了快速求解，就必须将κ-ε模型与结合了准确经验数据的壁面函数一起使用。要保证壁面函数法有效，就必须使离壁面最近的一内节点位于湍流的对数律层之中，即y^+必须大于11.63（最好在30～500之间）。这就相当于给最靠近壁面的网格到壁面的距离Δy_p设定了一个下限。

此外，湍流参数，例如湍流强度和长度尺度必须在入口边界处也给定。可以选定湍流的长度尺度，如水力直径、叶片高度或者叶轮进口直径的1%～10%。长度尺度越大，与主流垂直方向的动量的交换（或混合）越强烈。

计算闭式叶轮时，在原则上建模时必须考虑口环密封之间的泄漏，因为它影响叶轮内的速度分布。

此外建议，不论加工精度为多少，对低比转速液力透平进行数值预测时一定要考虑表面粗糙度的影响；而对高比转速液力透平进行数值预测时，在加工精度比较高（表面粗糙度小于0.05mm）时，可以不考虑表面粗糙度的影响。

为了减小计算规模，原则上可以只计算对称分量的一半。对称的曲面计算流域作为一个没有摩擦或其他任何影响的壁面处理。与壁面平行的速度分量的梯度为零。然而，应该注意的是，分量的几何对称是不够的，实际的进口流动也必须是对称的。同理，即使是双吸叶轮的蜗壳，也不能应用对称情况处理（因为实际流动不是对称的）。

3. 动静部件耦合模型

由于计算区域存在旋转部件（叶轮）和静止部件（蜗壳）耦合的情况，不能用单一旋转参考系来考虑。目前，FLUENT 软件提供了三种模型可以描述它们之间的耦合：多重参考系模型（Multiple Reference Frame，MRF）、混合平面模型（Mixing Plane，MP）和滑移网格模型（Sliding Mesh，SM）。前两种模型均假设流动是定常的，可用于转子和定子之间只有微弱的相互作用，或只需获得近似解的场合。滑移网格假定流动是非定常的，可较准确地模拟转子和定子之间的相互作用。

（1）多重参考系模型（MRF） MRF 模型的基本思想是把计算流场简化为转子在某一位置的瞬态流场，且这瞬态流场按定常问题来计算。转子区域的网格在计算时保持静止，在惯性坐标系中以作用的离心力和科氏力进行定常计算；而定子区域是在惯性坐标系里进行定常计算的。在两个子区域的交界面处交换惯性坐标系下的流动参数，以保证交界面的连续性。交界面上交换的数据主要是速度矢量，两侧的速度被设定为连续的。MRF 模型是三者中最简单的一种稳态近似模型，当边界上流动区域几乎是一致时（均匀混合），这个方法比较适合。一般来说，转子和定子之间交互作用相对较弱的瞬态问题可选择 MRF 模型。另外，用 MRF 模型计算的流场可作为瞬态滑移网格模型计算的初始条件。在需要精确模拟强烈作用转子的瞬态模型时，不宜使用 MRF 模型。

（2）混合平面模型（MP） MP 模型也是把非定常问题简化为定常问题来计算。它的基本思想是：定子区域和转子区域分别进行定常计算，两区域在交界面上的重合面组成“混合平面”，在“混合平面”上转子区域将计算得到的总压、速度、湍动能、湍流耗散率在圆周方向平均后传递给定子区域，而定子区域将计算得到的静压在圆周方向平均后传递给转子区域。

（3）滑移网格模型（SM） SM 模型的基本思想是：在某一时间步，定子区域和转子区域分别计算各自流场，通过交界面传递流动参数；随着时间的推进，转子区域的网格随着转子一起旋转，而定子区域的网格则静止不动，此时在两区域交界面上的网格出现了相对滑移。在每一个新的时间步长内，按两区域网格在交界面上的节点求新的交界面，通过新的交界面上的通量传递，实现每一时间步内两区域流场的耦合。

MRF 模型和 MP 模型都只适用于稳态情况下转子和定子之间仅存微弱相互作用的情况；SM 模型适用于非稳态情况下定子（导叶、蜗壳）和转子（叶轮）之间的相互干涉比较剧烈的情况。滑移网格模拟需要在非稳定情况下进行，计算时间远远超过 MRF 模型和混合平面模型，而且需要的计算机内存和储存空间大。

在液力透平 CFD 分析中，对于定常分析，常常采用 MRF 模式，即用多重参考坐标系来表征叶轮、透平壳内的流体，对于非定常计算，一般要选择滑移网格，只有这样，才能处理叶轮与固体部件间的相对旋转运动。

4. 给定求解控制参数

在离散空间上建立了离散化的代数方程组，并施加离散化的初始条件和边界条件后，还需要给定流体的物理参数和湍流模型的经验系数等，此外，还要给定迭代计算的控制精度、瞬态问题的时间步长和输出频率等。在CFD的理论中，这些参数并不值得去探讨和研究，但在实际计算时，它们对计算的精度和效率有着重要的影响。在此给出一些应用FLUENT计算旋转流场时控制参数选择的注意事项：

1）在设置离散格式时，Solve/Controls/Solution命令的对话框中，Discreza-tion下的Pressure项，一般可选择Standard，对于高速流动，特别含有旋转和高曲率的情况下，选择PRESTO；对于可压缩流动，Second Order；Pressure-Velocity Coupling选项中，SIMPLE算法是默认的压力速度耦合形式，但大多数情况下选择S1MPLEC可能更合适，可以加速收敛。PISO算法主要用于瞬态问题，特别是希望使用大的时间步长的情况。

2）对于非定常问题的计算，如果使用分离求解器，最好选择PISO算法；若使用LES湍流模型，最好选择SIMPLEC或SIMPLE算法。

3）如果求解的问题包括了运动参考系或滑动网格，可以在对话框中说明为速度指定的值是相对速度还是绝对速度，如果计算域中大部分是旋转的，使用相对方式更好。

4）欠松弛因子是分离求解器所使用的一个加速收敛的参数，用于控制每个迭代步内所计算的场变量的更新，通常情况下可以使用软件的默认值，但对收敛困难的问题，可以适当减小松弛因子，以加速收敛。

5）对于旋转及有旋流的计算，在使用四边形及六面体网格时，具有三阶精度的QUICK格式可能产生比二阶精度更好的结果。但一般情况下，二阶精度就已足够，即使采用QUICK格式，结果也不一定更好。中心差分格式一般只用于LES模型，而且要求网格足够细密。

5. FLUENT进行计算时的常规设置

1）读入网格，file→read→case。

2）检查网格，确保最小体积为正，grid→check。

3）缩放网格，grid→scale。

4）光顺/交换网格，grid→smooth/swap。

5）求解器设置，define→models→solver，设置为分离求解器、隐式算法、三维空间、稳态流动、绝对速度、压力梯度为单元压力梯度计算。

6）设置计算模型，define→models→viscous，选用湍流模型，其他保持默认设置。

7）设置运行环境，define→operating condition，参考压力选用默认值，不计重力。

8）设置转速单位，define→units，改为 rpm。

9）定义材料，define→materials，选择 water-liquid，即清水。

10）定义边界条件，define→boundary conditions。

11）设置交界面，define→grid interface。需要注意的是这一步设置后 FLUENT 会自动为每个交界面产生相应的壁面，因此需要再次返回边界条件中对这些新产生的壁面进行定义。

12）设置求解参数，solve→controls→solution，选择 SIMPLEC 算法。

13）监视残差，solve→monitors→residual，修改收敛精度，显示残差，监测液力透平出口总压。

14）初始化流场，solve→initialize→initialize，在 Solution initialization 选项中的 reference frame 中选择 relative to cell zone，all zones。

15）保存 case 文件，file→write→case。

16）开始迭代计算，solve→iterate。

6. 后处理

后续处理要经过以下几个步骤：

1）各控制表面的速度、压力和动量的积分及平均化。这些平均数表现了能头、功率和效率以及水力损失的整体性能参数，这些参数是最优化选择的重要准则。

2）进口和出口处特定控制表面的速度分布。

3）沿流道的动量矩、总压和静压的平均值。

4）沿不同叶片型线或者流线的压力分布，以此预估叶片负载、影响范围和流动分离风险。

5）损失参量的分布。

6）依据不同控制面的质量流量、动量和能量的余量来校核收敛性和评估数值解的优劣。

7）内部流态、速度和流线的图解表示法（或者依靠专用的图解程序得到）。

11.3 实例应用

11.3.1 纯液体条件下液力透平内部流场计算

1. 计算模型

本节以一组单级离心泵反转作液力透平为研究对象，这些离心泵的基本参数如表 11-1 所示。

表11-1　泵的基本参数

比转速 n_s	流量 $Q/(m^3/h)$	扬程 H/m	叶轮直径 D_2/mm	叶轮出口宽度 b_2/mm	叶片数 Z/个	转速 $n/(r/min)$
23.1	20.5	70.83	242	4	4	2900
41	52	101	285	6.5	5	2960
55.7	90	93.6	272	10	6	2900
84.5	170	32.5	328	18	6	1450

在离心泵反转作液力透平时，叶轮进口成为液力透平叶轮的出口，叶轮出口成为液力透平叶轮的进口，蜗壳进口成为液力透平蜗壳的出口，蜗壳出口成为液力透平的进口。

2. 液力透平叶轮和蜗壳的建模

液力透平的叶轮是完成液体输送的主要部件，而叶片的造型是整个实体模型建立过程中的难点和重点。一方面叶片形状复杂，扭曲严重，且厚度不均匀；另一方面它是液力透平的核心，与液力透平的水头、流量、效率和特性曲线的形状等有着重要关系。利用FLUENT自带的前处理软件Gambit建模困难较大，且光滑性不好，所以为了保证模型的质量，本节采用专业的Pro/Engineer软件建模。

液力透平叶轮的建模过程如下[73]：

1）首先选择旋转轴为Z轴。以叶轮轴面投影图的外部轮廓为母线，以Z轴为旋转中心，应用Pro/Engineer的旋转功能生成叶轮的轮廓实体，即包括叶轮前后盖板的整体形状。

2）选择圆柱坐标系，使用偏移坐标系基准点命令，分别输入每条等包角度的木模截线坐标点；用插入基准曲线命令，将每条等包角度木模截线坐标点分别连接起来，并使用曲面混合命令将曲线连接起来，便生成了叶片的工作面和背面；使用面合并命令，将叶片的面两两合并，最终成为一个封闭的曲面。

3）由于叶轮有数个叶片，所以将做好的一个叶片进行选择性复制粘贴，得到一个叶轮的全部叶片。

4）最后用面合并命令分别将每个叶片和叶轮的前后盖板进行合并，合并时去除叶片，保留流道。再对整个叶轮进行实体化，就得到了叶轮的全流道模型。

液力透平蜗壳模型的建立过程

1）选择和叶轮建模时相同的旋转轴作为蜗壳旋转中心线；

2）根据水力图，草绘出蜗壳的8个断面；

3）使用扫描混合的方法直接生成蜗壳的第1至第8断面部分；

4）草绘出蜗壳的第9、第10断面，使用扫描混合命令生成扩散段部分；

5）最后使用倒圆角命令生成隔舌。

将液力透平的叶轮和蜗壳进行装配，组装到一起即得到了液力透平的整体计算区域。本文所选的 4 台不同比转速的液力透平的模型如图 11-4 所示。

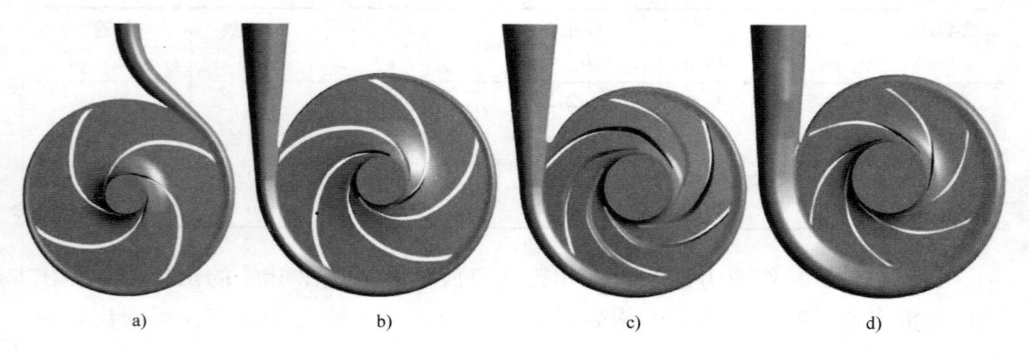

图 11-4 液力透平计算区域模型

a) $n_{sp}=23.1$ b) $n_{sp}=41$ c) $n_{sp}=55.7$ d) $n_{sp}=84.5$

(彩图见书后插页)

3. 网格划分和质量检查

为了对创建的模型进行模拟仿真，在几何模型内建立高质量的网格是必不可少的。数值模拟所采用的网格类型主要有结构化网格、非结构化网格、分块结构化网格和自适应笛卡儿网格等几种[67]。

本节采用 FLUENT 的前处理软件 Gambit 进行网格划分。Gambit 提供了多种网格单元，可根据用户的要求自动完成网格划分的工作，并且可以生成结构网格、非结构网格和混合网格等多种类型的网格。它有着良好的自适应功能，能对网格进行细分和粗化，或生成不连续网格、可变网格和滑移网格，并且与分析软件 FLUENT 匹配较好。由于液力透平叶轮叶片形状扭曲，故本节采用对复杂边界适应性很强的非结构化四面体混合网格。网格划分好后对网格质量进行检查。四种比转速液力透平计算区域的网格划分结果如图 11-5 所示。

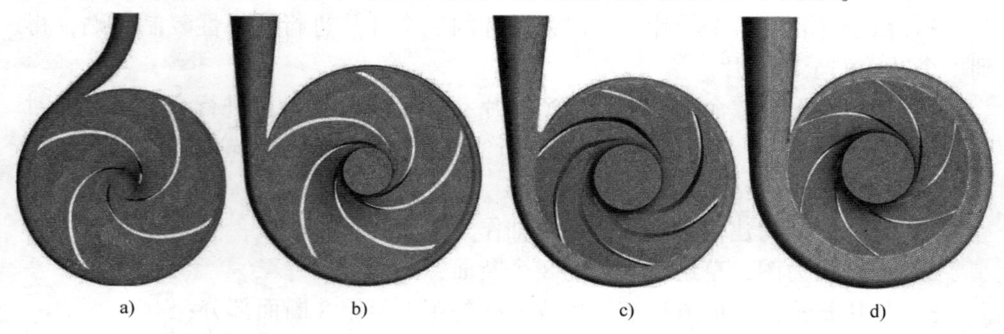

图 11-5 液力透平计算区域网格

a) $n_{sp}=23.1$ b) $n_{sp}=41$ c) $n_{sp}=55.7$ d) $n_{sp}=84.5$

(彩图见书后插页)

对生成的网格的品质进行检查是很重要的，因为类似失真等问题会严重影响 FLUENT 计算的准确性。网格质量将影响单元间的通量计算，因此直接影响计算的精度和收敛的难易程度。一个高质量网格的判断标准有很多，常用的是 EquiAngle Skew 和 EquiSize Skew[74]。EquiAngle Skew 是通过单元夹角计算的歪斜度，在 0～1 之间，0 表示质量最好，1 表示质量最差，最好控制在 0～0.4 之间。EquiSize Skew 是通过单元大小计算的歪斜度，在 0～1 之间，0 表示质量最好，1 表示质量最差。对于质量好的 2D 单元，该值最好在 0.1 以内，3D 单元在 0.4 以内。在 FLUENT 软件中，用 Grid/Check 命令检查网格的质量。

另外网格数量对计算结果也有一定的影响，网格数量过少或过多会偏离最优的计算结果。为了消除网格数量的影响，本节对比转速为 23.1、41、55.7、84.5 的 4 种液力透平都进行了网格无关性检查。下面以比转速为 84.5 的液力透平网格划分为例说明网格无关性的检查过程。不同网格数目下的计算结果比较见表 11-2，收敛精度为 0.0001。

表 11-2　不同网格数时计算结果比较

网格数量	进口总压/Pa	出口总压/Pa	水力效率（%）
507785	855297.19	507217.7800	83.03
620545	901032.00	508936.6300	83.33
711053	952630.81	515148.7500	84.00
834678	1014079.10	524304.3100	83.53

由上表可知，随着网格数量的增加，透平的水力效率先是递增，达到一个最大值后就减小，这说明在划分网格时除了保证网格质量外，网格数量也要确定一个合适的值。网格质量可以影响数值计算的效率和精确度；网格数量则影响计算结果的准确度，网格的无关性检查很是必要。同时，网格数量较大时，计算所消耗的时间也相应增长，对计算机性能的要求更高。因此，为了得到可靠的结论，且充分利用资源，需要对网格数量进行合理的选择。

4. 湍流模型的选择

液力透平属于旋转机械，其内部流动是经过充分发展的高雷诺数湍流，流场中物理量具有脉动特性，为了考察脉动的影响，目前广泛采用的方法是时间平均法。该方法是将湍流看作两个流动的叠加，一个是时间平均流动，另外一个是瞬时脉动流动，这样就把脉动项从整体流动中“分离”出来，便于进一步的处理和分析。

湍流的数值模拟有直接数值模拟和非直接数值模拟两种方式。直接数值模拟是不对湍流流动作简化处理，直接进行求解，能够得到相对较准确的数值解，但目前限于计算机的处理能力及硬件水平，对于三维复杂流场的模拟还不能直接进行求解；而非直接数值模拟时需要对湍流流动作一定程度的简化处理，使得求解变得相对简单，而且计算结果能够较为准确地反映湍流流动事实。非直接数值模拟的主要方法有雷诺（RANS）平均法、大涡模拟（LES）方法和统计平均法。

根据相关文献对于液力透平数值计算时采用的湍流模型以及不同的湍流模型对于液力透平数值计算的适用性情况[11,75,76]，本书选用的湍流模型是标准 $\kappa-\varepsilon$ 湍流模型。

5. 控制方程的离散方法

本书对于液力透平内部流场的数值计算采用的是有限体积法对湍流标准 $\kappa-\varepsilon$ 方程组进行离散化。另外，在离散化过程中涉及离散格式的构造，所谓的离散格式，就是控制体界面上物理量及其导数的节点的插值方式。常用的离散格式有：中心差分格式、迎风格式、混合格式、指数格式、quick 格式等[67]，考虑到本书中液力透平的流场是复杂的三维流场，在求解过程中需要保证相容性、稳定性和收敛性的统一。因此选择相对稳定的迎风格式来求解。

6. 初始条件与边界条件设定

初始条件和边界条件是偏微分方程（组）有确定解的前提条件[77]，流体控制方程（N-S 方程）是偏微分方程组，因此在求解 N-S 方程时，初始条件和边界条件不仅是方程有解的前提，而且初始条件和边界条件给定的合理与否直接关系着方程解的收敛性和精确性。

边界条件根据计算域边界上所求解变量或其导数随时间和地点的变化规律给定。本书对于所研究液力透平给定的边界条件如下：

进口边界条件：FLUENT 中提供的进口边界条件有：速度进口（用于不可压流）、压力进口（用于可压或不可压流动）和质量流量进口（只用于可压流动），本章中的流体介质为水，属于不可压流体，因此可选择的进口边界条件有速度进口和压力进口，本书最终选择的是速度进口边界条件，进口处的速度值可以通过液力透平具体所处的工况及进口的过流面积来计算获得。

出口边界条件：FLUENT 中提供的出口边界条件有：自由出流、压力出口和压力远场。自由出流不可用于可压流动，同时也不可与压力进口一起使用；压力远场只用于可压流动。结合速度进口边界条件，可用作出口边界条件的是自由出流或压力出口，但考虑到实际液力透平出口需要一定的压力，该压力是为了保证后续流程的正常运行，因此将液力透平出口的边界条件设置为压力出口（按具体要求设压力值）。

壁面条件：液力透平的壁面包括进口延伸段壁面、蜗壳壁面、叶轮壁面（叶片表面、叶轮前后盖板表面）和尾水管壁面，其中叶轮壁面相对于绝对坐标系做旋转运动，其他的壁面相对静止。由于湍流在近壁面区域演变为层流，为了准确地描述流体的流动状态，需要对固壁以及近壁区域做出相应的处理。通常，固壁上采用 FLUENT 默认的无滑移边界条件，在近壁面区域采用标准的壁面函数。

7. 液力透平内部流动的计算策略

本书采用 FLUENT 软件对液力透平内部流动进行数值计算，其中湍流模型选用的是标准 $\kappa-\varepsilon$ 两方程模型。边界条件为速度进口，压力出口，固壁采用无滑移壁面条件，近壁区域使用标准的壁面函数处理，有数据传递的交界面设置为 interface 边界条件。采用有限体积法对控制方程组进行离散，离散格式是二阶迎风格式。

在采用 FLUENT 数值计算过程中，采用如下的收敛准则：

1）所有残差值小于10^{-4}。

2）透平进出口质量流量的差值控制在 0.5% 以内，即满足质量守恒。

8. 计算结果分析

（1）不同比转速液力透平内的静压力分布　如图 11-6 所示为比转速为 23.1、41、55.7、84.5 四种泵的透平工况在纯液体条件下液力透平中间截面上蜗壳与叶轮内部的静压分布云图，此时的流量为最优工况流量 $Q_{v,bep}$。由图 11-6 可知，在不同比转速下，液力透平内部的压力从蜗壳进口到叶轮出口递减，叶片工作面压力大于叶片背面压力。对于每一种比转速的液力透平，在叶轮各流道中，压力分布不完全对称，压力沿流线和过水断面形成线的变化不均匀。还可以看出液力透平的比转速越大时，叶轮中的压力分布越均匀，各流道的压力分布趋于对称，压力沿流线和过水断面形成线的变化更加均匀，压力梯度变化也更加均匀。这说明较大比转速的液力透平内部流动特性较好。

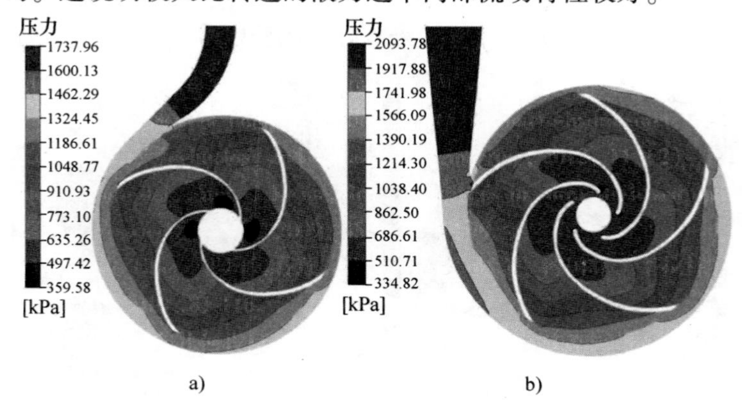

图 11-6　不同比转速下液力透平内的静压分布

a）$n_{sp}=23.1$　b）$n_{sp}=41$

（彩图见书后插页）

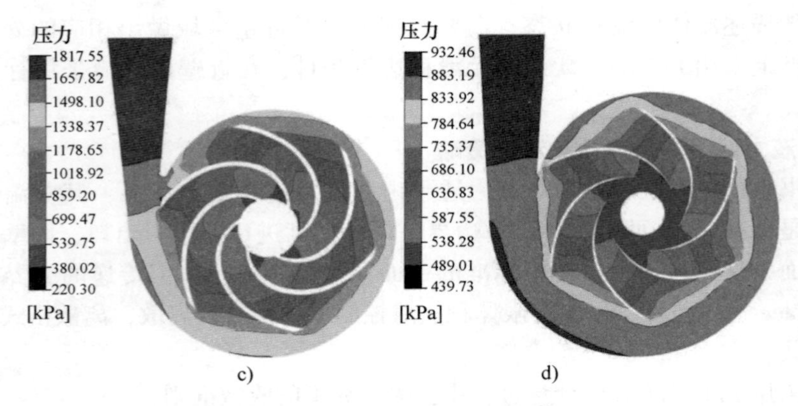

图 11-6 不同比转速下液力透平内的静压分布（续）

c）$n_{sp}=55.7$ d）$n_{sp}=84.5$

（彩图见书后插页）

（2）不同比转速液力透平内的速度矢量分布 如图 11-7 所示比转速为 23.1、41、55.7、84.5 四种泵的透平工况在纯液体条件下液力透平中间截面上的相对速度矢量图，此时的流量为最优工况流量 $Q_{v,bep}$。由图 11-7 可以看出，对于不同比转速的泵反转作液力透平时流道内的流动较为紊乱，且比转速越低时，透平内的流动越发紊乱，随着比转速的增加，透平叶轮内的流动有所改善。比转速为 23.1、41 时，透平的叶片工作面进口处有一个旋转方向和叶轮旋转方向相同的漩涡区域，并形成较大的回流。叶片背面存在两个较大的、方向相反的漩涡区域，沿着叶轮的旋转方向，叶片背面的两个漩涡逐渐变成一个漩涡，漩涡区域也逐渐减小。比转速为 55.7、84.5 时，透平叶片工作面形成的漩涡很小，漩涡方向也和叶轮的旋转方向相同，沿着叶轮的旋转方向，漩涡区域逐渐变小。

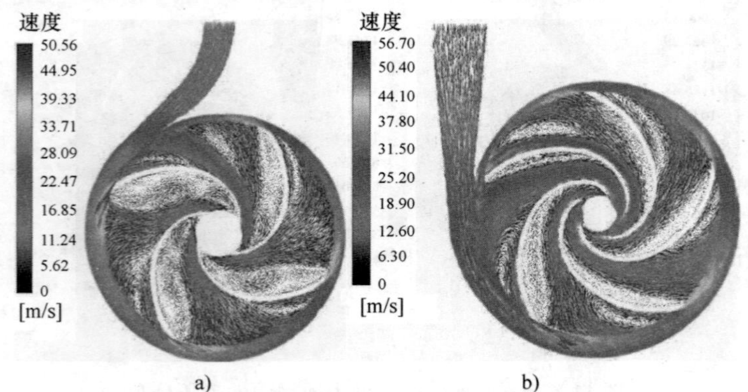

图 11-7 不同比转速下液力透平内的速度矢量分布

a）$n_{sp}=23.1$ b）$n_{sp}=41$

（彩图见书后插页）

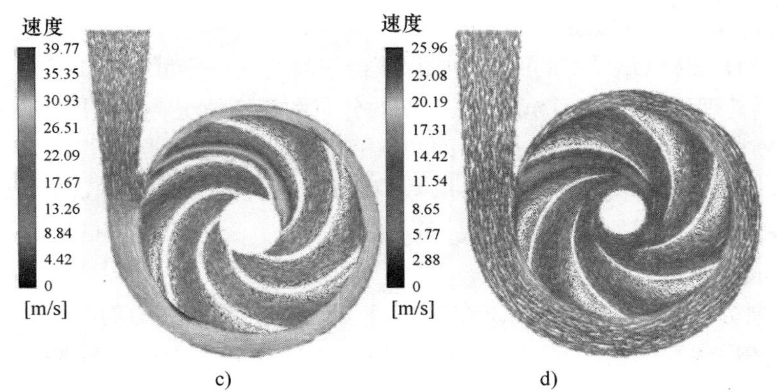

图 11-7 不同比转速下液力透平内的速度矢量分布（续）

c）$n_{sp}=55.7$ d）$n_{sp}=84.5$

（彩图见书后插页）

11.3.2 基于气液两相的多级液力透平非定常流场计算

1. 模型的建立

用 CFD 软件对多级液力透平内部流进行数值模拟，首先要对流体的计算区域进行三维建模，建模之后对模型进行网格划分。本书以 DG85-80 ×5 五级锅炉给水泵为研究对象，使其反转作液力透平，多级离心泵的设计参数见表 11-3。介质从泵的压出室进入，吸入室流出。阶段式多级泵的基本结构为：准螺旋形吸入室、环形压出室和径向正反导叶，导叶是径向式的。如图 11-8 所示为用 PRO/Engineer5.0 建立的多级液力透平内部流道模型。

表 11-3 多级离心泵设计参数

流量 $q_{V,d}/(m^3/h)$	单级扬程 H/m	级数 n	转速 $n/(r/min)$	总效率 η（%）	叶片数 z	比转速 n_s
85	80	5	2950	65	6	61.85

图 11-8 多级离心泵三维流道模型

（彩图见书后插页）

2. 流道模型的网格划分

划分计算流体区域模型的网格并确保获得较高的网格质量是 CFD 数值计算的必须完成的前处理过程，网格的类型、网格的分布和疏密情况、数量以及网格的质量都对数值模拟结果的精确性、计算时间的长短和计算机的配置要求产生较大影响。

为了获得较高的网格质量，确保数值计算结果的精度，在 Gambit 软件中采用四面体和六面体网格相结合的混合网格划分各个流道模型内的流体流动的区域，并完成部分边界条件的设定。

网格划分的具体过程[78]：①在 PRO/E 软件中完成各流道的三维模型的造型并装配，然后保存为后缀是“. stp”格式的文件，导入 Gambit 软件中；②为弥补三维造型的不足，顺利进行网格划分，在 Gambit 中删除多余的轮廓线或者将模型中一些尖锐、微小的曲面与其临近的曲面合并，使一些高扭曲面和微小的曲面更加的光滑平顺，确保网格质量；③采用四面体和六面体网格相结合的混合网格对各个流道模型逐个进行划分，若在此过程中出现无法划分网格的面，对这些面进行单独的处理和划分；④为确保计算结果的精度，对划分好的网格进行网格质量检查，看是否符合数值模拟的要求，若网格质量不符合要求，则重新处理模型、重新设置网格尺寸并划分，直到满足要求为止；⑤根据要模拟试验的要求，定义透平的进、出口条件和要检测的相关表面的边界条件，设置各级叶轮为转动区域，在各级叶轮与导叶之间、泵的吸水室与导叶之间、泵的压出室与导叶之间设置耦合面；⑥定义液力透平每个流动区域内流体的性质；⑦将划分好的网格，保存为后缀为“. mesh”的文件保存输出，为在 FULENT 中的数值计算做准备。最终划分的网格情况如图 11-9 所示。

吸入室和压出室的网格数分别为 405778 和 401976；第 1 级到第 5 级叶轮的网格数分别为：324593、461819、461689、461667、461868；第 1 级到第 5 级导叶的网格数分别为：286166、282479、282835、281989、133789；全流道模型的网格总数为 4246648 个。

3. 多相流模型

本节主要研究由空气和水混合构成的双组分两相流动体系。FLUENT 中有三种多相流模型，即流体体积模型（Volume of Fluid，简称 VOF）、欧拉（Eulerian）模型和混合（Mixture）模型。本节所涉及的模型内的流体介质为气液两相流，由于气体为可压缩的理想气体，流道模型内的流动较为复杂，考虑到多相流求解的稳定性、经济性等因素，选用 Mixture 模型作为本节要用的计算模型[79]。

4. 数值计算方法

考虑到本节要计算的全流道模型的流场复杂，网格数量大，根据现有的计算条件、所允许计算的时间、计算的经济性及该模型在获得平均特性方面的优越性，本节基于雷诺时均方程，标准 κ-ε 两方程模型进行研究计算。

图 11-9　流道模型的网格划分

a）泵的吸入室流道　b）泵的压出室流道　c）第 3 级导叶的流道　d）第 3 级叶轮的流道

（彩图见书后插页）

在本节的数值计算中，液力透平叶轮与蜗壳的耦合采用 MRF 模型，旋转方向符合右手法则，转速由设计条件给定。假定透平运转转速恒定，基于时均化的 N-S 方程和标准 κ-ε 湍流模型，气液滑移计算方式选用 manninen-et-al，压力速度耦合求解使用 SIMPLE 算法。由于工作介质流经液力透平的时间很短，散热较少，温度变化很小，因此设整个过程为等温过程。

选用理想气体和清水做材料。假设：①主相为清水，次相为气体。②清水为连续不可压流体，气体为连续可压缩流体。③两相之间不存在相变和传质。

在 FLUENT 中的边界条件进行如下设定：

（1）计算域进口设置质量进口边界条件。进口处含气率均布，根据理想气体状态方程求出气体密度，通过改变进口流量和气体的体积分数来调节清水和理想气体的质量流量。

（2）出口边界条件设为压力出口。根据工业流程需要，液力透平出口部分须保证一定的余压，一般为 4 ~ 6kg，故设置 0. 5MPa 的压力出口。

（3）壁面条件：固壁处采用无滑移边界条件，近壁处采用标准壁函数。

5. 计算结果分析

（1）不同气体体积分数时多级液力透平静压力分布　如图 11-10 ~ 图 11-13 所示为在最优工况下液力透平进口的气体体积分数分别为 5%、10%、15% 和 20% 时液力透平第 1 级和第 5 级叶轮-导叶的静压力分布云图。由各图可知，对于同一级叶轮和导叶，随着气体体积分数的增加，流道内的压力也逐渐增加。当液力透平进口的气体体积分数不同时，多级液力透平的各级叶轮-导叶，从导叶入口到叶轮出口的压力逐渐降低，液力透平叶轮的叶片工作面压力比叶片背面的压力高；在导叶和叶轮交界面处的压力等值线波动较大，主要是由于导叶与叶轮之间的动静干涉引起该处压力变化较大；高压力区域分布在导叶工作面的入口附近，导叶工作面压力大于导叶背面压力。叶轮-导叶各流道中，压力分布不完全对称。

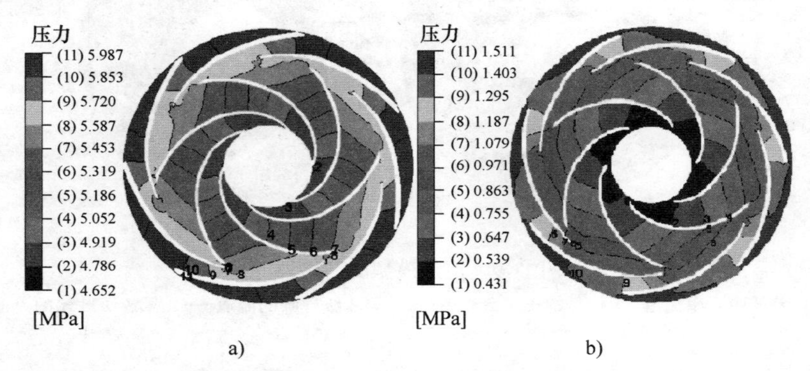

图 11-10　进口气体体积分数 5% 时多级透平 1、5 级叶轮-导叶静压云图

a）第 1 级　b）第 5 级

（彩图见书后插页）

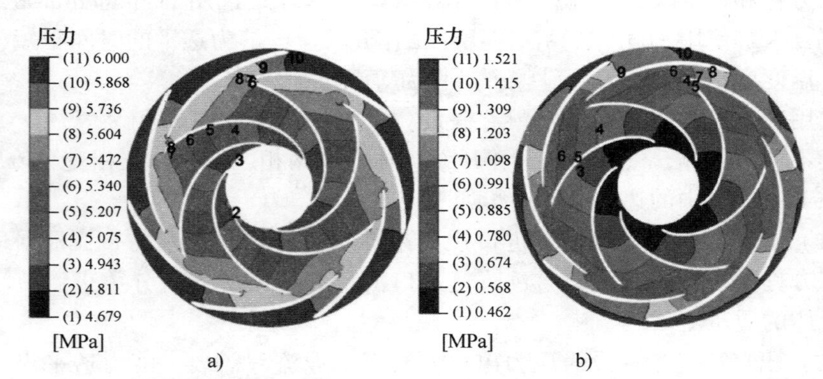

图 11-11　进口气体体积分数 10% 时多级透平 1、5 级叶轮-导叶静压云图

a）第 1 级　b）第 5 级

（彩图见书后插页）

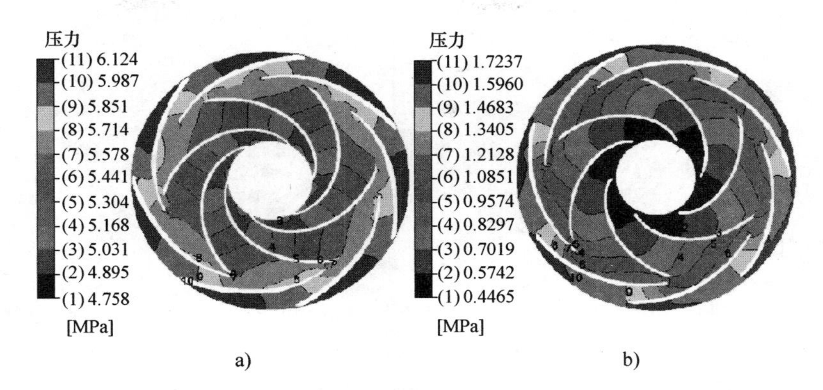

图 11-12　进口气体体积分数 15% 时多级透平 1、5 级叶轮-导叶静压云图

a）第 1 级　b）第 5 级

（彩图见书后插页）

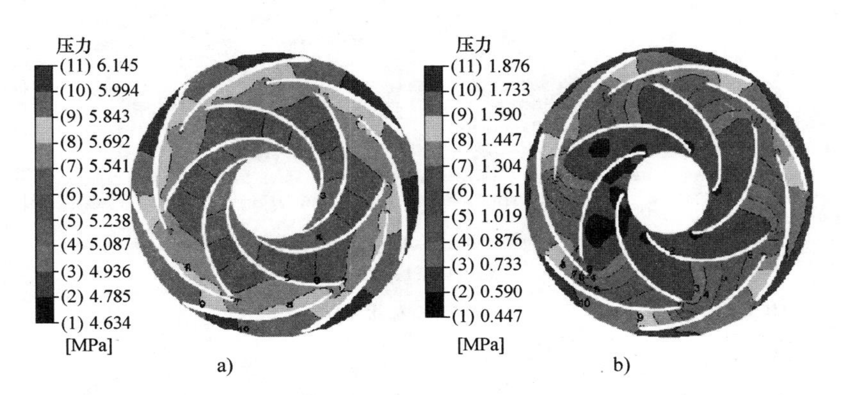

图 11-13　进口气体体积分数 20% 时多级透平 1、5 级叶轮-导叶静压云图

a）第 1 级　b）第 5 级

（彩图见书后插页）

（2）多级液力透平内气体体积分数分布　如图 11-14 ~ 图 11-17 所示为在最优工况下多级液力透平进口的气体体积分数分别为 5%、10%、15% 和 20% 时多级液力透平第 1 级和第 5 级叶轮-导叶中混合介质的气体体积分数分布云图。

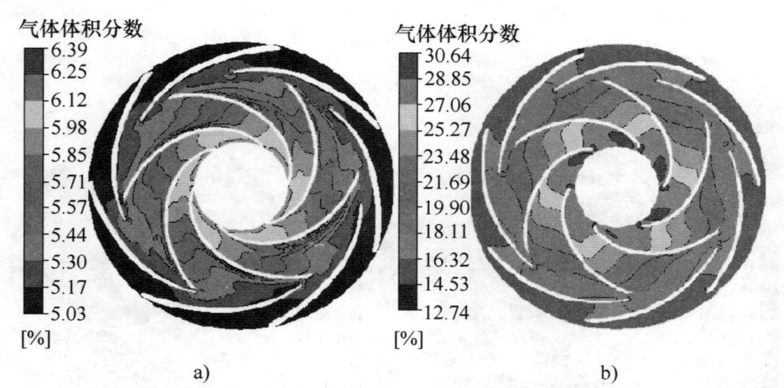

图 11-14　进口气体体积分数 5% 时多级透平 1、5 级叶轮-导叶气体体积分布云图

a）第 1 级　b）第 5 级

（彩图见书后插页）

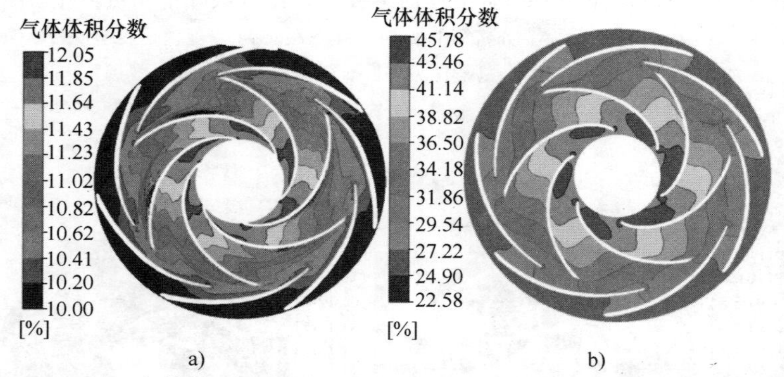

图 11-15　进口气体体积分数 10% 时多级透平 1、5 级叶轮-导叶气体体积云图

a）第 1 级　b）第 5 级

（彩图见书后插页）

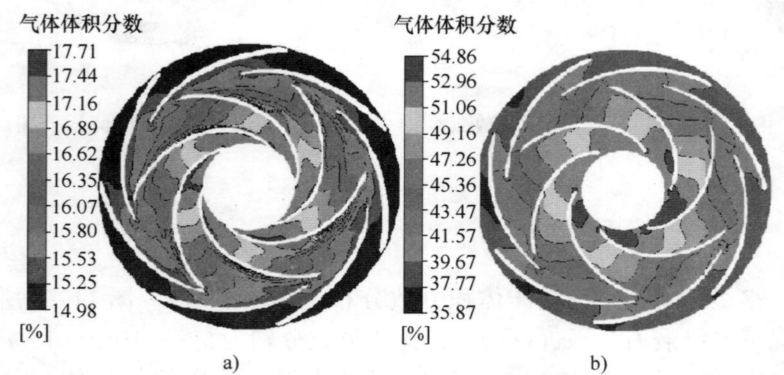

图 11-16　进口气体体积分数 15% 时多级透平 1、5 级叶轮-导叶气体体积分布云图

a）第 1 级　b）第 5 级

（彩图见书后插页）

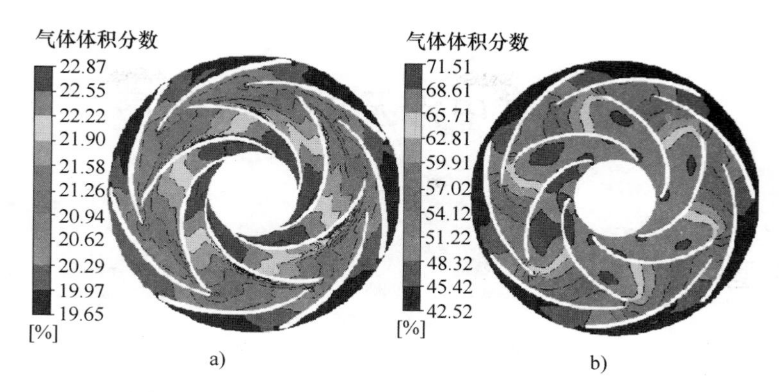

图 11-17　进口气体体积分数 20% 时多级透平 1、5 级叶轮-导叶气体体积分布云图
a）第 1 级　b）第 5 级
（彩图见书后插页）

由各图可知，气体介质基本上充满了液力透平的各级叶轮和导叶的整个流道，气体的体积分数从导叶进口到叶轮出口逐渐增大，且增大的梯度不均匀；还可以看出同一流道内气体分布不均匀，导叶工作面的含气率低于背面的含气率；各叶轮的叶片背面的气体体积分数比叶片工作面的气体体积分数大。对于同一级叶轮-导叶，当气体体积分数由 5% 增加到 20% 时，该级叶轮-导叶内总体的气体体积分数增大，且叶轮-导叶内气体体积分数分布的不对称性和叶轮各流道内气体体积分数变化梯度的不均匀性加强。还可以看出，在同一气体体积分数下，从第 1 级到第 5 级导叶和叶轮流道内的气体体积分数逐渐增加。

11.4　本章小结

本章主要对 CFD 方法在液力透平内流场中的应用做了详细地描述。首先对 CFD 软件做了简单的介绍，然后详细地介绍了 CFD 的计算步骤和相关基础理论，包括流动控制方程及求解方法、求解问题的各种计算模型和湍流模型等，同时还详细地描述了液力透平 CFD 计算中的注意事项，包括网格的生成方法、边界条件的设置方法和动静部件耦合模型等，最后通过列举实例说明了 CFD 方法在液力透平内流场中的具体应用。

附录　书中涉及的主要程序

1. 叶片型线参数化

```
%---------------非均匀B样条曲线拟合叶片型线MATLAB程序----------------
clear
k=3;
x=load('xingzhidian.txt');
%叶片背面提取的型值点数据为[ -22.7108 15.9023; -15.628235.8679;
-3.488146.2505; 28.015751.8884; 50.638443.3818; 73.391720.0794; 82.50]
[n,m]=size(x);
%-----------弦长参数-----------
u(k+n)=0;
for i=1:n-1
u(k+i+1)=u(k+i)+sqrt((x(i+1,1)-x(i,1))^2+(x(i+1,2)-x(i,2))^
2);
%节点矢量u的分布
end;
L=u(n+k);%积累总弦长L
for i=1:n
u(k+i)=u(k+i)/L;
end;
for i=1:3%后面的三个
u(k+i+n)=1;
end
%控制多边线
%plot(x(:,1),x(:,2),'o');
hold on
%------------反求n+2个控制点-------------------
A=zeros(n+2);
A(1,1)=1;A(1,2)=-1;
A(2,2)=1;
A(n+2,n+1)=-1;A(n+2,n+2)=1;
A(n+1,n+1)=1;
```

```
for i=3:n
  for j=0:2
    A(i,i+j-1)=Bbase(i+j-1,k,u,u(i+2));
    end
end
%e:方程右边.
e=0;
for i=1:m
    e(n+2,i)=0;
end
for i=1:n
    e(i+1,:)=x(i,:);
end
%求出控制点 d
d=inv(A)* e;
%inv 是 inverse,给矩阵求反
plot(d(:,1),d(:,2),'ob-','linewidth',2);
hold on
%------------插值并做出 B 样条曲线-----------------
y=0;z=0;down=0;
for j=1:(n-1)
    uu=(u(j+3)):0.0005:u(j+4);
    for kk=1:length(uu)
      down=down+1;
y(down)=d(j,1)* Bbase(j,3,u,uu(kk))+d(j+1,1)* Bbase(j+1,3,u,uu(kk))+d(j+2,1)* Bbase(j+2,3,u,uu(kk))+d(j+3,1)* Bbase(j+3,3,u,uu(kk));
z(down)=d(j,2)* Bbase(j,3,u,uu(kk))+d(j+1,2)* Bbase(j+1,3,u,uu(kk))+d(j+2,2)* Bbase(j+2,3,u,uu(kk))+d(j+3,2)* Bbase(j+3,3,u,uu(kk));
    end
end
axis('equal');
plot(y,z,'red-','linewidth',2);
xlabel('横坐标值 x/mm');ylabel('纵坐标值 y/mm');
%检查拟合的情况
h=xlsread('shujudian.xls');
%shujudian 是叶片背面型线上的型值点[-22.7115.9; -22.7119.64 -21.6123.33; -20.4926.92; -1930.37; -17.1633.65; -14.9836.71;
```

```
-12.539.54; -9.7342.08; -6.7244.33; -3.4946.25; 1.6848.62; 7.0750.43;
12.6351.64; 18.2852.25; 23.9752.26; 29.6251.65; 35.1850.45; 40.5848.65;
45.7546.29; 50.6443.38; 55.0940.17; 59.3136.66; 63.2832.86; 66.9828.8;
70.3824.49; 73.4719.95; 76.2415.21;78.6810.29; 80.775.21; 82.50]
    hold on
    plot(h(:,1),h(:,2),'k.','linewidth',2)
    legend('B样条控制点','拟合叶型','原始叶型')
    %辅助图
    %1. 画出X轴和Y轴
    line([-100,100],[0,0],'linestyle','-.','linewidth',2);
    line([0,0],[-20,100],'linestyle','-.','linewidth',2);
    %2. 画两个半圆
    r1=48/2;r2=165/2;
    jd=0:0.0005:pi;
    ddx1=r1* cos(jd);
    ddy1=r1* sin(jd);
    ddx2=r2* cos(jd);
    ddy2=r2* sin(jd);
    hold on
    plot(ddx1,ddy1,'-k',ddx2,ddy2,'-k','linewidth',2)
    axis('equal')
    %包角的两条线
    x1=[0,-22.7108];y1=[0 15.9023];
    x2=[0,82.5 ];y2=[0 0];
    hold on
    plot(x1,y1,'k',x2,y2,'k','linewidth',2)
    % grid on
    box off
    set(gca,'linewidth',2)
    %加宽坐标轴
```

2. 遗传算法

2.1 算法主函数

```
    clc
    clear
    %%初始化遗传算法参数
```

```
maxgen = 60;
sizepop = 100;
pcross = 0.8;
pmutation = 0.2;
lenchrom = [1 1 1 1 1];
bound = [16 40; 20 50; 30 55; 10 50; 3 40];
individuals = struct('fitness',zeros(1,sizepop), 'chrom',[]);
avgfitness = [];
bestfitness = [];
bestchrom = [];
%%初始化种群计算适应度值
for i =1:sizepop
  individuals.chrom(i,:) = Code(lenchrom,bound);
    x = individuals.chrom(i,:);
    %计算适应度
    individuals.fitness(i) = fun(x);
end
[bestfitness bestindex] = min(individuals.fitness);
bestchrom = individuals.chrom(bestindex,:);
avgfitness = sum(individuals.fitness)/sizepop;
trace = [avgfitness bestfitness];
%%迭代寻优
for i =1:maxgen
    i
    %选择
    individuals = Select(individuals,sizepop);
    avgfitness = sum(individuals.fitness)/sizepop;
%交叉
individuals.chrom = Cross(pcross,lenchrom,individuals.chrom,sizepop,
bound);
    % 变异
individuals.chrom = Mutation(pmutation, lenchrom, individuals.chrom,
sizepop,[i maxgen],bound);
% 计算适应度
    for j =1:sizepop
        x = individuals.chrom(j,:);
        %解码
        individuals.fitness(j) = fun(x);
    end
```

```
    [newbestfitness,newbestindex]=min(individuals.fitness);
    %[worestfitness,worestindex]=min(individuals.fitness);
    if bestfitness>newbestfitness
        bestfitness=newbestfitness;
        bestchrom=individuals.chrom(newbestindex,:);
    end
    %individuals.chrom(worestindex,:)=bestchrom;
    %individuals.fitness(worestindex)=bestfitness;

    avgfitness=sum(individuals.fitness)/sizepop;

    trace=[trace;avgfitness bestfitness];
end
%进化结束
%% 结果分析
[r c]=size(trace);
plot([1:r]',trace(:,2),'r-');
title('适应度曲线','fontsize',12);
xlabel('进化代数','fontsize',12);ylabel('适应度','fontsize',12);
axis([0,100,0,100])
disp('适应度变量');
x=bestchrom;
% 窗口显示
disp([bestfitness x]);
set(gca,'linewidth',2)
%加宽坐标轴
```

2.2 适应度函数

```
function fitness=fun(x)
N=1000000;
n=2;%压头约束
% 函数功能:计算该个体对应适应度值
load data1 net inputps outputps
%导入预测模型
%数据归一化
x=x';
inputn_test=mapminmax('apply',x,inputps);
%网络预测输出
```

```
an = sim(net,inputn_test);
% 网络输出反归一化
yucezhi = mapminmax('reverse',an,outputps);
efficiency = yucezhi(1,1);
head = n - abs(yucezhi(2,1) - 72.21);
fitness = ((62.87 - efficiency) + N* abs(min(0,head)));
```

2.3　选择操作

```
function ret = select(individuals,sizepop)
fitness1 = 1./individuals.fitness;% fitness1 = 1./individuals.fitness;
sumfitness = sum(fitness1);
sumf = fitness1./sumfitness;
index = [];
for i = 1:sizepop
% 转 sizepop 次轮盘
    pick = rand;
    while pick == 0
        pick = rand;
    end
    for j = 1:sizepop
        pick = pick - sumf(j);
        if pick < 0
            index = [index j];
            break;
        end
    end
end
individuals.chrom = individuals.chrom(index,:);
individuals.fitness = individuals.fitness(index);
ret = individuals;
```

2.4　交叉操作

```
function ret = Cross(pcross,lenchrom,chrom,sizepop,bound)
for i = 1:sizepop
    pick = rand(1,2);
    while prod(pick) == 0
        pick = rand(1,2);
    end
```

```
    index = ceil(pick.* sizepop);
    pick = rand;
    while pick == 0
        pick = rand;
    end
    if pick > pcross
        continue;
    end
    flag = 0;
    while flag == 0
      pick = rand;
        while pick == 0
            pick = rand;
        end
        pos = ceil(pick.* sum(lenchrom));
        pick = rand;
        v1 = chrom(index(1),pos);
        v2 = chrom(index(2),pos);
        chrom(index(1),pos) = pick* v2 + (1 - pick)* v1;
        chrom(index(2),pos) = pick* v1 + (1 - pick)* v2;
        flag1 = test(lenchrom,bound,chrom(index(1),:));
        flag2 = test(lenchrom,bound,chrom(index(2),:));
        if  flag1* flag2 == 0
            flag = 0;
        else flag = 1;
        end
    end
end
ret = chrom;
```

2.5 变异操作

```
function ret = Mutation (pmutation, lenchrom, chrom, sizepop, pop, bound)
for i = 1:sizepop
    pick = rand;
    while pick == 0
        pick = rand;
    end
```

```
    index = ceil(pick* sizepop);
    pick = rand;
    if pick > pmutation
        continue;
    end
    flag = 0;
    while flag = = 0
  pick = rand;
        while pick = = 0
            pick = rand;
        end
        pos = ceil(pick* sum(lenchrom));
        v = chrom(i,pos);
        v1 = v - bound(pos,1);
        v2 = bound(pos,2) - v;
        pick = rand;
        if pick > 0.5
            delta = v2* (1 - pick^((1 - pop(1)/pop(2))^2));
            chrom(i,pos) = v + delta;
        else
            delta = v1* (1 - pick^((1 - pop(1)/pop(2))^2));
            chrom(i,pos) = v - delta;
        end
        flag = test(lenchrom,bound,chrom(i,:));
        %检验染色体的可行性
    end
end
ret = chrom;
```

2.6　编码

```
function ret = Code(lenchrom,bound)
flag = 0;
while flag = = 0
    pick = rand(1,length(lenchrom));
    ret = bound(:,1)' + (bound(:,2) - bound(:,1))'.* pick;
    %线性插值,编码结果以实数向量存入 ret 中
    flag = test(lenchrom,bound,ret);      %检验染色体的可行性
end
```

2.7 解码及几何约束限定

```
function flag = test(lenchrom,bound,code)
x = code; % 先解码
yy = [ -22.7108  -22.7108  -19.7847 0.219277273 25.81682111 54.47441485
79.6172 82.5 82.5];
zz  =  [ 15.902315.902328.673329.97838.49338.6979.326100 ];%  xlsread
('shiyansheji1.xls');
zz(1,3) = x(1);zz(1,4) = x(2); zz(1,5) = x(3); zz(1,6) = x(4);zz(1,4)
= x(5);
d(1,:) = yy;
d(2,:) = zz;
% 求一阶导数
for j = 1:6
% 一阶导数少一项
dd(1,j) = (d(2,j +2) - d(2,j +1))/(d(1,j +2) - d(1,j +1));
end
clear j;
ddd(1,:) = yy(1,2:7);
ddd(2,:) = dd;
% 求二阶导数
for j = 1:5
% 一阶导数少一项
dddd(1,j) = (ddd(2,j +1) - ddd(2,j))/(ddd(1,j +1) - ddd(1,j));
% 一阶导数,相当于 x 二阶导数
end
clear j;
flag = 0;
if(dddd(1,1) < 0) && (dddd(1,2) < 0) && (dddd(1,3) < 0) && (dddd(1,4) < 0)
&& (dddd(1,5) < 0) && (x(1) > = bound(1,1)) && (x(2) > = bound(2,1)) && (x(3)
> = bound(3,1)) && (x(4) > = bound(4,1)) && (x(5) > = bound(5,1)) && (x(1) <
= bound(1,2)) && (x(2) < = bound(2,2)) && (x(3) < = bound(3,2)) && (x(4) > =
bound(4,2)) && (x(5) > = bound(5,2))
% 目的保证叶片是后弯形叶片,且变量在设定的范围之内
flag = 1;
end
```

3. GA-BP 神经网络

GA-BP 神经网络是将 BP 神经网络算法部分作为遗传算法的一个目标函数,

对 BP 神经网络进行改进。下面是神经网络预测误差函数子程序。

```
    Function err = bpfun (x, input, output, h_num, input_test, output_test)
    input_num = size(input,1);
    output_num = size(output,1)
    %样本输入输出数据归一化
    [inputn,inputps] = mapminmax(input);
    [outputn,outputps] = mapminmax(output);
    %% BP 网络训练
    net = newff(inputn,outputn,7);
    net.trainParam.epochs = 100;
    %迭代次数
    net.trainParam.lr = 0.01;
    %学习率
    net.trainParam.goal = 0.0001;
    %目标
    %网络训练
    w1_num = input_num* hidden_num;
    w2_num = output_num* hidden_num;
    w1 = x(1:w1_num);
    B1 = x(w1_num+1:w1_num+ hidden_num);
    w2 = x(w1_num+1:w1_num+ hidden_num+ w2_num);
    B2 = x(w1_num + hidden_num + w2_num + 1: w1_num + hidden_num + w2_num + output_num)
    net.iw{1,1} = reshape(w1, hidden_num,input_num)
    net.lw{1,1} = reshape(w2, output_num, hidden_num)
    net.b{1} = reshape(B1 hidden_num 1)
    net.b{2} = reshape(B2,output_num,2)
    net = train(net,inputn,outputn);
    %% BP 网络预测
    inputn_test = mapminmax('apply',input_test,inputps);
    an = sim(net,inputn_test);
    BPoutput = mapminmax('reverse',an,outputps);
    err = norm(BPoutput - inputn_test);
```

4. Pro/E 自动建模部分控制文件(trial 文件)

```
    ! trail file version No.1450
```

```
! Pro/ENGINEER  TM  5.0  (c) 1988 - 2002 by Wisdom Systems  All Rights
Reserved.
< 0 1.005037 1443 0 0 848 1600 0 0 900 13
! mem_use INCREASE Blocks 213425,AppSize 33578188, SysSize 41101920
< 0 0.862815 1239 0 0 728 1600 0 0 900 13
< 0 0.862815 1115 0 0 728 1600 0 0 900 13
< 0 0.862815 1117 0 0 728 1600 0 0 900 13
< 0 0.862815 1130 0 0 728 1600 0 0 900 13
~ Command `ProCmdModelOpen`
< 2 0.118519 178 0 0 100 1600 0 0 900 13
~ Trail `UI Desktop` `UI Desktop` \
`DLG_PREVIEW_POST` \
`file_open`
~ Trail `UI Desktop` `UI Desktop` \
`PREVIEW_POPUP_TIMER` \
`file_open:Ph_list.Filelist:<NULL>`
~ Activate `file_open` `desktop_pb`
~ Select `file_open` `Ph_list.Filelist` \
1  `First`
~ Activate `file_open` `Ph_list.Filelist` \
1  `First`
~ Select `file_open` `Ph_list.Filelist` \
1  `4_proe`
~ Activate `file_open` `Ph_list.Filelist` \
1  `4_proe`
~ Select `file_open` `Ph_list.Filelist` \
1  `yl48.prt`
~ Activate `file_open` `Ph_list.Filelist` \
1`yl48.prt` %叶轮回转面,不包含叶片
< 0 0.862815 1102 0 0 728 1600 0 0 900 13
~ Timer `UI Desktop` `UI Desktop` \
`EmbedBrowserTimer`
~ Command `ProCmdDatumCurve`
#FROM FILE
#DONE
~ Select `main_dlg_cur` `PHTLeft.AssyTree` \
1  `node3`
! PRT_CSYS_DEF
< 2 0.118519 178 0 0 100 1600 0 0 900 13
```

```
~ Trail `UI Desktop` `UI Desktop` \
`DLG_PREVIEW_POST` \
`file_open`
~ Trail `UI Desktop` `UI Desktop` \
`PREVIEW_POPUP_TIMER` \
`main_dlg_w1:PHTLeft.AssyTree:<NULL>`
~ Select `file_open` `Ph_list.Filelist` \
1  `1.ibl`  %从MATLAB中生成的第一个叶片型线数据
………………………………·导入叶片型线后的一些特征操作
~ Command `ProCmdModelSaveAs`
~ Input `file_saveas` `Inputname` \
`yelun1`
~ Update `file_saveas` `Inputname` \
`yelun1`%保存生成的新叶轮
~ Activate `file_saveas` `OK`
!%CIYL48 已被复制到 yelun1。
~ Select `main_dlg_cur` `MenuBar1` \
1  `File`
~ Close `main_dlg_cur` `MenuBar1`
%关闭窗口
~ Activate `main_dlg_cur` `File.psh_close_win`
! Command ProCmd WinClose was pushed from the software.
! Executed sub-command ProCmdWinCloseAsyn.
!%CI 基本窗口不能关闭。
< 0 0.800000 1130 0 0 675 1600 0 0 900 13
~ Command `ProCmdModelEraseNotDisp`
%拭除不显示几何
~ Activate `file_erase_nd` `ok_pb`
!%CI 所有没有显示的对象已被删除。
```

5. FLUENT 边界条件自动设置、计算结果自动导出及连续计算的控制文件(journal 文件)

```
(cx-gui-do cx-activate-item "MenuBar* ReadSubMenu* Case...")
(cx-gui-do cx-set-text-entry "Select File* Text" "moxing1.msh")
(cx-gui-do cx-activate-item "Select File* OK")
(cx-gui-do cx-activate-item " NavigationPane * Frame1 * PushButton4
(General)")
```

(cx-gui-do cx-activate-item "Gen-eral * Frame1 * Table1 * Frame1 (Mesh) * ButtonBox1 (Mesh) * PushButton1 (**Scale**)")

(cx-gui-do cx-set-list-selections " Scale Mesh * DropDownList3 (View Length Unit In)" '(**2**))

…………………………**Fluent 中具体的一些求解设置**

(cx-gui-do cx-activate-item " NavigationPane * Frame1 * PushButton19 (**Run Calculation**)")

%设置完成后开始计算

(cx-gui-do cx-set-integer-entry " Run Calculation * Frame1 * Table1 * IntegerEntry9 (Number of Itera-tions) "**5000**)

%定常计算时迭代步数

(cx-gui-do cx-activate-item " Run Calculation * Frame1 * Table1 * Push-Button21 (Calculate) ")

%开始迭代

(cx-gui-do cx-activate-item "Information* OK")

%迭代完成

(cx-gui-do cx-activate-item " MenuBar * WriteSubMenu * Stop Tran-script")

(cx-gui-do cx-set-text-entry "Select File* Text" "**moxing1. txt** ")

%存放计算结果文件

(cx-gui-do cx-activate-item "Select File* OK")

(cx-gui-do cx-activate-item " NavigationPane * Frame1 * PushButton23 (**Reports**) ")

…………………………**选择需要输出数据的操作,如输出"moment"、"pressure"等**

(cx-gui-do cx-activate-item "MenuBar* WriteSubMenu* Stop Transcript")

(cx-gui-do cx-activate-item "MenuBar* WriteSubMenu* Case & Data... ")

%保存 case&data

(cx-gui-do cx-set-text-entry "Select File* Text""**moxing1. cas** ")

(cx-gui-do cx-activate-item "Select File* OK")

随后，将所有模型数值计算的控制文件整合到一个文件中，便可实现所有模型的连续数值计算。

参考文献

[1] 杨军虎，张雪宁，王晓晖，等．能量回收液力透平研究综述［J］．流体机械，2011，39（6）：29-33.

[2] Bansal P，Marshall N. Feasibility of hydraulic power recovery from waste energy in bio-gas scrubbing processes［J］．Applied Energy，2010，87（3）：1048-1053.

[3] Consonni S，Silva P. Off-design performance of integrated waste-to-energy，combined cycle plants［J］．Applied Thermal Engineering，2007，27（4）：712-721.

[4] Anagnostopoulos J S，Papantonis D E. Simulation and size optimization of a pumped-storage power plant for the recovery of wind-farms rejected energy［J］．Renewable Energy，2008，33（7）：1685-1694.

[5] Deshmukh S S，Boehm R F. Review of modeling details related to renewably powered hydrogen systems［J］．Renewable and Sustainable Energy Reviews，2008，12（9）：2301-2330.

[6] Derakhshan S，Nourbakhsh A. Theoretical，numerical and experimental investigation of centrifugal pumps in reverse operation［J］．Experimental Thermal and Fluid Science，2008，32（8）：1620-1627.

[7] Derakhshan S，Mohammadi B，Nourbakhsh A. Efficiency improvement of centrifugal reverse pumps［J］．Journal of Fluids Engineering，2009，131（2）：3-11.

[8] Date A，Akbarzadeh A. Design and cost analysis of low head simple reaction hydro turbine for remote area power supply［J］．Renewable Energy，2009，34（2）：409-415.

[9] Gong R Z，Wang H J，Chen L X，et al. Application of entropy production theory to hydro-turbine hydraulic analysis［J］．Science China Technological Sciences，2013，56（7）：1636-1643.

[10] 杨孙圣，孔繁余，邵飞，等．液力透平的数值计算与试验［J］．江苏大学学报：自然科学版，2012，33（2）：165-169.

[11] 杨孙圣．离心泵作透平的理论分析数值计算与实验研究［D］．镇江：江苏大学，2012.

[12] Rawal S，Kshirsagar J T. Numerical simulation on a pump operating in a turbine mode［C］//Proceedings of the 23rd International Pump Users Symposium，2007，21-27.

[13] 杨孙圣，孔繁余，宿向辉，等．泵及泵用作透平时的数值模拟与外特性实验［J］．西安交通大学学报，2012，46（3）：37-41.

[14] Nautiyal H，Varun，Kumar A，et al. Experimental investigation of centrifugal pump working as turbine for small hydropower systems［J］．Energy Science and Technology，2011，1（1）：79-86.

[15] Williams A A. The turbine performance of centrifugal pumps：a comparison of prediction methods［J］．Proceedings of the Institution of Mechanical Engineers，Part A：Journal of Power and Energy，1994，208（1）：59-66.

[16] Singh P，Nestmann F. A consolidated model for the turbine operation of centrifugal pumps［J］．Journal of Engineering for Gas Turbines and Power，2011，133（6）：1-9.

[17] Singh P, Nestmann F. An optimization routine on a prediction and selection model for the turbine operation of centrifugal pumps [J]. Experimental Thermal and Fluid Science, 2010, 34 (2): 152-164.

[18] Derakhshan S, Nourbakhsh A. Experimental study of characteristic curves of centrifugal pumps working as turbines in different specific speeds [J]. Experimental Thermal and Fluid Science, 2008, 32 (3): 800-807.

[19] Williams A A. Pumps as turbines for low cost micro hydro power [J]. Renewable Energy, 1996, 9 (1): 1227-1234.

[20] O. B. 亚列缅科. 泵试验 [M]. 姚兆生, 译. 北京: 机械工业出版社, 1980.

[21] 袁寿其, 施卫东, 刘厚林. 泵理论与技术 [M]. 北京: 机械工业出版社, 2014.

[22] 国家质量监督检验检疫总局, 国家标准化管理委员会. GB/T 3216—2005 回转动力泵水力性能验收试验 1 级和 2 级 [S]. 北京: 中国标准出版社, 2006.

[23] 郑梦海. 泵测试实用技术 [M]. 北京: 机械工业出版社, 2006.

[24] 蔡武昌, 应启戛. 新型流量检测仪表 [M]. 北京: 化学工业出版社, 2006.

[25] 杜水友. 压力测量技术与仪表 [M]. 北京: 机械工业出版社, 2006.

[26] 张红亭, 王明赞. 测试技术 [M]. 沈阳: 东北大学出版社, 2005.

[27] 汤跃, 金立江. 泵试验理论与方法 [M]. 北京: 兵器工业出版社, 1995.

[28] 刘厚林, 谈明高, 袁寿其. 离心泵理论扬程的计算 [J]. 农业机械学报, 2006, 37 (12): 87-90.

[29] 罗惕乾. 流体力学第三版 [M]. 北京: 机械工业出版社, 2007: 124-130.

[30] 周光坰, 严宗毅, 许世雄, 等. 流体力学 [M]. 北京: 高等教育出版社, 2000.

[31] 张翔. 不锈钢冲压焊接离心泵能量转换特性与设计方法 [D]. 镇江: 江苏大学, 2011.

[32] 关醒凡. 现代泵理论与设计 [M]. 北京: 中国宇航出版社, 2011.

[33] 朱荣生, 胡自强, 付强. 双叶片泵内压力脉动的数值模拟 [J]. 农业工程学报, 2010, 26 (6): 129-134.

[34] 施卫东, 邹萍萍, 张德胜, 等. 高比转速斜流泵内部非定常压力脉动特性 [J]. 农业工程学报, 2011, 27 (4): 147-152.

[35] 代翠, 董亮, 孔繁余, 等. 泵作透平振动噪声机理分析与试验 [J]. 农业工程学报, 2014, 30 (15): 114-119.

[36] 代翠, 孔繁余, 冯子政, 等. 泵作透平流动诱导噪声实验及数值研究 [J]. 华中科技大学学报: 自然科学版, 2014, 42 (7): 17-21.

[37] 杨军虎, 龚朝晖, 夏书强, 等. 导叶对液力透平性能影响的数值分析 [J]. 排灌机械工程学报, 2014, 32 (2): 113-118.

[38] 史凤霞, 杨军虎, 王晓辉. 导叶进口角对能量回收水力透平性能的影响 [J]. 排灌机械工程学报, 2014, 32 (5): 378-381.

[39] Manness J, Doering J. An improved model for predicting the efficiency of hydraulic propeller turbines [J]. Can. J. Civ. Eng., 2005, 32 (5): 789-795.

[40] Ventrone G, Ardizzon G, Pavesi G. Direct and reverse flow conditions in radial flowhydraulic turbomachines [J]. Proc. Instn. Mech. Engrs., 2000, 214 (Part A): 635-644.

[41] Sharma K R. Small hydroelectric projects-use of centrifugal pumps as turbines [M]. Kirloskar Electric Co. , Bangalore, India, 1985.

[42] 杨孙圣，李强，黄志攀，等. 不同比转数离心泵作透平研究 [J]. 农业机械工程学报，2013，44 (3)：69-72.

[43] Yang S S，Derakhshan S，Kong F Y. Theoretical，numerical and experimental prediction of pump as turbine performance [J]. Renewable Energy，2012，48 (2)：507-513.

[44] Yang S S，Kong F Y，Shao F，et al. Numerical simulation and comparison of pump and pump as turbine [C] // ASME Fluids Engineering Summer Meeting，Montreal，Canada，2010：1-10.

[45] 杨军虎，袁亚飞，蒋云国，等. 离心泵反转作为能量回收透平的性能预测 [J]. 兰州理工大学学报，2010，36 (1)：54-56.

[46] 王桃，孔繁余，何玉洋，等. 离心泵作透平的研究现状 [J]. 排灌机械工程学报，2013，31 (8)：674-680.

[47] Fecarotta O，Carravetta A，Ramos H M. CFD and comparisons for a pump as turbine：Meshreliability and performance concerns [J]. International Journal of Energy and Environment，2011，2 (1)：39-48.

[48] Hasmatuchi V，Farhat M，Roth S，et al. Experimental evidence of rotating stall in a pump-turbineat off-design conditions in generating mode [J]. Journal of Fluids Engineering，2011，133 (10)：1-8.

[49] Agarwal T. Review of pump as turbine (PAT) for micro-hydropower [J]. International Journal of Emerging Technology and Advanced Engineering，2012，2 (11)：163-169.

[50] 杨军虎，张人会. 一种计算低比转速离心泵加大系数的方法 [J]. 机械工程学报，2005，41 (4)：203-205.

[51] 袁寿其. 低比速离心泵理论与设计 [M]. 北京：机械工业出版社，1997.

[52] 倪永燕，袁寿其，袁建平，等. 低比转速离心泵加大流量设计模型 [J]. 排灌机械，2008，26 (1)：21-24.

[53] Stepanoff A J. Centrifugal and axial flow pumps [M]. New York：John Wiley，1957.

[54] Tarang Agarwal. Review of pump as turbine (pat) for micro-hydropower [J]. International Journal of Emerging Technology and Advanced Engineering，2012，11 (2)：163-168.

[55] Alexander IJ Forrester，Andy J Keane. Recent advances in surrogate-based optimization [J]. Progress in Aerospace Sciences，2009，45 (1)：50-79.

[56] LesPiegl，Wayne Tiller. 非均匀有理b样条 [M]. 赵罡，穆国旺，王拉柱，译. 北京：清华大学出版社，2010，81-116.

[57] 施法中. 计算机辅助几何设计与非均匀有理b样条：Cagd & nurbs [M]. 北京：北京航空航天大学出版社，1994，211-260.

[58] 林维宣. 试验设计方法 [M]. 大连：大连海事大学出版社，1995.

[59] 赵选民. 实验设计方法 [M]. 北京：科学出版社，2006.

[60] 方开泰. 均匀设计-数论方法在试验设计中的应用 [J]. 应用数学学报，1980，3 (4)：363-372.

[61] Michael Stein. Large sample properties of simulations using latin hypercube sampling [J]. Technometrics, 1987, 29 (2): 143-151.

[62] David E Rumelhart, James L McClelland. Parallel distributed processing [M]. NJ, USA: IEEE, 1988.

[63] John H Holland. Outline for a logical theory of adaptive systems [J]. Journal of the ACM (JACM), 1962, 9 (3): 297-314.

[64] 王小平, 曹立明. 遗传算法: 理论, 应用及软件实现 [M]. 西安: 西安交通大学出版社, 2002.

[65] Sun-Sheng Yang, Fan-Yu Kong, Hao Chen, et al. Effects of blade wrap angle influencing a pump as turbine [J]. Journal of Fluids Engineering, 2012, 134 (6): 061102-061109.

[66] 韩玉龙. Pro/engineer wildfire 4.0 零件设计高级教程 [M]. 北京: 科学出版社, 2009.

[67] 王福军. 计算流体动力学分析: CFD 软件原理与应用 [M]. 北京: 清华大学出版社有限公司, 2004.

[68] Michael Kallay, Bahram Ravani. Optimal twist vectors as a tool for interpolating a network of curves with a minimum energy surface [J]. Computer Aided Geometric Design, 1990, 7 (6): 465-473.

[69] 史广泰, 杨军虎. 离心泵用作液力透平叶轮出口滑移系数的计算方法 [J]. 农业工程学报, 2014, 30 (13): 68-77.

[70] 李文广, 邓德力, 苏发章, 等. 输送水时叶片数对离心油泵性能的影响 [J]. 水泵技术, 2000, (3): 3-6.

[71] 杨孙圣, 孔繁余, 宿向辉, 等. 泵及泵用作透平时的数值模拟与外特性实验 [J]. 西安交通大学学报, 2012, 46 (3): 39-44.

[72] Yang S S, Derakhshan S, Kong F Y. Theoretical, numerical and experimental prediction of pump as turbine performance [J]. Renewable Energy, 2012, 48: 507-513.

[73] 郭斌. 无过载离心泵结构参数对性能的影响研究 [D]. 兰州: 兰州理工大学, 2012, 30-31.

[74] 李鹏飞, 徐敏义, 王飞飞. 精通 CFD 工程仿真与案例实战 FLUENT GAMBIT ICEM CFD Tecplot [M]. 北京: 人民邮电出版社, 2011.

[75] 史广泰, 杨军虎, 苗森春, 等. 不同导叶数下液力透平蜗壳内压力脉动计算 [J]. 航空动力学报, 2015, 30 (5): 1228-1235.

[76] 代翠. 离心泵作透平流体诱发噪声特性理论数值与试验研: [江苏大学博士学位论文]. 镇江: 江苏大学, 2014.

[77] 谷超豪, 李大潜, 陈恕行. 数学物理方程 (第三版) [M]. 北京: 高等教育出版社, 2012, 87-100.

[78] 周俊杰, 徐国权, 张华俊. FLUENT 工程技术与实例分析 [M]. 北京: 中国水利水电出版社, 2010.

[79] 姚征, 陈康民. CFD 通用软件综述 [J]. 上海理工大学学报, 2002, 24 (2): 138-144.

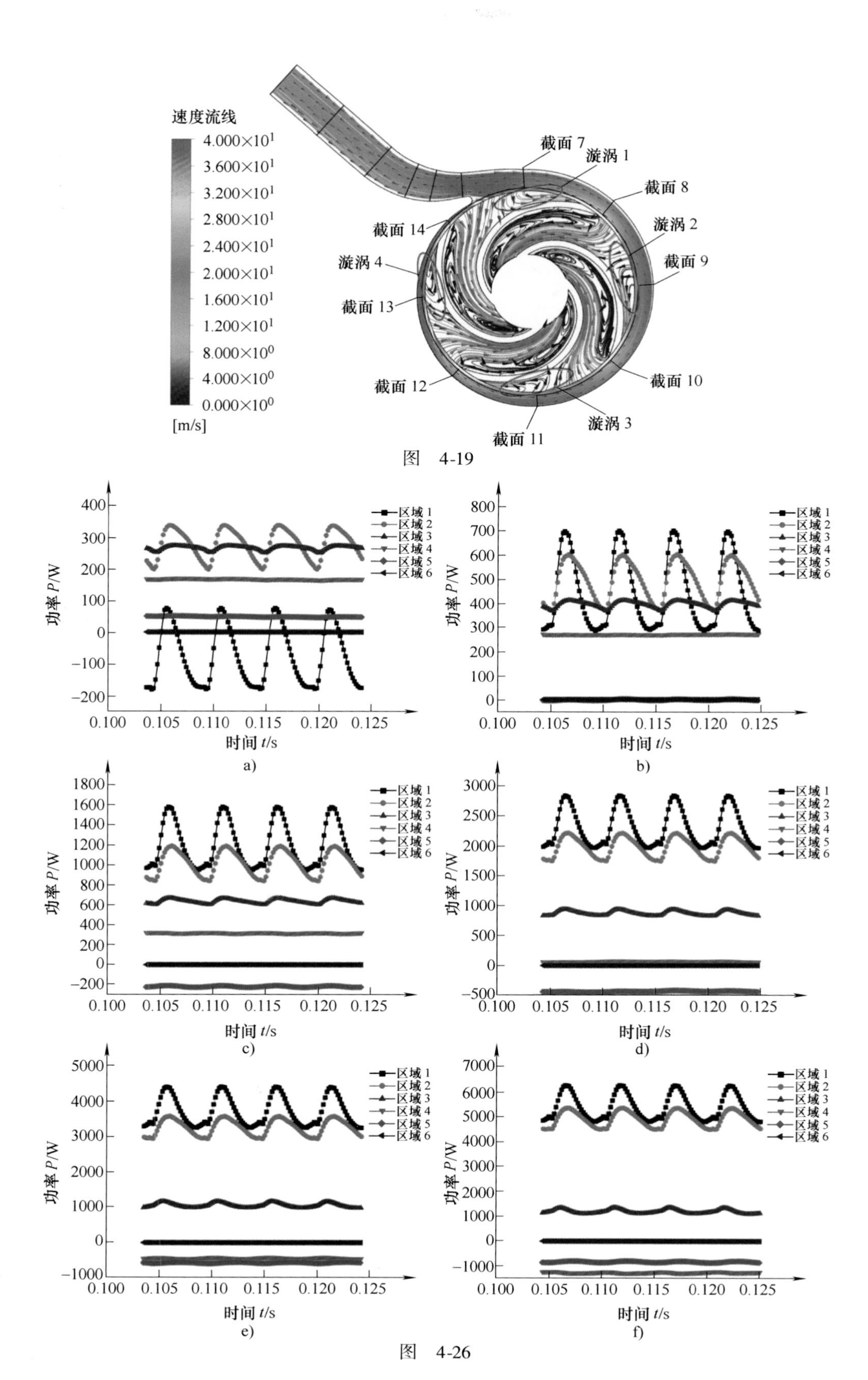
速度流线
4.000×10^1
3.600×10^1
3.200×10^1
2.800×10^1
2.400×10^1
2.000×10^1
1.600×10^1
1.200×10^1
8.000×10^0
4.000×10^0
0.000×10^0
[m/s]
截面 7
漩涡 1
截面 8
漩涡 2
截面 9
截面 14
漩涡 4
截面 13
截面 12
截面 10
截面 11
漩涡 3
功率 P/W
时间 t/s
区域 1
区域 2
区域 3
区域 4
区域 5
区域 6
a)
b)
c)
d)
e)
f)

图 4-19

图 4-26

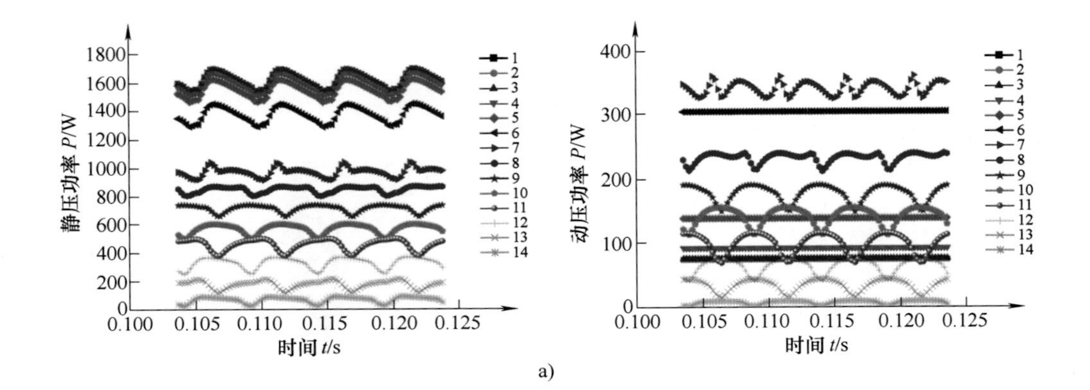
静压功率 P/W
1800
1600
1400
1200
1000
800
600
400
200
0
0.100 0.105 0.110 0.115 0.120 0.125
时间 t/s
1
2
3
4
5
6
7
8
9
10
11
12
13
14
动压功率 P/W
400
300
200
100
0
0.100 0.105 0.110 0.115 0.120 0.125
时间 t/s

a)

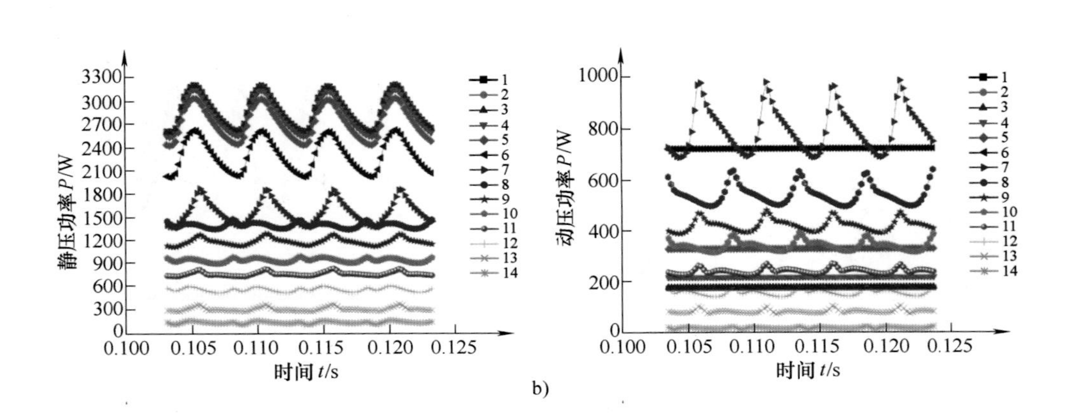
静压功率 P/W
3300
3000
2700
2400
2100
1800
1500
1200
900
600
300
0
0.100 0.105 0.110 0.115 0.120 0.125
时间 t/s
动压功率 P/W
1000
800
600
400
200
0
0.100 0.105 0.110 0.115 0.120 0.125
时间 t/s

b)

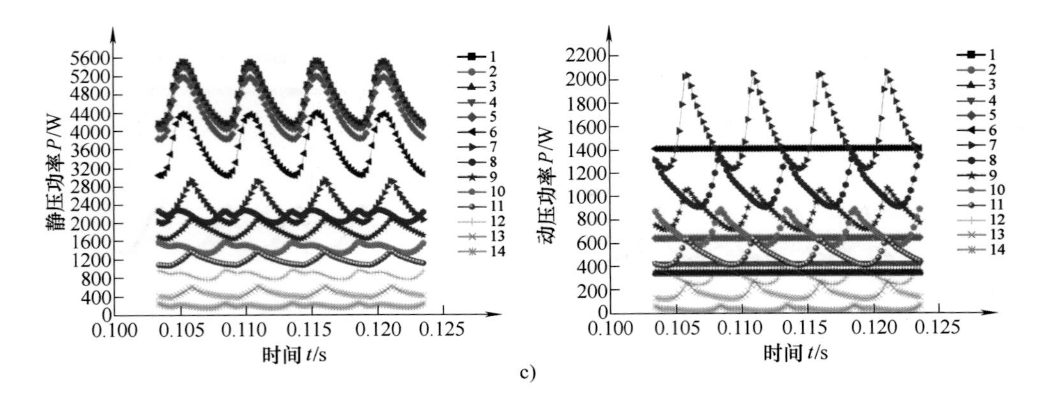
静压功率 P/W
5600
5200
4800
4400
4000
3600
3200
2800
2400
2000
1600
1200
800
400
0
0.100 0.105 0.110 0.115 0.120 0.125
时间 t/s
动压功率 P/W
2200
2000
1800
1600
1400
1200
1000
800
600
400
200
0
0.100 0.105 0.110 0.115 0.120 0.125
时间 t/s

c)

图 4-27

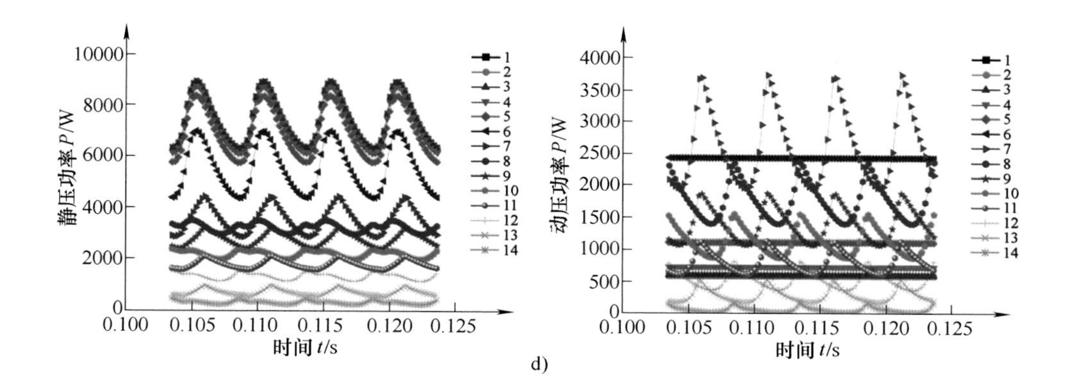

静压功率 P/W
10000
8000
6000
4000
2000
0
时间 t/s
0.100 0.105 0.110 0.115 0.120 0.125
1 2 3 4 5 6 7 8 9 10 11 12 13 14
动压功率 P/W
4000
3500
3000
2500
2000
1500
1000
500
0
时间 t/s
0.100 0.105 0.110 0.115 0.120 0.125
1 2 3 4 5 6 7 8 9 10 11 12 13 14

d)

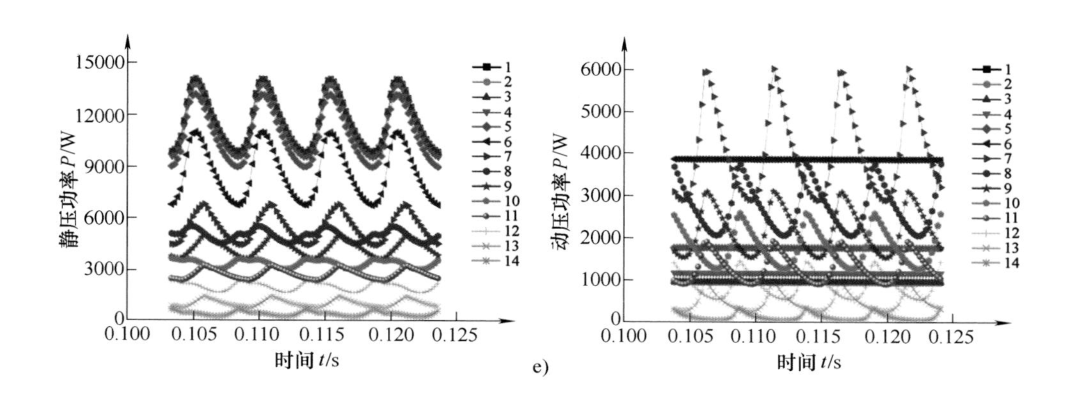

静压功率 P/W
15000
12000
9000
6000
3000
0
时间 t/s
0.100 0.105 0.110 0.115 0.120 0.125
1 2 3 4 5 6 7 8 9 10 11 12 13 14
动压功率 P/W
6000
5000
4000
3000
2000
1000
0
时间 t/s
0.100 0.105 0.110 0.115 0.120 0.125
1 2 3 4 5 6 7 8 9 10 11 12 13 14

e)

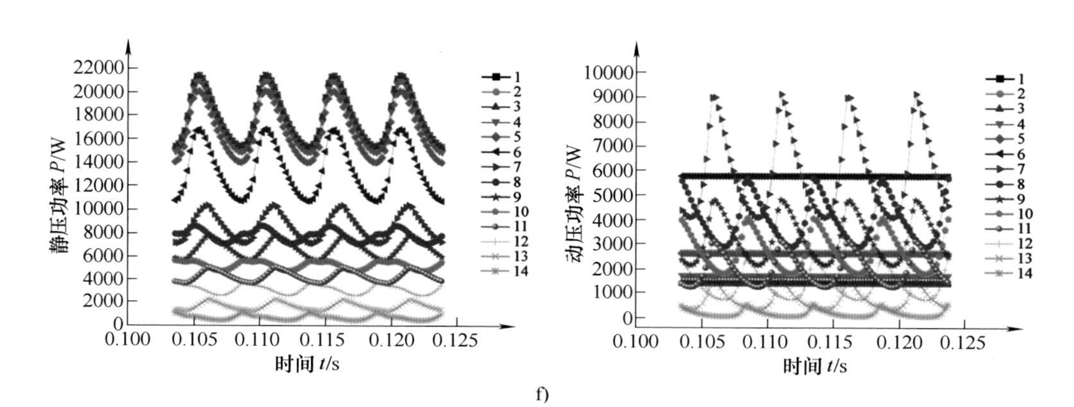

静压功率 P/W
22000
20000
18000
16000
14000
12000
10000
8000
6000
4000
2000
0
时间 t/s
0.100 0.105 0.110 0.115 0.120 0.125
1 2 3 4 5 6 7 8 9 10 11 12 13 14
动压功率 P/W
10000
9000
8000
7000
6000
5000
4000
3000
2000
1000
0
时间 t/s
0.100 0.105 0.110 0.115 0.120 0.125
1 2 3 4 5 6 7 8 9 10 11 12 13 14

f)

图 4-27（续）

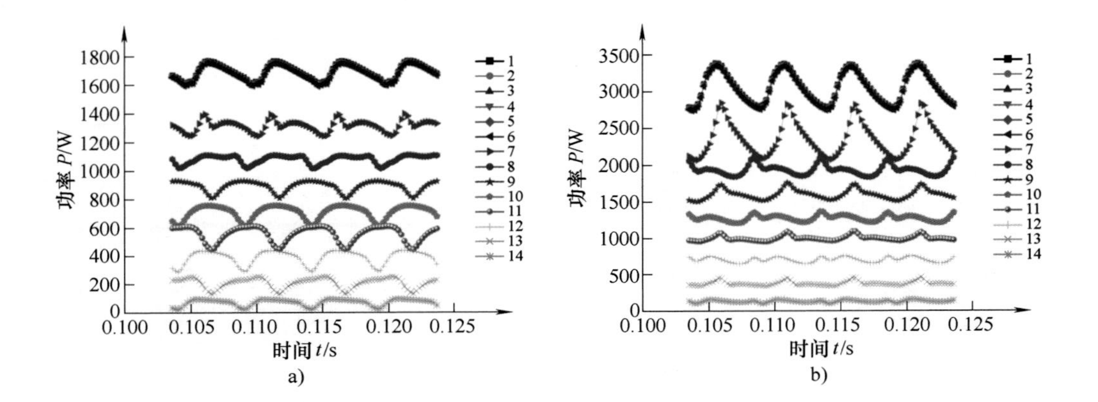

功率 P/W
1800
1600
1400
1200
1000
800
600
400
200
0
0.100 0.105 0.110 0.115 0.120 0.125
时间 t/s
1 2 3 4 5 6 7 8 9 10 11 12 13 14
功率 P/W
3500
3000
2500
2000
1500
1000
500
0
0.100 0.105 0.110 0.115 0.120 0.125
时间 t/s
1 2 3 4 5 6 7 8 9 10 11 12 13 14

a) b)

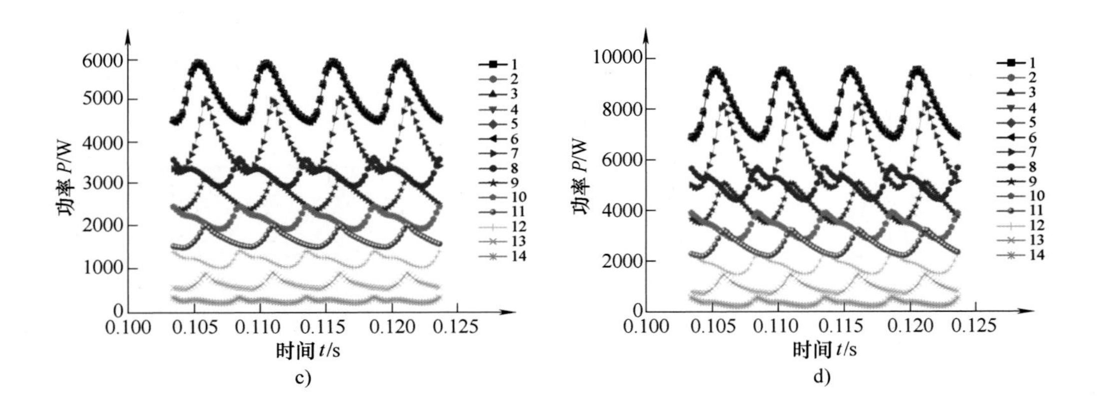

功率 P/W
6000
5000
4000
3000
2000
1000
0
0.100 0.105 0.110 0.115 0.120 0.125
时间 t/s
1 2 3 4 5 6 7 8 9 10 11 12 13 14
功率 P/W
10000
8000
6000
4000
2000
0
0.100 0.105 0.110 0.115 0.120 0.125
时间 t/s
1 2 3 4 5 6 7 8 9 10 11 12 13 14

c) d)

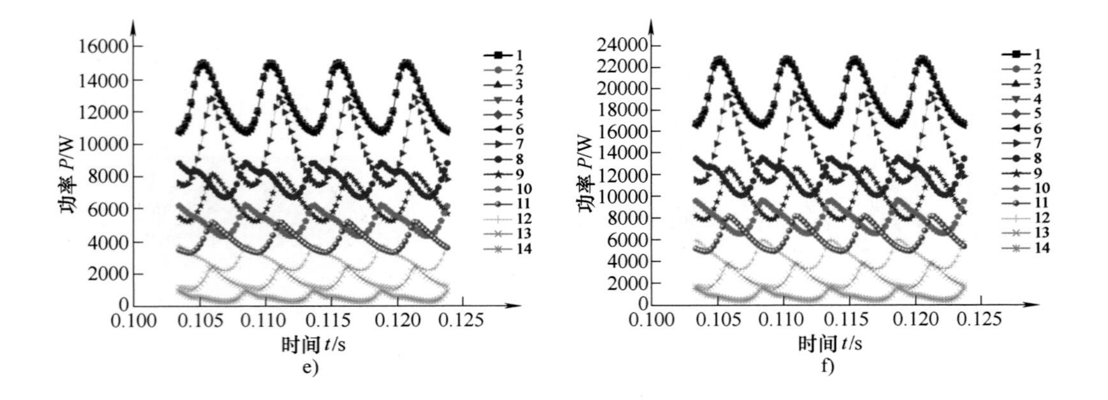

功率 P/W
16000
14000
12000
10000
8000
6000
4000
2000
0
0.100 0.105 0.110 0.115 0.120 0.125
时间 t/s
1 2 3 4 5 6 7 8 9 10 11 12 13 14
功率 P/W
24000
22000
20000
18000
16000
14000
12000
10000
8000
6000
4000
2000
0
0.100 0.105 0.110 0.115 0.120 0.125
时间 t/s
1 2 3 4 5 6 7 8 9 10 11 12 13 14

e) f)

图 4-28

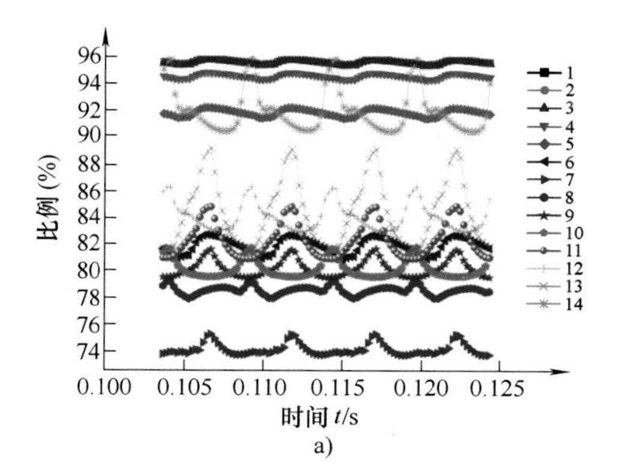
比例 (%)
96
94
92
90
88
86
84
82
80
78
76
74
0.100
0.105
0.110
0.115
0.120
0.125
时间 t/s
1
2
3
4
5
6
7
8
9
10
11
12
13
14
a)

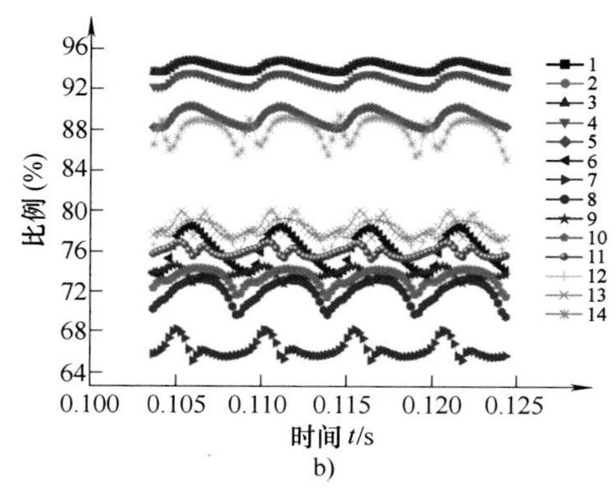
比例 (%)
96
92
88
84
80
76
72
68
64
0.100
0.105
0.110
0.115
0.120
0.125
时间 t/s
1
2
3
4
5
6
7
8
9
10
11
12
13
14
b)

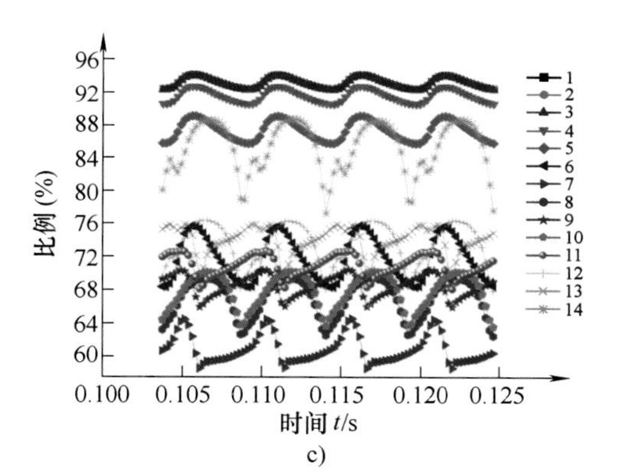
比例 (%)
96
92
88
84
80
76
72
68
64
60
0.100
0.105
0.110
0.115
0.120
0.125
时间 t/s
1
2
3
4
5
6
7
8
9
10
11
12
13
14
c)

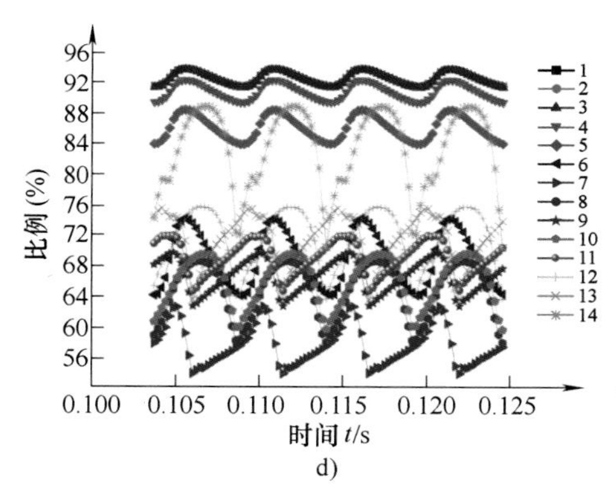
比例 (%)
96
92
88
84
80
76
72
68
64
60
56
0.100
0.105
0.110
0.115
0.120
0.125
时间 t/s
1
2
3
4
5
6
7
8
9
10
11
12
13
14
d)

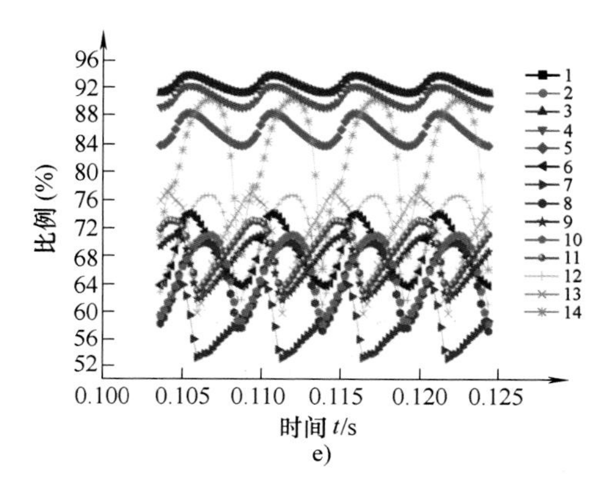
比例 (%)
96
92
88
84
80
76
72
68
64
60
56
52
0.100
0.105
0.110
0.115
0.120
0.125
时间 t/s
1
2
3
4
5
6
7
8
9
10
11
12
13
14
e)

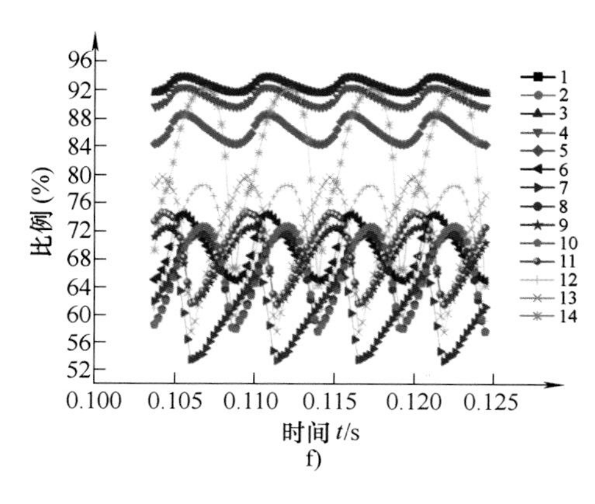
比例 (%)
96
92
88
84
80
76
72
68
64
60
56
52
0.100
0.105
0.110
0.115
0.120
0.125
时间 t/s
1
2
3
4
5
6
7
8
9
10
11
12
13
14
f)

图 4-29

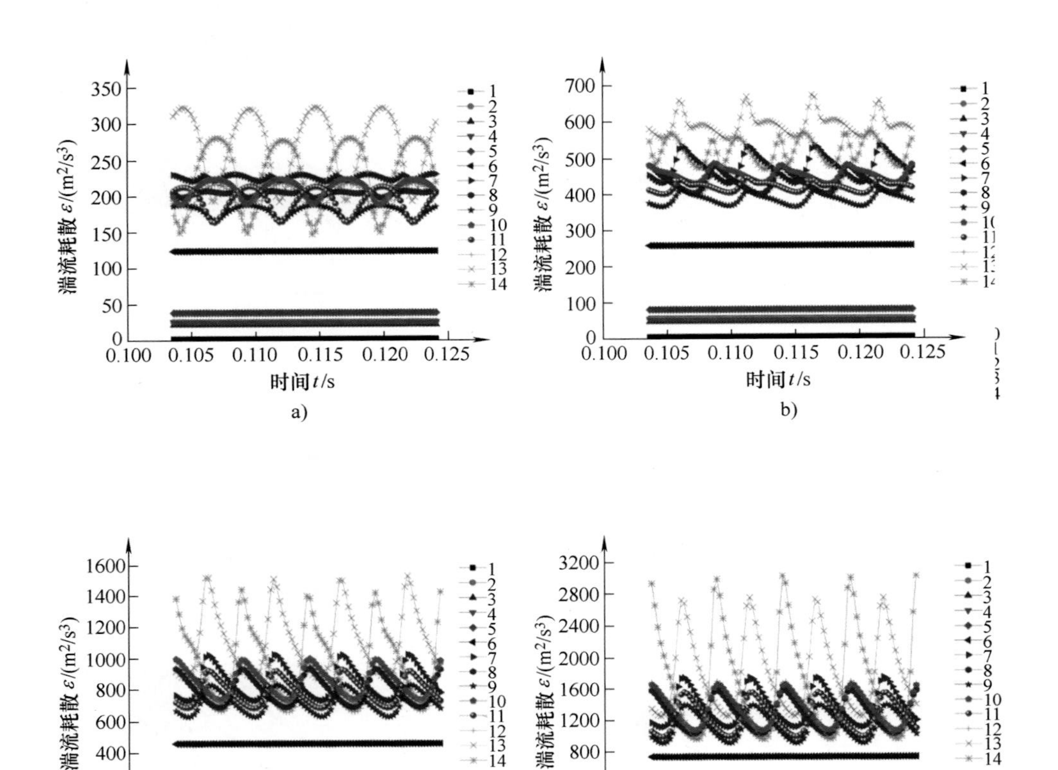

湍流耗散 ε/(m²/s³)
时间 t/s
0.100
0.105
0.110
0.115
0.120
0.125
1
2
3
4
5
6
7
8
9
10
11
12
13
14
a)
b)
c)
d)

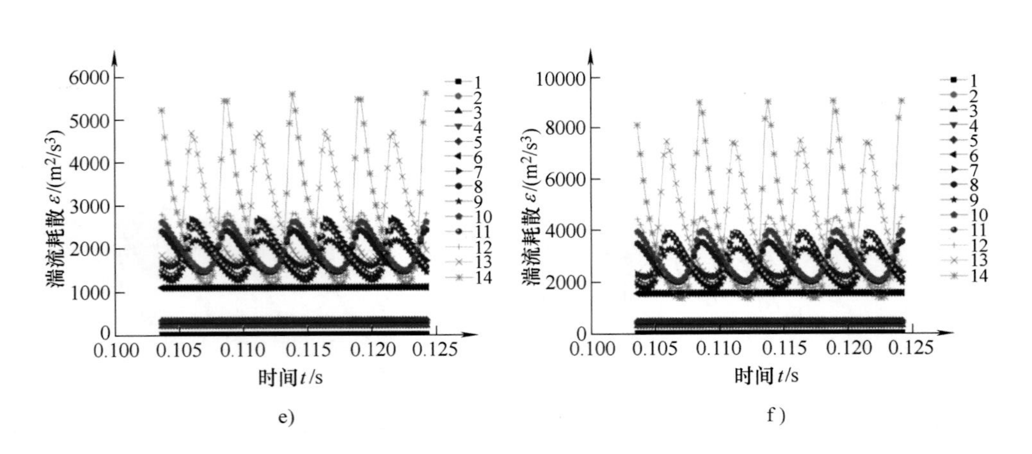

湍流耗散 ε/(m²/s³)
时间 t/s
0.100
0.105
0.110
0.115
0.120
0.125
1
2
3
4
5
6
7
8
9
10
11
12
13
14
e)
f)

图 4-31

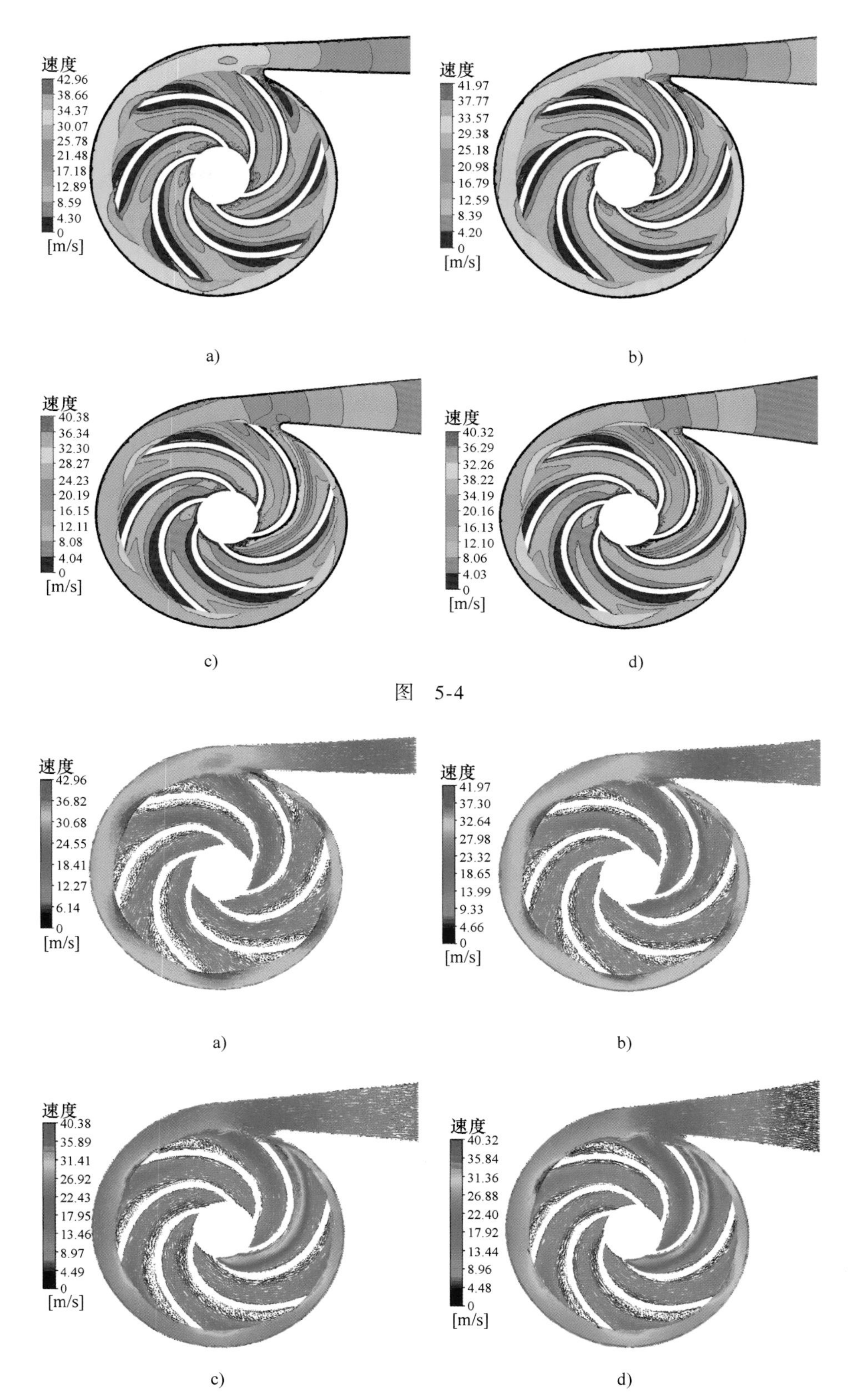
速度
42.96
38.66
34.37
30.07
25.78
21.48
17.18
12.89
8.59
4.30
0
[m/s]
a)
速度
41.97
37.77
33.57
29.38
25.18
20.98
16.79
12.59
8.39
4.20
0
[m/s]
b)
速度
40.38
36.34
32.30
28.27
24.23
20.19
16.15
12.11
8.08
4.04
0
[m/s]
c)
速度
40.32
36.29
32.26
38.22
34.19
20.16
16.13
12.10
8.06
4.03
0
[m/s]
d)

图　5-4

速度
42.96
36.82
30.68
24.55
18.41
12.27
6.14
0
[m/s]
a)
速度
41.97
37.30
32.64
27.98
23.32
18.65
13.99
9.33
4.66
0
[m/s]
b)
速度
40.38
35.89
31.41
26.92
22.43
17.95
13.46
8.97
4.49
0
[m/s]
c)
速度
40.32
35.84
31.36
26.88
22.40
17.92
13.44
8.96
4.48
0
[m/s]
d)

图　5-5

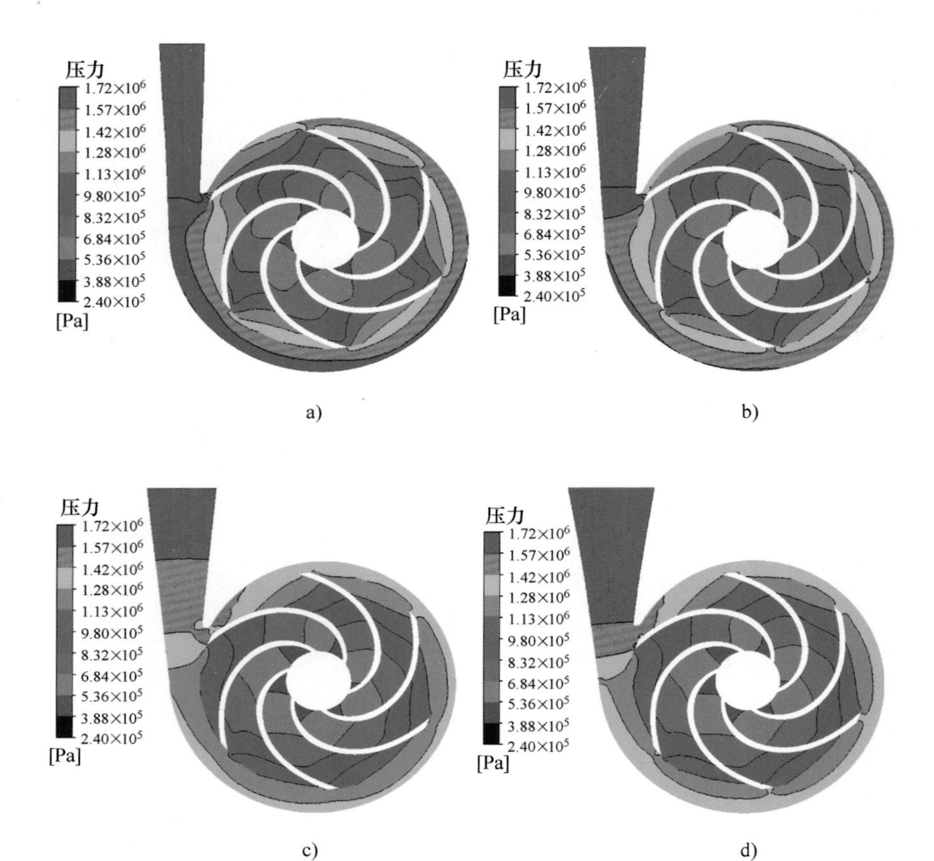
压力
1.72×10^6
1.57×10^6
1.42×10^6
1.28×10^6
1.13×10^6
9.80×10^5
8.32×10^5
6.84×10^5
5.36×10^5
3.88×10^5
2.40×10^5
[Pa]
a)
b)
c)
d)

图 5-6

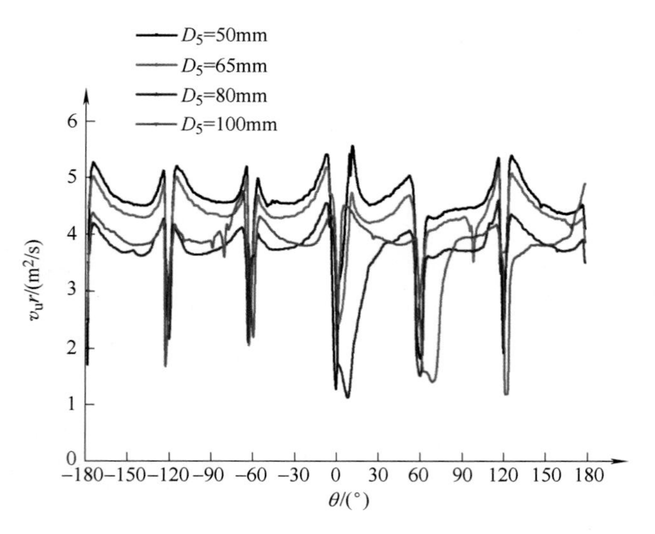
D5=50mm
D5=65mm
D5=80mm
D5=100mm
vur/(m2/s)
θ/(°)

图 5-8

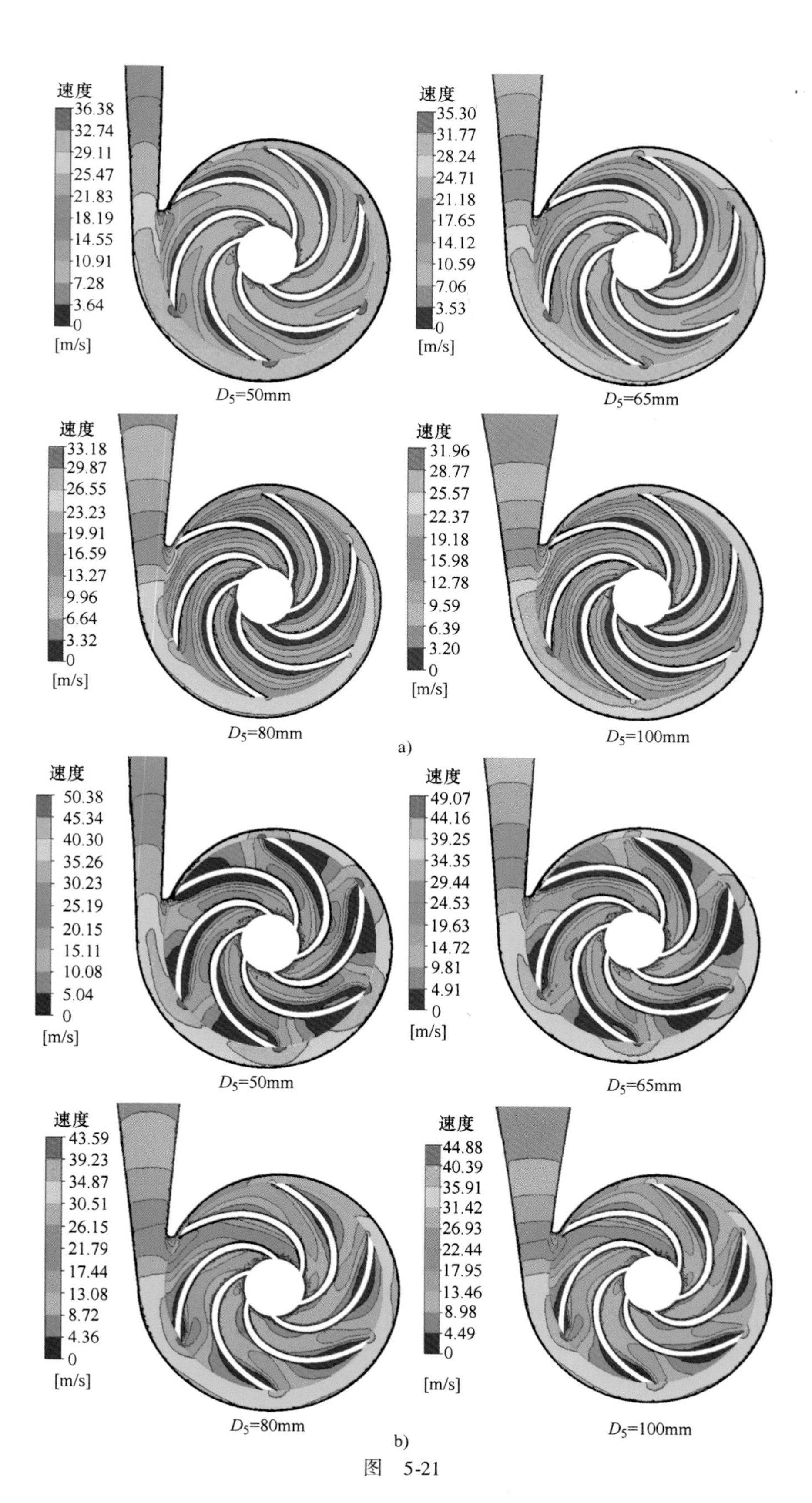

速度
36.38
32.74
29.11
25.47
21.83
18.19
14.55
10.91
7.28
3.64
0
[m/s]
D_5=50mm
速度
35.30
31.77
28.24
24.71
21.18
17.65
14.12
10.59
7.06
3.53
0
[m/s]
D_5=65mm
速度
33.18
29.87
26.55
23.23
19.91
16.59
13.27
9.96
6.64
3.32
0
[m/s]
D_5=80mm
速度
31.96
28.77
25.57
22.37
19.18
15.98
12.78
9.59
6.39
3.20
0
[m/s]
D_5=100mm
a)
速度
50.38
45.34
40.30
35.26
30.23
25.19
20.15
15.11
10.08
5.04
0
[m/s]
D_5=50mm
速度
49.07
44.16
39.25
34.35
29.44
24.53
19.63
14.72
9.81
4.91
0
[m/s]
D_5=65mm
速度
43.59
39.23
34.87
30.51
26.15
21.79
17.44
13.08
8.72
4.36
0
[m/s]
D_5=80mm
速度
44.88
40.39
35.91
31.42
26.93
22.44
17.95
13.46
8.98
4.49
0
[m/s]
D_5=100mm
b)

图 5-21

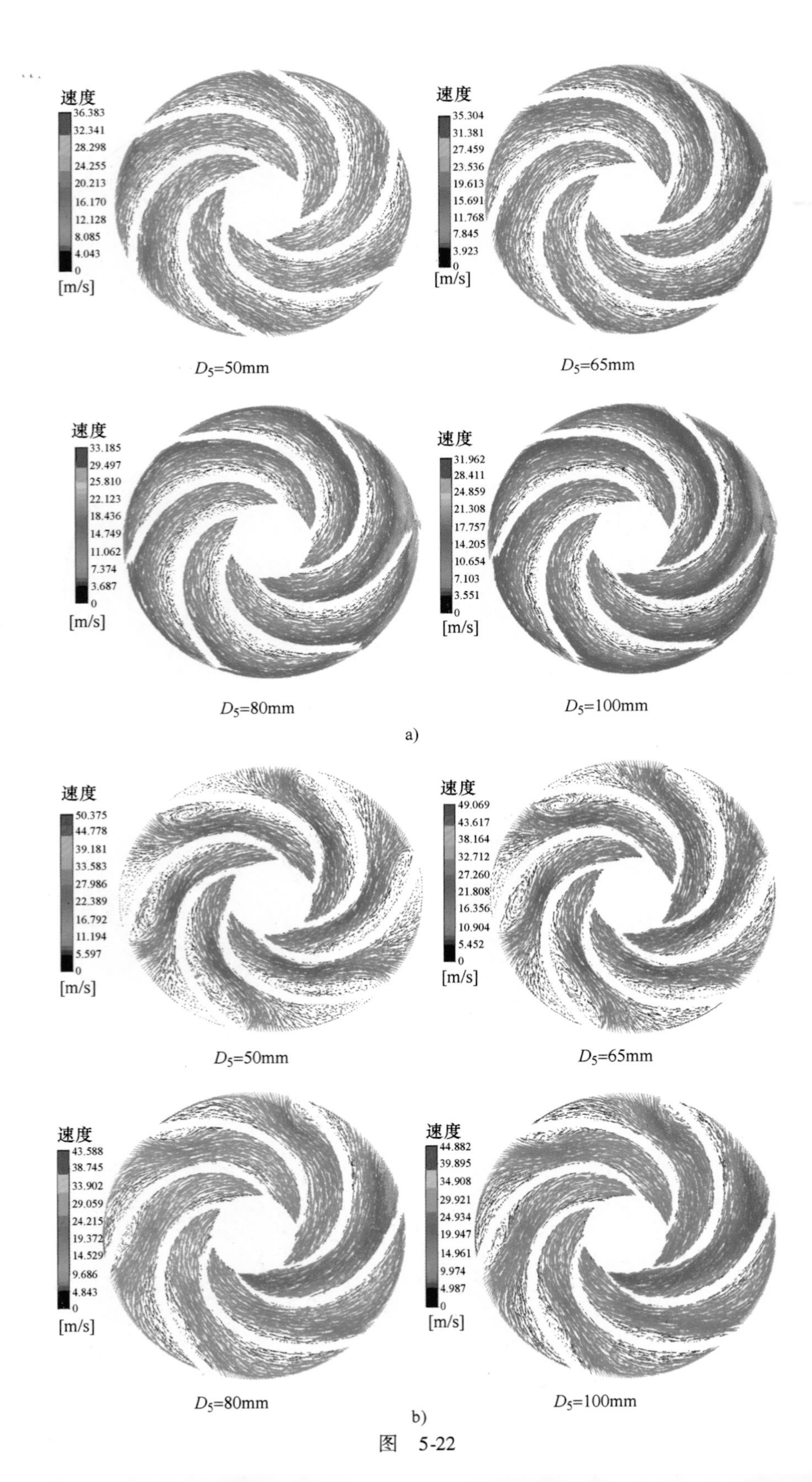
速度
36.383
32.341
28.298
24.255
20.213
16.170
12.128
8.085
4.043
0
[m/s]
D5=50mm
速度
35.304
31.381
27.459
23.536
19.613
15.691
11.768
7.845
3.923
0
[m/s]
D5=65mm
速度
33.185
29.497
25.810
22.123
18.436
14.749
11.062
7.374
3.687
0
[m/s]
D5=80mm
速度
31.962
28.411
24.859
21.308
17.757
14.205
10.654
7.103
3.551
0
[m/s]
D5=100mm
a)
速度
50.375
44.778
39.181
33.583
27.986
22.389
16.792
11.194
5.597
0
[m/s]
D5=50mm
速度
49.069
43.617
38.164
32.712
27.260
21.808
16.356
10.904
5.452
0
[m/s]
D5=65mm
速度
43.588
38.745
33.902
29.059
24.215
19.372
14.529
9.686
4.843
0
[m/s]
D5=80mm
速度
44.882
39.895
34.908
29.921
24.934
19.947
14.961
9.974
4.987
0
[m/s]
D5=100mm
b)

图 5-22

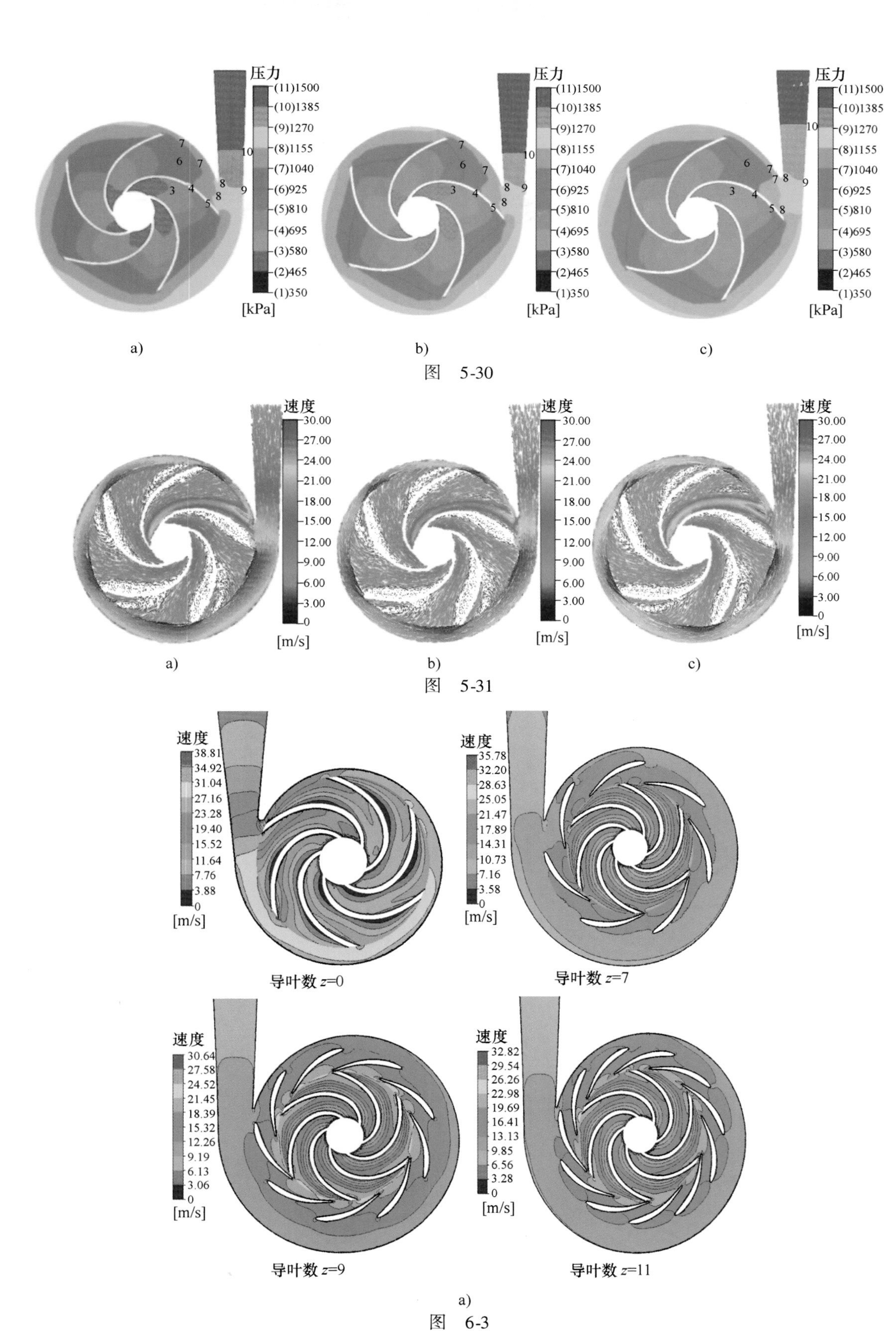

图 5-30

图 5-31

图 6-3

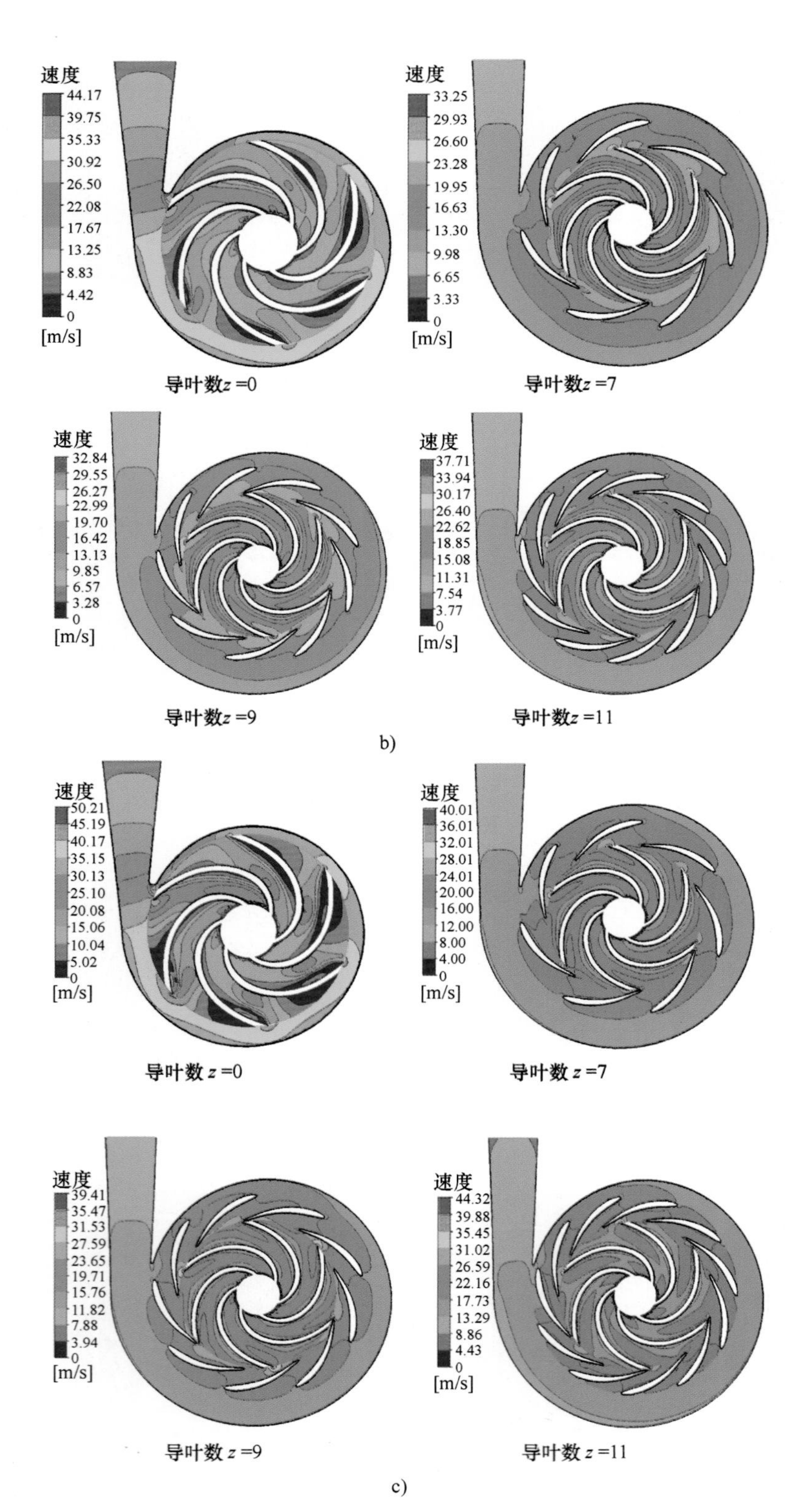
速度
44.17
39.75
35.33
30.92
26.50
22.08
17.67
13.25
8.83
4.42
0
[m/s]
导叶数z =0
速度
33.25
29.93
26.60
23.28
19.95
16.63
13.30
9.98
6.65
3.33
0
[m/s]
导叶数z =7
速度
32.84
29.55
26.27
22.99
19.70
16.42
13.13
9.85
6.57
3.28
0
[m/s]
导叶数z =9
速度
37.71
33.94
30.17
26.40
22.62
18.85
15.08
11.31
7.54
3.77
0
[m/s]
导叶数z =11
b)
速度
50.21
45.19
40.17
35.15
30.13
25.10
20.08
15.06
10.04
5.02
0
[m/s]
导叶数 z =0
速度
40.01
36.01
32.01
28.01
24.01
20.00
16.00
12.00
8.00
4.00
0
[m/s]
导叶数 z =7
速度
39.41
35.47
31.53
27.59
23.65
19.71
15.76
11.82
7.88
3.94
0
[m/s]
导叶数 z =9
速度
44.32
39.88
35.45
31.02
26.59
22.16
17.73
13.29
8.86
4.43
0
[m/s]
导叶数 z =11
c)

图 6-3(续)

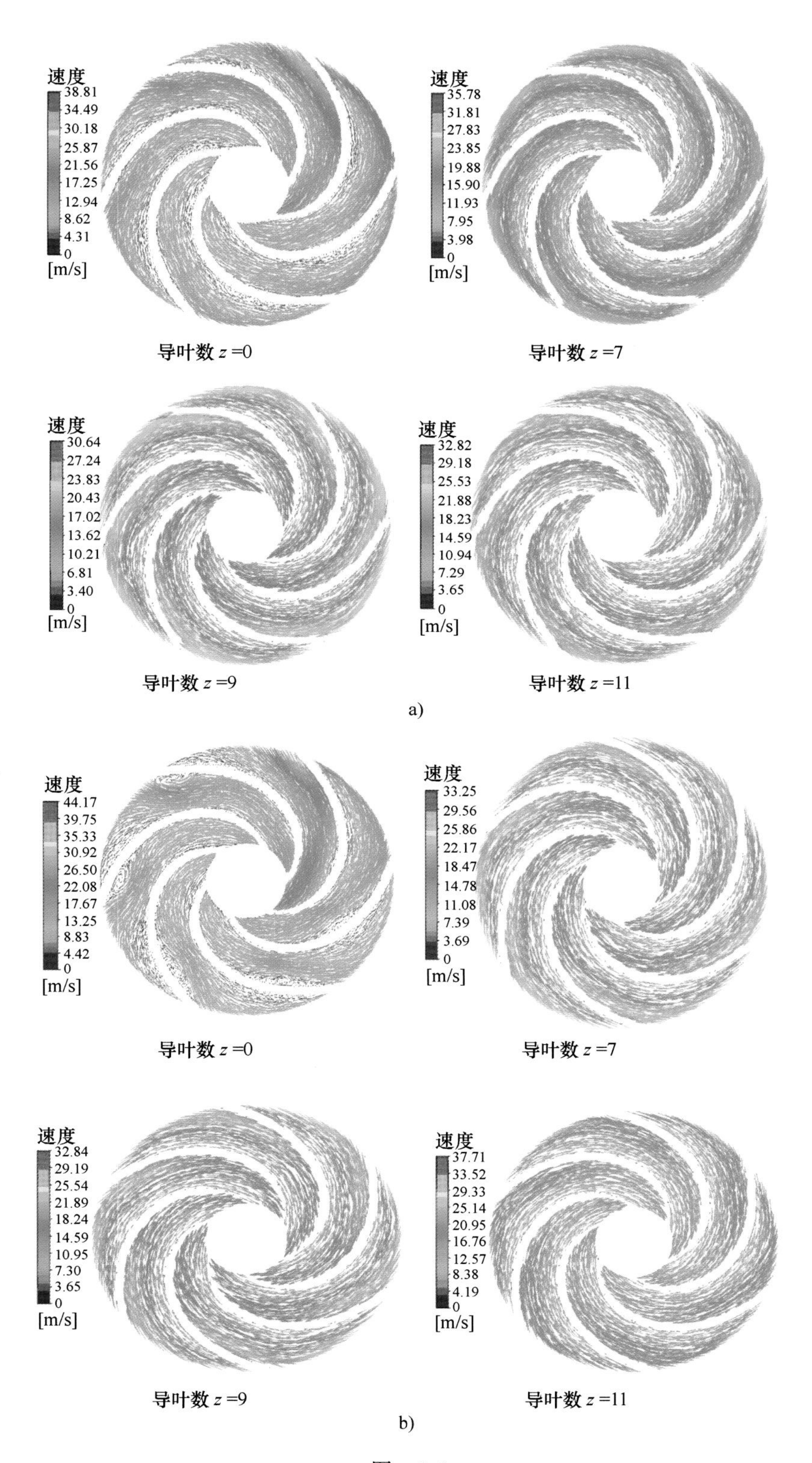
速度
38.81
34.49
30.18
25.87
21.56
17.25
12.94
8.62
4.31
0
[m/s]
导叶数 z =0
速度
35.78
31.81
27.83
23.85
19.88
15.90
11.93
7.95
3.98
0
[m/s]
导叶数 z =7
速度
30.64
27.24
23.83
20.43
17.02
13.62
10.21
6.81
3.40
0
[m/s]
导叶数 z =9
速度
32.82
29.18
25.53
21.88
18.23
14.59
10.94
7.29
3.65
0
[m/s]
导叶数 z =11
a)
速度
44.17
39.75
35.33
30.92
26.50
22.08
17.67
13.25
8.83
4.42
0
[m/s]
导叶数 z =0
速度
33.25
29.56
25.86
22.17
18.47
14.78
11.08
7.39
3.69
0
[m/s]
导叶数 z =7
速度
32.84
29.19
25.54
21.89
18.24
14.59
10.95
7.30
3.65
0
[m/s]
导叶数 z =9
速度
37.71
33.52
29.33
25.14
20.95
16.76
12.57
8.38
4.19
0
[m/s]
导叶数 z =11
b)

图 6-4

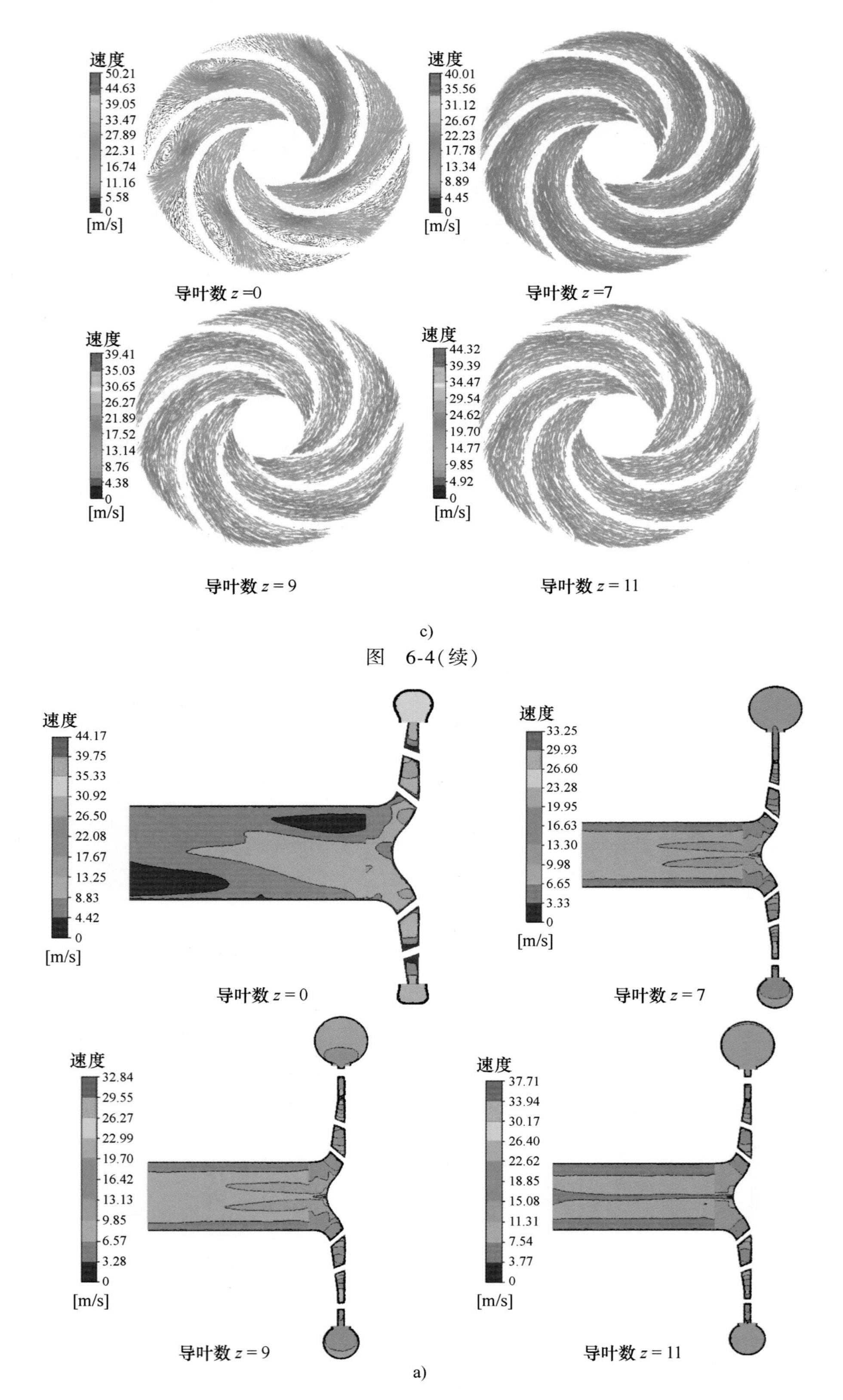
速度
50.21
44.63
39.05
33.47
27.89
22.31
16.74
11.16
5.58
0
[m/s]
导叶数 z =0
速度
40.01
35.56
31.12
26.67
22.23
17.78
13.34
8.89
4.45
0
[m/s]
导叶数 z =7
速度
39.41
35.03
30.65
26.27
21.89
17.52
13.14
8.76
4.38
0
[m/s]
导叶数 z = 9
速度
44.32
39.39
34.47
29.54
24.62
19.70
14.77
9.85
4.92
0
[m/s]
导叶数 z = 11
c)

图　6-4(续)

速度
44.17
39.75
35.33
30.92
26.50
22.08
17.67
13.25
8.83
4.42
0
[m/s]
导叶数 z = 0
速度
33.25
29.93
26.60
23.28
19.95
16.63
13.30
9.98
6.65
3.33
0
[m/s]
导叶数 z = 7
速度
32.84
29.55
26.27
22.99
19.70
16.42
13.13
9.85
6.57
3.28
0
[m/s]
导叶数 z = 9
速度
37.71
33.94
30.17
26.40
22.62
18.85
15.08
11.31
7.54
3.77
0
[m/s]
导叶数 z = 11
a)

图　6-5

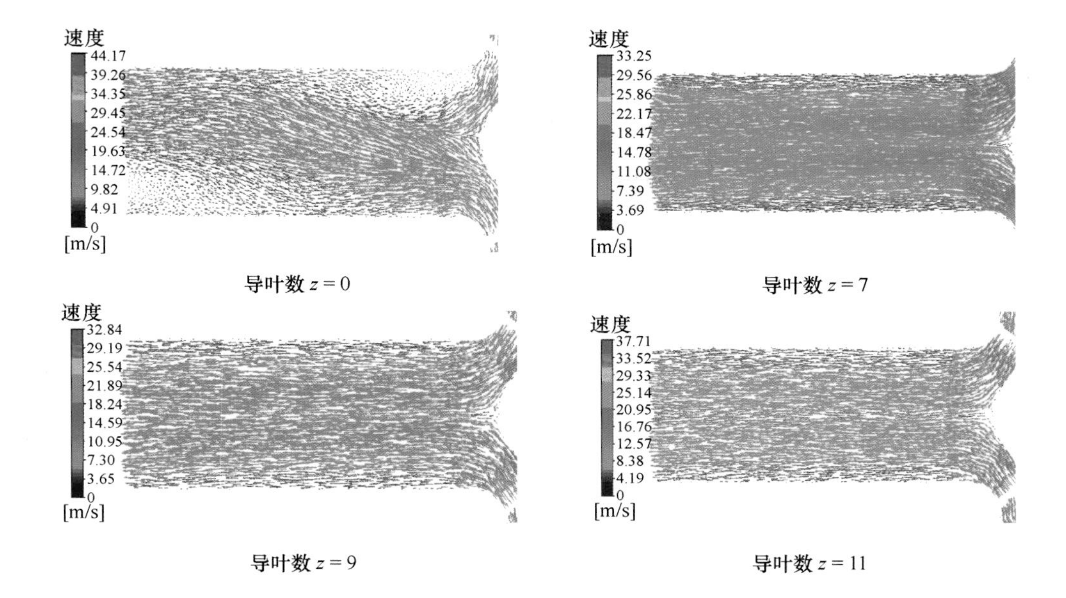
速度
44.17
39.26
34.35
29.45
24.54
19.63
14.72
9.82
4.91
0
[m/s]
导叶数 $z=0$
速度
33.25
29.56
25.86
22.17
18.47
14.78
11.08
7.39
3.69
0
[m/s]
导叶数 $z=7$
速度
32.84
29.19
25.54
21.89
18.24
14.59
10.95
7.30
3.65
0
[m/s]
导叶数 $z=9$
速度
37.71
33.52
29.33
25.14
20.95
16.76
12.57
8.38
4.19
0
[m/s]
导叶数 $z=11$

b)

图 6-5(续)

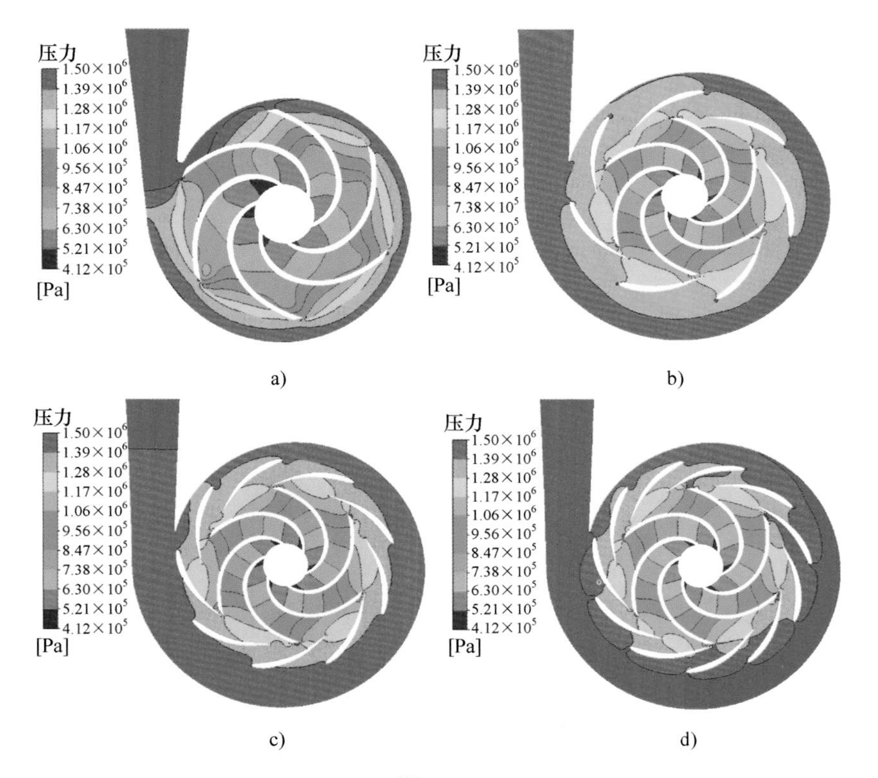
压力
1.50×10^6
1.39×10^6
1.28×10^6
1.17×10^6
1.06×10^6
9.56×10^5
8.47×10^5
7.38×10^5
6.30×10^5
5.21×10^5
4.12×10^5
[Pa]
a)
b)
c)
d)

图 6-6

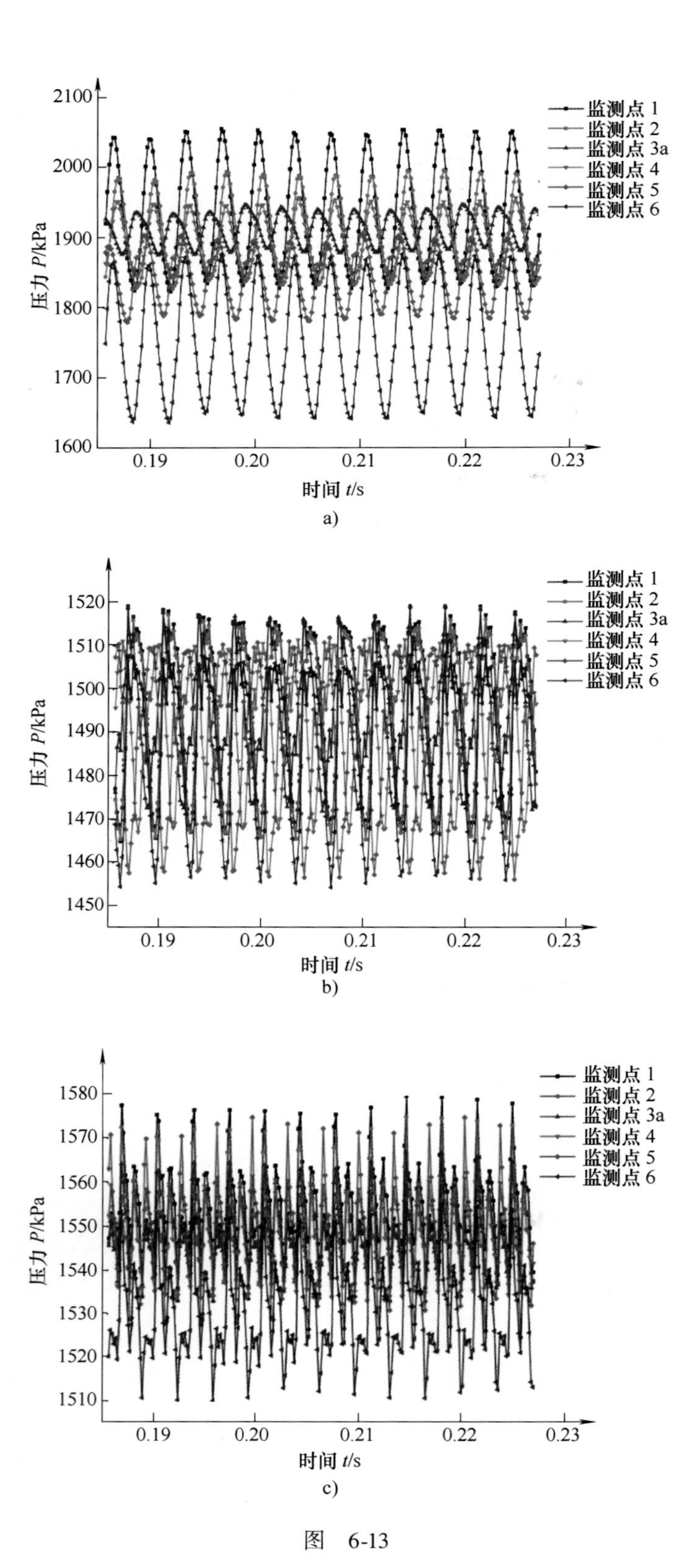
2100
2000
1900
1800
1700
1600
压力 P/kPa
0.19
0.20
0.21
0.22
0.23
时间 t/s
监测点 1
监测点 2
监测点 3a
监测点 4
监测点 5
监测点 6
a)
1520
1510
1500
1490
1480
1470
1460
1450
压力 P/kPa
0.19
0.20
0.21
0.22
0.23
时间 t/s
监测点 1
监测点 2
监测点 3a
监测点 4
监测点 5
监测点 6
b)
1580
1570
1560
1550
1540
1530
1520
1510
压力 P/kPa
0.19
0.20
0.21
0.22
0.23
时间 t/s
监测点 1
监测点 2
监测点 3a
监测点 4
监测点 5
监测点 6
c)

图　6-13

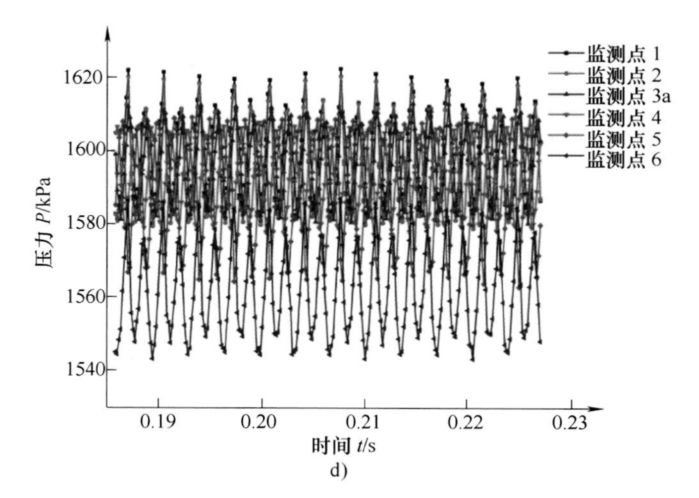

d)

图 6-13(续)

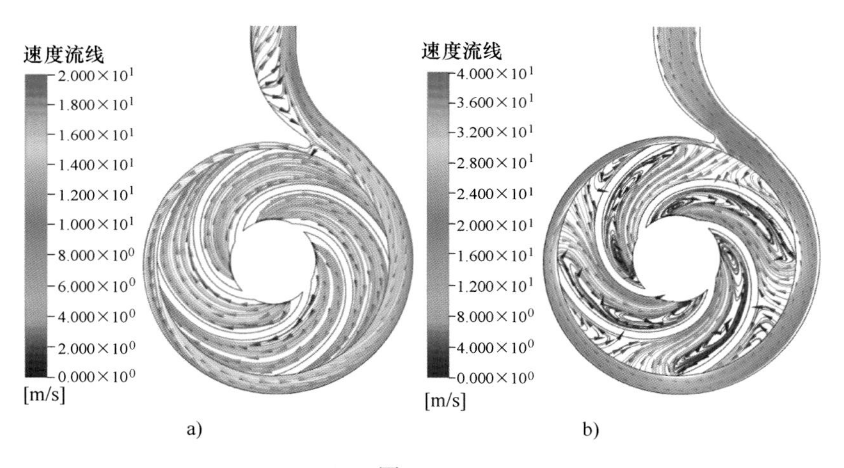

a) b)

图 10-1

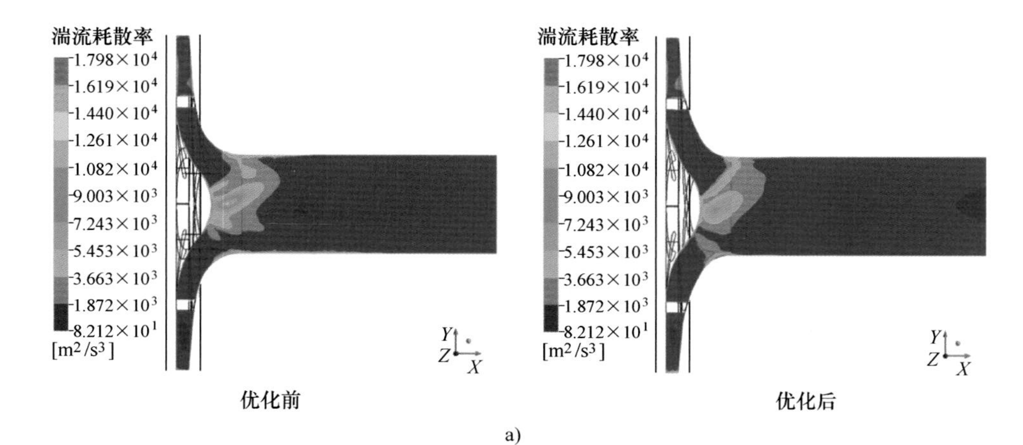

a)

图 10-7

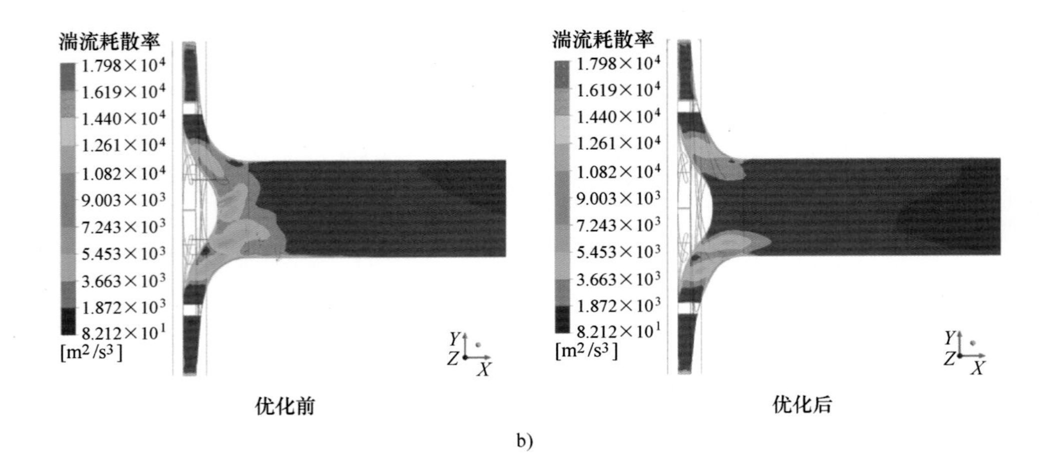

b)

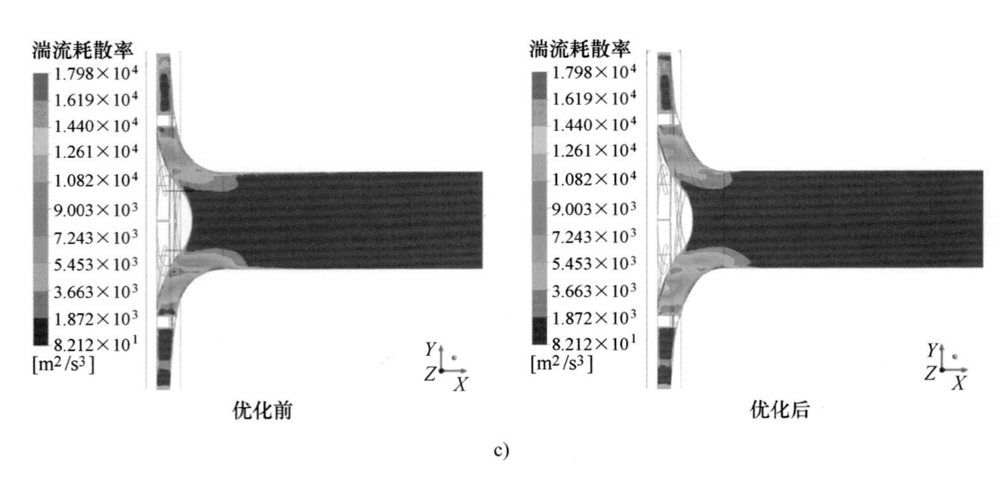

c)

图　10-7(续)

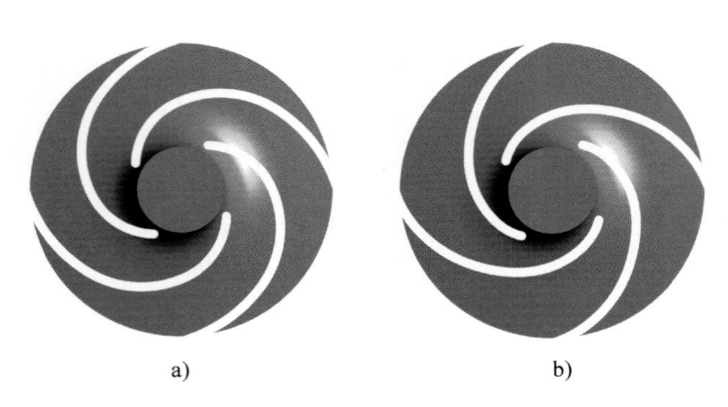

a)　　b)

图　10-19

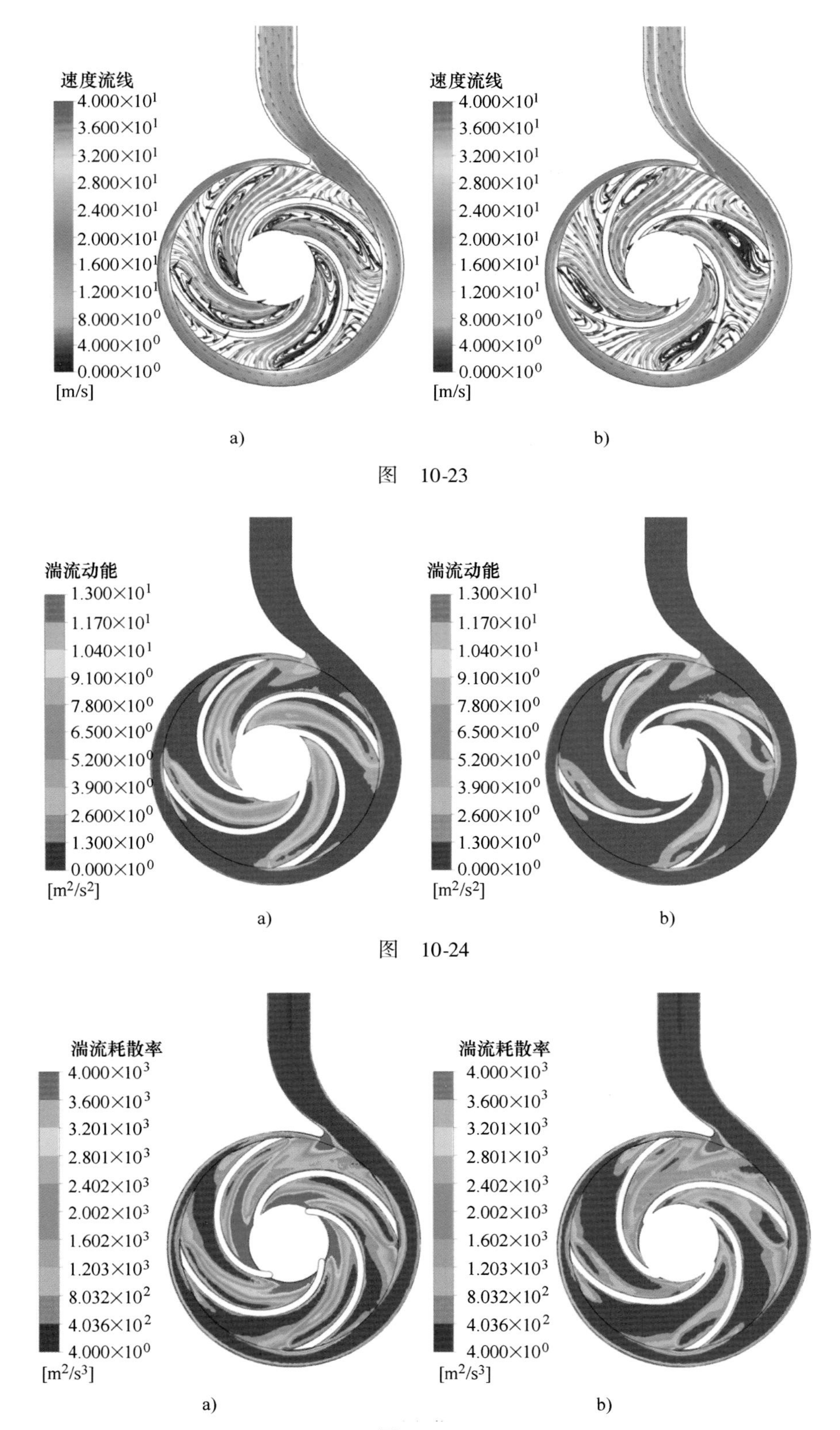

图　10-23

图　10-24

图　10-25

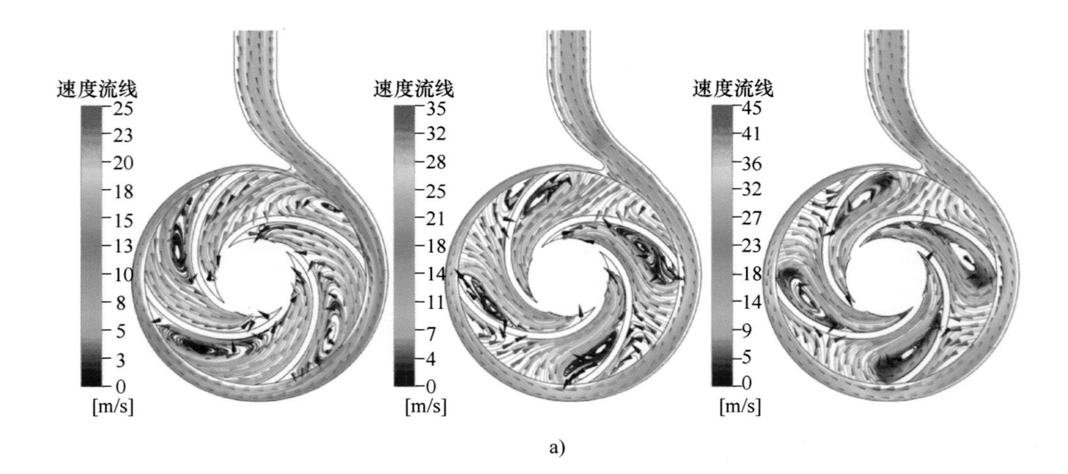
速度流线
25
23
20
18
15
13
10
8
5
3
0
[m/s]
速度流线
35
32
28
25
21
18
14
11
7
4
0
[m/s]
速度流线
45
41
36
32
27
23
18
14
9
5
0
[m/s]

a)

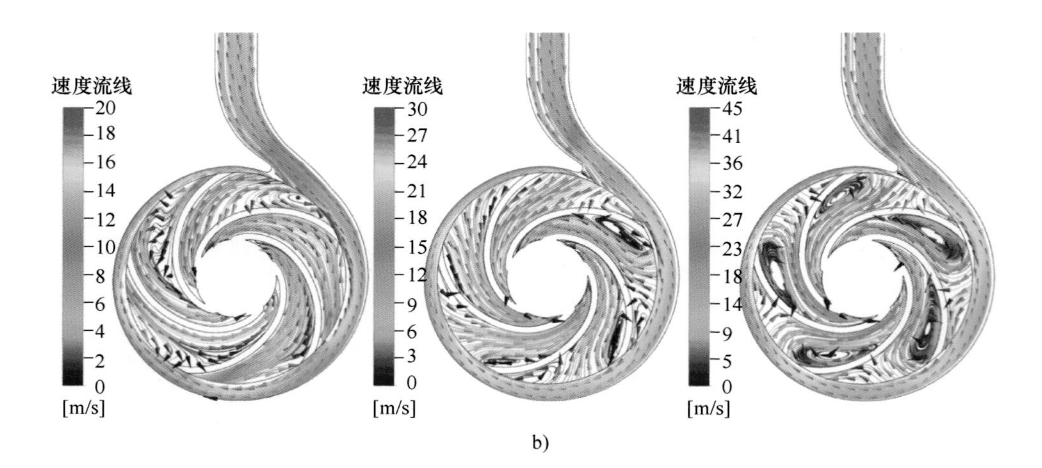
速度流线
20
18
16
14
12
10
8
6
4
2
0
[m/s]
速度流线
30
27
24
21
18
15
12
9
6
3
0
[m/s]
速度流线
45
41
36
32
27
23
18
14
9
5
0
[m/s]

b)

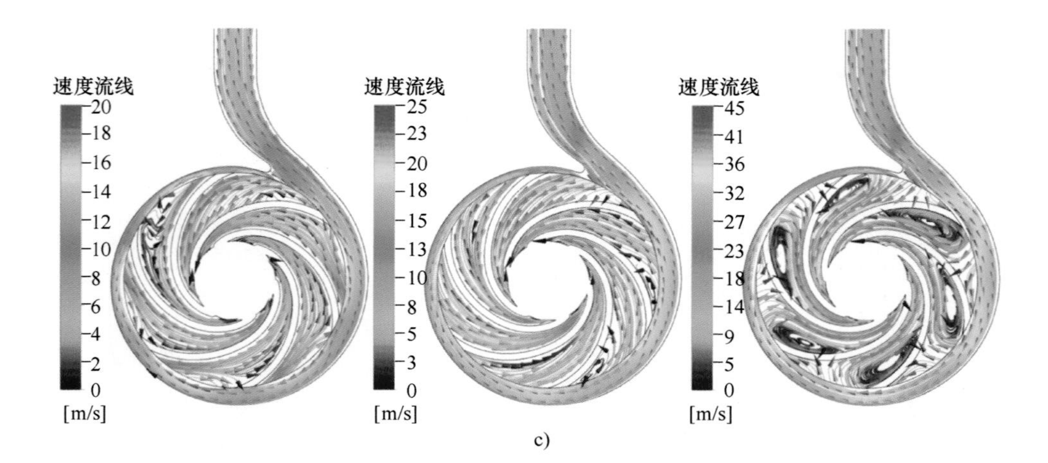
速度流线
20
18
16
14
12
10
8
6
4
2
0
[m/s]
速度流线
25
23
20
18
15
13
10
8
5
3
0
[m/s]
速度流线
45
41
36
32
27
23
18
14
9
5
0
[m/s]

c)

图　10-30

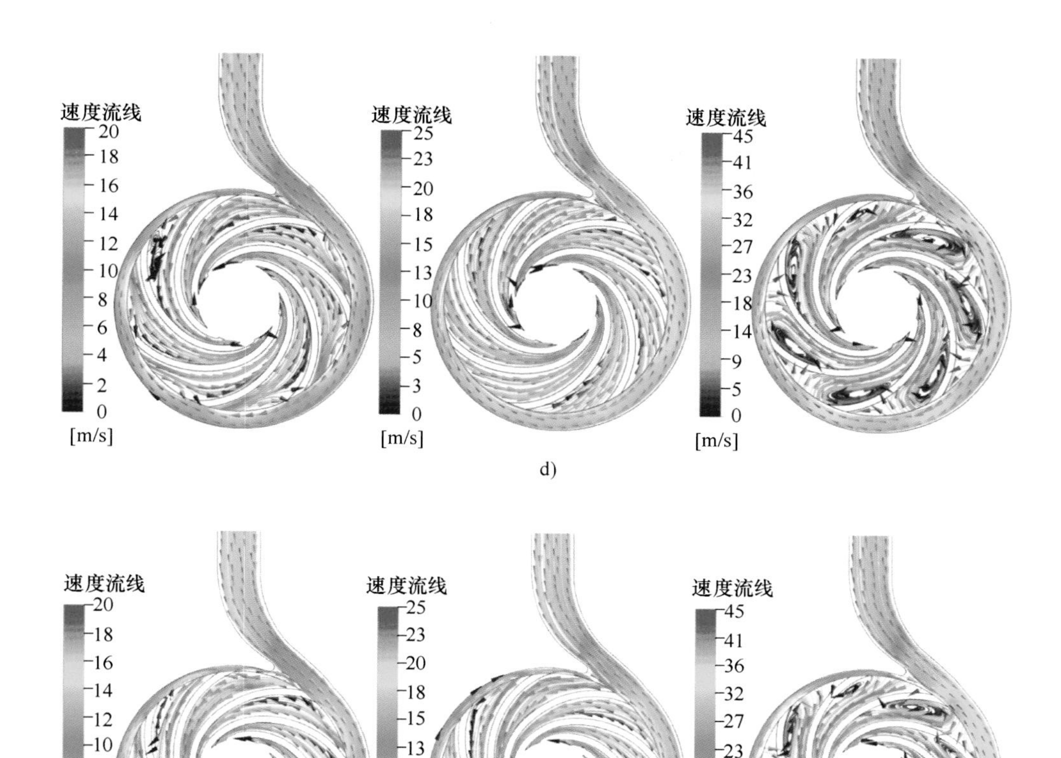

d)

e)

图　10-30(续)

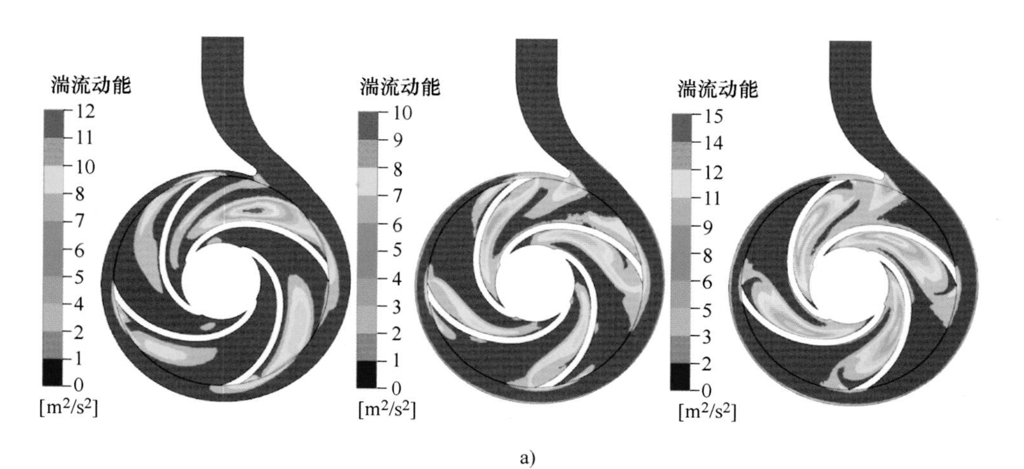

a)

图　10-33

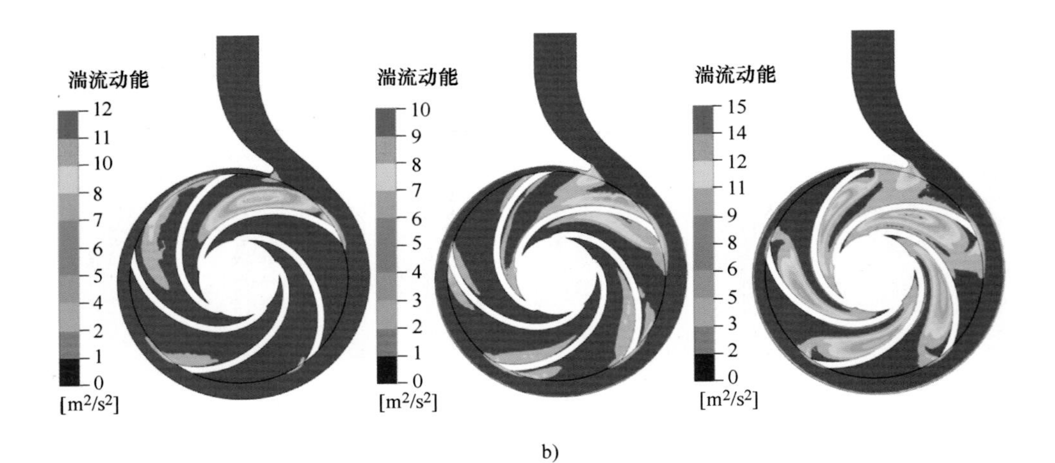
湍流动能
12
11
10
8
7
6
5
4
2
1
0
[m²/s²]
湍流动能
10
9
8
7
6
5
4
3
2
1
0
[m²/s²]
湍流动能
15
14
12
11
9
8
6
5
3
2
0
[m²/s²]

b)

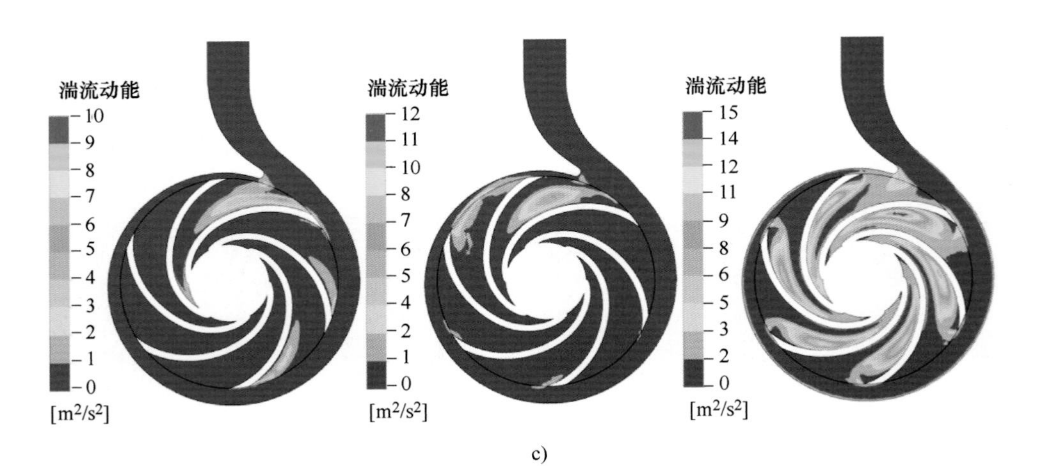
湍流动能
10
9
8
7
6
5
4
3
2
1
0
[m²/s²]
湍流动能
12
11
10
8
7
6
5
4
2
1
0
[m²/s²]
湍流动能
15
14
12
11
9
8
6
5
3
2
0
[m²/s²]

c)

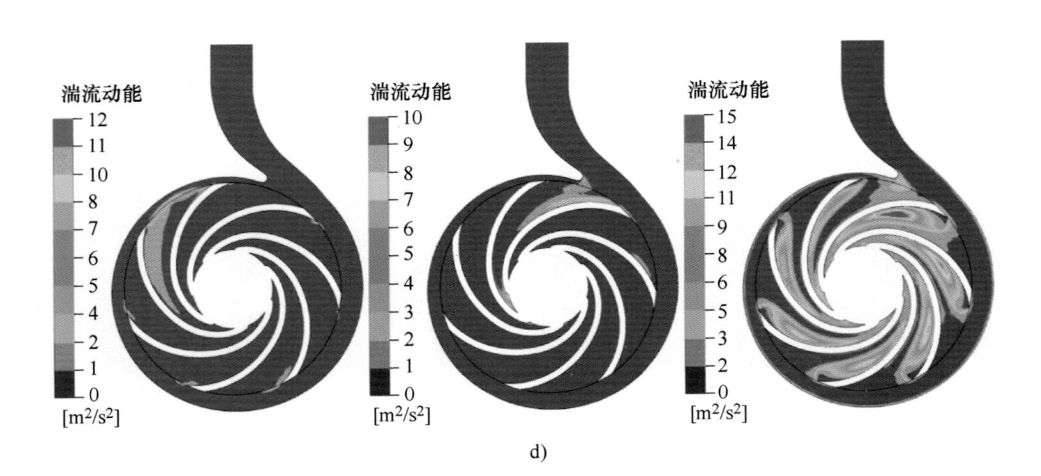
湍流动能
12
11
10
8
7
6
5
4
2
1
0
[m²/s²]
湍流动能
10
9
8
7
6
5
4
3
2
1
0
[m²/s²]
湍流动能
15
14
12
11
9
8
6
5
3
2
0
[m²/s²]

d)

图　10-33（续）

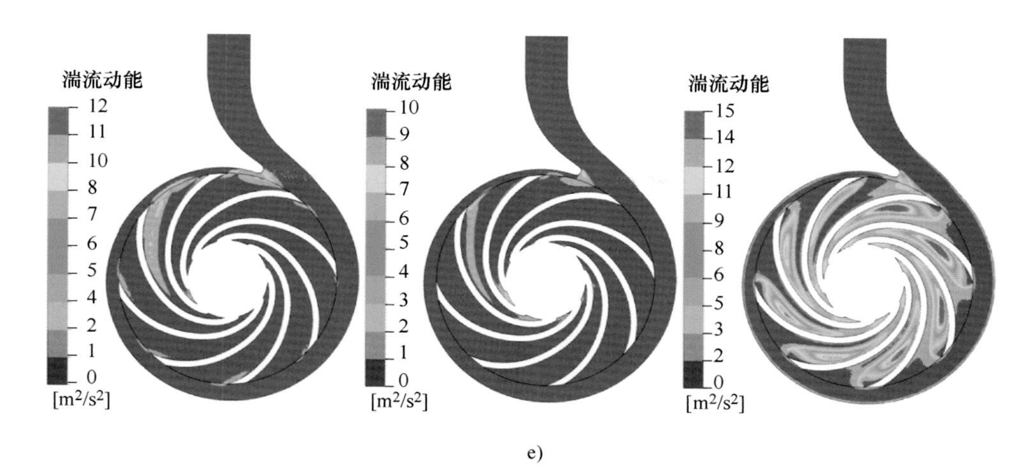

e)

图 10-33(续)

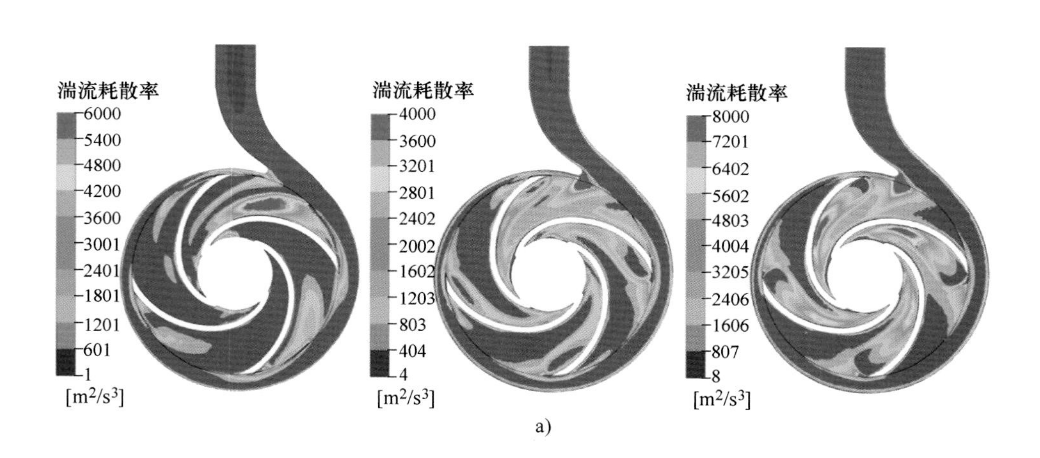

a)

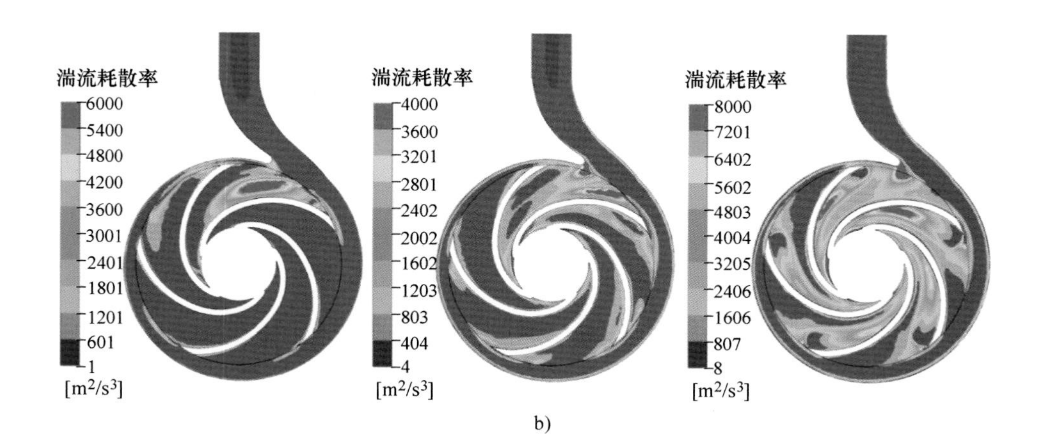

b)

图 10-35

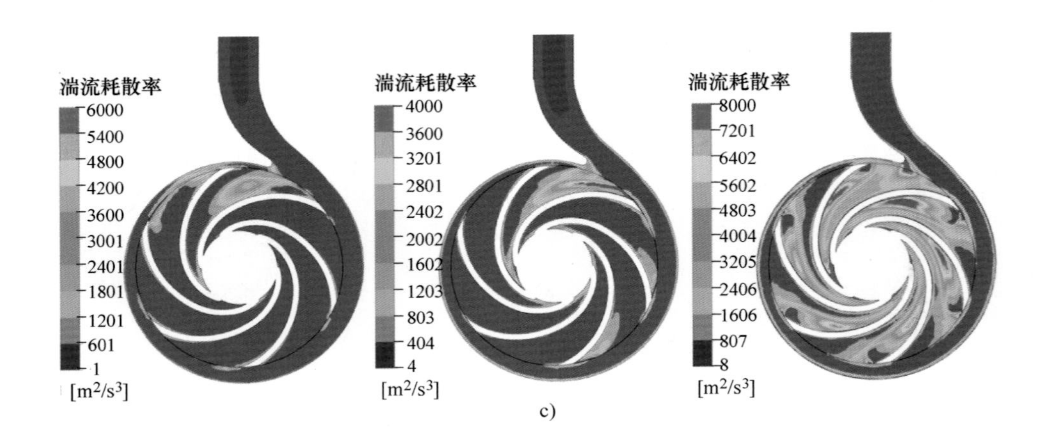
湍流耗散率
6000
5400
4800
4200
3600
3001
2401
1801
1201
601
1
[m2/s3]
湍流耗散率
4000
3600
3201
2801
2402
2002
1602
1203
803
404
4
[m2/s3]
湍流耗散率
8000
7201
6402
5602
4803
4004
3205
2406
1606
807
8
[m2/s3]

c)

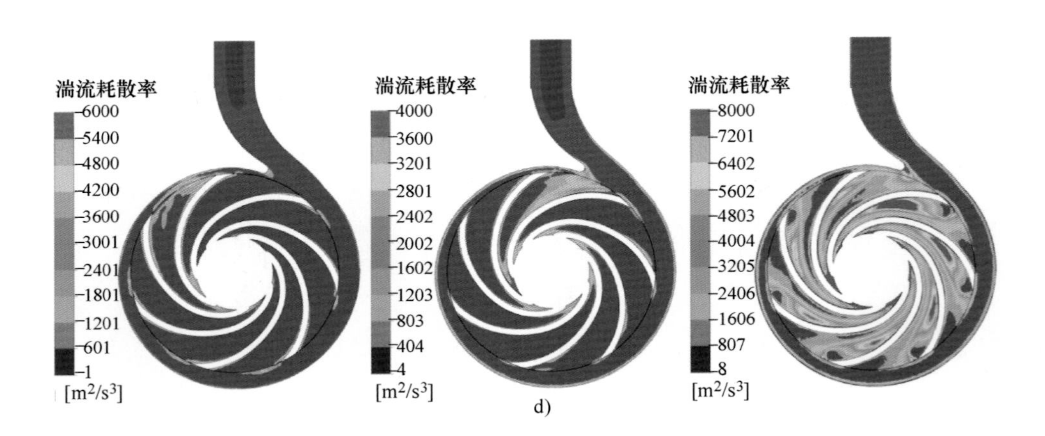
湍流耗散率
6000
5400
4800
4200
3600
3001
2401
1801
1201
601
1
[m2/s3]
湍流耗散率
4000
3600
3201
2801
2402
2002
1602
1203
803
404
4
[m2/s3]
湍流耗散率
8000
7201
6402
5602
4803
4004
3205
2406
1606
807
8
[m2/s3]

d)

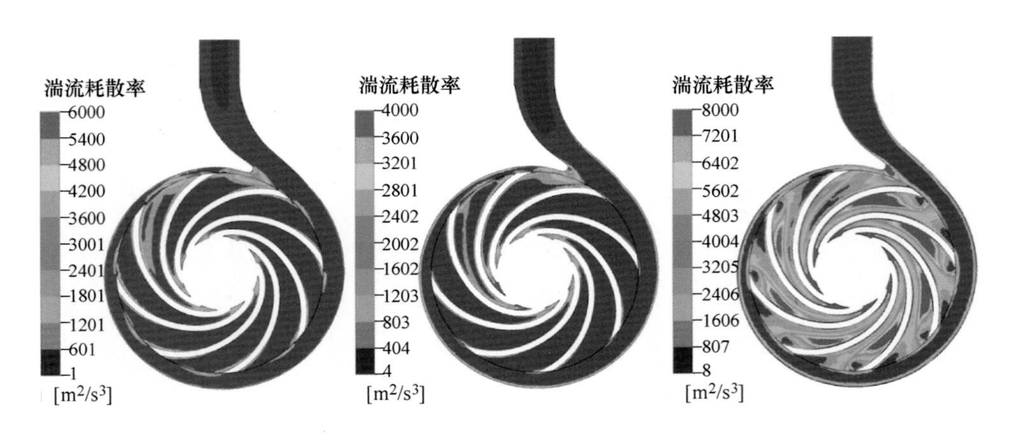
湍流耗散率
6000
5400
4800
4200
3600
3001
2401
1801
1201
601
1
[m2/s3]
湍流耗散率
4000
3600
3201
2801
2402
2002
1602
1203
803
404
4
[m2/s3]
湍流耗散率
8000
7201
6402
5602
4803
4004
3205
2406
1606
807
8
[m2/s3]

e)

图　10-35(续)

图 10-36

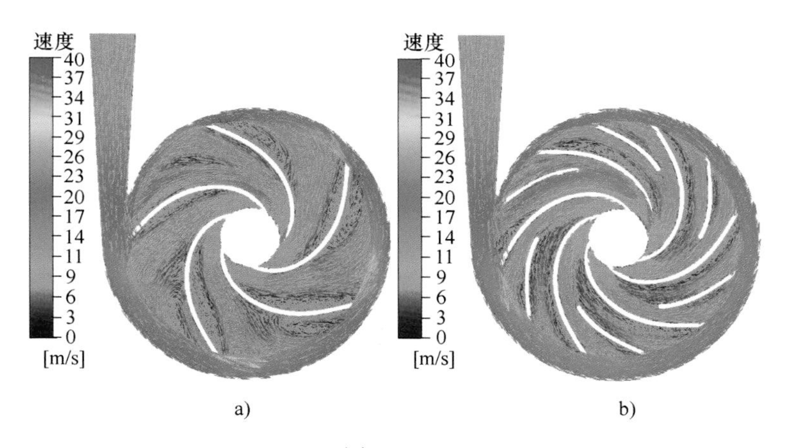

a)

b)

图 10-40

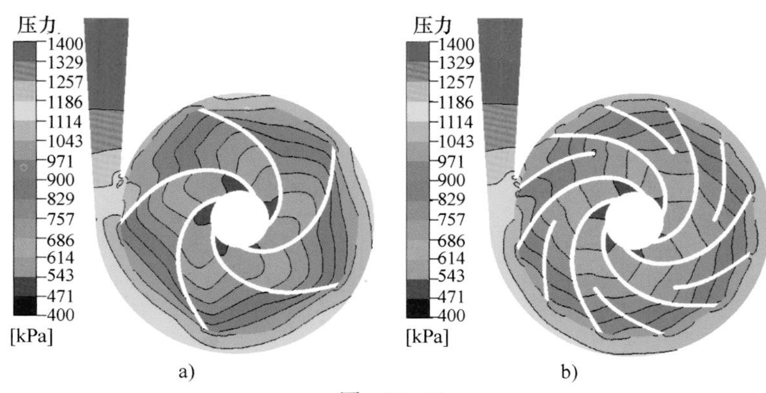

a)

b)

图 10-41

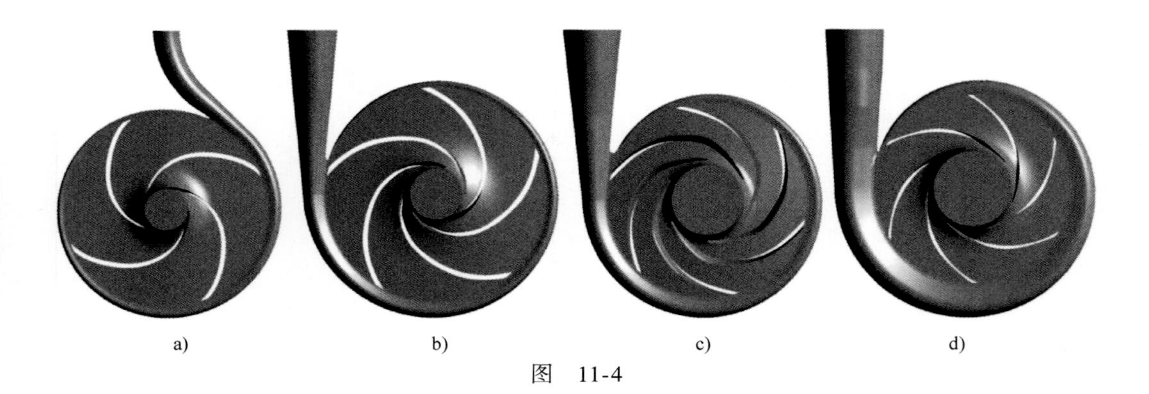

图 11-4

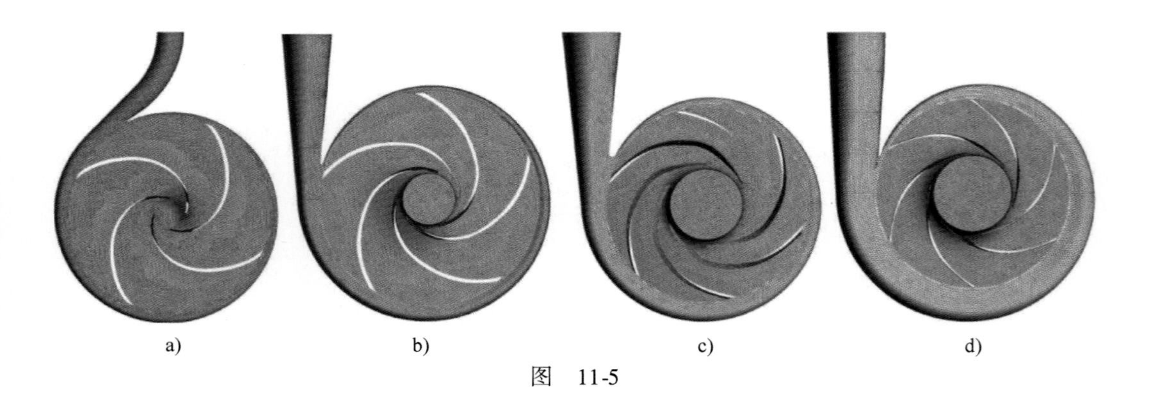

图 11-5

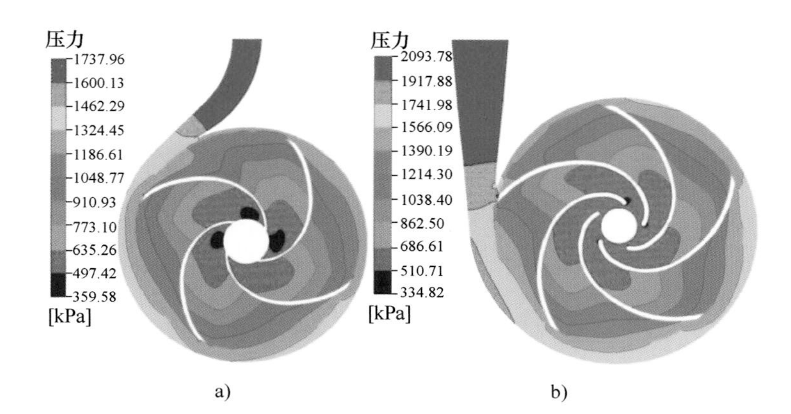
压力
1737.96
1600.13
1462.29
1324.45
1186.61
1048.77
910.93
773.10
635.26
497.42
359.58
[kPa]
a)
压力
2093.78
1917.88
1741.98
1566.09
1390.19
1214.30
1038.40
862.50
686.61
510.71
334.82
[kPa]
b)

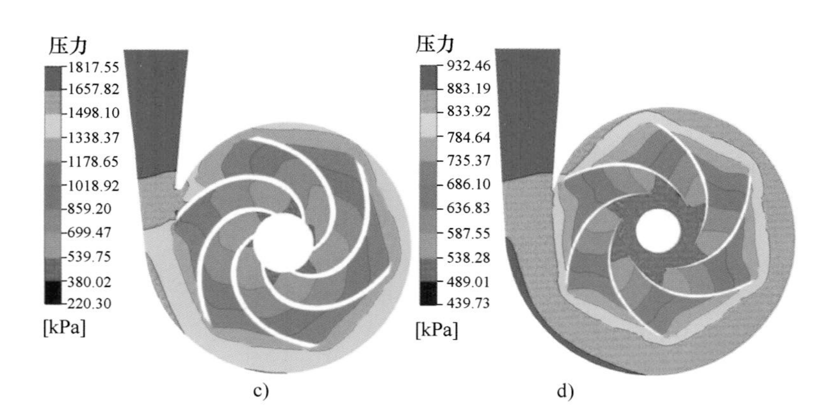
压力
1817.55
1657.82
1498.10
1338.37
1178.65
1018.92
859.20
699.47
539.75
380.02
220.30
[kPa]
c)
压力
932.46
883.19
833.92
784.64
735.37
686.10
636.83
587.55
538.28
489.01
439.73
[kPa]
d)

图 11-6

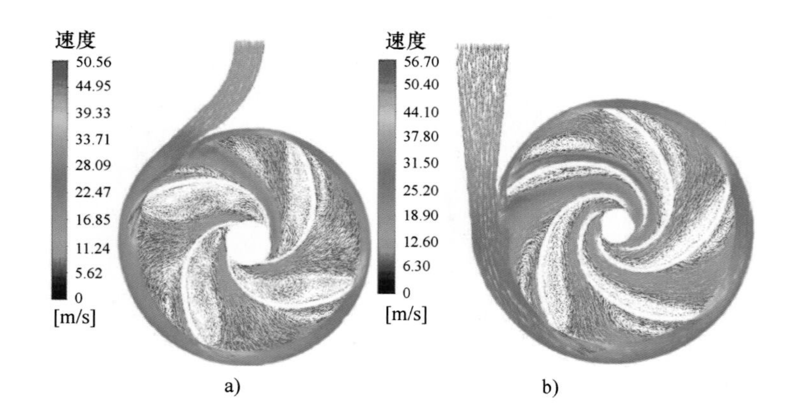
速度
50.56
44.95
39.33
33.71
28.09
22.47
16.85
11.24
5.62
0
[m/s]
速度
56.70
50.40
44.10
37.80
31.50
25.20
18.90
12.60
6.30
0
[m/s]

a) b)

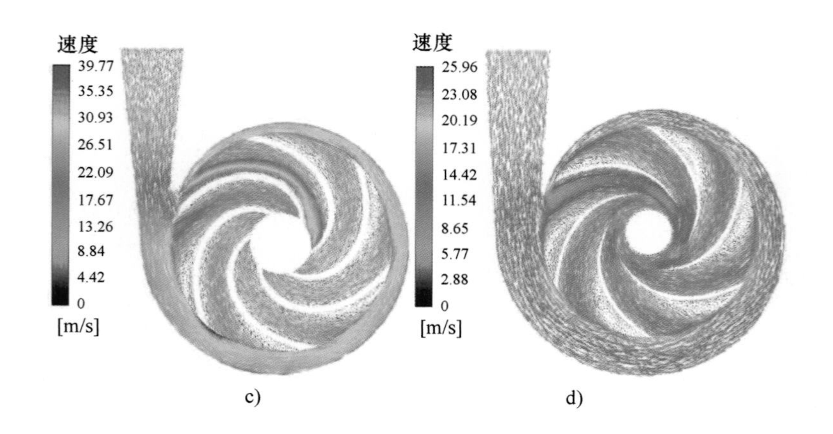
速度
39.77
35.35
30.93
26.51
22.09
17.67
13.26
8.84
4.42
0
[m/s]
速度
25.96
23.08
20.19
17.31
14.42
11.54
8.65
5.77
2.88
0
[m/s]

c) d)

图 11-7

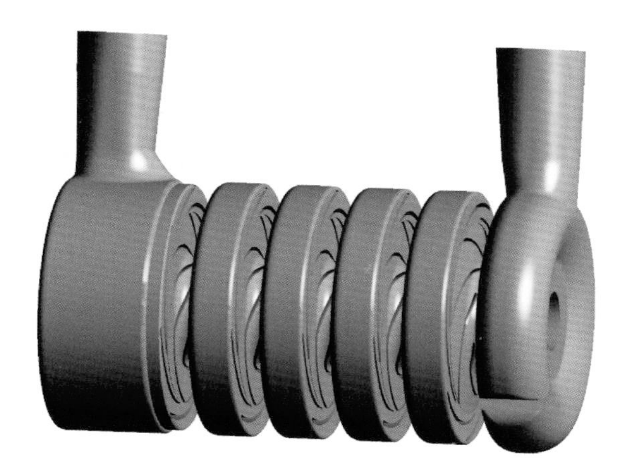

图 11-8

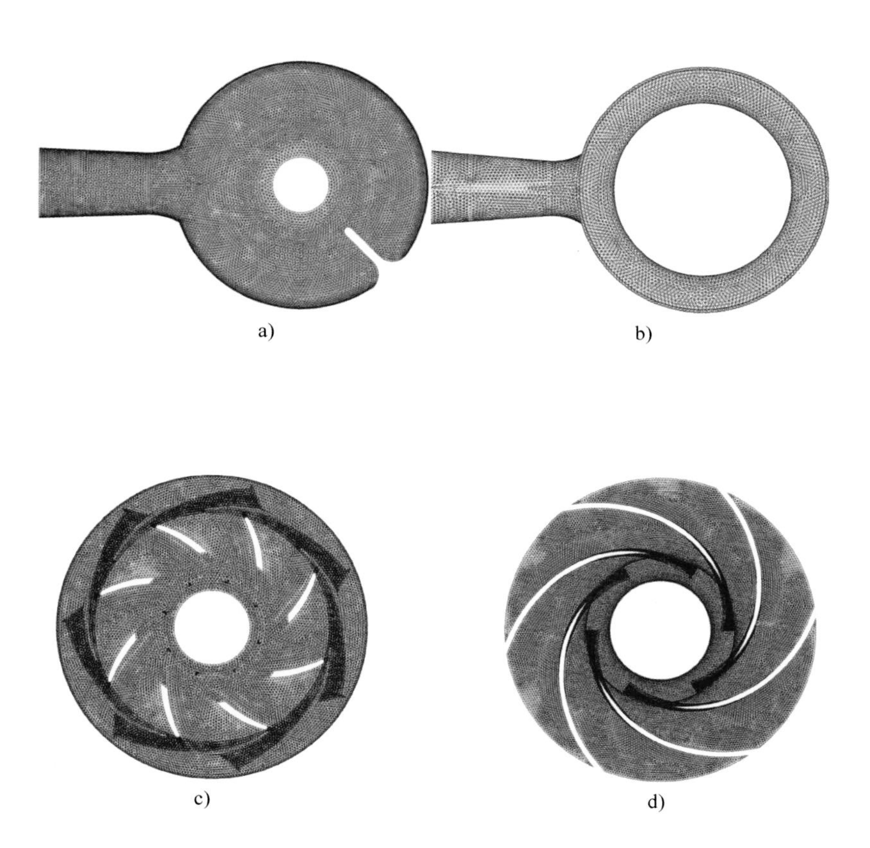

图 11-9

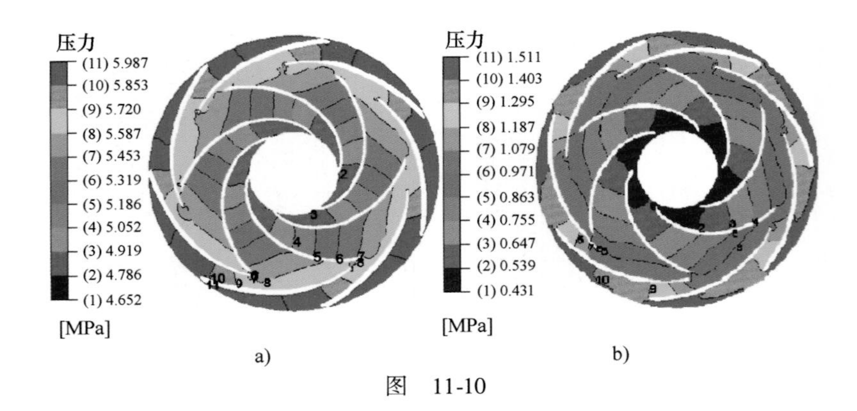

图 11-10

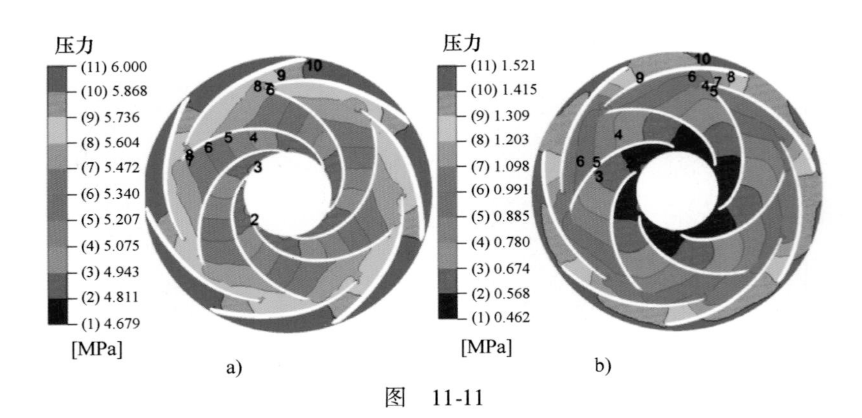

图 11-11

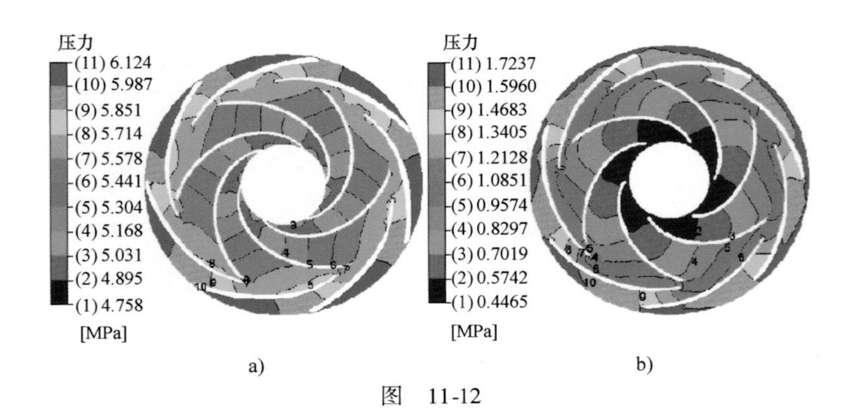

图 11-12

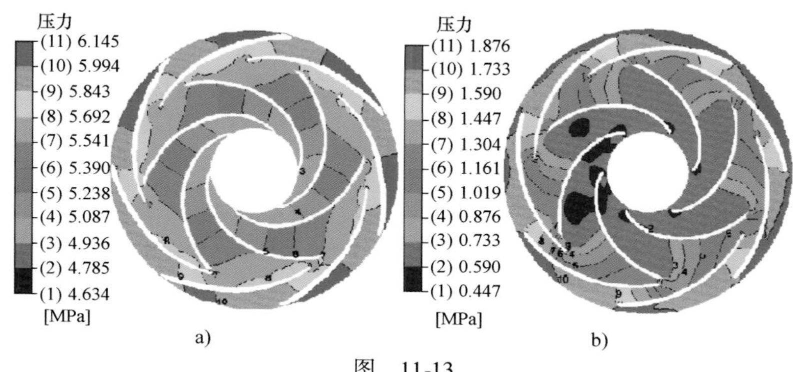

图 11-13

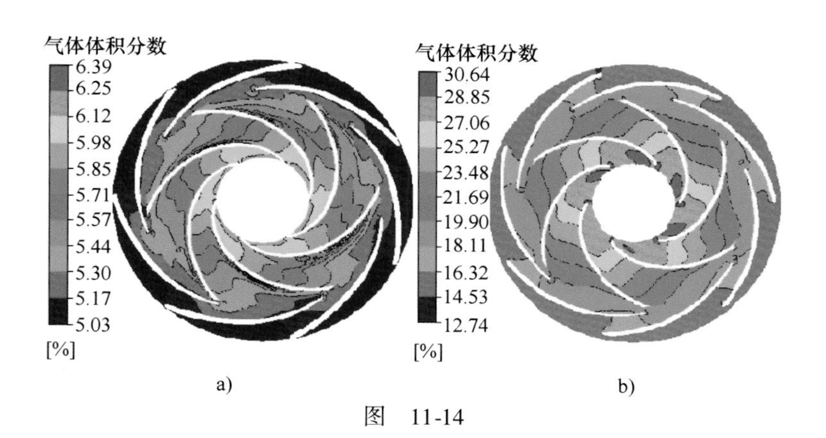

图 11-14

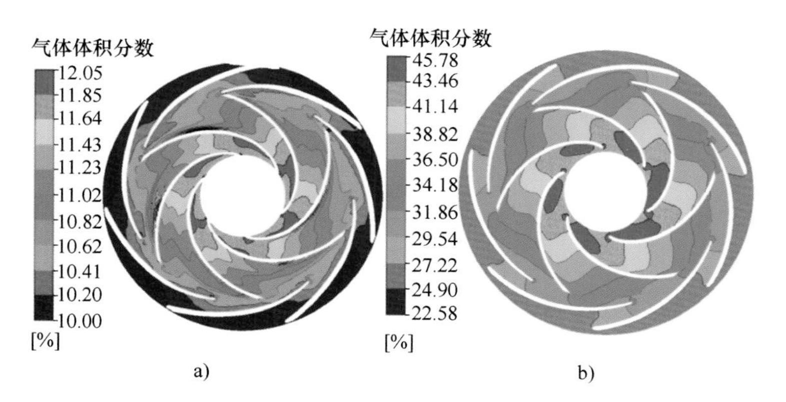

图 11-15

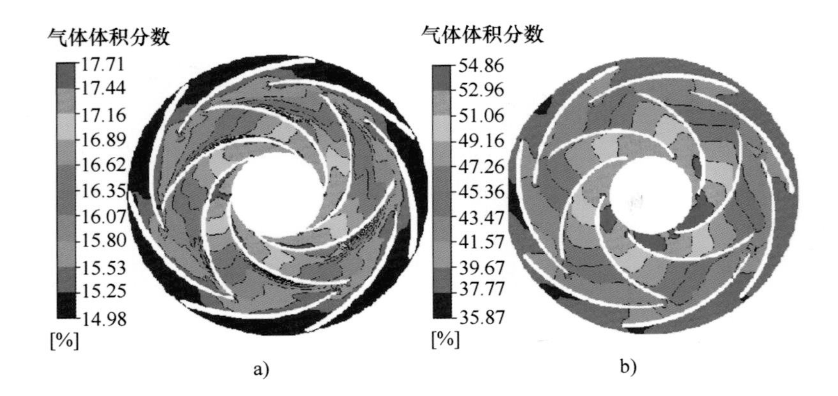
气体体积分数
17.71
17.44
17.16
16.89
16.62
16.35
16.07
15.80
15.53
15.25
14.98
[%]
a)
气体体积分数
54.86
52.96
51.06
49.16
47.26
45.36
43.47
41.57
39.67
37.77
35.87
[%]
b)

图 11-16

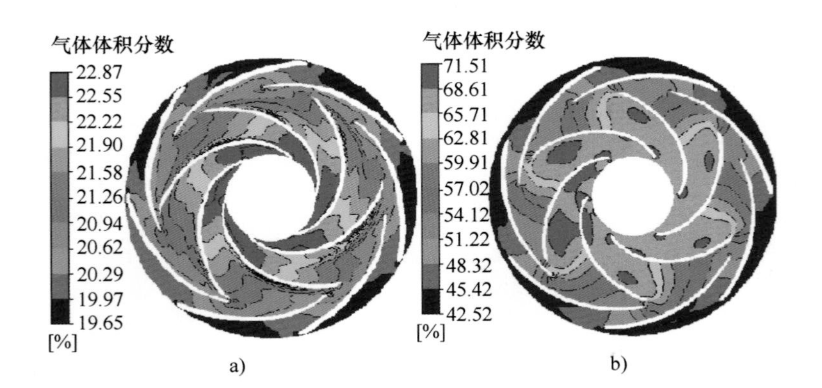
气体体积分数
22.87
22.55
22.22
21.90
21.58
21.26
20.94
20.62
20.29
19.97
19.65
[%]
a)
气体体积分数
71.51
68.61
65.71
62.81
59.91
57.02
54.12
51.22
48.32
45.42
42.52
[%]
b)

图 11-17